U0903621

普通高等教育“十一五”规划教材

电气控制系统设计基础与范例

第 2 版

主　编　易泓可
副主编　葛芦生
参　编　蔡　文　万　涛　刘　升
主　审　龚幼民

机 械 工 业 出 版 社

本书分为上、下两篇。上篇为进行电气控制系统设计所必需掌握的理论基础知识，包括常见的自动控制系统组成和特点、工业参数检测仪表、现场总线和以太网技术以及电控系统常用器件等。下篇除介绍设计电控系统的一般过程和应注意的具体事项外，重点介绍近年来已在企业生产现场成功应用的范例，既有传统的继电接触器控制装置，又有采用 PLC、变频器、工控机和组态软件以及现场总线、工业以太网的较复杂的控制系统，还有单片机控制装置以及电气传动系统仿真研究等。这些项目适用的领域包括汽车制造、冶金、矿山、化工、环保、城镇建设等行业。

本书主要用作工业自动化、电气技术、机电一体化和机械电子工程等本科专业学生毕业设计的指导教材，也可用作高专高职类似专业毕业实训阶段教材，对于从事电气控制系统设计、调试、维修的技术人员也有参考价值。

本书配有电子课件，欢迎选用本书作教材的老师登陆 www. cmpedu. com 下载或发邮件到 Edmondyan@ hotmail. com 索取。

图书在版编目（CIP）数据

电气控制系统设计基础与范例/易泓可主编．—2 版．—北京：机械工业出版社，2008. 11（2017. 8 重印）
普通高等教育“十一五”规划教材
ISBN 978-7-111-15567-6

Ⅰ. 电…　Ⅱ. 易…　Ⅲ. 电气控制系统－系统设计－高等学校－教材
Ⅳ. TM921. 5

中国版本图书馆 CIP 数据核字（2008）第 128925 号

机械工业出版社（北京市百万庄大街 22 号　邮政编码 100037）
责任编辑：贡克勤　责任校对：李秋荣
封面设计：姚　毅　责任印制：李　飞
北京机工印刷厂印刷（三河市南杨庄国丰装订厂装订）
2017 年 8 月第 2 版第 3 次印刷
184mm×260mm · 17 印张 · 417 千字
标准书号：ISBN 978-7-111-15567-6
定价：29. 00 元

凡购本书，如有缺页、倒页、脱页，由本社发行部调换

电话服务	网络服务
社服务中心：（010）88361066	门户网：http：//www. cmpbook. com
销售一部：（010）68326294	
销售二部：（010）88379649	教材网：http：//www. cmpedu. com
读者购书热线：（010）88379203	封面无防伪标均为盗版

第 2 版前言

本书出版已经三年，在高校工业自动化、电气技术、机械电子工程等专业学生毕业设计教学中发挥了积极作用。通过教学实践我们感到本书内容还需作适当调整：首先是当前现场总线和工业以太网技术发展很快，已经成为工业自动化领域主导技术之一，应予专章阐述；近年来 MATLAB 软件在自动控制系统的分析和设计方面获得了广泛的应用，也应在第一章中作简要介绍；考虑到一般院校都开设了传感变送器方面的课程，因而在本书中不必重复叙述，应着重从电气控制系统设计的角度介绍如何选用合适的检测仪表和调节器；在控制系统中人机界面使用非常广泛，为此应再写一节插入第四章中。增添以上内容之后可以较好地反映当前自动化技术发展现状。下篇的设计范例是本书主要特色，这次修订新编写了 7 个课题，删去原有的 4 个课题，范例增至 16 个，涉及的技术领域进一步扩大，学生在进行毕业设计时有更大的选择空间，读者也可以从中得到更多的启示。还应说明的是，有些范例较为复杂，需要由数名学生组成毕业设计课题组分工合作才能在三个月左右的时间之内完成，指导教师可以根据实际情况选择适合的课题，合理安排。

在这次修订工作中，编写组成员增加了安徽工业大学刘升副教授，他编写了上篇第三章和下篇设计范例十二、范例十三；南昌科技大学易泓可编写了第四章第四节，上海师范大学蔡文编写了上篇第一章第八节和下篇范例十五；南昌科技大学万涛编写了下篇范例六、范例七、范例八、范例九；万涛和刘升协助整理了全部书稿；上海大学龚幼民先生再次对书稿进行了认真的审阅。在安徽工业大学葛芦生教授主持下，由刘升、蔡文、万涛共同制作了上篇理论基础的多媒体光盘，可供学校教学和广大读者自学参考。通过全体编审人员的共同努力，顺利完成了本书的修订工作。

本书是一本开放型的教材。我们深知兄弟院校许多同行积累了很多毕业设计的优秀课题，欢迎贡献出来，在下次修订时作为范例，为培养应用型技术人才发挥更大的作用。本书虽经修订难免还有错漏之处，恳切期盼广大读者批评指正。我们相信在大家的关心和帮助下，这本教材一定能够与时俱进，更臻完善。

编　者

第1版前言

近年来随着我国经济持续高速增长，高等教育规模不断扩大，工程类专业的主要任务是培养应用型技术人才以支持工业部门的发展。多年来的教学实践证明，毕业设计是实现上述培养目标的重要教学环节，因为学生在设计过程中必须综合运用所学的知识和技能去分析和解决工程实际问题，学会检索资料，收集信息，树立工程与经济观念，提高图文处理和文字表达能力，以便在毕业后就能够较快地适应工作需要。但是由于当前人才需求市场的变化，学生在毕业前要参加很多的社会活动，在校内进行毕业设计的有效时间相当有限，加之学生缺乏工程实践经验，要在较短的时间里完成一个设计课题确有困难。针对上述新的情况，我们对电气自动化、机械电子工程等专业的毕业设计教学进行了改革和探索，具体做法是在学生毕业设计前（例如四年制的第七学期）开设专题讲座，为学生讲授进行电气控制系统设计所必须的理论知识，以若干设计项目作为示范，说明设计过程如何进行，应该完成的设计图样及文字资料等等，然后下达设计课题，学生可以从寒假开始进行准备，充分发挥主观能动性展开工作，在这个过程中教师给予必要的指导，学生在规定的时间内完成设计并进行毕业答辩。教学实践证明，这些改革措施使学生有了主动权，不仅提高了毕业设计质量，而且提高了学生的独立工作能力，对他们毕业后求职上岗都有帮助。

在机械工业出版社的大力支持下，我们在总结电气自动化和机械电子工程专业毕业设计教学改革工作经验的基础上编写了这本教材，上篇为进行电气控制系统设计所应具备的基础知识，包括常见的自动控制系统组成和特点；传感器与变送器工作原理、工业参数检测仪表选用以及电控系统常用器件等；下篇除介绍设计电控系统的一般过程和应注意的具体事项外，重点介绍近年来已在企业生产现场成功应用的项目中选出的13个范例，它们各具特色；既有传统的继电器、接触器控制装置，又有采用PLC、变频器、工控机和组态软件和现场总线等较为复杂的控制系统；还有单片机控制装置以及电气调速系统仿真等等。就复杂程度而言，有的项目相当简单，可用作设计入门；大部分项目能够用作毕业设计课题。这些项目适用的领域很宽，包括汽车制造、冶金、矿山、化工、环保、城镇建设等行业。本书主要用作本科院校工业自动化、电气技术、机电一体化和机械电子工程等专业学生的毕业设计指导教材，同时也可作为高专、高职类似专业毕业实训阶段的参考教材，在进行教学时可以根据各个院校的相关专业教学计划以及该专业的主要服务方向，选择其中部分内容进行课堂讲授，例如上篇学生已经学过的内容就不必重复；下篇则选择几个项目作较全面的介绍，某些项目可作为学生应独立完成的毕业设计课题，其余项目对学生走上工作岗位之后还有一定的参考价值。

本书由南昌科技大学易泓可教授任主编、安徽工业大学葛芦生教授任副主编，上海师范大学蔡文讲师、南昌科技大学万涛讲师共同编写。上篇第一、二、三、四章分别由蔡文、万涛、葛芦生、易泓可执笔；易泓可编写了下篇概述及设计范例一至六；万涛编写了范例七；葛芦生编写了范例八至十；蔡文编写了范例十一至十三。全书由上海大学自动化学院博士生导师龚幼民教授主审，他对书稿提出了许多建设性意见，并提供了有关资料。

在本书编写过程中得到了兄弟院校同行的热心支持，上海欧姆龙自动化系统有限公司杨海云提供了部分资料，南昌同济机电科技有限公司刘江华、李志华、熊勇等参加了部分书稿的整理工作，在此一并致谢。

最后还要说明的是，这本教材将我们目前的做法和正在使用的毕业设计资料奉献给大家，其中缺点错误在所难免，希望能够起到抛砖引玉的作用，恳切期待广大读者批评指正。我们还希望本书能够成为一本开放型教材，热忱欢迎兄弟学校的同行对本书的理论知识、设计范例等诸多方面提供更多更好的资料，我们深信大家共同努力，集思广益，就能够使本书修订后内容更加充实，更加符合毕业设计教学工作的需要，在培养应用型技术人才上发挥更大的作用。

编　者

目　录

下篇　设计范例

上篇　理论基础

第一章　控制系统基本知识

第一节　自动控制系统的基本概念

一、自动控制的基本原理与分类

1. 自动控制的基本原理

在现代科学技术的众多领域中，自动控制技术起着越来越重要的作用。所谓自动控制，是指在没有人直接参与的情况下，利用外加的设备或装置（称控制装置或控制器），使机器、设备或生产过程（统称被控对象）的某个工作状态或参数（即被控量）自动地按照预定的规律运行。近几十年来，随着电子计算机技术的发展和应用，在宇宙航行、机器人控制、导弹制导以及核动力等高新技术领域中，自动控制技术更具有特别重要的作用。不仅如此，自动控制的应用现已扩展到生物、医学、环境、经济管理和其他许多领域中，成为现代社会活动中不可缺少的重要组成部分。

自动控制发展初期，是以反馈理论为基础的自动调节原理，主要用于工业控制。为了实现各种复杂的控制任务，首先要将被控对象和控制装置按照一定的方式连接起来，组成一个有机整体，这就是自动控制系统。在自动控制系统中，被控对象的输出量即被控量是要求严格加以控制的物理量，它可以要求保持为某一恒定值，如温度、压力、液位等，也可以要求按照某个给定规律运行，例如飞机航行、记录曲线等；而控制装置则是对被控对象施加控制作用的机构的总体，它可以采用不同的原理和方式对被控对象进行控制，但最基本的一种是基于反馈控制原理组成的反馈控制系统。

在反馈控制系统中，控制装置对被控对象施加的控制作用，是取自被控量的反馈信息，用来不断修正被控量与输入量之间的偏差，从而实现对被控对象进行控制的任务。下面我们通过一个例子来说明反馈控制的原理。

厨师用一台电热烤炉来烤制某种食品，温度以150℃时为宜，为此在烤炉上装了一只水银温度计，如图1-1所示。食品原料装入后，便将电源开关S接通，烤炉的电阻 R 通电加热；温度达到150℃时，再把开关S断开，烤炉内的温度便逐步下降，当温度低于150℃时，又要将开关S合上，这样操作下去直到食品取出为止，显然，这位厨师需要一直坚守岗位，如果疏忽大意，烘烤的食品不是半生不熟就是

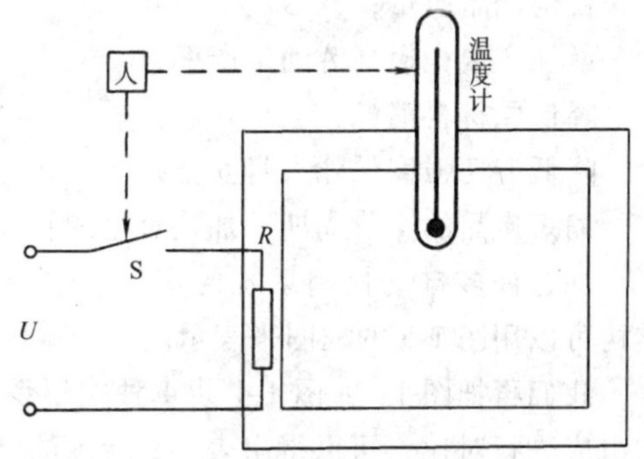

图1-1　装水银温度计的电烤炉

被烤焦了不能食用。

如果把水银温度计换成一套控温仪表，它不但能显示当前的炉内温度，而且它还有一对控制接点，再把手动开关换成交流接触器，于是变成了图 1-2 的形式。当我们把食品原料放入烤炉以后，将电源接通，接触器 KM 的线圈得电，烤炉的电阻 R 通电加热；温度达到 150℃时，接触器 KM 断电，其工作过程与前面的情况相同，但炉温可以自动保持在 150℃左右，不再需要人的参与。

同样是控制电热烤炉的温度，还可以采用另外一种方法，如图 1-3 所示，厨师操作一只调压器，当炉温接近 150℃时，把输送到电阻 R 上的电压适当降低，当炉温低于 150℃时又适当提高这个电压，这样也可以将炉温保持在 150℃上下，但是还得依靠人工操作。

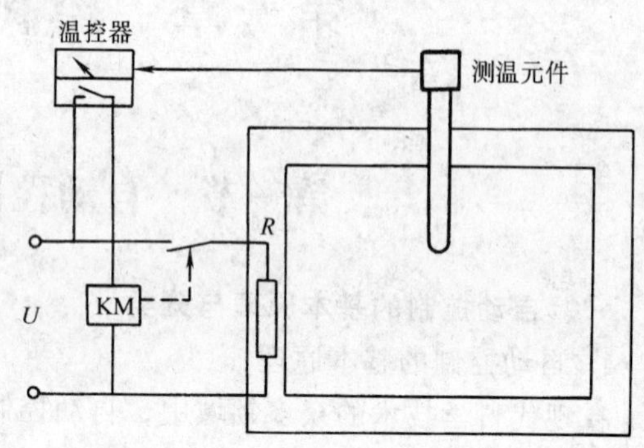

图 1-2　带温控仪表的电烤炉

我们将水银温度计换成另一种控温仪表，调压器也改用由电动机带动滑动电刷的调压器，如图 1-4 所示，这时当炉温低于 150℃时，调压器输出电压最高以加快升温速度，炉温接近 150℃时，输出电压将适当下降，超过 150℃时输出电压为零，显然，这样炉温同样可以自动保持在 150℃左右，也不需人的参与。

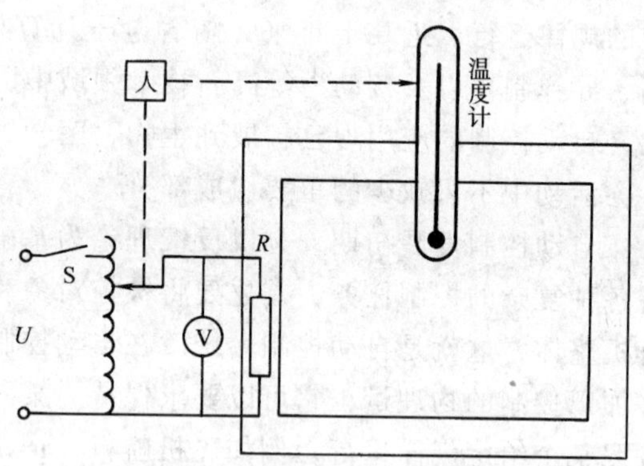

图 1-3　厨师操作调压器的电烤炉

如果将图 1-1、图 1-2 的控制方法与图 1-3、图 1-4 相比较，不难看出前者的加热电压是不变的，电阻 R 上的电流则是时有时无；后者的加热电压是变化的，电阻 R 上的电流大小随炉温变化，一般情况下不致完全断电，这样烤炉的温度波动会小些，但是控温装置显然也要复杂些。

概括起来，自动化带来的主要效益是：

稳定产品质量；

增加产量，提高劳动生产率；

降低原材料消耗；

降低劳动强度保障人身安全；

缩短产品的交货周期，加快资金周转；

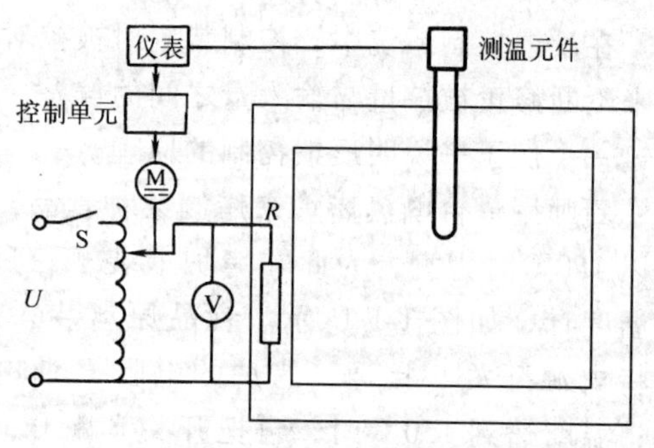

图 1-4　具有自动调压器的电烤炉

综合许多自动控制系统的实例，它们的结构可以用图 1-5 的框图来表示。

我们再把图 1-1 ~ 图 1-4 共 4 种控温系统的组成进行对比，可以得出表 1-1 所示的结果，由此可见，自动控制装置是模仿人的操作，从而取代了人的劳动。

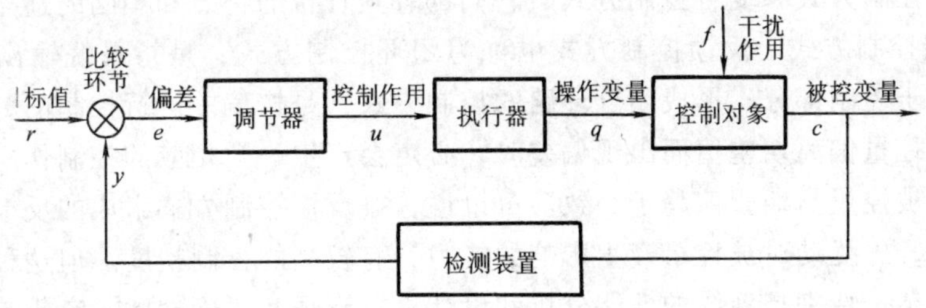

图 1-5　单闭环控制系统结构框图

表 1-1　4 种控温系统结构对比

	手控开关型	带温控仪表型	手控调压器型	电动调压器型
控制对象	电热炉			
被控变量	炉内温度			
目标值	150℃			
检测装置	温度计	测温元件	温度计	测温元件
比较环节	人脑	温控器	人脑	控温仪表
调节器	人脑	控温接点	人脑	控制单元
执行器	手控开关	交流接触器	手控调压器	电动调压器
操作变量	电源通断	电源通断	电压高低	电压高低
干扰作用	电源电压变化，炉门开闭，烘烤产品进出等			

2. 反馈控制系统的基本组成

反馈控制系统是由各种结构不同的元部件组成的。从完成“自动控制”这一职能来看一个系统必然包含被控对象和控制装置两大部分，而控制装置是由具有一定职能的各种基本元件组成的。在不同系统中，结构完全不同的部件却可以具有相同的职能，因此将组成系统的元部件按职能分类主要有以下几种：

（1）测量元件　其职能是检测被控制的物理量，如果这个物理量是非电量，一般要再转换为电量。

（2）给定元件　其职能是给出与期望的被控量相对应的系统输入量（即参据量）。

（3）比较元件　其职能是把测量元件检测的被控量实际值与给定元件给出的参据量进行比较，求出它们之间的偏差。常用的比较元件有差动放大器、机械差动装置、电桥电路等。

（4）放大元件　其职能是将比较元件给出的偏差信号进行放大，用来推动执行元件去控制被控对象。

（5）执行元件　其职能是直接推动被控对象，使其被控量发生变化。

（6）校正元件　也叫补偿元件，它是结构或参数便于调整的元部件，用串联或反馈的方式连接在系统中，以改善系统的性能。

3. 自动控制系统基本控制方式

反馈控制是自动控制系统最基本的控制方式，也是应用最广泛的一种控制方式。除此之外，还有开环控制方式和复合控制方式，它们都有其各自的特点和不同的适用场合。

（1）反馈控制方式　反馈控制方式也称为闭环控制方式，是指系统输出量通过反馈环节返回来作用于控制部分，形成闭合环路的控制方式，是按偏差进行控制的，其特点是不论什么原因使被控量偏离期望值而出现偏差时，必定会产生一个相应的控制作用去减小或消除这个偏差，使被控量与期望值趋于一致。可以说，按反馈控制方式组成的反馈控制系统，具有抑制任何内、外扰动对被控量产生影响的能力，有较高的控制精度。但这种系统使用的元件多，结构复杂，特别是系统的性能分析和设计也较麻烦。尽管如此，它仍是一种重要的并被广泛应用的控制方式，自动控制理论主要的研究对象就是用这种控制方式组成的系统。

（2）开环控制方式　开环控制方式是指控制装置与被控对象之间只有顺向作用而没有反向联系的控制过程，其特点是系统的输出量不会对系统的控制作用发生影响。

（3）复合控制方式　按扰动控制方式在技术上较按偏差控制方式简单，但它只适用于扰动是可量测的场合，而且一个补偿装置只能补偿一种扰动因素，对其余扰动均不起补偿作用。因此，比较合理的一种控制方式是把按偏差控制与按扰动控制结合起来，对于主要扰动采用适当的补偿装置实现按扰动控制，同时再组成反馈控制系统实现按偏差控制，以消除其余扰动产生的偏差。这样，系统的主要扰动已被补偿，反馈控制系统就比较容易设计，控制效果也会更好。这种按偏差控制和按扰动控制相结合的控制方式称为复合控制方式。

二、自动控制系统的分类

自动控制系统有多种分类方法。按控制方式可分为开环控制、反馈控制、复合控制等；按元件类型可分为机械系统、电气系统、机电系统、液压系统、气动系统、生物系统；按系统功能可分为温度控制系统、位置控制系统等；按系统性能可分为线性系统和非线性系统、连续系统和离散系统、定常系统和时变系统、确定性系统和不确定性系统等；按参据量变化规律又可分为恒值控制系统、随动系统和程序控制系统等。一般，为了全面反映自动控制系统的特点，常常将上述各种分类方法组合应用。

1. 线性连续控制系统

这类系统可以用线性微分方程式描述。按其输入量的变化规律不同又可将这种系统分为恒值控制系统、随动系统和程序控制系统。

2. 线性定常离散控制系统

离散控制系统是指系统的某处或多处的信号为脉冲序列或数码形式，因而信号在时间上是离散的。连续信号经过采样开关的采样就可以转换成离散信号。一般，在离散系统中既有连续的模拟信号，也有离散的数字信号，因此离散系统要用差分方程描述。工业计算机控制系统就是典型的离散系统。

3. 非线性控制系统

系统中只要有一个元部件的输入-输出特性是非线性的，这类系统就称为非线性控制系统，这时，要用非线性微分（或差分）方程描述其特性。非线性方程的特点是系数与变量有关，或者方程中含有变量及其导数的高次幂或乘积项。由于非线性方程在数学处理上较困难，目前对不同类型的非线性控制系统的研究还没有统一的方法。但对于非线性程度不太严重的元部件，可采用在一定范围内线性化的方法，将非线性控制系统近似为线性控制系统。

三、对自动控制系统的基本要求

自动控制理论是研究自动控制共同规律的一门学科。尽管自动控制系统有不同的类型，对每个系统也有不同的特殊要求，但对于各类系统来说，在已知系统的结构和参数时，我们感兴趣的都是系统在某种典型输入信号下，其被控量变化的全过程。对每一类系统被控量变化全过程提出的共同基本要求都是一样的，可以归结为稳定性、快速性和准确性，即稳、准、快的要求。

1. 稳定性

稳定性是保证控制系统正常工作的先决条件。它是这样来表述的：系统受到外作用后，其动态过程的振荡倾向和系统恢复平衡的能力。如果系统受到外作用后，经过一段时间，其被控量可以达到某一稳定状态，则称系统是稳定的。图 1-6 为系统受到外作用后，被控量振荡衰减的情况。还有一种情况是系统受到外作用后，被控量单调衰减，在这两种情况中系统都是稳定的，否则称为不稳定，如图 1-7 所示。其中图 1-7a 为受扰动作用后，被控量不能恢复平衡的情况；图 1-7b 为在给定信号作用下，被控量振荡发散的情况。另外，若系统出现等幅振荡，即处于临界稳定的状态，这种情况也可视为不稳定。线性自动控制系统的稳定性是由系统结构决定的，与外界因素无关。

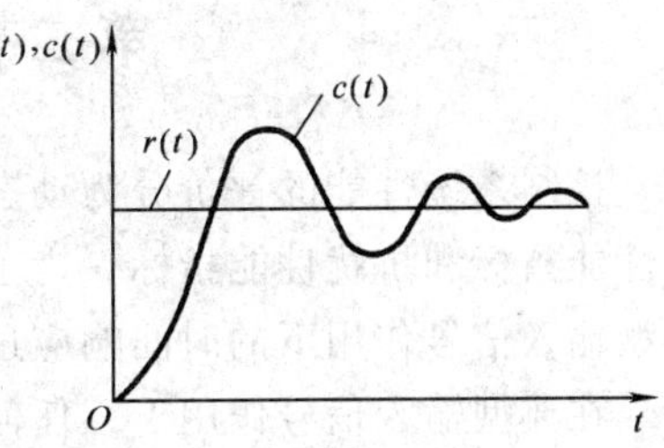

图 1-6　稳定系统的动态过程

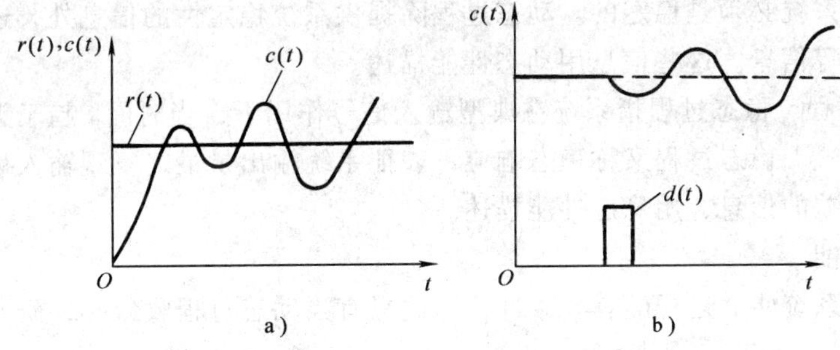

图 1-7　不稳定系统的动态过程

a）给定信号作用被控量振荡发散　b）受扰动后系统不能恢复平衡

2. 快速性

为了很好完成控制任务，控制系统仅仅满足稳定性要求是不够的，还必须对其过渡过程的形式和快慢提出要求，一般称为动态性能。快速性是通过动态过程时间长短来表征的，如图 1-8 所示。系统响应越快，说明系统复现输入信号的能力越强。

3. 准确性

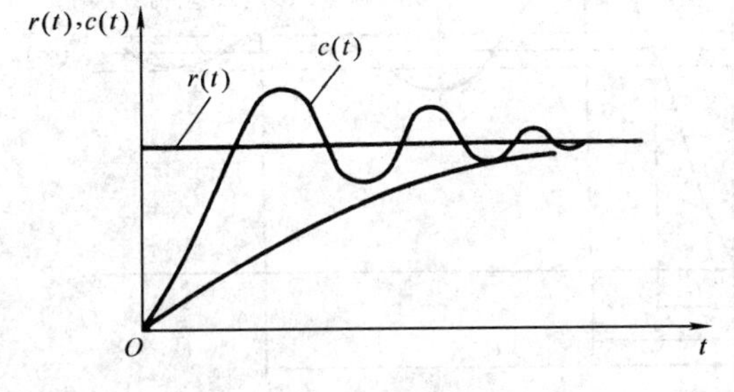

图 1-8　控制系统快速性

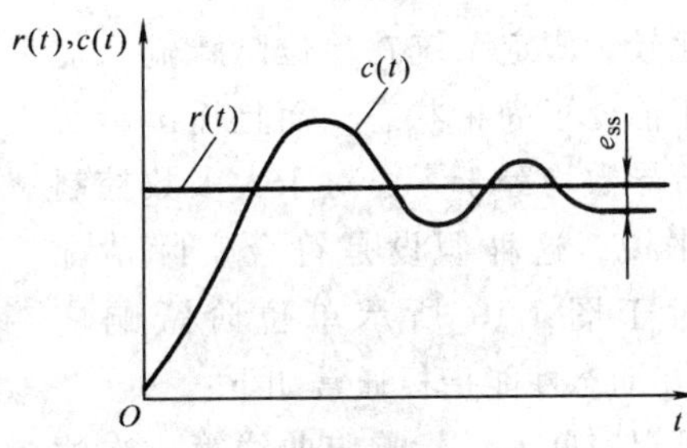

图 1-9　控制系统的稳态精度

理想情况下，当过渡过程结束后，被控量达到的稳态值应与期望值一致。但实际上，由于系统结构、外作用形式以及摩擦、间隙等非线性因素的影响，被控量的稳态值与期望值之间会有误差存在，称为稳态误差。稳态误差是衡量控制系统精度的重要标志。若系统的最终误差为零，则称为无差系统，否则称为有差系统，见图 1-9。

第二节　控制系统的性能指标

控制系统性能的评价分为动态性能指标和稳态性能指标两类，动态性能指标又可分为跟随性能指标和抗扰性能指标。为了评价控制系统时间响应的性能指标，需要研究控制系统在典型输入信号作用下的时间响应过程。

在典型输入信号作用下，任何一个控制系统的时间响应都是由动态过程和稳态过程两部分组成。

（1）动态过程　动态过程又称过渡过程，指系统在典型输入信号作用下，系统输出量从初始状态到最终状态的响应过程。由于实际控制系统具有惯性、摩擦以及其他一些原因，系统输出量不可能完全复现输入量的变化。根据系统结构和参数选择情况，动态过程表现为衰减、发散或等幅振荡形式。显然，一个可以实际运行的控制系统，其动态过程必须是衰减的，换句话说，系统必须是稳定的。动态过程除提供系统稳定性的信息外，还可以提供响应速度及阻尼情况等信息。这些信息用动态性能描述。

（2）稳态过程　稳态过程指系统在典型输入信号作用下，当时间 t 趋于无穷大时，系统输出量的表现方式。稳态过程又称稳态响应，表征系统输出量最终复现输入量的程度，提供系统有关稳态误差的信息，用稳态性能描述。

一、动态性能

稳定是控制系统能够运行的首要条件，因此只有当动态过程收敛时，研究系统的动态性能才有意义。

1. 跟随性能指标

通常在阶跃函数作用下，测定或计算系统的动态性能。一般认为，阶跃输入对系统来说是最严峻的工作状态。如果系统在阶跃函数作用下的动态性能满足要求，那么系统在其他形式的函数作用下，其动态性能也是令人满意的。

描述稳定的系统在单位阶跃函数作用下，动态过程随时间 t 的变化状况的指标，称为动态性能指标。为了便于分析和比较，假定系统在单位阶跃输入信号作用前处于静止状态，而且输出量及其各阶导数均等于零。对于大多数控制系统来说，这种假设是符合实际情况的。对于图 1-10 所示单位阶跃响应 $c(t)$，其动态性能指标通常如下：

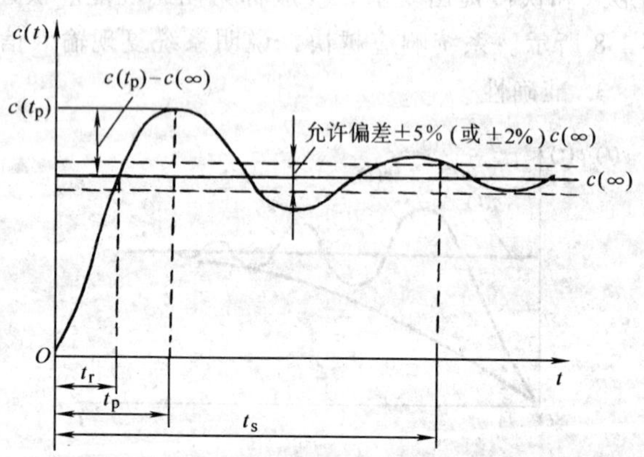

图 1-10　阶跃响应曲线与跟随性能指标

延迟时间 t_d　指响应曲线第一次达到其终值一半所需的时间。

上升时间 t_r　指响应从终值10%上升到终值90%所需的时间；对于有振荡的系统，也可定义为响应从零第一次上升到终值所需的时间。上升时间是系统响应速度的一种度量。上升时间越短，响应速度越快。

峰值时间 t_p　指响应超过其终值到达第一个峰值所需的时间。

调节时间 t_s　指响应到达并保持在终值±5%或±2%内所需的时间。

超调量 $\sigma\%$　指响应的最大偏离量 $c(t_p)$ 与终值 $c(\infty)$ 的差与终值 $c(\infty)$ 比的百分数，即

$$\sigma\% = \frac{c(t_p) - c(\infty)}{c(\infty)} \times 100\%$$

若 $c(t_p) < c(\infty)$，则响应无超调。超调量也称为最大超调量或百分比超调量。

上述五个动态性能指标，基本上可以体现系统动态过程的特征。在实际应用中，常用动态性能指标多为上升时间、调节时间和超调量。通常用 t_r 或 t_p 评价系统的响应速度；用 $\sigma\%$ 评价系统的阻尼程度；而 t_s 是同时反映响应速度和阻尼程度的综合性能指标。

2. 抗扰性能指标

如果控制系统在稳态运行中受到扰动作用，经历一段动态过程后，又能达到新的稳态，则系统在扰动作用之下的变化情况可用抗扰性能指标来描述。图1-11为系统稳定运行中突加一个使输出量降低的负扰动之后的典型过渡过程，据此可定义抗扰性能指标：

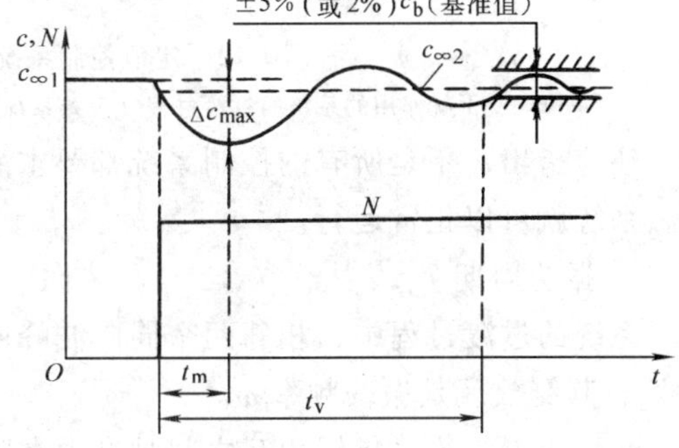

图1-11　突加扰动的动态过程和抗扰性能指标

动态降落 Δc_{max}　对稳态运行中的系统，突加一个约定的标准负扰动量，在过渡过程中出现的系统输出量的最大降落值。

恢复时间 t_v　从阶跃扰动作用开始，到系统输出量基本恢复稳态，距新稳态值 $c_{\infty 2}$ 之差进入某基准值 c_b 的±5%或±2%范围内所需的时间。c_b 的值视具体情况而定。Δc_{max}、t_v 小，说明系统抗扰能力强。

二、稳态性能

稳态误差是描述系统稳态性能的一种性能指标，通常在阶跃函数、斜坡函数、加速度函数作用下进行测定或计算。若时间趋于无穷时，系统的输出量不等于输入量的确定函数，则系统存在稳态误差。稳态误差是系统控制精度或抗扰能力的一种度量。

评价控制系统的性能，除了用以上动态性能指标和稳态性能指标外，还有以下几个最常用的指标：

1. 衰减比 n

衰减比是衡量控制系统过渡过程稳定性的重要动态指标，它的定义是第一个波的振幅 B 与同方向的第二个波的振幅 B' 之比，即 $n = B/B'$，如图1-12所示。显然对于衰减振荡来说，$n>1$，n 越小就说明控制系统的振荡越剧烈，稳定度越低；$n=1$，就是等幅振荡；n 越大，意味着系统的稳定性越好，根据实际经验，以 $n=4\sim10$ 为宜。有些场合采用衰减率 ψ 来表示，$\psi = 1 - B'/B$，即 $\psi = 0.75\sim0.90$，与 $n=4\sim10$ 是一致的。

2. 静差

静差即静态偏差，有些场合也称之为余差，它是控制系统过渡过程终结时被控变量实际

稳态值与目标值之差，静差是反映控制准确性的一个重要稳定指标。图 1-12a 为系统受干扰作用的过渡过程，新的稳态值为 $c(\infty)$，如果原来的稳态值也就是目标值为 $c(0)$，两者相差为 c，这个系统就称为有差系统；图 1-12b 表示目标值发生改变后系统的过渡过程，新的稳态值 $c(\infty)$ 如果和新的目标值一致，这个系统就称为无差系统。

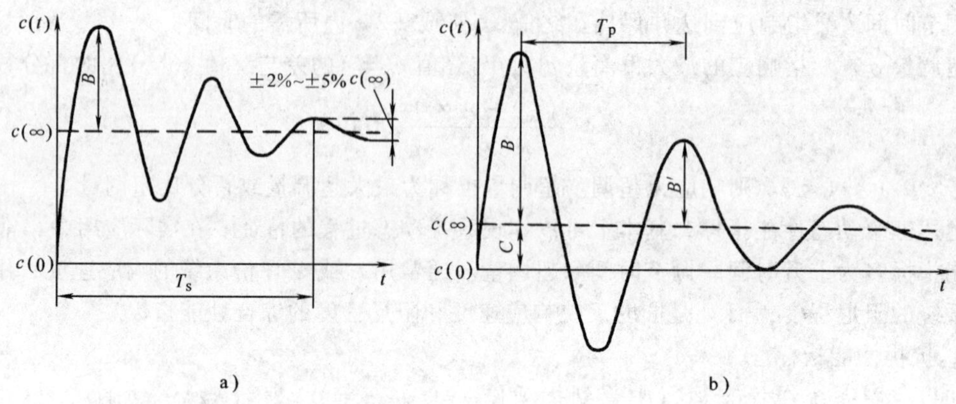

图 1-12　定值控制系统过渡过程评价指标示意图

a）受干扰作用的系统的过渡过程（无差系统）　b）目标值改变的系统过渡过程（有差系统）

还应指出，不是所有的控制系统都要求静差为零，通常只要静差在工艺允许的范围内变化，系统就可以正常运行。

3. 振荡周期 T_p

系统的过渡过程中，相邻两个同向波峰所经过的时间即振荡一周所需的时间称为振荡周期 T_p，其倒数就是振荡频率 ω。

必须指出，这些指标相互之间是有内在联系的，我们应根据生产工艺的具体情况区别对待，对于影响系统稳定和产品质量的主要控制指标应提出严格的要求，在设计和调试过程中优先保证实现，只有这样控制系统才能取得良好的经济效益。

第三节　自动控制系统中常用名词与术语

为今后叙述的方便，下面集中介绍控制系统常用名词术语的基本意义。

1. 控制和调节

“控制”和“调节”的含义十分接近，两者都是为达到预期目的而按照某种规律对控制对象施加作用，又如“调节原理”和“控制理论”都是指同一学科；有些场合两者也有不完全通用的地方，例如通常把开环系统中的动作称为控制而该装置称为控制器；在闭环系统中则分别称为调节和调节器。还有“自控”一词包括了各种形式的自动控制，不能称为“自调”；又如“超调”是指控制系统在动态过程中瞬时值与稳态值的偏差，不能称为“超控”等等，这些都是人们的用词习惯形成的。

2. 自动控制

它是指在没有人直接参与的情况下，利用外加的设备或装置，使机器、设备或生产过程的某个工作状态或参数自动地按照预定的规律运行的控制机制。

3. 控制对象和被控变量

为保证生产设备能够安全、经济运行，必须组成一个控制系统，对其中某个关键参数进行控制，这台设备就成为控制对象，这个关键参数就是被控变量。

4. 自动控制系统

它是由研究自动控制装置（也称控制器）和被控对象组成，能自动地对被控对象的工作状态或其被控量进行控制，并具有预定性能的广义系统。

5. 目标值和定值控制系统

目标值也称为设定值，就是希望被控变量保持的数值。如果目标值是恒定不变的，这种自动控制系统就称为定值控制系统。

6. 检测装置

用来感受控制对象的被控变量的大小并将其转换和输出相应的信号作为控制的依据，检测装置通常是由某种传感器或变送器组成。

7. 偏差

由反馈装置检测得出的被控变量实际值与目标值之差。在自动控制过程中存在的偏差称为“残余偏差”或“余差”，在静态情况下存在的偏差则称为“静差”。

8. 调节器

调节器是根据偏差大小及变化趋势，按照预定的调节规律给执行器输出相应的调节信号的装置。

9. 执行器

执行器接受调节器送来的调节信号，根据它的数值大小输出相应的操作变量对控制对象施加作用，使被控变量保持目标值。

10. 操作变量

由执行器输出到被控对象中的能量流或物料流称为操作变量。

11. 扰动或干扰

被控对象在运行过程中受到某种外部因素的影响导致被控变量的变化，这些破坏稳定的不利因素统称为扰动或干扰，如负载变化、电源电压波动、环境条件改变等等。

12. 阶跃扰动

在分析控制对象受到扰动后的变化时，也就是研究控制对象的动态特性时，设想在某一瞬间 t_0 把某个参数突然改变为另一个数值，其增量为 X 并维持不变，这个过程可以用图 1-13 表示，这种扰动就称为阶跃扰动。

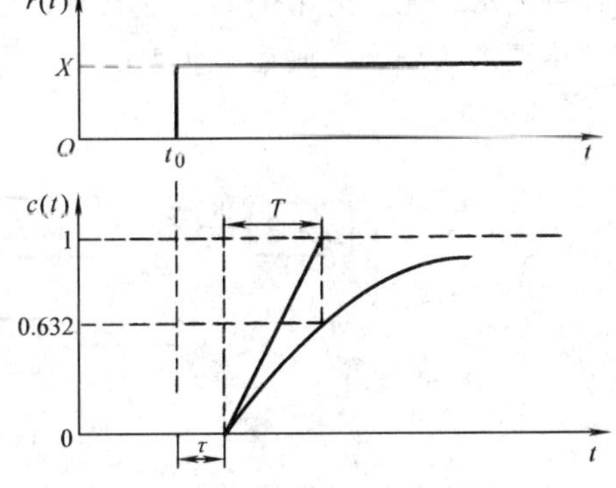

图 1-13　阶跃、控制对象的时间常数和时滞

13. 控制对象的时间常数和时滞

控制对象受到阶跃扰动后，被控变量需要推迟一段时间才按其本身特性变化，再经过一定时间后稳定到一个新的数值，如图 1-13 所示，其中时间 τ 称为“滞后时间”即“时滞”，从起点上升到终点高度的 0.632 所需的时间 T 称为控制对象的时间常数。

14. 闭环与开环

执行器输出操作变量到被控对象以改变被控变量，而被控变量的变化又通过检测装置输出的信号来影响操作变量，这样的信息传递过程构成了闭合环路，这种系统称为闭环控制；如果不存在这种信息传递的闭合回路，从而被控变量的变化对执行器输出的操作变量不发生影响，这样的系统称为开环控制。

15. 系统的静态和动态

当自动控制系统的输入（设定值和扰动）及输出（被控变量）都保持不变时，整个系统处于一种相对平衡的稳定状态，这种状态称为静态；当系统的输入发生变化时，系统的各个部分都会改变原来的状态，力图达到新的平衡，这个变化过程就称为系统的动态。

16. 断续作用和连续作用

断续作用的调节器输出信号只有两种完全不同的状态，例如开关的“接通”或“断开”，没有中间状态。连续作用的调节器其输出信号可以从弱到强连续改变，因而这种方式能够更准确反映控制系统偏差的大小或控制动作的强度，从而可以取得更好的效果。

第四节　常用控制系统的基本类型

常用的控制系统有单回路系统、多回路系统、串级系统、比值系统、复合系统等五种基本类型。

一、单回路系统

单回路反馈控制系统又称为单参数控制系统或简单控制系统，它是由一个被控对象、一个检测变送装置、一个调节器和一个执行器组成的单闭环控制系统。这种系统的作用如图 1-14 所示。其特点是：被控对象不太复杂，系统结构比较简单。只要合理地选择调节器的调节规律，就可以使系统的技术指标满足生产工艺的要求。单回路控制系统是实现生产过程自动化的基本单元，由于它结构简单，投资少，易于整定和投入运行，能满足一般生产过程自动控制要求，尤其适用于被控对象滞后时间较短、负荷变化比较平缓、对被控变量的控制没有严格要求的场合，放在工业生产中获得广泛的应用。

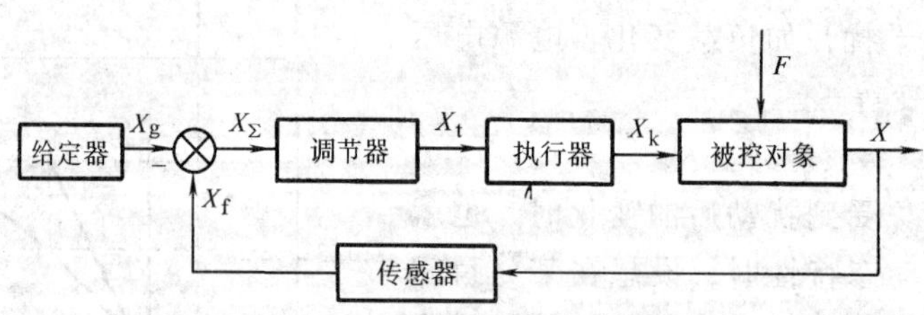

图 1-14　单回路系统作用图

随着技术的迅速发展，控制系统类型越来越多，如综合控制、复杂控制系统等等层出不穷，但单回路控制仍然是最基本的控制系统，掌握单回路控制系统设计的一般原则是很重要的。

生产过程是由若干台工艺设备或装置组成的，它们之间必然存在相互联系和相互影响，在设计控制系统时必须从整个生产过程出发来考虑问题，为此自动控制专业人员必须与生产工艺专业人员密切配合，根据生产工艺过程特点选择被控变量和操作变量，选择合适的检测装置，选用适当的调节器、执行器及辅助装置等，组成工艺上合理、技术上先进、安装调试和操作方便的控制系统，使全套设备运转协调，在充分利用原料、能源、资金的情况下，安全优质、高效、低耗进行生产，获得良好的经济效益。

1. 被控变量和操作变量选择

选择被控变量和操作变量是设计单回路控制系统首先要考虑的问题，被控变量应能反映工艺过程，体现产品质量主要指标；操作变量应能满足控制稳定性、准确性、快速性等方面的要求，还应具有工艺上的合理性和经济性。

被控变量的选择是系统设计的核心问题，在一个生产过程中影响设备正常运行的因素很多，不可能全部进行控制，需要深入分析生产过程，找出对产品的产量和质量以及生产安全和节能等方面有决定性作用的变量作为被控变量。要注意的是，这些变量必须是可以测量的，如果需要控制的变量是温度、压力、流量或液位等，则可以直接将这些变量作为被控变量来组成控制系统，因为测量这些参数的仪表在技术上是很成熟的。

当被控变量选定之后就要选择哪个参数作为操作变量。被控变量是控制对象的输出，而影响被控变量的外部因素则是控制对象的输入。被控对象的输入往往有若干个，这就要从中选择一个作为操作变量，而其余未被选用的输入则成为系统的干扰。从控制的角度来看，干扰是影响控制系统正常稳定运行的破坏性因素，它使被控变量偏离目标值，而操作变量则抑制干扰的影响，把已经变化了的被控变量拉回目标值，使控制系统重新恢复稳定运行，通过深入分析控制对象各种输入变量对被控变量的影响，不难找出对被控变量影响最大的物理量作为操作变量。

2. 检测装置的选择

在控制系统中，被控变量要经过检测装置转换为电信号才能与目标值进行比较，得出偏差值再送到调节器。检测装置通常由传感器和变送器组成，传感器是用来将被控变量转换为一个与之相对应的信号，变送器则将传感器的输出信号转化为统一的标准信号如4~20mA或1~5V的直流信号。

控制系统对检测装置的基本要求是：①测量值能正确反映被控变量的数值，其误差不超过规定的范围；②测量值能及时反映被控变量的变化，即有快速的动态响应；③在工作环境条件下能长期可靠工作。这些要求与传感器和变送器的类型、仪表的精度等级和量程、传感器和仪表的安装使用及防护措施都有密切的关系。这些问题将在后面的第二章和第三章进行讨论。

3. 调节器控制规律的选择

调节器的控制规律对控制系统的运行影响很大，不仅与系统的控制品质密切相关，而且对系统的结构和造价有很大的影响。工业控制系统常用的调节器的控制规律将在本章第五节中作详细介绍，这里只作简要陈述。

（1）位式调节器　常见的位式调节器是双位式调节器。一般适用于滞后较小，负荷变化不大也不剧烈、控制质量要求不高，允许被控变量在一定范围内波动的场合。

双位式调节器的输出只有“接通”与“断开”两种截然不同的状态，这类控制元件品种很多，如温度开关、压力开关、液位开关、料位开关、光敏开关、声敏开关、气敏开关、定时开关、限位开关等等。它们的结构比较简单、价格相对低廉，与之配套的执行器通常也选用开关器件如继电器、接触器、电磁阀、电动阀等，组成控制系统相当方便而且节省资金，能够满足一般的使用要求，因而应用相当广泛。

下面介绍的几种调节器都是连续作用的调节器，不仅需要使用能连续反映被测参数变化的检测装置，而且配套的执行器也必须根据调节器输出信号的强弱来改变施加给控制对象的操作变量的大小，这种连续调节系统比位式调节系统要复杂得多。

（2）比例控制　比例控制是最基本的控制规律，它的输出与输入成比例，当负荷变化时克服扰动的能力强，过渡过程时间短，但过程终了时存在余差，而且负荷变化越大余差也越大。

比例控制适用于系统滞后较小，时间常数也不大，扰动幅度较小，负荷变化不大，控制质量要求不高，允许有余差的场合。

（3）比例积分控制　由于引入的积分作用能够消除余差，所以是使用最多、应用最广的控制规律。但是加入积分作用后要保持原有的稳定性必须加大比例度（削弱比例作用）而使最大偏差和振荡周期相应增大，过渡过程时间延长。

对于滞后较小，负荷变化不大，工艺上不允许有余差的场合，可以获得较好的控制效果。

（4）比例微分控制　由于引入的微分有超前控制作用，所以能使系统的稳定性增加，最大偏差减小，加快了控制过程，改善了控制质量，适用于过程滞后较大的场合。对于滞后很小和扰动作用频繁的系统不宜采用。

（5）比例积分微分控制　微分作用对于克服滞后有显著效果，在比例基础上增加微分作用能提高系统的稳定性，加上积分作用能消除余差。PID 调节器有 δ、T_{I}、T_{D} 等三个可以调整的参数，因而可以使系统获得较高的控制质量。它适用于容量滞后大、负荷变化、控制质量要求较高的场合。

二、多回路系统

有些控制对象动特性比较复杂，滞后和惯性都很大，在采用单回路不能满足要求时，常常在对象本身再设法找一个或几个辅助变量作为辅助控制信号反馈回去，这样就构成了多回路系统。辅助变量的选择原则是它要比被控量变化快，且易于实现。在大多数情况下，往往还选择辅助变量的微分，以便反映变量的变化状况和趋势。比如直流电动机转速控制系统往往选电压和电流作辅助变量，或再加电压微分反馈，形成多回路系统。又比如锅炉汽包液面控制也要求引入水量和蒸汽流量作为辅助量而构成多回路系统。这种系统的作用如图 1-15 所示。

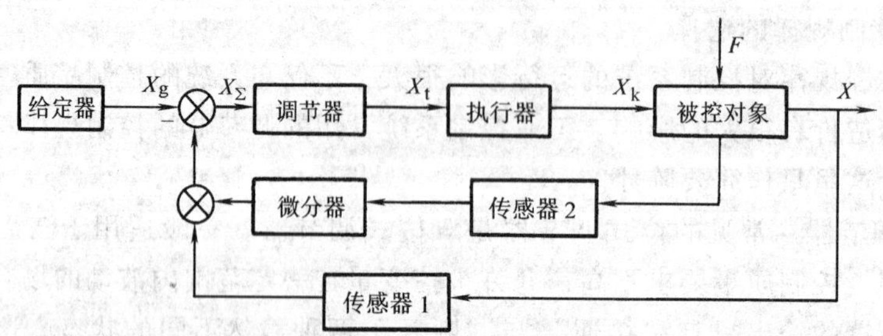

图 1-15　多回路系统作用图

三、串级系统

串级系统是多回路系统的另一种类型。它由主、副两个控制回路构成，被控量的反馈形成主控回路，另外把一个对被控量起主要影响的变量选做辅助变量形成副回路。串级系统与一般多回路系统的根本区别和主要特点在于副回路的给定值不是常量，是一个变量，其变化情况由被控量通过主调节器来自动校正。因此，副回路的输入是一个任意变化的变量。这就要求副回路必须是一个随动系统，这样其输出才能随输入的变化而变化，使被控量达到所要求的技术指标。

我们以晶闸管供电的直流电动机调速系统为例来说明串级控制系统的必要性。这时系统的被控对象（广义对象）是一个具有时滞的大惯性环节。如果我们只采用转速反馈的单回路系统，虽然转速反馈可以克服所有干扰对转速的影响，但由于被控对象的特性，控制质量并不理想。这是因为电源电压的波动和负载的干扰引起的后果，只有等被控量（转速）发生了变化，通过转速反馈回去与给定值比较，产生偏差，然后才能用偏差信号去克服干扰的影响。显然，这是不及时的。为了克服这种控制过程的滞后，会想到使用微分调节器，但是微分调节器并不能克服滞后特性对控制质量的不利影响，同时微分调节器还有放大噪声的缺点。怎样解决这个问题呢？我们知道，当电源电压波动或负载改变等干扰出现时，总是引起电动机电流的变化，在电动机起动、制动时，为了得到最大的加速和减速，在起、制动时希望电流保持正的或负的最大值。如果我们把对转速起主要影响的电流选做辅助变量，组成一个电流控制回路，当干扰引起电流变化但尚未引起转速显著变化时，电流控制回路就进行了控制，从而能够更快地克服干扰对转速的影响，这就解决了转速单回路控制过程的滞后现象。如果只要电流控制回路而没有转速控制回路行不行呢？显然是不行的，因为电流控制回路只能保持电流的恒定，而不能保持转速的恒定，只有电流控制回路是不能实现转速控制的。必须两种控制回路同时采用，才能起到互相补充、相辅相成的作用。现在的问题是，这两个控制回路如何构成？转速要求恒定，所以转速给定应为恒值。对电流的要求却不是恒定的了，在起动和制动时，为使电动机尽快升速和减速，希望电动机保持正的或负的最大值；当负载改变时，为使转速保持恒定，也希望电流做相应的改变。所以电流控制回路的给定值应能适应转速的要求，其大小和变化应根据转速来决定。为使系统不致过于复杂，尽量不增加新的随转速而变化的电流给定装置，这时我们把转速调节器的输出作为电流控制回路的给定就可以完成上述要求。从结构上看，是把电流控制回路串在速度回路里了，所以这种控制系统叫做串级控制系统。在直流电动机调速系统中，转速控制回路是主回路，电流控制回路是副回路，相应地，我们把主回路的调节器叫做主调节器，副回路的调节器叫做副调节器。串级控制系统的作用如图 1-16 所示。

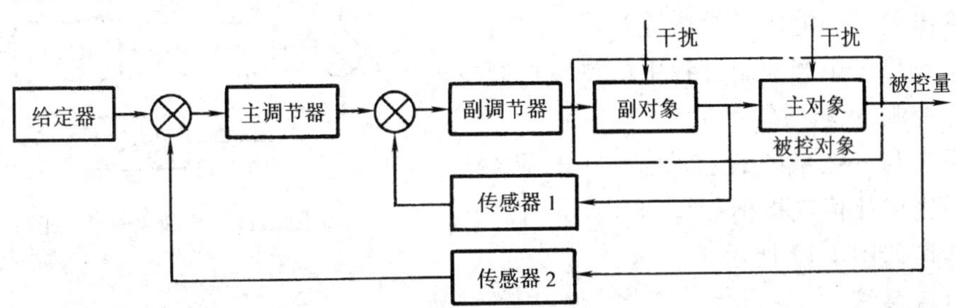

图 1-16　串级控制系统作用图

由于串级控制系统由主、副两个控制回路构成，利用具有快速作用的随动副回路将加在被控对象的干扰在没有影响被控量以前就加以克服，剩余的影响或副回路无法克服的干扰由主回路克服。因此，串级控制系统适用于对象有滞后和惯性较大而且干扰作用较强和频繁的系统，例如化工或热工方面的精馏塔塔釜温度与流量串级控制系统，加热炉出口温度或燃料流量与压力或气体比值的串级控制系统等等。

在拟定串级控制方案时应考虑以下几点：

1）控制回路应包括主要干扰和尽量多的干扰因素在内，以便减小它们对被控量的影响，提高系统的抗干扰能力。

2）使副控制回路包括系统广义对象的滞后和惯性较小的部分以减小滞后影响和提高副回路的快速性。

3）使主、副回路对象的时间常数适当匹配，一般使 $T_{主}/T_{副}$ 之比为 3～10。这样包括在副回路的干扰对被控量的影响较小。

4）副回路的选择应考虑在工艺上的合理性与实现上的可能性与经济性。副回路的被控量（副变量）应为决定被控量（主变量）的主要因素。

5）因副变量的给定值需要自动校正而采用串级控制时，被控量和主回路应能及时反映操作条件的变化。副回路应保证副变量快速而准确地跟踪主调节器的输出。

四、比值系统

比值系统是使系统中一个或多个变量按给定的比例自动跟随另一个或多个变量的变化而变化的控制系统。比如异步电动机的变频调速系统，要使定子电压与频率成比例地改变，而在低频（低速）时，由于定子电阻压降所占整个阻抗压降的比例增大，如果仍按比例变化，则转矩降低，甚至使电动机无法工作。因此电压与频率必须按一定的函数关系进行变化，这一关系叫做比值系统的控制规律。可见，比值系统的控制规律不一定就是线性比例关系，它可能是一个任意函数关系。这一函数关系是由工艺情况决定的。当然也有只要求按一定比例进行控制的，例如加热炉中煤气和空气进入量必须保持一定的比例才能保证理想的燃烧情况。

事实上，比值系统可以看作是更普遍的所谓指标控制系统的一种特例。有时一些工艺过程采用直接可测变量作为控制变量时并不能达到生产上的要求，或者能作为控制变量的量又无法测量，这时必须测量一些间接变量经过一定计算而得到所需要的变量。例如电弧炼钢炉中的功率控制，通过测出电流和电压经乘法计算就可以得到功率，化工或热工生产控制过程中的热焓控制也是这类指标控制的例子。

这类系统与一般系统的主要区别在于系统中必须有一个完成比值或指标计算的计算元件，比值系统的作用如图 1-17 所示。

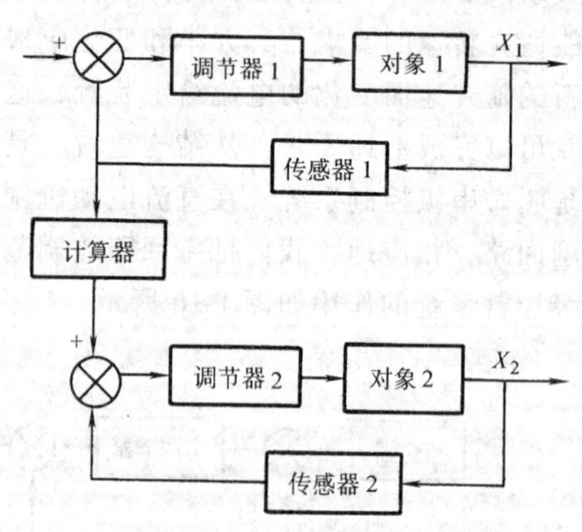

图 1-17　比值系统作用图

五、复合系统

以上几种都是根据反馈原理组成的控制系统。按反馈原理组成的系统，只有在干扰引起被控量出现偏差以后才能对系统进行控制，也就是当干扰引起“恶果”以后，才来采取纠正的措施，比较被动。由于干扰总是引起被控量变化，如果我们直接测量干扰，抢先一步，在事前就把干扰通过一个补偿环节再作用于被控对象，使它产生的作用正好和干扰直接作用在被控对象时产生的作用相反，两者抵消，自然就可以消除干扰的不利影响。因此，把这种方法称为前馈或正馈控制。显然，只有正馈也不能构成理想的系统，往往在采用正馈的同时还采用反馈。这样就组成了既有正馈又有反馈的复合控制系统。图 1-18 是这种系统作用图。

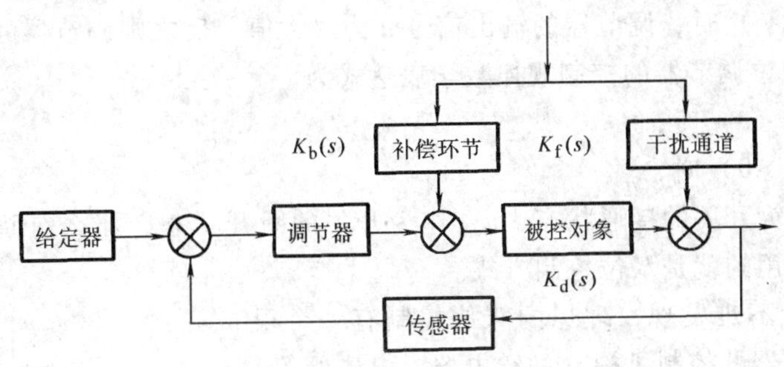

图 1-18　复合系统作用图

图中，如果 $K_b(s)$ 是补偿环节的传递函数，$K_f(s)$ 是干扰与被控量之间的传递函数，$K_d(s)$ 是被控对象的传递函数，理论上选择：$K_b(s)=\dfrac{K_f(s)}{K_d(s)}$，就可以消除干扰对被控量的影响。

第五节　常用调节器的控制规律

一、系统设计与校正

当被控对象给定后，按照被控对象的工作条件，被控信号应具有的最大速度和加速度要求等，可以初步选定执行元件的型式、特性和参数。然后，根据测量精度、抗扰能力、被测信号的物理性质、测量过程中的惯性及非线性度等因素，选择合适的测量变送元件。在此基础上，设计增益可调的前置放大器与功率放大器。这些初步选定的元件以及被控对象适当组合起来，使之满足表征控制精度、阻尼程度和响应速度的性能指标要求。如果通过调整放大器增益后仍然不能全面满足设计要求的性能指标，就需要在系统中增加一些参数及特性可按需要改变的校正装置，使系统性能全面满足设计要求。

校正装置可以是电气的、机械的、气动的、液压的，或由其他形式的元器件组成。电气的校正装置有无源的和有源的两种，常用的无源校正装置有 R-C 网络、微分变压器等，应用这种校正装置时，必须注意它在系统中与前后级部件间的阻抗匹配问题。有源校正装置是以运算放大器为核心元件组成的校正网络，通常称之为调节器。调节器具有调节简单、使用方便等优点，被广泛应用于现代控制工程中，本节讨论常用调节器的控制规律。

二、常用调节器的控制规律

调节器的功能是按照生产过程中目标值与被控变量的测量值进行比较后得出偏差的正负和大小，按照一定的规律向执行器发出控制信号，使被控变量与目标值相一致。调节器的输出信号随输入的偏差信号的变化而变化的规律就称为控制规律。常用的控制规律有双位控制、比例（P）控制、比例积分（PI）控制、比例微分（PD）控制、比例积分微分（PID）控制等几种。不同的控制规律适用于不同要求和特性的工艺生产过程，调节器的控制规律如果选得不合适，不是增加投资费用，就是不能满足生产工艺要求，甚至造成严重事故，因此必须了解调节器的各种控制规律的特点及其适用条件，才能作出正确的选择。

1. 双位控制

双位控制是最早应用，也是最简单的控制规律，调节器的输出只有两个值，当偏差信号 e 大于零（或小于零）时，调节器的输出信号 u 为最大值；反之则调节器的输出信号为最小值，因此理想的双位调节器的控制规律数学表达式为

当 $e>0$（或 $e<0$）时，　　$u=u_{max}$

当 $e<0$（或 $e>0$）时，　　$u=u_{min}$

如果把 u_{max} 作为开关的接通状态，u_{min} 作为开关的断开状态，那么前面谈到的电热烤炉控温装置图 1-2 采用的就是双位控制方式。

进一步的思考不难发现，理想的双位控制有一个很大的缺点，即调节器的控制机构（如继电器、电磁阀等）的动作非常频繁，因而使用寿命将大大缩短，很难保证控制系统的安全可靠运行。实际使用的双位调节器是有中间区的，即当测量值大于或小于目标值时，调节器的输出不会立即变化，只有当偏差达到一定数值时，调节器的输出才会发生突然改变，这种双位控制的特性如图 1-19 所示。

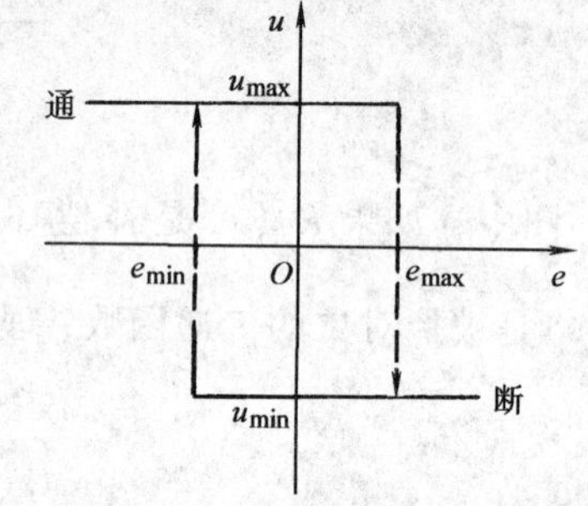

图 1-19　实际双位调节器输出特性

一个具有中间区的双位调节器用于温度控制系统的保温阶段的工作过程如图 1-20 所示，该系统的温度目标值为 Q_G，当实际温度高于目标值时，调节器的输出并不立即发生变化，加热器继续通电，温度继续上升，直至偏差达到中间区的上限 Q_{max} 时调节器的输出才发生变化而将电源切断，物体的温度逐渐下降；同样的温度低于设定值时调节器的输出也不立即发生变化，一直要到其偏差达到中间区的下限 Q_{min} 时才又接通加热器的电源，温度再次上升，因而被控对象的温度就在一定范围内波动。

由于双位控制是在断续作用下形成等幅振荡过程，一般采用振幅和周期为品质指标，由图 1-20 可以看出其振幅为 $Q_{max}-Q_{min}$，周期为 T。对于双位控制系统来说，若要求振幅小，则周期必然短，执行机构的动作频率增高，其开关部件容易损坏，若延长周期则振幅必然增大，被控变量的波动可能超出允许范围。一般的设计原则是满足振幅在工艺允许范围之内的前提下，尽量使周期为最长。

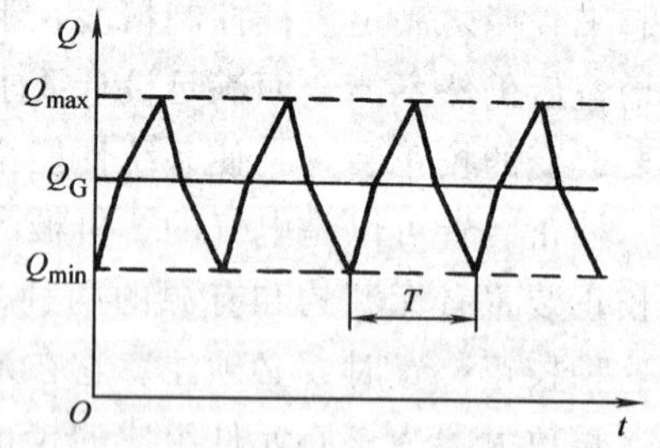

图 1-20　实际双位调节过程曲线

还要注意的是，对于有时滞的控制系统，当调节器的输出已经切换，在其滞后时间 T 之内，被控变量 $Y(t)$ 仍将继续上升或下降，从而使等幅振荡的幅度加大为 $Q'_{max}-Q'_{min}$，如图 1-21 所示。系统的时滞越大，振荡的幅度也越大，在系统设计时要考虑这个问题。

双位调节器结构简单，容易实现控制，适用于被控对象时间常数较大，负荷变化较小，过程时滞小，工艺允许被控变量在一定范围内波动的场合，如恒温箱、电炉的温度控制以及压缩空气的压力控制、贮槽的液位控制等。

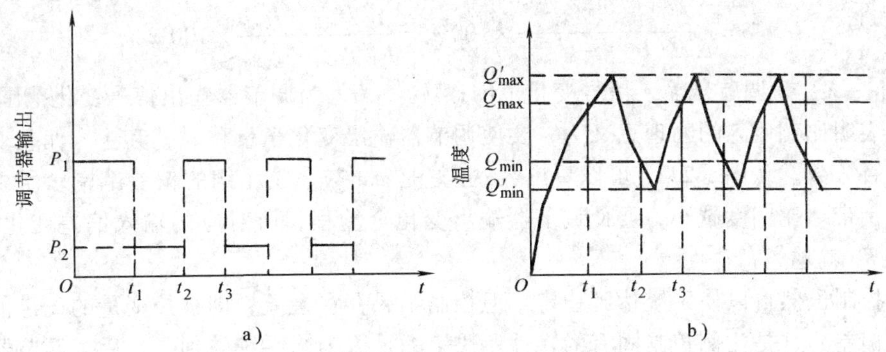

图 1-21 具有滞后环节的双位调节过程曲线

a）滞后环节的输入 b）滞后环节的输出

2. 比例控制

在双位控制系统中，被控变量不可避免地会出现等幅振荡过程，因此只能适用于控制要求不高的场合。对于大多数控制系统，生产工艺要求在过渡过程结束后，被控变量能稳定在某一个值上，人们从多位控制和人工操作的实践中认识到当调节器的输出变化量与输入变化量（即设定值与测量值之间的偏差）成比例时，就能实现这个目标，这就是比例（P）控制，其数字表达式为

$$\Delta u = K_P e$$

式中，K_P 为调节器的比例放大倍数（或比例增益）；e 为调节器的输入变化量（或偏差信号）；Δu 为调节器的输出变化量。

图 1-22 是调节器为比例控制时的输入输出曲线，当偏差信号发生变化时，调节器的输出立即变化，响应非常及时，没有丝毫的滞后。

从比例（P）控制的数字表达式可以看出调节器的输入变化量和输出变化量之间的关系是线性的，但在实际使用中由于执行器的输出变化量是有一定范围的，从而把调节器的输出变化量也限制在一定的范围内，如图 1-23 所示，当 $K_P > 1$ 时，偏差 e 仅在一定范围内与调节器输出变化量 Δu 成线性关系，超出这个范围即使偏差 e 继续增大或减小 Δu 都不再变化。

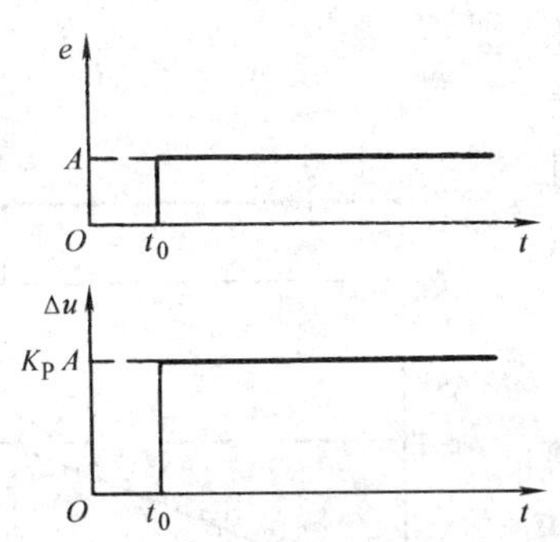

图 1-22 比例调节器的输入输出特性

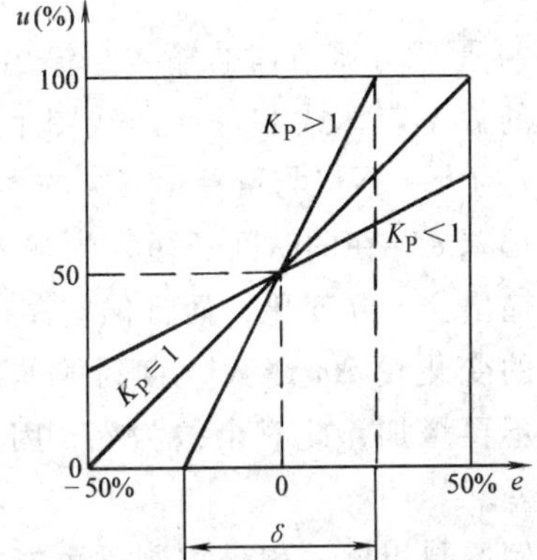

图 1-23 比例作用下的 u-e 关系

在工业控制系统中通常使用比例度（比例带）δ 来代替比例增益 K_P。比例度 δ 的定义为

$$\delta=\frac{e/(X_{\max}-X_{\min})}{\Delta u/(U_{\max}-U_{\min})}\times 100\%=\frac{1}{K_{\mathrm{P}}}\frac{U_{\max}-U_{\min}}{X_{\max}-X_{\min}}\times 100\%$$

式中，$X_{\max}-X_{\min}$为调节器输入信号变化范围；$U_{\max}-U_{\min}$为调节器输出信号变化范围。

上式表明比例度δ的物理意义为，要使调节器输出变化全量程时，其输入偏差变化量占满量程的百分数。从图1-23上可以看出，δ正好是Δu与e成比例的偏差范围，所以称为比例度或比例带。比例度越小，要使调节器输出变化全量程，所对应的输入偏差变化量越小，比例增益K_{P}就越大。

比例控制虽然可以使系统达到稳定，但控制结果存在余差，即被控变量的设定值与测量值之间有偏差，这是比例控制固有的特性所决定的，因为当系统受到干扰后，调节器的输出必须发生变化才能使系统达到新的平衡；而且只有调节器的输入发生变化，也就是系统的目标值与测量值之间有偏差时调节器的输出才会发生变化，由此可见余差是不可避免的。理论分析和实践经验都证明，余差的大小与比例增益K_{P}或比例度δ关系非常密切，K_{P}越大，最大偏差就越小，余差也越小，工作周期也越短，但系统的的稳定性越差，当K_{P}太大时系统可能出现等幅振荡甚至发散振荡，这是必须避免的。

比例增益K_{P}的选取与控制对象的特性有关，如果对象是较稳定的，即对象的滞后较小，时间常数较大以及放大倍数较小时，K_{P}可以取得大一些以提高整个系统的灵敏度，从而得到比较平稳并且余差又不太大的衰减振荡过渡过程；反之如果控制对象的滞后较大，时间常数较小以及放大倍数较大时，K_{P}就应该取得小些，否则达不到稳定的要求。

综上所述，比例控制是一种最基本的控制规律，具有反应速度快，控制及时，但控制结果有余差等特点，主要适用于干扰较小、对象的时滞较小而时间常数较大、控制质量要求不高且允许有余差的场合。

3. 比例积分控制

所谓积分控制，就是调节器的输出变化量Δu与输入偏差值e随时间的积分成正比的控制规律，也就是调节器的输出变化速度与输入偏差值成正比，其数字表达式为：

$$\Delta u=K_{\mathrm{I}}\int_0^t e(t)\,\mathrm{d}t=\frac{1}{T_{\mathrm{I}}}\int_0^t e(t)\,\mathrm{d}t \quad 或 \quad \frac{\mathrm{d}\Delta u}{\mathrm{d}t}=K_{\mathrm{I}}e(t)=\frac{1}{T_{\mathrm{I}}}e(t)$$

式中，K_{I}为调节器的积分速度；T_{I}为调节器的积分时间（s），$T_{\mathrm{I}}=\frac{1}{K_{\mathrm{I}}}$。

图1-24是积分调节器的输入与输出特性曲线。从积分控制的数学表达式和特性曲线图上可以看出，输出信号Δu的大小不仅与偏差信号e的大小有关，而且还取决于偏差e存在的时间长短，当输入偏差出现时，调节器的输出会不断变化，而且偏差存在的时间越长，输出信号的变化量Δu越大，直到偏差等于零时调节器的输出不再增加，此时余差为零，因此积分作用可以消除余差。

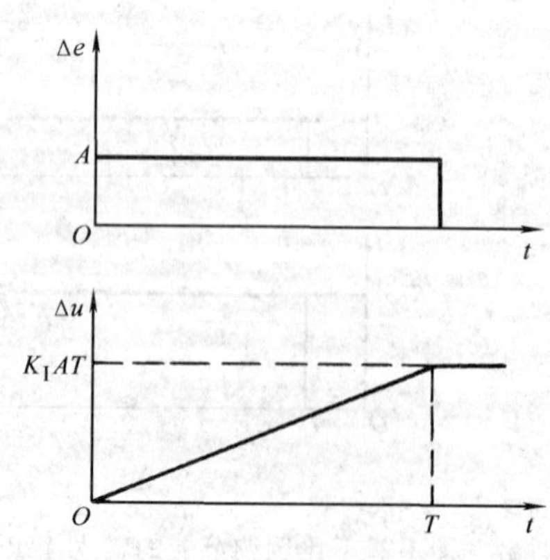

图1-24　积分调节器的输入输出特性

与比例控制相比，积分控制不可能及时对偏差加以响应，由图1-24可以看出，积分调节器的输出变化量$\Delta u=K_{\mathrm{I}}AT$，它是一条通过原点斜率为$A$的直线。当偏差开始出现时，调节器的输出总是从零开始增加，因而总是滞后于偏差的变化，难以对干扰进行及时而有效的抑制，而且积分速度过大往往造成严重超调，使系统发生振荡。

通常工业控制系统中都是将积分控制与比例控制组合成比例积分控制规律来使用，这样既能及时进行控制又能消除余差。比例积分控制规律的数学表达式为：

$$\Delta u = K_P\left(e + \frac{1}{T_I}\int_0^t e\mathrm{d}t\right) = K_P e\left(1 + \frac{1}{T_I}t\right)$$

上式说明，比例积分调节器的输出是比例作用和积分作用两部分之和。图 1-25 就是它的输入与输出的特性曲线，当输入偏差是一个阶跃信号时，由于比例作用的输出与输入偏差成正比，调节器在 $t=0$ 时的输出也是阶跃变化，而此时积分作用输出为零；当 $T>0$ 时，偏差为恒值，所以比例作用的输出也是一个恒值，但积分作用输出则以恒定的速度不断增加，因此比例积分调节器的输出是一条不通过原点的恒定斜率的直线。

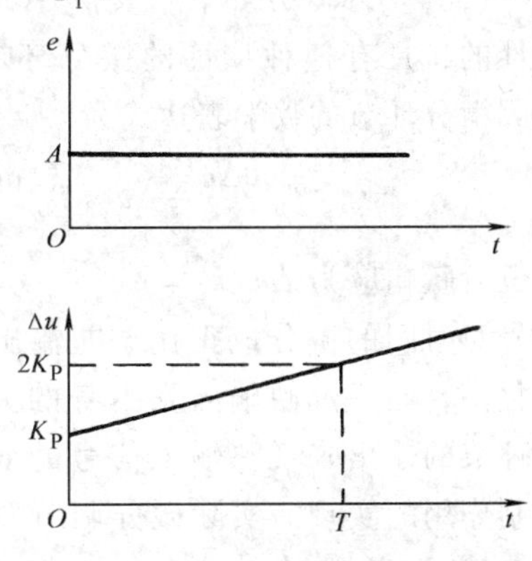

图 1-25 比例积分调节器的输入输出特性

从上面的叙述可以知道，积分作用的大小与积分速度 K_I 成正比，也就是与积分时间 T_I 成反比，即积分时间越小，积分作用越强。从图 1-25 上可以看出当 $t=T_I$ 时有 $\Delta u=2K_P e$，因此当 $t=0$ 时输入发生阶跃变化，记下调节器输出变化的幅值 $K_P e$，同时用秒表计时，当调节器输出变化的幅值达到 $2K_P e$ 时，这个时间就是积分时间常数 T_I。

由于比例积分调节器既保留了比例调节器响应及时的优点，又能消除余差，所以适应范围比较广，大多数控制系统都能使用，其比例增益 K_P 和积分时间 T_I 应根据不同的对象特性进行选择，使系统的超调量和稳定性都符合生产工艺的要求。

4. 比例微分控制

在比例作用的基础上增加了积分作用后可以消除余差，但是为了抑制超调必须减小比例增益，使控制系统的整体性能有所下降，特别是当对象滞后很大或负荷变化剧烈时，不能得到及时有效控制，而且偏差变化速度越大，产生的超调就越大，需要更长的控制时间。在这种情况下，可以采用微分控制，因为比例和积分控制都是根据已形成的偏差进行动作的，而微分控制却是根据偏差的变化趋势进行动作的，从而可以抑制偏差增加的速度，缩短恢复稳定状态的过渡时间。

（1）理想微分环节　理想的微分控制是指调节器的输出变化量与输入偏差的变化速度成正比的控制规律，其数学表达式为

$$\Delta u = T_D\frac{\mathrm{d}e}{\mathrm{d}t}$$

式中，T_D 为调节器的微分时间常数（s）。

需要指出的是，理想微分环节在实际的物理装置中并不存在。

（2）惯性环节　惯性环节的微分方程为

$$T\frac{\mathrm{d}\Delta u}{\mathrm{d}t} + \Delta u = Ke(t)$$

式中，T 为时间常数（s）；K 为比例系数。

在单位阶跃信号作用下输出响应为

$$\Delta u(t)=K(1-e^{-t/T})$$

惯性环节的特点是：输出量不能瞬时完成与输入量完全一致的变化，即信号的传递存在惯性。

（3）实际微分环节　实际中，微分特性总是含有惯性的，具有这种特性的微分环节叫实际微分环节。实际微分环节的数学表达式为

$$T_D\frac{d\Delta u}{dt}+\Delta u=T_D\frac{de(t)}{dt}$$

单位阶跃响应为 $\Delta u(t)=e^{-t/T_D}$。其特点是输出与输入信号对时间的微分成正比，即输出反映了输入信号的变化率，而不反映输入量本身的大小。因此，可由微分环节的输出来反映输入信号的变化趋势，加快系统控制作用的实现。实际微分调节器的输入输出特性如图 1-26 所示。

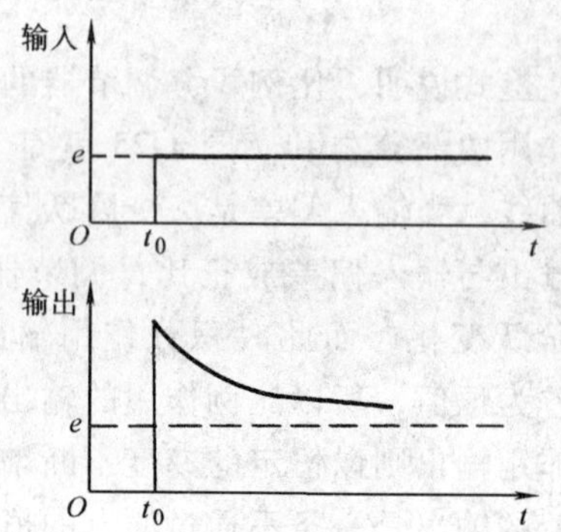

图 1-26　实际微分调节器的输入输出特性

（4）比例微分环节　由于微分环节的输出只能反映输入信号的变化率，而不能反映输入量本身的大小，故在许多场合无法单独使用，因而常采用比例微分环节，其数学表达式为

$$\frac{T_D}{K_D}\frac{d\Delta u}{dt}+\Delta u=T_D\frac{de(t)}{dt}+e(t)$$

式中，K_D 为微分增益；T_D 为微分时间（s）。

式中 $K_D>1$ 时，比例微分环节产生的超前作用大于一阶惯性环节产生的滞后作用，使实际的微分控制规律成指数规律变化的近似微分作用。比例微分调节器的输入与输出特性曲线如图 1-27 所示，它的输出为比例作用和微分作用两部分之和。微分作用的大小用微分时间来衡量，设指数曲线的衰减时间常数为 $T=T_D/K_D$，当 $t=T$ 时则有

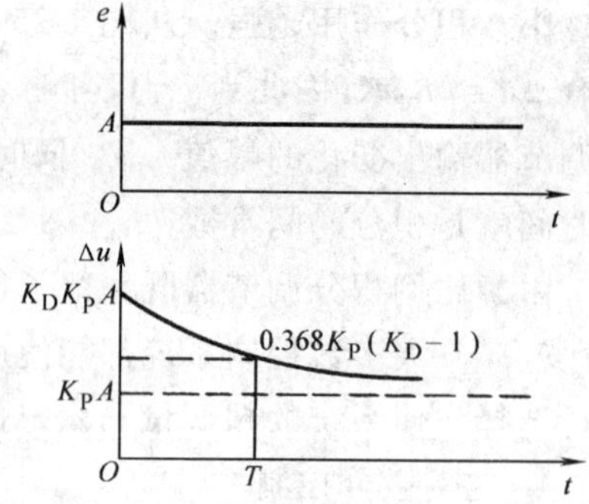

图 1-27　比例微分调节器的输入输出特性

$$\begin{aligned}\Delta u&=K_PA+K_PA(K_D-1)e^{-1}\\&=K_PA+0.368K_PA(K_D-1)\end{aligned}$$

上式表明，经过 T 时间后，比例微分调节器的输出下降到微分作用部分的 36.8%，据此可以用实验方法测出时间常数 T 的大小，然后根据 $T=T_D/K_D$，求出微分时间为 $T_D=K_DT$；即微分时间 T_D 是时间常数 T 的 K_D 倍。

由于微分作用总是阻止被控变量的变化，力图使偏差保持不变，因此当被控变量发生突然变化时，微分作用可以在突然改变的一瞬间产生一个强烈的控制作用，使被控变量的波动幅度明显下降，从而使控制系统的超调量减小和稳定性提高，对改善控制系统的控制品质有很好的效果。

还应指出，微分作用的强弱要适当，微分时间 T_D 太小，则控制作用不够明显；微分时

间太大，则又会使控制作用过强，从而引起被控变量大幅度振荡，反而降低了系统的稳定性。

比例微分控制适用于对象容量滞后较大的控制系统，例如温度控制系统，适当加入微分作用，可以使控制质量有较明显的提高。

5. 比例积分微分控制

通过以上的讨论可知，比例、积分、微分三种控制方式各有独特的作用，比例控制是基本的控制方式，始终起着与偏差相对应的控制作用；增添积分控制后可以消除余差；增添微分控制则可以在系统受到快速变化的干扰时及时进行抑制，增加系统的稳定度。将这三种控制方式综合在一起就成为比例积分微分（PID）控制。理想的 PID 控制数学表达式为：

$$\Delta u = K_{\mathrm{P}}\left(e + \frac{1}{T_{\mathrm{I}}}\int_0^t e\mathrm{d}t + T_{\mathrm{D}}\frac{\mathrm{d}e}{\mathrm{d}t}\right)$$

图 1-28 是实际比例积分微分调节器的输入与输出曲线，从图中可以看到，比例作用是始终起作用的一个分量，微分作用的偏差出现的开始有很大的输出，具有超前作用，然后逐渐衰减；积分作用开始不明显，随着时间的延伸，其数值逐渐加大，成了主要的作用，直到余差消失为止。

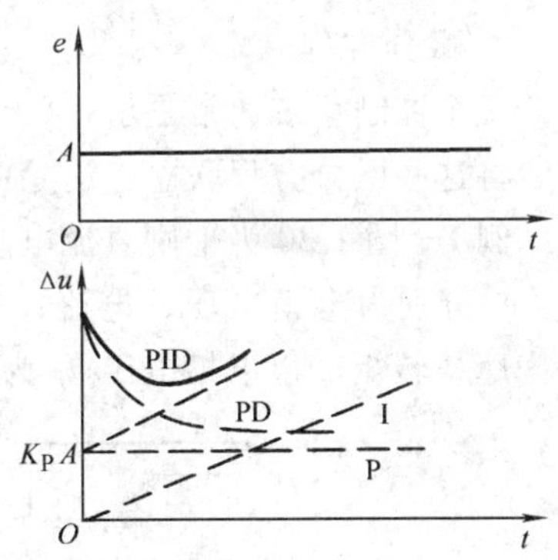

图 1-28 实际比例微分积分调节器的输入输出特性

工业控制系统中实际应用的比例积分微分调节器这三个参数都可以选择，比例度 δ、积分时间 T_{I}、微分时间 T_{D}。δ 越小，比例作用越强；T_{I} 越小，积分作用越强，T_{D} 越大，微分作用越强。把微分时间调到零，就成了比例积分调节器；把积分时间调到无穷大，就成了比例微分调节器。

图 1-29 为同一控制对象采用不同控制规律当受到阶跃扰动时的过渡过程曲线比较图，可以看出，在比例作用的基础上增加微分作用可以减小最大动态偏差及回复时间；增加积分作用可以消除余差，但最大动态偏差和回复时间，均有所增加；PID 控制既可以消除余差又可以获得较小的动态偏差及回复时间，因而控制品质是比较好的。

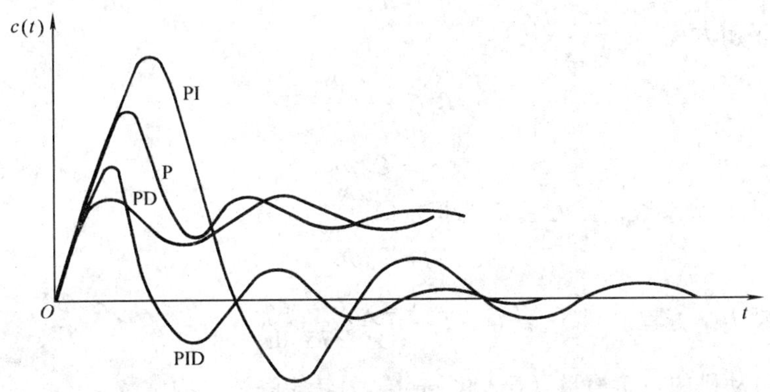

图 1-29 各种调节规律作用下过渡过程的比较

比例积分微分（PID）调节器适用于被控对象负荷变化较大，容量滞后较大，干扰作用较强，工艺不允许有余差存在，且控制质量要求较高的场合。只要根据被控对象的特性，合理选择比例度、积分时间和微分时间等参数，就可以获得较高的控制质量。

第六节　控制系统的数学模型及其频域分析方法

一、控制系统的数学模型

自动控制理论研究的内容是自动控制系统稳、准、快三方面的性能。为了掌握其规律，就必须将系统的动态过程用一个反映其运动状态的数学表达式表示出来。描述系统动态过程中各变量之间相互关系的数学表达式称为系统的数学模型。在分析系统性能之前，必须先建立系统的数学模型。控制系统数学模型的描述方法主要有：系统的微分方程、传递函数、系统动态结构图。

1. 微分方程

一个控制系统通常是由一些环节连接而成的，将系统中的每个环节的微分方程求出来，然后将这些微分方程联立，消除中间变量，便可求出整个系统的微分方程。

例 1　图 1-30 为他励直流电动机的原理图，图 1-31 为其等效电路图。其中 u_d、i_d、R_d、L_d、e_d 分别为电枢电压、电流、电阻、电感和反电动势。T_e 为电磁转矩，T_L 为负载转矩，T_f 为摩擦转矩。以电枢电压 u_d 为输入量，电动机的转速为输出量，试列写其微分方程。

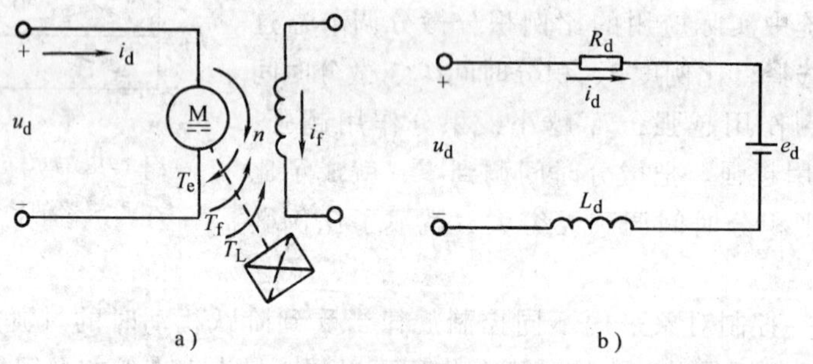

图 1-30　他励直流电动机原理图

a）电动机原理图　b）等效电路图

解：（1）列写微分方程组

电枢电压平衡方程

$$u_d = R_d i_d + L_d \frac{di_d}{dt} + e_d$$

$$e_d = C_e \Phi n$$

式中，C_e 为反电动势系数，当磁通 Φ 为恒定时，C_e 为常数。

电磁转矩　$$T_e = C_m \Phi i_d$$

电动机的动力学方程　$$T_e - T_L - T_f = \frac{GD^2}{375}\frac{dn}{dt}$$

式中，GD^2 为电动机的飞轮惯量（N · m^2）；C_m 为转矩系数，为常数。

（2）消除中间变量，将式子标准化

对于理想的情况，当 $T_L = T_f = 0$ 时，可得

$$i_d = \frac{GD^2}{375C_m C_e}\frac{dn}{dt}$$

令：电动机的电磁时间常数 $T_d = \frac{L_d}{R_d}$

电动机的机电时间常数 $T_m = \frac{GD^2 R_d}{375C_e C_m}$

则电动机的微分方程式可写为

$$T_m T_d \frac{d^2 n}{dt^2} + T_m \frac{dn}{dt} + n = \frac{u_d}{C_e}$$

2. 传递函数

建立了系统的微分方程后，为了从理论上对系统的动态过程进行分析，还必须求解微分方程。在工程实践中，常用拉普拉斯变换法求解线性常微分方程。采用这种方法求解微分方程，实际上是将微分方程的求解问题转化为代数方程的求解问题。利用拉普拉斯变换，还可将用线性定常微分方程式的动态数学模型，转化为复数 s 域内的数学模型——传递函数。

(1) 传递函数的定义及求取　传递函数定义为在零初始条件下，线性定常系统输出量的拉普拉斯变换与输入量的拉普拉斯变换之比。传递函数可用 $G(s)$ 表示，即

$$G(s) = \frac{C(s)}{R(s)}$$

一般，n 阶系统可用 n 阶线性微分方程描述

$$a_0 \frac{d^n c(t)}{dt^n} + a_1 \frac{d^{n-1} c(t)}{dt^{n-1}} + \cdots + a_{n-1}\frac{dc(t)}{dt} + a_n c(t)$$

$$= b_0 \frac{d^m r(t)}{dt^m} + b_1 \frac{d^{m-1} r(t)}{dt^{m-1}} + \cdots + b_{m-1}\frac{dr(t)}{dt} + b_m r(t) \quad (n \geqslant m) \tag{1-1}$$

式中，$c(t)$ 为输出变量；$r(t)$ 为输入变量；a_0，a_1，…，a_n 及 b_0，b_1，…，b_m 均为由系统结构和参数决定的常系数。

设初始条件为零，对式 (1-1) 取拉普拉斯变换，得

$$(a_0 s^n + a_1 s^{n-1} + \cdots + a_{n-1}s + a_n)C(s)$$

$$= (b_0 s^m + b_1 s^{m-1} + \cdots + b_{m-1}s + b_m)R(s)$$

由此求得系统传递函数的一般表达式为：

$$G(s) = \frac{C(s)}{R(s)} = \frac{b_0 s^m + b_1 s^{m-1} + \cdots + b_{m-1}s + b_m}{a_0 s^n + a_1 s^{n-1} + \cdots + a_{n-1}s + a_n} \qquad (n \geqslant m)$$

由上述的求导过程可见，在零初始条件下，只要将系统微分方程中的微分算符 $d^{(i)}/dt^{(i)}$ 换成相应的 s^i，输入与输出的时间函数 $r(t)$、$c(t)$ 改写成象函数 $R(s)$、$c(s)$，便可求得系统相应的传递函数。

关于传递函数，应注意以下性质：

1) 传递函数只适用于线性定常系统。

2) 传递函数只取决于系统（或元件）的结构和参数，而与外施信号的大小与形式无关。因此它表示了系统的固有特性，是一种用象函数来描述系统数学模型。

3) 传递函数一般为复变量 s 的有理分式，它的分母多项式 s 的最高阶次 n 总是大于或

等于其分子多项式 s 的最高阶次 m。

4）传递函数是在零初始条件下定义的，因而它不能反映非零初始条件下系统的运动过程。

例 2 试写出例 1 中直流他激电动机的传递函数。

解：电动机的微分方程式为

$$T_m T_d \frac{d^2 n}{dt^2} + T_m \frac{dn}{dt} + n = \frac{u_d}{C_e}$$

等式两边同时取拉普拉斯变换得

$$\frac{N(s)}{U_d(s)} = \frac{1/C_e}{T_m T_d s^2 + T_m s + 1}$$

（2）常用调节器的传递函数　在上节中我们介绍了常用调节器及其数学表达式，将它们进行拉普拉斯变换可得其传递函数：

比例调节器：
$$\frac{U(s)}{E(s)} = K_P$$

PI 调节器：
$$\frac{U(s)}{E(s)} = \frac{K_P(\tau_i s + 1)}{\tau_i s}$$

式中，K_P 为比例系数；τ_i 为积分时间常数(s)。

PD 调节器：
$$\frac{U(s)}{E(s)} = K_P(\tau s + 1)$$

PID 调节器：
$$\frac{U(s)}{E(s)} = \frac{K_P(\tau_1 s + 1)(\tau_2 s + 1)}{\tau s}$$

3. 动态结构图

微分方程和传递函数都是系统的数学模型，这两种方法都不能直观地显示出系统中其他变量间的关系以及信号在系统中的传递过程。动态结构图是系统数学模型的另一种形式，用它来表示控制系统时能简明地表示出系统中各变量间的数学关系及信号的传递过程，也能方便地求出系统的传递函数。

绘制动态结构图的一般步骤为

1）确定各元件或环节的传递函数。

2）绘出各环节的动态框图，框中标出其传递函数，并以箭头和字母表示其输入量和输出量。

3）根据信号在系统中的流向，依次将各框图连接起来。

例 3 建立他励直流电动机的动态结构图。

如果考虑负载转矩 T_L，忽略摩擦转矩 T_f，他励直流电动机的微分方程为

$$\begin{cases} u_d = R_d i_d + L_d \dfrac{di_d}{dt} + e_d \\ e_d = C_e n \\ T_e - T_L = \dfrac{GD^2}{375} \dfrac{dn}{dt} \\ T_e = C_m i_d \\ T_L = C_m i_L \end{cases}$$

作拉普拉斯变换得

$$U_d(s) = R_d I_d(s) + L_d s I_d(s) + E_d(s) \tag{1-2}$$

$$E_d(s) = C_e N(s) \tag{1-3}$$

$$T_e(s) - T_L(s) = \frac{GD^2}{375} sN(s) \tag{1-4}$$

$$T_e(s) = C_m I_d(s) \tag{1-5}$$

$$T_L(s) = C_m I_L(s) \tag{1-6}$$

由式（1-2）有

$$U_d(s) - E_d(s) = I_d(s)(R_d + L_d s) = I_d(s) R_d\left(1 + \frac{L_d}{R_d} s\right)$$

令

$$T_d = \frac{L_d}{R_d}$$

得

$$\frac{U_d(s) - E_d(s)}{R_d(1 + T_d s)} = I_d(s)$$

将式(1-5)、式(1-6)代入式(1-4)

得

$$I_d(s) - I_L(s) = \frac{GD^2}{375C_m} sN(s)$$

即

$$\frac{I_d(s) - I_L(s)}{C_e/R_d GD^2 R_d s/375 C_m C_e} = N(s)$$

令

$$T_m = \frac{GD^2 R_d}{375 C_m C_e}$$

则有

$$\frac{I_d(s) - I_L(s)}{C_e/R_d T_m s} = \frac{R_d[I_d(s) - I_L(s)]}{C_e T_m s} = N(s)$$

由此可画出电动机的动态结构图如图 1-31 所示。

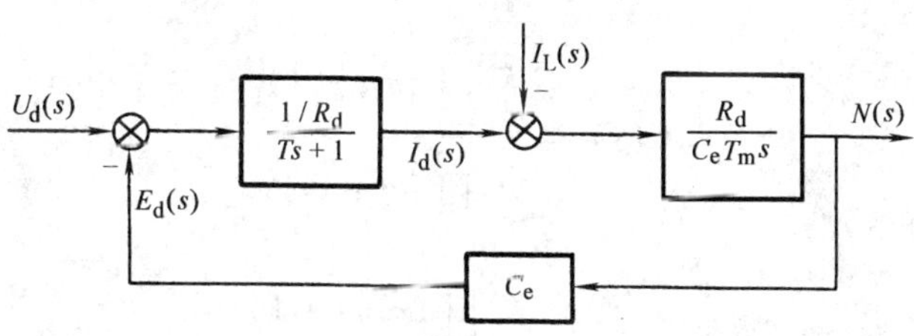

图 1-31　电动机的动态结构图

二、频率特性

1. 频率特性的基本概念

频率特性又称频率响应，它是系统对不同频率正弦输入信号的响应特性。对于线性系统，若输入信号为正弦量，其稳态输出信号也将是同频率的正弦量，但其幅值和相位一般都不同于输入量。若逐次改变输入信号的角频率 ω，则输出信号的幅值和相位都发生变化。系统的频率特性定义为输出与输入的幅值之比、相角之差。因此，频率特性分为幅值频率特性和相位频率特性，分别记为 $M(\omega)$ 和 $\varphi(\omega)$。

频率特性常用 $G(j\omega)$ 来表示，$M(\omega)$ 表示为 $|G(j\omega)|$，$\varphi(\omega)$ 表示为 $\angle G(j\omega)$。若系统（或

元件）的传递函数为 $G(s)$，则其频率特性为 $G(j\omega)$，即只要将传递函数中的复变量 s 用 $j\omega$ 代替，就可由传递函数直接得到频率特性。频率特性是传递函数的一种特殊情形，传递函数的有关性质和运算规律对于频率特性也是适用的。

2. 频率特性的伯德图

在应用频率特性研究系统性能的过程中，1945 年伯德提出了对数图形表示方法，使频率特性的绘制和应用更加方便、直观和实用。对数频率特性成为经典理论在工程上应用得最多的一种方法。

（1）对数频率特性

频率特性 $$G(j\omega)=M(\omega)e^{j\varphi(\omega)}$$

对数幅频特性 $$L(\omega)=20\lg|M(\omega)|$$

对数相频特性 $$\varphi(\omega)=\angle G(j\omega)$$

（2）伯德图　引入对数幅频特性 $L(\omega)$，可以使串联环节的幅值相乘除转化为对数幅频特性的相加减，这对图形的处理和分析计算都带来很大方便。

伯德图是画在纵坐标为等分坐标，横坐标为对数坐标的特殊坐标纸上，这种坐标纸叫“半对数坐标纸”。一个系统的伯德图由两张图表示，一张表示对数幅频特性，纵坐标为 $L(\omega)$ 单位为分贝（dB），另一张表示对数相频特性，纵坐标为 $\varphi(\omega)$ 单位为度（°）。画在半对数坐标纸上的伯德图，不仅其 $L(\omega)$ 渐近线均为直线，叠加方便，而且横轴所表示的频率范围将扩展很多，可以显示从低频到高频较宽频率范围的图形。因此，它在自动控制系统分析和设计中得到了广泛的应用。

3. 控制系统开环频率特性

频率特性的最大特点是可以根据系统的开环频率特性曲线分析闭环性能，以简化闭环控制系统的分析过程。

系统开环幅相频率特性曲线。系统开环传递函数一般是由典型环节串联而成的，可表示为

$$G(s)=\frac{K\prod_{i=1}^{m}(\tau_i s+1)}{s^{\gamma}\prod_{j=1}^{n-\gamma}(T_j s+1)}$$

频率特性 $$G(j\omega)=\frac{K\prod_{i=1}^{m}(\tau_i j\omega+1)}{(j\omega)^{\gamma}\prod_{j=1}^{n-\gamma}(T_j j\omega+1)}$$

式中，τ_i、T_j 为时间常数；n 为系统阶次；γ 为积分环节的个数；K 为开环增益。

系统的对数幅频特性为

$$\begin{aligned}L(\omega)&=20\lg|M(\omega)|\\&=20\lg K+\sum_{i=1}^{m}20\lg|\tau_i j\omega+1|-\gamma 20\lg\omega-\sum_{j=1}^{n-\gamma}20\lg|T_j j\omega+1|\end{aligned}$$

对数相频特性为

$$\varphi(\omega)=\sum_{i=1}^{m}\angle(\tau_i j\omega+1)-\gamma 90^{\circ}-\sum_{j=1}^{n}\angle(T_j j\omega+1)$$

绘制系统开环对数频率特性曲线的一般步骤为：

1）将开环传递函数写成典型环节乘积的形式。

2）画出个典型环节的对数幅频特性和对数相频特性曲线。

3）在同一横坐标下，分别将个环节的对数幅频特性及相频特性曲线相加，求得系统开环对数频率特曲线。

例 4 已知系统的开环传递函数 $G(s)=\dfrac{100(s+2)}{s(s+1)(s+20)}$，试画出该系统的伯德图。

解：将传递函数标准化

$$G(s)=\frac{10(0.5s+1)}{s(s+1)(0.05s+1)}$$

各环节转折频率为

$$\omega_1=1\mathrm{s}^{-1},\omega_2=\frac{1}{0.5}\mathrm{s}^{-1}=2\mathrm{s}^{-1},\omega_3=\frac{1}{0.05}\mathrm{s}^{-1}=20\mathrm{s}^{-1}$$

1）确定低频段曲线：在 $\omega_1=1\mathrm{s}^{-1}$ 处找一点，根据对数幅频特性曲线的近似作图法，该点处的对数幅频值为

$$L(\omega)=20\lg K=20\lg 10=20\mathrm{dB}$$

过这一点画一条 −20dB/dec 斜率的线（I 型系统）。

2）在第一个转折频率处，根据惯性环节的特性，将曲线的斜率改变为 −40dB/dec，依次类推，每到一转折频率处，就改变一次曲线的斜率。

3）根据传递函数，可确定相频特性曲线。

$$\omega=0,\varphi(\omega)=-90°;$$

$$\omega=\infty,\varphi(\omega)=-180°$$

近似作出相频特性曲线如图 1-32 所示。

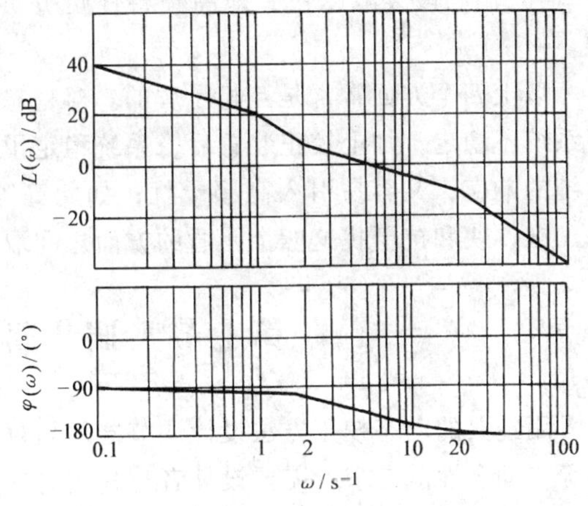

图 1-32　例 3 系统的伯德图

4. 控制系统的稳定裕量

（1）相位裕量 γ　对应于 $|G(\mathrm{j}\omega)H(\mathrm{j}\omega)|=1$ 时的频率 ω_c 称为穿越频率，或称剪切频率，也称截止频率。

相位裕量：$G(\mathrm{j}\omega)H(\mathrm{j}\omega)=1$ 曲线上，模值为 1 的矢量与负实轴之间的夹角，即

$$\gamma=\varphi(\omega_c)-(-180°)=\varphi(\omega_c)+180°$$

（2）幅值裕量 K_g　幅值裕量为开环频率特性的相角 $\varphi(\omega_g)=-180°$时，在对应的频率 ω_g 处，开环频率特性的幅值 $|G(\mathrm{j}\omega_g)H(\mathrm{j}\omega_g)|$ 的倒数，即

$$K_g=\frac{1}{|G(\mathrm{j}\omega_g)H(\mathrm{j}\omega_g)|}=\frac{1}{M(\omega_g)}$$

三、控制系统性能与开环对数频率特性的关系

在伯德图上，用来衡量最小相位系统稳定裕度的指标是：相角裕度 γ 和以分贝表示的增益裕度 GM。一般要求：

$$\gamma=30°\sim60°,\ GM>6\mathrm{dB}$$

保留适当的稳定裕度，是考虑到实际系统各环节参数发生变化时不致使系统失去稳定。在一般情况下，稳定裕度也能间接反映系统动态过程的平稳性，稳定裕度大，意味着动态过程振荡弱，超调小。

在定性地分析闭环系统性能时，通常将伯德图分成低、中、高三个频段，频段的分割界限是大致的，不同文献上的分割方法也不尽相同，这并不影响对系统性能的定性分析。图 1-33 绘出了自动控制系统的典型伯德图，从其中三个频段的特征可以判断系统的性能，这些特征包括以下四个方面：

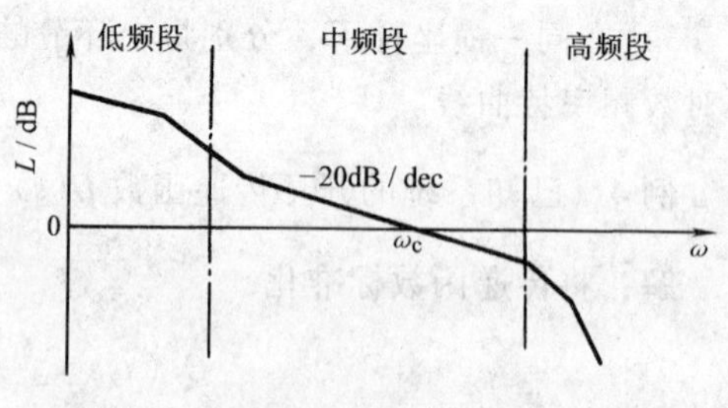

图 1-33　自动控制系统的典型伯德图

1）中频段以 −20dB/dec 的斜率穿越零分贝线，而且这一斜率能覆盖足够的频带宽度，系统的稳定性好。

2）截止频率（或称剪切频率）ω_c 越高，则系统的快速性越好。

3）低频段的斜率陡、增益高，说明系统的稳态精度高。

4）高频段衰减越快，即高频特性负分贝值越低，说明系统抗高频噪声干扰的能力越强。

以上四个方面常常是互相矛盾的。对稳态精度要求很高时，常需要放大系数大，却可能使系统不稳定；加上校正装置后，系统稳定了，又可能牺牲快速性；提高截止频率可以加快系统的响应，又容易引入高频干扰；如此等等。设计时往往需用多种手段，反复试凑。在稳、准、快和抗干扰这四个矛盾的方面之间取得折中，才能获得比较满意的结果。

第七节　调节器的工程设计方法

用经典的动态校正方法设计调节器须同时解决稳、准、快、抗干扰等各方面相互有矛盾的静、动态性能要求，需要设计者有扎实的理论基础和丰富的实践经验，有必要建立实用的设计方法。

大多数现代的自动控制系统均可由低阶系统近似。若事先深入研究低阶典型系统的特性并制成图表，那么将实际系统校正或简化成典型系统的形式再与图表对照，设计过程就简便多了。这样，就有了建立工程设计方法的可能性。工程设计方法所遵循的原则是：

1）概念清楚、易懂。

2）计算公式简明、好记。

3）不仅给出参数计算的公式，而且指明参数调整的方向。

4）能考虑饱和非线性控制的情况，同样给出简单的计算公式。

5）适用于各种可以简化成典型系统的反馈控制系统。

一、工程设计方法的基本思路

1）选择调节器结构，使系统典型化并满足稳定和稳态精度。

2）设计调节器的参数，以满足动态性能指标的要求。

二、典型系统

一般来说，许多控制系统的开环传递函数都可用式（1-7）来表示

$$W(s)=\frac{K\prod_{j=1}^{m}(\tau_j s+1)}{s^r\prod_{i=1}^{n}(T_i s+1)} \tag{1-7}$$

其中分子和分母上还有可能含有复数零点和复数极点诸项。分母中的 s^r 项表示该系统在原点处有 γ 重极点，或者说，系统含有 γ 个积分环节。根据 $\gamma=0$，1，2，…等不同数值，分别称作 0 型、Ⅰ型、Ⅱ型、…系统。自动控制理论已经证明，0 型系统稳态精度低，而Ⅲ型和Ⅲ型以上的系统很难稳定。因此，为了保证稳定性和较好的稳态精度，多用Ⅰ型和Ⅱ型系统。Ⅰ型和Ⅱ型系统还有多种多样的结构，现在只在其中各选一种作为典型。

1. 典型Ⅰ型系统

作为典型的Ⅰ型系统，其开环传递函数选择为

$$W(s)=\frac{K}{s(Ts+1)} \tag{1-8}$$

式中，T 为系统的惯性时间常数（s）；K 为系统的开环增益。

它的闭环系统结构图示于图 1-34a 中，而图 1-34b 表示它的开环对数频率特性。选择它作为典型的Ⅰ型系统是因为其结构简单，而且对数幅频特性的中频段以 -20dB/dec 的斜率穿越零分贝线，只要参数的选择能保证足够的中频带宽度，系统就一定是稳定的，且有足够的稳定裕量。显然，要做到这一点，应在选择参数时保证

$$\omega_c<\frac{1}{T} \quad 或 \quad \omega_c T<1$$

$$\arctan\omega_c T<45°$$

于是，相角稳定裕度 $\gamma=180°-90°-\arctan\omega_c T=90°-\arctan\omega_c T>45°$。

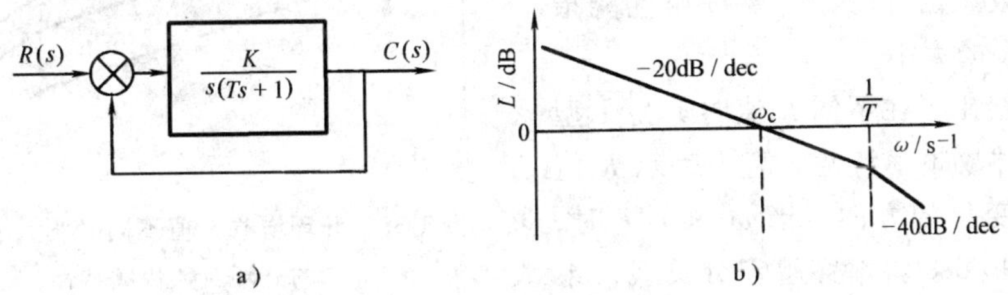

图 1-34 典型Ⅰ型系统

a）闭环系统结构图 b）开环对数频率特性

2. 典型Ⅱ型系统

在各种Ⅱ型系统中，选择一种结构简单而且能保证稳定的结构作为典型的Ⅱ型系统，其开环传递函数为

$$W(s)=\frac{K(\tau s+1)}{s^2(Ts+1)} \tag{1-9}$$

它的闭环系统结构图和开环对数频率特性示于图 1-35 中，其中频段也是以 -20dB/dec 的斜率穿越零分贝线。由于分母中 s^2 项对应的相频特性是 $-180°$，后面还有一个惯性环节（这往往是实际系统中必定有的），如果不在分子添上一个比例微分环节（$\tau s+1$），就无法把相频特性抬到 $-180°$线以上，也就无法保证系统稳定。要实现图 1-35b 的特性，显然应保证

$$\frac{1}{\tau} < \omega_c < \frac{1}{T} \quad 或 \quad \tau > T$$

而相角稳定裕度为

$$\gamma = 180° - 180° + \tan\omega_c\tau - \tan\omega_c T = \tan\omega_c\tau - \tan\omega_c T$$

τ 比 T 大得越多，则系统的稳定裕度越大。

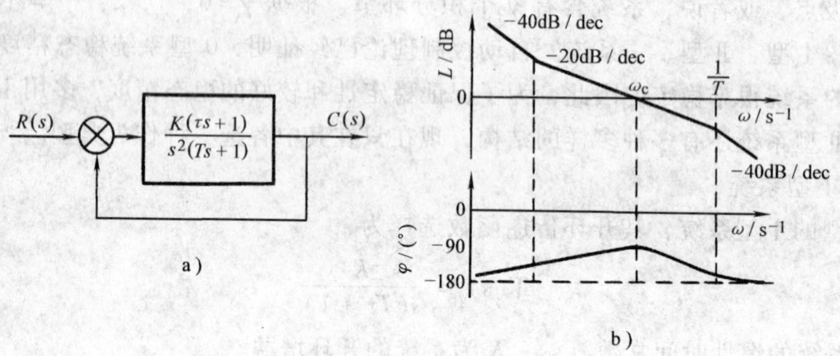

图 1-35　典型Ⅱ型系统

a）闭环系统结构图　b）开环对数频率特性

三、典型Ⅰ型系统性能指标和参数的关系

典型Ⅰ型系统的开环传递函数如式（1-8）所示，它包含两个参数：开环增益 K 和时间常数 T。其中，时间常数 T 在实际系统中往往是控制对象本身固有的，能够由调节器改变的只有开环增益 K，也就是说，K 是唯一的待定参数。设计时，需要按照性能指标选择参数 K 的大小。

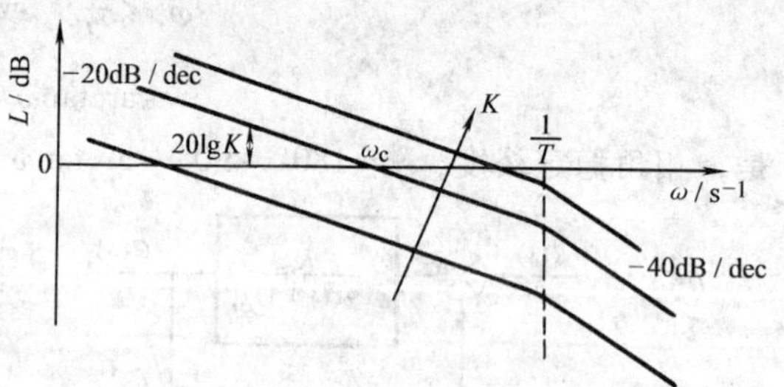

图 1-36　开环增益 K 值不同时典型Ⅰ型系统的开环对数幅频特性

图 1-36 绘出了在不同 K 值时典型Ⅰ型系统的开环对数频率特性，箭头表示 K 值增大时特性变化的方向。当 $\omega_c < 1/T$ 时，特性以 −20dB/dec 斜率穿越零分贝线，系统有较好的稳定性。由图中的特性可知

$$20\lg K = 20(\lg\omega_c - \lg 1) = 20\lg\omega_c \tag{1-10}$$

所以

$$K = \omega_c \quad \left(当\ \omega_c < \frac{1}{T}时\right)$$

式（1-10）表明，K 值越大，截止频率 ω_c 也越大，系统响应越快，但相角稳定裕度 $\gamma = 90° - \tan\omega_c T$ 越小，这也说明快速性与稳定性之间的矛盾。在具体选择参数 K 时，需在二者之间取折中。下面将用数字定量地表示 K 值与各项性能指标之间的关系。

1. 典型Ⅰ型系统跟随性能指标与参数的关系

（1）稳态跟随性能指标　系统的稳态跟随性能指标可用不同输入信号作用下的稳态误差来表示，自动控制理论中已经给出这些关系，如表 1-2 所示。由表可见，在阶跃输入下的Ⅰ型系统稳态时是无差的，但在斜坡输入下则有恒值稳态误差，且与 K 值成反比，在加速度输入下稳态误差为∞。因此，Ⅰ型系统不能用于具有加速度输入的随动系统。

表 1-2　Ⅰ型系统在不同的典型输入信号作用下的稳态误差

输入信号	阶跃输入 $R(t)=R_0$	斜坡输入 $R(t)=v_0t$	加速度输入 $R(t)=\frac{a_0t^2}{2}$
稳态误差	0	v_0/K	∞

（2）动态跟随性能指标　典型Ⅰ型系统是一种二阶系统，其闭环传递函数的一般形式为

$$W_{cl}(s)=\frac{C(s)}{R(s)}=\frac{\omega_n^2}{s^2+2\xi\omega_n s+\omega_n^2} \tag{1-11}$$

式中，ω_n 为无阻尼时的自然振荡角频率，或称固有角频率；ξ 为阻尼比，或称衰减系数。

从典型Ⅰ型系统的开环传递函数可以求出其闭环传递函数为

$$W_{cl}(s)=\frac{W(s)}{1+W(s)}=\frac{\dfrac{K}{s(Ts+1)}}{1+\dfrac{K}{s(Ts+1)}}=\frac{\dfrac{K}{T}}{s^2+\dfrac{1}{T}s+\dfrac{K}{T}} \tag{1-12}$$

比较式（1-11）和式（1-12），可得参数 K、T 与标准形式中的参数 ω_n、ξ 之间的换算关系如下：

$$\omega_n=\sqrt{\frac{K}{T}} \tag{1-13}$$

$$\xi=\frac{1}{2}\sqrt{\frac{1}{KT}}$$

且

$$\xi\omega_n=\frac{1}{2T} \tag{1-14}$$

当 $\xi<1$ 时，系统动态响应是欠阻尼的振荡特性；当 $\xi>1$ 时，是过阻尼的单调特性；当 $\xi\doteq 1$ 时，是临界阻尼。由于过阻尼特性动态响应较慢，所以一般常把系统设计成欠阻尼状态，即 $0<\xi<1$。前已指出，在典型Ⅰ型系统中，$KT<1$，代入式（1-14）得 $\xi>0.5$，因此在典型Ⅰ型系统中应取

$$0.5<\xi<1$$

下面列出欠阻尼二阶系统在零初始条件下的阶跃响应动态指标计算公式。

超调量：
$$\sigma=\mathrm{e}^{-(\xi\pi/\sqrt{1-\xi^2})}\times 100\%$$

上升时间：
$$t_r=\frac{2\xi T}{\sqrt{1-\xi^2}}(\pi-\arccos\xi)$$

峰值时间：
$$t_p=\frac{\pi}{\omega_n\sqrt{1-\xi^2}}$$

调节时间 t_s 与 ξ 的关系比较复杂，如果不需要很精确，允许误差带为 ±5% 的调节时间可用下式近似计算：

$$t_s\approx\frac{3}{\xi\omega_n}=6T \quad （当 \xi<0.9 时）$$

频域指标 ω_c 和 γ 与参数 ξ 的关系如下：

截止频率：
$$\omega_c = \omega_n\left[\sqrt{4\xi^4+1}-2\xi^2\right]^{\frac{1}{2}}$$

相角稳定裕度：
$$\gamma = \tan\frac{2\xi}{\left[\sqrt{4\xi^4+1}-2\xi^2\right]^{\frac{1}{2}}} \tag{1-15}$$

根据式（1-13）和式（1-14），可求出 $0.5<\xi<1$ 时典型Ⅰ型系统各项动态跟随性能指标和频域指标与参数 KT 的关系，列于表1-3中。由表中数据可见，当系统的时间常数 T 已知时，随着 K 的增大，系统的快速性增强，而稳定性变差。

表1-3　典型Ⅰ型系统动态跟随性能指标和频域指标与参数的关系

参数关系 KT	0.25	0.39	0.50	0.69	1.0
阻尼比 ξ	1.0	0.8	0.707	0.6	0.5
超调量 σ（%）	0	1.5	4.3	9.5	16.3
上升时间 t_r	∞	$6.6T$	$4.7T$	$3.3T$	$2.4T$
峰值时间 t_p	∞	$8.3T$	$6.2T$	$4.7T$	$3.6T$
相角稳定裕度 γ	76.3°	69.9°	65.5°	59.2°	51.8°
截止频率 ω_c	$0.243/T$	$0.367/T$	$0.455/T$	$0.596/T$	$0.786/T$

具体选择参数时，如果工艺上主要要求动态响应快，可取 $\xi=0.5\sim0.6$，把 K 选大一些；如果主要要求超调小，可取 $\xi=0.8\sim1.0$，把 K 选小一些；如果要求无超调，则取 $\xi=1.0$，$K=0.25/T$；无特殊要求时，可取折中值，即 $\xi=0.707$，$K=0.5/T$，此时略有超调（$\sigma=4.3\%$）。也可能出现这种情况：无论怎样选择 K 值，总是顾此失彼，不可能满足所需的全部性能指标，这说明典型Ⅰ型系统不能适用，需采用其他控制方法。

2. 典型Ⅰ型系统抗扰性能指标与参数的关系

图1-37a是在扰动量 F 作用下的典型Ⅰ型系统，其中，$W_1(s)$ 是扰动作用点前面部分的传递函数，后面部分是 $W_2(s)$，于是有

$$W_1(s)W_2(s)=W(s)=\frac{K}{s(Ts+1)}$$

只讨论抗扰性能时，可令输入变量 $R=0$，这时输出变量可写成 ΔC。将扰动作用 $F(s)$ 前移到输入作用点上，即得图1-37b所示的等效结构图。显然，图中虚框部分就是闭环的典型Ⅰ型系统。

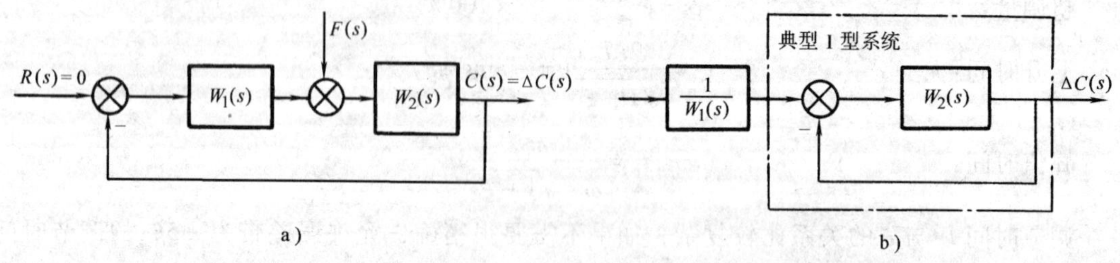

图1-37　扰动量作用下典型Ⅰ型系统的动态结构图
a）扰动量作用下的典型Ⅰ型系统　b）等效结构图

由图1-37b可知，在扰动作用下输出变化量 ΔC 的象函数为

$$\Delta C(s)=\frac{F(s)}{W_1(s)}\frac{W(s)}{1+W(s)}$$

点画线框内环节的输出变化过程就是闭环系统的跟随过程，这说明抗扰性能的优劣与跟随性能的优劣有关，然而，在点画线框前面还有 $1/W_1(s)$ 的作用，因此扰动作用点前的传递函数 $W_1(s)$ 对抗扰性能也有很大的影响。仅靠典型系统的开环传递函数 $W(s)$ 并不能像分析跟随性能那样唯一地决定抗扰性能指标，扰动作用点还是一个重要的因素，某种定量的抗扰性能指标只适用于一种特定的扰动作用点，这无疑增加了分析抗扰性能的复杂性。

以图 1-38 为例分析典型系统的抗扰性能，图中控制对象在扰动作用点前后各选择一种特定的结构：$K_D/(T_1s+1)$ 和 $K_2/(T_2s+1)$，在控制对象前面的调节器采用常用的 PI 调节器，其传递函数为

$$W_{pi}(s)=K_{pi}\frac{\tau_1 s+1}{\tau_1 s}$$

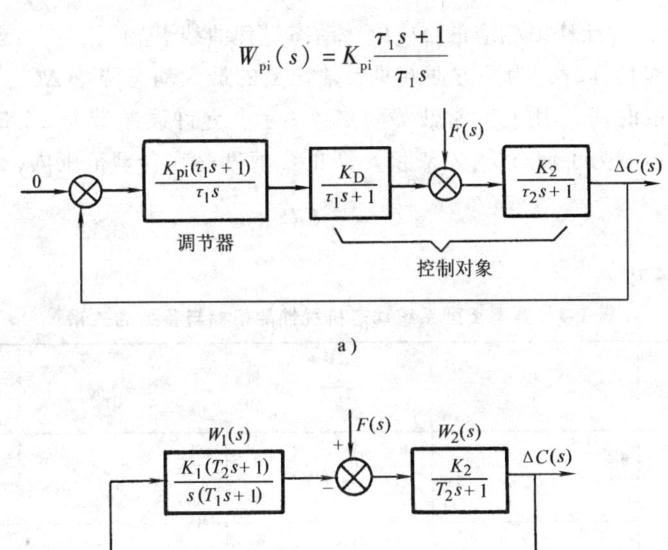

图 1-38　典型Ⅰ型系统在一种扰动作用下的动态结构框图

a) 结构图　b) 等效图

取 $K_1=K_{pi}K_D/\tau_1$，$K_1K_2=K$，$\tau_1=T_2>T_1=T$，则图 1-38a 可以改画成图 1-38b。也就是说，令调节器中的比例微分环节（$\tau_1 s+1$）对消掉控制对象中较大时间常数的惯性环节（T_2s+1），就得到

$$W_1(s)=\frac{K_1(T_2s+1)}{s(T_1s+1)}$$

$$W_2(s)=\frac{K_2}{T_2s+1}$$

而且，$W_1(s)W_2(s)=W(s)$，属典型Ⅰ型系统。

在阶跃扰动下，$F(s)=F/s$，由图 1-38b 得

$$\Delta C(s)=\frac{F}{s}\frac{W_2(s)}{1+W_1(s)W_2(s)}=\frac{\dfrac{FK_2}{T_2s+1}}{s+\dfrac{K_1K_2}{Ts+1}}$$

$$=\frac{FK_2(Ts+1)}{(T_2s+1)(Ts^2+s+K)}$$

如果调节器参数已经按跟随性能指标选定为 $KT=0.5$，也就是说，$K=1/(2T)$，则

$$\Delta C(s)=\frac{2FK_2T(Ts+1)}{(T_2s+1)(2T^2s^2+2Ts+1)}$$

求拉普拉斯反变换得

$$\Delta c(t)=\frac{2FK_2m}{2m^2-2m+1}\left[(1-m)\mathrm{e}^{-t/T_2}-(1-m)\mathrm{e}^{-t/(2T)}\cos\frac{t}{2T}+m\mathrm{e}^{-t/2T}\sin\frac{t}{2T}\right]$$

式中，$m=\frac{T_1}{T_2}<1$ 为控制对象中小时间常数与大时间常数的比值。

取不同的 m 值，可计算出相应的 $\Delta c(t)$ 动态过程曲线。

在计算抗扰性能指标时，为了方便起见，输出量的最大动态降落 $\Delta C_{\max}$ 用基准值 C_b 的百分数表示，所对应的时间 t_m 用时间常数 T 的倍数表示，允许误差带为 $\pm5\% C_b$ 时的恢复时间 t_v 也用 T 的倍数表示。为了使 $\Delta C_{\max}/C_b$ 和 t_v/T 的数值都落在合理范围内，将基准值 C_b 取为

$$C_b=\frac{1}{2}FK_2$$

计算结果列于表 1-4 中。

表 1-4 典型Ⅰ型系统动态抗扰性能指标与参数的关系

$m=\frac{T_1}{T_2}=\frac{T}{T_2}$	$\frac{1}{5}$	$\frac{1}{10}$	$\frac{1}{20}$	$\frac{1}{30}$
$\frac{\Delta C_{\max}}{C_b}\times100\%$	55.5%	33.2%	18.5%	12.9%
t_m/T	2.8	3.4	3.8	4.0
t_v/T	14.7	21.7	28.7	30.4

注：控制结构和扰动作用点如图 1-38 所示，已选定的参数关系 $KT=0.5$。

由表 1-4 中的数据可以看出，当控制对象的两个时间常数相距较大时，动态降落减小，但恢复时间却拖得较长。

四、典型Ⅱ型系统性能指标和参数的关系

在典型Ⅱ型系统的开环传递函数式（1-9）中，与典型Ⅰ型系统相仿，时间常数 T 也是控制对象固有的。所不同的是，待定的参数有两个：K 和 τ，这就增加了选择参数工作的复杂性。

为了分析方便起见，引入一个新的变量 h（见图 1-39），h 是斜率为 -20dB/dec 的中频段的宽度（对数坐标），称作“中频宽”，令

$$h=\frac{\tau}{T}=\frac{\omega_2}{\omega_1}$$

由图 1-39 可见，由于中频段的状况对控制系统的动态品质起着决定性的作用，因此 h 值是一个很关键的参数。

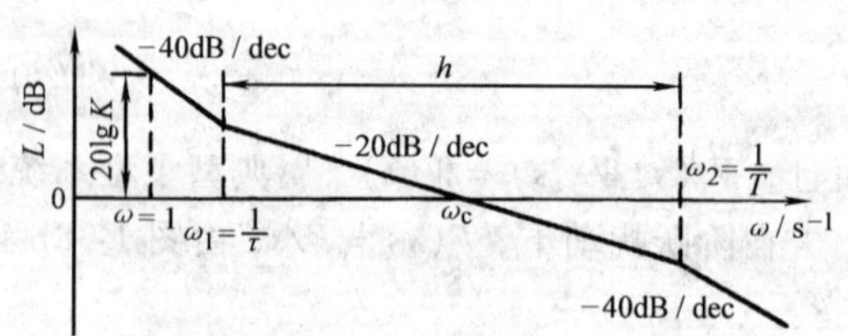

图 1-39 典型Ⅱ型系统的开环对数幅频特性和中频宽

在一般情况下，$\omega=1$ 点处在 -40dB/dec 特性段，由图 1-39 可以看出

$$\begin{aligned}20\lg K &= 40(\lg\omega_1-\lg 1)+20(\lg\omega_c-\lg\omega_1)\\ &=20\lg\omega_1\omega_c\end{aligned}$$

因此

$$K=\omega_1\omega_c \tag{1-16}$$

从图 1-39 还可看出，由于 T 值一定，改变 τ 就相当于改变了中频宽 h；在 τ 值确定以后，再改变 K 相当于使特性上下平移，从而改变了截止频率 ω_c。因此在设计调节器时，选择频域参数 h 和 ω_c，就相当于选择参数 τ 和 K。

在工程设计中，如果两个参数都任意选择，工作量显然比较大，如果能够在两个参数之间找到某种对动态性能有利的关系，有了这个关系，选择其中一个参数就可以推算出另一个参数，那么双参数的设计问题就可以蜕化成单参数设计问题，自然就方便多了。为此，采用“振荡指标法”中的闭环幅频特性峰值 M_r 最小准则，可以找到 h 和 ω_c 两个参数之间的一种最佳配合。这一准则表明，对于一定的 h 值，只有一个确定的 ω_c（或 K），可以得到最小的闭环幅频特性峰值 M_{rmin}，这时，ω_c 和 ω_1、ω_2 之间的关系是

$$\frac{\omega_2}{\omega_c}=\frac{2h}{h+1} \tag{1-17}$$

$$\frac{\omega_c}{\omega_1}=\frac{h+1}{2} \tag{1-18}$$

以上二式称作 M_{rmin} 准则的“最佳频比”，因而有

$$\omega_1+\omega_2=\frac{2\omega_c}{h+1}+\frac{2h\omega_c}{h+1}=2\omega_c$$

因此

$$\omega_c=\frac{1}{2}(\omega_1+\omega_2)=\frac{1}{2}\left(\frac{1}{\tau}+\frac{1}{T}\right) \tag{1-19}$$

对应的最小闭环幅频特性峰值是

$$M_{rmin}=\frac{h+1}{h-1} \tag{1-20}$$

表 1-5 列出了不同中频宽 h 值时由式（1-17）～式（1-20）计算得到的 M_{rmin} 值和对应的最佳频比。

表 1-5　不同 h 值时的 M_{rmin} 值及最佳频比

h	3	4	5	6	7	8	9	10
M_{rmin}	2	1.67	1.5	1.4	1.33	1.29	1.25	1.22
ω_2/ω_c	1.5	1.6	1.67	1.71	1.75	1.78	1.80	1.82
ω_c/ω_1	2.0	2.5	3.0	3.5	4.0	4.5	5.0	5.5

由表 1-5 的数据可见，加大中频宽 h，可以减小 M_{rmin}，从而降低超调量 $\sigma\%$，但同时 ω_c 也将减小，使系统的快速性减弱。经验表明，M_r 在 1.2～1.5 之间时，系统的动态性能较好，有时也允许达到 1.8～2.0，所以 h 值可在 3～10 之间选择。h 更大时，降低 M_{rmin} 的效果就不显著了。

确定了 h 和 ω_c 之后，可以很容易地计算 τ 和 K。由 h 的定义可知

$$\tau=hT \tag{1-21}$$

再由式（1-16）和式（1-18）可得

$$K = \omega_1 \omega_c = \omega_1^2 \frac{h+1}{2} = \left(\frac{1}{hT}\right)^2 \frac{h+1}{2} = \frac{h+1}{2h^2 T^2} \tag{1-22}$$

式（1-21）和式（1-22）是工程设计方法中计算典型Ⅱ型系统参数的公式，只要按照动态性能指标的要求确定 h 值，就可以代入这两个公式计算 K 和 τ，并由此计算调节器的参数。

1. 典型Ⅱ型系统跟随性能指标和参数的关系

（1）稳态跟随性能指标　自动控制理论给出的Ⅱ型系统在不同输入信号作用下的稳态误差列于表 1-6 中。

表 1-6　Ⅱ型系统在不同的典型输入信号作用下的稳态误差

输入信号	阶跃输入 $R(t)=R_0$	斜坡输入 $R(t)=v_0 t$	加速度输入 $R(t)=\frac{a_0 t^2}{2}$
稳态误差	0	0	a_0/K

由表 1-6 可见，在阶跃输入和斜坡输入下，Ⅱ型系统在稳态时都是无差的，在加速度输入下，稳态误差的大小与开环增益 K 成反比。

（2）动态跟随性能指标　按 M_r 最小准则选择调节器参数时，若想求出系统的动态跟随过程，可先将式（1-21）和式（1-22）代入典型Ⅱ型系统的开环传递函数，得

$$W(s) = \frac{K(\tau s+1)}{s^2(Ts+1)} = \left(\frac{h+1}{2h^2T^2}\right)\frac{hTs+1}{s^2(Ts+1)}$$

然后求系统的闭环传递函数

$$W_{cl}(s) = \frac{W(s)}{1+W(s)} = \frac{\frac{h+1}{2h^2T^2}(hTs+1)}{s^2(Ts+1)+\frac{h+1}{2h^2T^2}(hTs+1)}$$

$$= \frac{hTs+1}{\frac{2h^2}{h+1}T^3s^3 + \frac{2h^2}{h+1}T^2s^2 + hTs + 1}$$

因为 $W_{cl}(s) = C(s)/R(s)$，当 $R(t)$ 为单位阶跃函数时，$R(s)=1/s$，则

$$C(s) = \frac{hTs+1}{s\left[\frac{2h^2}{h+1}T^3s^3 + \frac{2h^2}{h+1}T^2s^2 + hTs + 1\right]}$$

以 T 为时间基准，当 h 取不同值时，可求出对应的单位阶跃响应函数 $C(t/T)$，从而计算出 $\sigma\%$、t_r/T、t_s/T 和振荡次数 k。采用数字仿真计算的结果列于表 1-7 中。

表 1-7　典型Ⅱ型系统阶跃输入跟随性能指标（按 M_{rmin} 准则确定参数关系）

h	3	4	5	6	7	8	9	10
$\sigma\%$	52.6%	43.6%	37.6%	33.2%	29.8%	27.2%	25.0%	23.3%
t_r/T	2.40	2.65	2.85	3.0	3.1	3.2	3.3	3.35
t_s/T	12.15	11.65	9.55	10.45	11.30	12.25	13.25	14.20
k	3	2	2	1	1	1	1	1

由于过渡过程的衰减振荡性质，调节时间随 h 的变化不是单调的，$h=5$ 时的调节时间最短。此外，h 减小时，上升时间快，h 增大时，超调量小，把各项指标综合起来看，以 $h=5$ 的动态跟随性能比较适中。比较表 1-7 和表 1-3 可以看出，典型Ⅱ型系统的超调量一般都比典型Ⅰ型系统大，而快速性要好。

2. 典型Ⅱ型系统抗扰性能指标和参数的关系

如前所述，控制系统的动态抗扰性能指标是因系统结构和扰动作用点而异的。现在针对典型Ⅱ型系统，选择图 1-40a 这样一种结构，控制对象在扰动作用点前后的传递函数为：$K_D(Ts+1)$ 和 K_2/s，调节器仍用 PI 型。取 $K_1=K_{pi}K_D/\tau_1$，$K_1K_2=K$，$\tau_1=hT$，则图 1-40a 可以改画成图 1-40b。于是有

$$W_1(s)=\frac{K_1(hTs+1)}{s(Ts+1)}$$

$$W_2(s)=\frac{K_2}{s}$$

而且，$W_1(s)W_2(s)=\dfrac{K(hTs+1)}{s^2(Ts+1)}=W(s)$，属典型Ⅱ型系统。

在阶跃扰动下，$F(s)=F/s$，由图 1-40b 得

$$\Delta C(s)=\frac{F}{s}\frac{W_2(s)}{1+W_1(s)W_2(s)}=\frac{\dfrac{FK_2}{s}}{s+\dfrac{K(hTs+1)}{s(Ts+1)}}$$

$$=\frac{FK_2(Ts+1)}{s^2(Ts+1)+K(hTs+1)}$$

如果已经按 M_{rmin} 准则确定参数关系，即 $K=\dfrac{h+1}{2h^2T^2}$，则

$$\Delta C(s)=\frac{\dfrac{2h^2}{h+1}FK_2T^2(Ts+1)}{\dfrac{2h^2}{h+1}T^3s^3+\dfrac{2h^2}{h+1}T^2s^2+hTs+1} \tag{1-23}$$

由式（1-33）可以计算出对应于不同 h 值的动态抗扰过程曲线 $\Delta c(t)$，从而求出各项动态抗扰性能指标，列于表 1-8 中（控制结构和扰动作用点如图 1-40 所示，参数关系符合 M_{rmin} 准则）。在计算中，为了使各项指标都落在合理的范围内，取输出量基准值为

$$C_b=2FK_2T \tag{1-24}$$

式（1-24）中 C_b 的表达式与典型Ⅰ型系统中的不同，除了由于两处 K_2 的量纲不同所产生的差异外，系数上的差别完全是为了使各项指标都具有合理的数值。

表 1-8　典型Ⅱ型系统动态抗扰性能指标与参数的关系

h	3	4	5	6	7	8	9	10
$\Delta C_{max}/C_b$	72.2%	77.5%	81.2%	84.0%	86.3%	88.1%	89.6%	90.8%
t_m/T	2.45	2.70	2.85	3.00	3.15	3.25	3.30	3.40
t_v/T	13.60	10.45	8.80	12.95	16.85	19.80	22.80	25.85

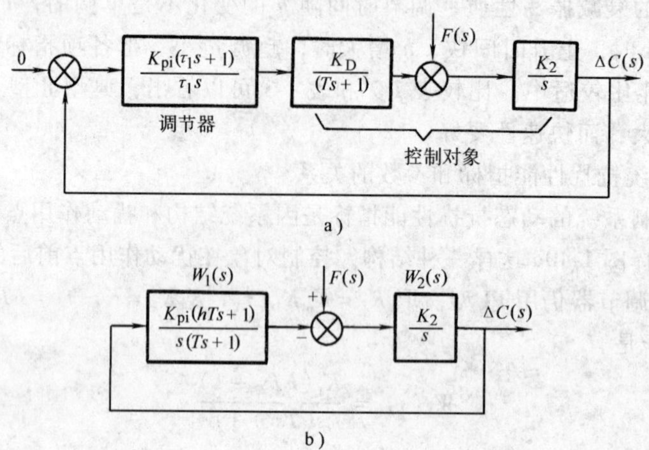

图 1-40　典型Ⅱ型系统在一种扰动作用下的动态结构框图

a）结构图　b）等效图

由表 1-8 中的数据可见，一般来说，h 值越小，$\Delta C_{max}/C_b$ 也越小，t_m 和 t_v 都短，因而抗扰性能越好，这个趋势与跟随性能指标中超调量与 h 值的关系恰好相反，反映了快速性与稳定性的矛盾。但是，当 $h<5$ 时，由于振荡次数的增加，h 再小，恢复时间 t_v 反而拖长了。由此可见，$h=5$ 是较好的选择，这与跟随性能中调节时间 t_s 最短的条件是一致的（见表 1-7）。把典型Ⅱ型系统跟随和抗扰的各项性能指标综合起来看，$h=5$ 确实是一个较好的选择。

比较Ⅰ型系统和Ⅱ型系统可以看出，典型Ⅰ型系统和典型Ⅱ型系统除了在稳态误差上的区别以外，在动态性能中，一般来说，典型Ⅰ型系统在跟随性能上可以做到超调小，但抗扰性能稍差，而典型Ⅱ型系统的超调量相对较大，抗扰性能却比较好。这是设计时选择典型系统的重要依据。

五、调节器结构的选择和传递函数的近似处理——非典型系统的典型化

在自动控制系统中，大部分控制对象配以适当的调节器，就可以校正成典型系统。但也有些实际系统不可能简单地校正成典型系统的形式，因而需要经过近似处理后，才能使用上述的工程设计方法。

1. 调节器结构的选择

采用工程设计方法设计调节器时，应该首先根据控制系统的要求，确定要校正成哪一类典型系统。如果系统主要要求有良好的跟随性能，可按典型Ⅰ型系统设计；如果主要要求有良好的抗扰性能，则应首选典型Ⅱ型系统。确定了要采用哪一种典型系统之后，选择调节器的方法就是把控制对象与调节器的传递函数相乘，匹配成典型系统。如果配不成，则可先对控制对象的传递函数作近似处理，再与调节器的传递函数配成典型系统的形式，举例如下：

1）设控制对象是双惯性型的，如图 1-41 所示，其传递函数为

$$W_{obj}(s)=\frac{K_2}{(T_1 s+1)(T_2 s+1)}$$

其中 $T_1>T_2$，K_2 为控制对象的放大系数。若要校正成典型Ⅰ型系统，调节器必须具有一个积分环节，并含有一个比例微分环节，以便对消掉控制对象中的大惯性环节，使校正后的系统响应快一些。因此，可选择 PI 调节器，其传递函数为

$$W_{pi}(s)=\frac{K_{pi}(\tau_1 s+1)}{\tau_1 s}$$

校正后系统的开环传递函数变成

$$W(s)=W_{pi}(s)W_{obj}(s)=\frac{K_{pi}K_2(\tau_1 s+1)}{\tau_1 s(T_1 s+1)(T_2 s+1)}$$

取 $\tau_1=T_1$，并令 $K_{pi}K_2/\tau_1=K$，则有

$$W(s)=\frac{K}{s(T_2 s+1)}$$

这就是典型Ⅰ型系统。

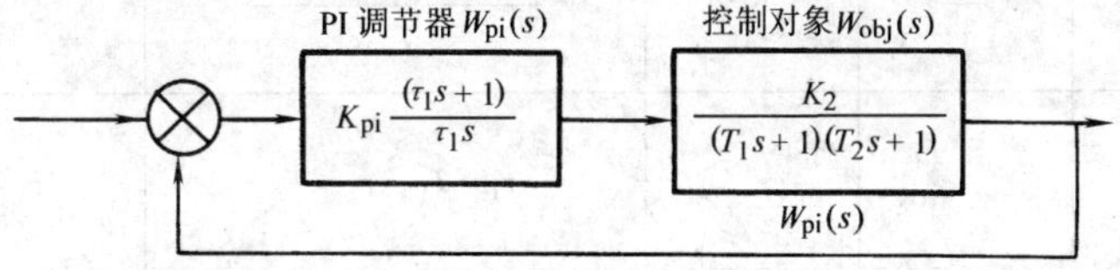

图 1-41 用 PI 调节器把双惯性型控制对象校正成典型Ⅰ型系统

2）设控制对象为积分-双惯性型，如图 1-42 所示，其传递函数为

$$W_{obj}(s)=\frac{K_2}{s(T_1 s+1)(T_2 s+1)}$$

T_1 和 T_2 大小相仿。设计的任务是校正成典型Ⅱ型系统，这时可采用 PID 调节器，其传递函数为

$$W_{pid}(s)=\frac{(\tau_1 s+1)(\tau_2+1)}{\tau s}$$

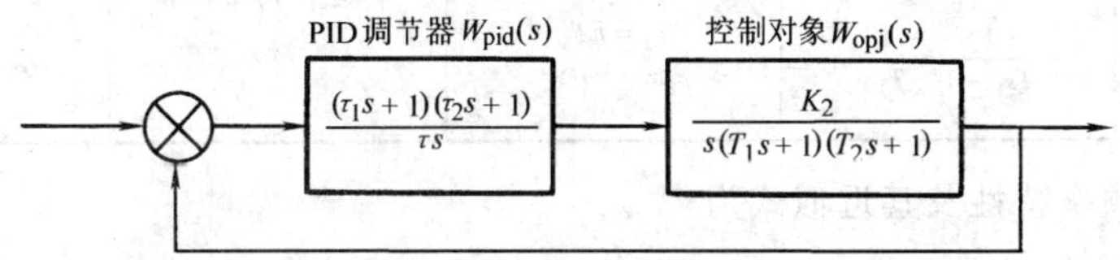

图 1-42 用 PID 调节器把积分—双惯性型控制对象校正成典型Ⅱ型系统

令 $\tau_1=T_1$，使（$\tau_1 s+1$）与控制对象中的大惯性环节对消。校正后，系统的开环传递函数即为典型Ⅱ型系统的形式。

$$W(s)=W_{pid}(s)W_{obj}(s)=\frac{(\tau_2 s+1)K_2/\tau}{s^2(T_2 s+1)}$$

几种校正成典型Ⅰ型系统和典型Ⅱ型系统的控制对象和相应的调节器传递函数列于表 1-9 和表 1-10 中，表中还给出了参数配合关系。有时仅靠 P、I、PI、PD 及 PID 几种调节器都不能满足要求，就不得不作一些近似处理，或者采用更复杂的控制规律。

2. 传递函数的近似处理

（1）高频段小惯性环节的近似处理　实际系统中往往有若干个小时间常数的惯性环节，例如电力电子变换器的滞后环节，电流和转速检测的滤波环节等，这些小时间常数所对应的频率都处于频率特性的高频段，形成一组小惯性群。例如，系统的开环传递函数为

$$W(s) = \frac{K(\tau s + 1)}{s(T_1 s + 1)(T_2 s + 1)(T_3 + 1)}$$

式中，T_1、T_2 和 T_3 均为时间常数，其中 T_2、T_3 为小时间常数，即 $T_1 >> T_2$，$T_1 >> T_3$，$T_1 > \tau$。

表 1-9 校正成典型 I 型系统的调节器选择和参数配合

控制对象	$\frac{K_2}{(T_1 s+1)(T_2 s+1)}$ $T_1 > T_2$	$\frac{K_2}{Ts+1}$	$\frac{K_2}{s(Ts+1)}$	$\frac{K_2}{(T_1 s+1)(T_2 s+1)(T_3 s+1)}$ T_1、$T_2 > T_3$	$\frac{K_2}{(T_1 s+1)(T_2 s+1)(T_3 s+1)}$ $T_1 >> T_2$、T_3
调节器	$\frac{K_{pi}(\tau_1 s+1)}{\tau_1 s}$	$\frac{K_i}{s}$	K_p	$\frac{(\tau_1 s+1)(\tau_2+1)}{\tau s}$	$\frac{K_{pi}(\tau_1 s+1)}{\tau_1 s}$
参数配合	$\tau_1 = T_1$			$\tau_1 = T_1$，$\tau_2 = T_2$	$\tau_1 = T_1$，$T_\Sigma = T_2 + T_3$

表 1-10 校正成典型 II 型系统的调节器选择和参数配合

控制对象	$\frac{K_2}{s(Ts+1)}$	$\frac{K_2}{(T_1 s+1)(T_2 s+1)}$ $T_1 >> T_2$	$\frac{K_2}{s(T_1 s+1)(T_2 s+1)}$ T_1, T_2 相近	$\frac{K_2}{s(T_1 s+1)(T_2 s+1)}$ T_1, T_2 都很小	$\frac{K_2}{(T_1 s+1)(T_2 s+1)(T_3 s+1)}$ $T_1 >> T_2$、T_3
调节器	$\frac{K_{pi}(\tau_1 s+1)}{\tau_1 s}$	$\frac{K_{pi}(\tau_1 s+1)}{\tau_1 s}$	$\frac{(\tau_1 s+1)(\tau_2+1)}{\tau s}$	$\frac{K_{pi}(\tau_1 s+1)}{\tau_1 s}$	$\frac{K_{pi}(\tau_1 s+1)}{\tau_1 s}$
参数配合	$\tau_1 = hT$	$\tau_1 = hT_2$ 认为 $\frac{1}{Ts_1+1} \approx \frac{1}{T_1 s}$	$\tau_1 = hT_1$ $\tau_2 = hT_2$	$\tau_1 = h(T_1 + T_2)$	$\tau_1 = h(T_2 + T_3)$ 认为 $\frac{1}{T_1 s+1} \approx \frac{1}{T_1 s}$

小惯性群的频率特性及其近似式为

$$\frac{1}{(j\omega T_2 + 1)(j\omega T_3 + 1)} = \frac{1}{(1 - T_2 T_3 \omega^2) + j\omega(T_2 + T_3)}$$

$$\approx \frac{1}{1 + j\omega(T_2 + T_3)}$$

近似的条件是
$$T_2 T_3 \omega^2 \leqslant \frac{1}{10}$$

近似条件也可写成
$$\omega_c \leqslant \frac{1}{3\sqrt{T_2 T_3}}$$

同理，如果有三个小惯性环节，其近似处理的表达式是

$$\frac{1}{(T_2 s + 1)(T_3 s + 1)(T_4 s + 1)} \approx \frac{1}{(T_2 + T_3 + T_4)s + 1}$$

近似的条件为

$$\omega_c \leqslant \frac{1}{3}\sqrt{\frac{1}{T_2 T_3 + T_3 T_4 + T_4 T_2}}$$

由此可得下述结论：当系统有一组小惯性群时，在一定的条件下，可以将它们近似地看成是一个小惯性环节，其时间常数等于小惯性群中各时间常数之和。

(2) 高阶系统的降阶近似处理　如何能忽略特征方程的高次项。以三阶系统为例，设

$$W(s) = \frac{K}{as^3 + bs^2 + cs + 1}$$

其中 a、b、c 都是正系数，且 $bc > a$，即系统是稳定的。若能忽略高次项，可得近似的一阶系统的传递函数为

$$W(s) \approx \frac{K}{cs + 1}$$

近似条件是

$$\omega_c \leqslant \frac{1}{3}\min\left(\sqrt{\frac{1}{b}}, \sqrt{\frac{c}{a}}\right)$$

(3) 低频段大惯性环节的近似处理　表 1-10 中已经指出，当系统中存在一个时间常数特别大的惯性环节 $1/(Ts+1)$ 时，可以近似地将它看成是积分环节 $1/(Ts)$。近似条件是：$\omega^2 T^2 >> 1$，或

$$\omega_c \geqslant \frac{3}{T}$$

相角的近似关系是　$\tan\omega T \approx 90°$

但是，从稳态性能上看，这样的近似处理相当于把系统的类型人为地提高了一级，如果原来是Ⅰ型系统，近似处理后变成了Ⅱ型系统，这当然不是真实的。所以这种近似处理只适用于分析动态性能，当考虑稳态精度时，仍采用原来的传递函数 $W_a(s)$ 就是了。

第八节　Matlab/Simulink 在自动控制系统分析中的应用

一、Matlab/Simulink 简介

Matlab 是 Mathworks 公司于 1982 年推出的一套高性能的数值计算和可视化软件，它集数值分析、矩阵运算、信号处理和图形显示于一体，构成了一个方便的、界面友好的用户环境。Matlab 的强力推出得到了各个领域专家学者的广泛关注，其强大的扩展功能为各个领域的应用提供了基础。由各个领域的专家学者相继推出了 Matlab 工具箱，其中主要有信号处理（signal processing）、控制系统（control system）、神经网络（neural network）、图像处理（image processing）、鲁棒控制（robust control）、非线性系统控制设计（nonlinear control system design）、系统辨识（system identification）、最优化（optimization）、模糊逻辑（fuzzy logic）、小波（wavelet）、样条（sp-line）等工具箱，而且工具箱还在不断增加，这些工具箱给各个领域的研究和工程应用提供了有力的工具。借助于这些工具，研究人员可直观、方便地进行分析、计算及设计工作，从而大大地节省了时间。

基于 Matlab 平台的 Simulink 是动态系统仿真领域中最为著名的仿真集成环境之一，它在各个领域得到广泛的应用。它提供了一种图形化的交互化环境，只需拖动鼠标便能迅速地建立起系统框图模型，甚至不需要编写一行代码。Simulink 和 Matlab 的无缝结合使得用户可以利用 Matlab 的丰富资源，建立仿真模型，监控仿真过程，分析仿真结果；通过仿真结果

修正系统设计，从而快速完成系统的设计。利用 Simulink 进行系统的建模仿真，最大特点是易学、易用，并能依托 Matlab 提供的丰富的仿真资源，具有如下功能：

1. 交互式、图形化的建模环境

Simulink 提供了丰富的模块库以帮助用户快速地建立动态系统模型。建模时只需使用鼠标拖放不同模块库中系统模块并将它们连接起来。另外，还可以把若干功能块组合成子系统，建立起分层的多级模型。这种图形化、交互式的建模过程非常直观，且容易掌握。

2. 交互式的仿真环境

Simulink 框图提供了交互性很强的仿真环境，既可以通过下拉菜单执行仿真，也可以通过命令进行仿真。菜单方式对于交互工作非常方便。仿真过程中各种状态参数可以运行在仿真运行的同时通过示波器或者图形窗口显示。

3. 专用模块库（Blocksets）

作为 Simulink 建模系统的补充，Mathworks 公司还开发了专用功能块程序包。通过使用这些程序包，用户可以迅速地对系统进行建模、仿真与分析。更重要的是用户还可以对系统模型进行代码生成，并将生成的代码下载到不同的目标机上。

4. 提供了仿真库的扩充和定制机制

Simulink 的开放式结构允许用户扩展仿真环境的功能：采用 Matlab、Fortran、C 代码生成自定义模块库，并拥有自己的图标和界面，或者购买使用第三方开发提供的模块库进行更高级的系统设计、仿真与分析。

5. 与 Matlab 工具箱的集成

用户可以直接在 Simulink 下完成诸如数据分析、过程自动化、优化参数等工作，工具箱提供的高级的设计和分析能力可以融入仿真过程。

二、Matlab/Simulink 在自动控制系统分析中的应用

系统仿真实质上就是对系统模型的求解，对控制系统来说，一般模型可转化成某个微分方程或差分方程表示，因此在仿真过程中，一般以某种数值算法从初态出发，逐步计算系统的响应，最后绘制出系统能够的响应曲线，分析系统的性能。

经典控制理论中系统常用的分析方法有三种，分别为时域分析法、频域分析法及根轨迹法。在 Matlab 中，提供了求取连续系统的单位阶跃相应函数 Step、单位冲激响应函数 Impulse、零输入响应函数 Initial 及任意输入下的仿真函数 Lsim；相应的离散系统有函数 Dstep、Dimpulse、Dinitial 和 Dlsim。根轨迹法是分析和设计线性定常控制系统的图解方法，使用十分简便，特别适用于多回路系统的研究。在 Matlab 中，专门提供了绘制根轨迹有关的函数 Rlocus、Rlocfind、Pzmap 等。频域分析法是应用频率特性研究控制系统的一种经典方法。采用这种方法可直观地表达出系统的频率特性，分析方法比较简单，物理概念比较明确，频域分析法主要包括 Bode 图、Nyquist 曲线、Nichols 图。

例 1 已知系统的开环模型为

$$G(s) = \frac{k}{s(s+1)(s+2)}$$

$k=2$，$k=10$ 时，分别作 Nichols 图线，并作 Nichols 图线分析，如图 1-43 所示。

在 Matlab 环境下，运用命令行进行系统分析。命令行如下：

n = [2]；

```
d = [1 3 2 0];
ngrid ('new')
nichols (n, d)
hold on
n = [10];
nichols (n, d)
```

仿真结果如下:

由图 1-43 和图 1-44 的 Nichols 图线可知，$k=2$ 时，闭环系统约有 6dB 的闭环谐振峰值；$k=10$ 时，曲线已经切过无穷大点，因此系统是不稳定的。

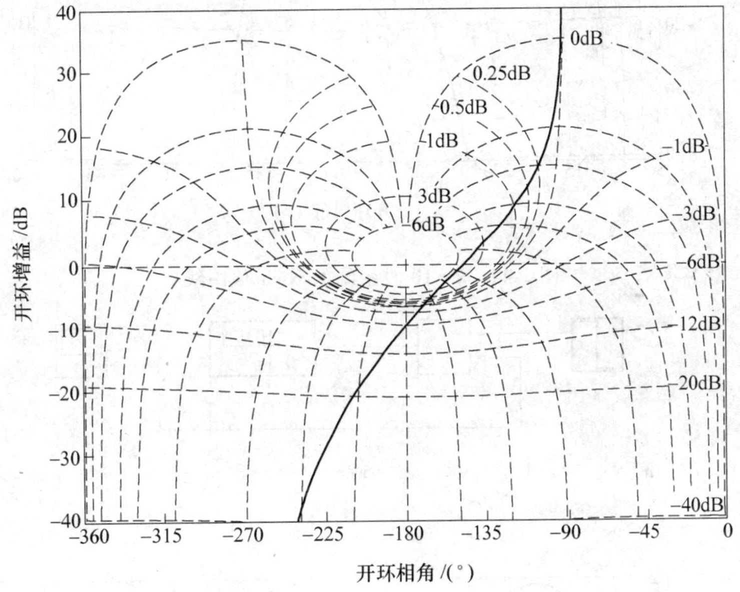

图 1-43 $k=2$ 时系统的 Nichols 图线

例 2 已知系统的开环传递函数为

$$G_0(s) = \frac{10}{s(0.1s+1)}$$

在 Simulink 仿真环境下作阶跃响应分析，并设计分段阶跃输入信号，使得系统时间相应的超调量 M_p 为零。

(1) 作单位阶跃仿真 其仿真结构图如图 1-45a 所示。仿真得到单位阶跃响应的超调量 $M_p=16\%$，过渡时间 $t_s=0.8s$，如图 1-45b 所示。

(2) 设计计算没有超调量的分段阶跃控制信号并作仿真验证结果

1) 幅值比例分配。因为两段阶跃信号的复制相加为单位 1（稳态值），即 $s_1+s_2=1$。又设信号 s_1 响应的最大值（即峰值时间 t_{p1}处）也为单位 1，信号 s_1 的幅值应为 $s_1=1/1.16=0.862$，则 $s_2=1-s_1=0.138$。

2) 分段阶跃信号叠加时间。信号 s_2 的叠加时间应该是第一阶跃信号的峰值时间，即 $t_{p1}=0.363$。作分段阶跃控制系统的仿真结构图如图 1-46a 所示，仿真结果曲线如图 1-46b、c 所示。

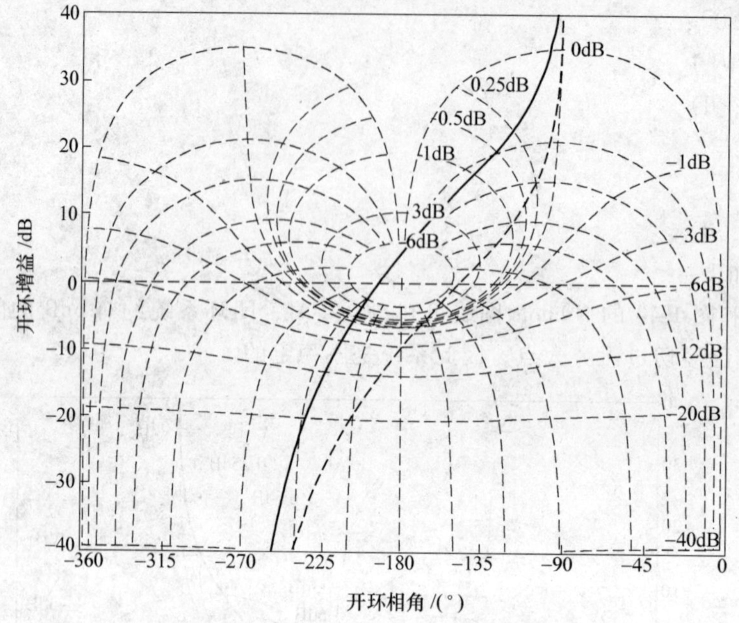

图 1-44 $k=10$ 时系统的 Nichols 图线

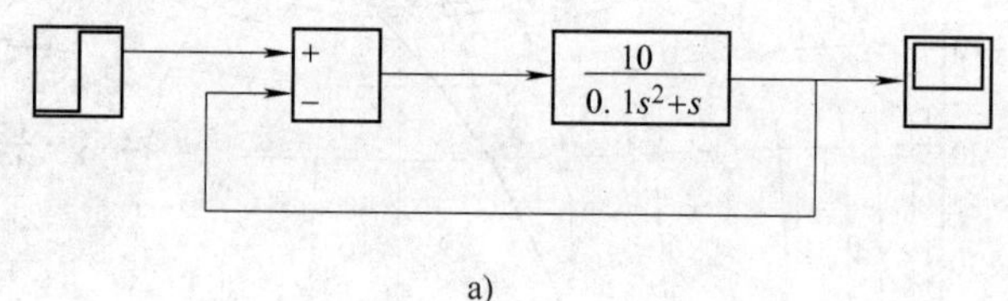

a)

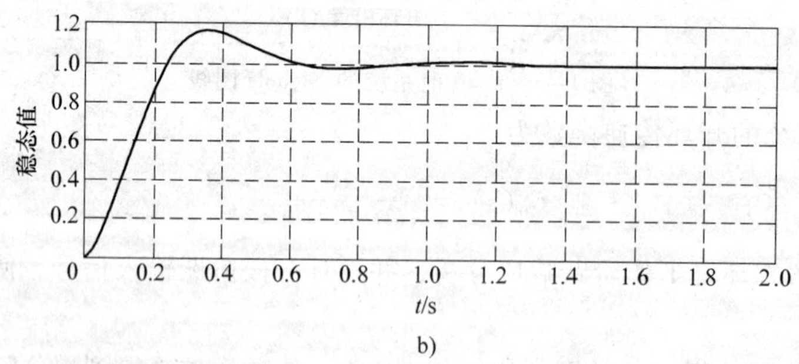

b)

图 1-45 控制系统的 Simulink 仿真

a）仿真结构图 b）响应曲线

三、小结

Simulink 仿真环境是美国 Mathworks 软件公司专门为 Matlab 设计提供的结构图编程与系统仿真的专用软件工具。该仿真环境下的用户程序其外观就是控制系统的结构图，操作就是依据结构图作系统仿真。利用 Simulink 提供的输入信号对结构图所描述的系统施加激励，利用 Simulink 提供的输出装置（输出口模块）获得系统的输出响应，成为图形化、模块化的控制系统仿真是控制系统仿真工具的一大突破性进步，使得系统仿真工作方便灵活。

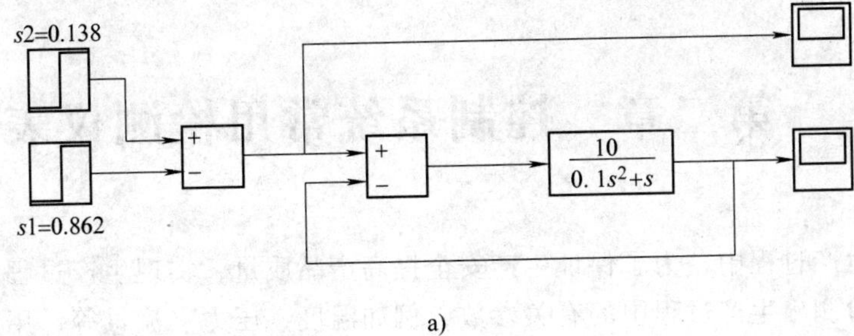

a)

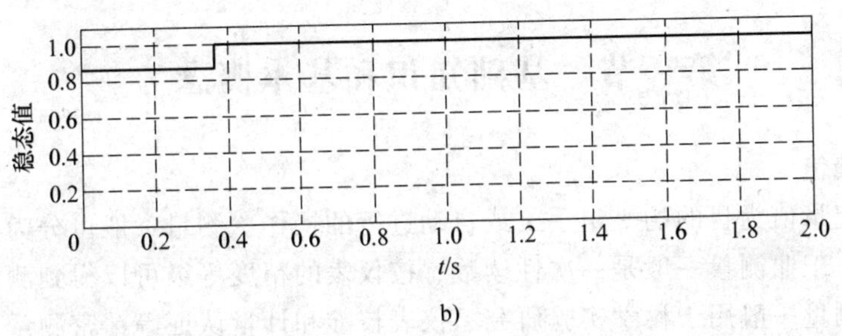

b)

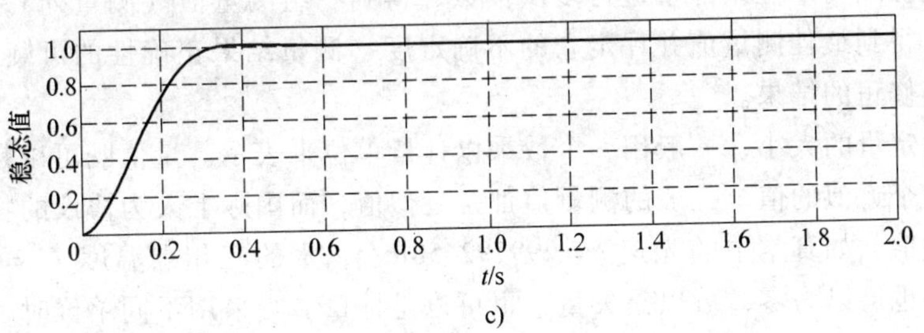

c)

图 1-46　分段阶跃信号响应的 Simlink 仿真

a）分段阶跃信号响应的 Simlink 仿真结构图

b）分段阶跃输入信号　c）响应曲线

第二章　控制系统常用检测仪表

在工业生产过程中，为了保证生产安全提高产品质量，实现生产过程的自动化，必须准确而及时地检测出生产过程中的有关参数，例如温度、压力、流量等，用来检测这些参数的技术工具称为检测仪表。工业控制系统中检测仪表是实现自动控制的基础，本章在介绍一些基础知识和基本概念之后，主要讲解温度、压力、流量、物位等参数的检测方法及仪表。

第一节　基础知识和基本概念

一、测量及量值

测量是以确定量值为目的的一组手工或自动进行的操作。测量一般可分为实验室测量和工业测量两大类。工业测量一般是一次性读数，按仪表的精度等级可以得到测量值的最大允许误差；实验室测量一般用于科学实验研究、仪表校准和计量认证等精密测量工作，对于测量值一般在重复性或复现性条件下进行多次读数，得到一组测量值（测量列），去除数据中的测量误差后，得到最佳测量值并评定它的不确定度（测量结果正确性的可疑程度），最佳测量值必须是已修正的结果。

量值是指特定量的大小，一般用一个数乘以计量单位来表示。量值既可以是一个准确的值，也可以是一个近似的值。一般的测量值都是近似值，而国际上人为协议的物理常数等可以认为是准确的值，如真空中的光速 $c=299792458\text{m/s}$，水的三相点温度 $T_{tr}=273.16\text{K}$ 等。量值可正可负，也可以为零；可以是矢量，也可以是标量。当采用不同单位时，对同一个量值可以有不同的表达式即不同的数值，例如某课桌的长度为 1.25m 也可以用 125cm 来表示。

二、真值与约定真值

真值是与给定的特定值定义一致的值，是指被测物理量客观存在的真实量值。真值是客观存在的，只有通过完善的测量才能获得，但实际的测量总不能尽善尽美。例如我们希望仪器的分辨率要无限大，被测量任何细微的变化都能被仪器感知，但在实际中无法实现，因此用仪器设备进行测量是永远得不到真值的。一般可把一些人为协议的物理常数作为是真值。

约定真值是对于给定目的具有适当不确定度的、赋予特定量的值，有时该值是约定采用的。它是一种约定的被测量的值，是一个接近真值的值，它与真值之差可以忽略不计。约定真值有以下四种形式：

（1）指定值　在国际温标（ITS—90）中，17 个定义固定点就给出了固定点温度的指定值。

（2）最佳估计值　国际基本物理学常数委员会给出的物理常量与常数，如给出的真空中的光速 c 等。

（3）约定值　在描述自然规律的定理中，用约定值来定义某一定点现象，如水的三相点温度值 T_{tr} 等。

（4）参考值　在测量工作中使用的标准仪器、标准量器和标准物质所给出的值。

三、测量范围、上下限及量程

每个用于测量的仪表都有测量范围，它是该仪表按规定的精度进行测量时被测参数的范围。测量范围的最小值和最大值分别称为测量下限和测量上限，依次简称下限和上限。

仪表的量程可以用来表示其测量范围的大小，是其测量上限值与下限值的代数差，即

$$量程 = 测量上限值 - 测量下限值 \tag{2-1}$$

使用下限与上限可完全表示仪表的测量范围，也可以确定其量程。如一个温度测量仪表的下限是 -50℃，上限值是 150℃，则其测量范围可以表示为：-50 ~ 150℃，量程为 200℃。由此可见，给出仪表的测量范围便知其上下限及量程，反之仅给出仪表的量程，却无法确定其上下限及测量范围。

四、测量误差

在测量过程中，由于所使用的测量工具本身不够准确以及观测者的主观性和周围环境的影响等，使得测量的结果不可能绝对准确。由仪表读得的被测量与被测量真值之间，总是存在一定的差距，这一差距就称为测量误差。

按误差产生的来源，误差可分为系统误差、随机误差和疏忽误差三种。

（1）系统误差　它一般是由于某种因素的影响使测量值产生的有规律的误差，其特征是测量值的大小、符号按一定规律变化。由于系统误差及其产生的原因不能完全获知，因此通过修正值进行补偿只能是有限度的。补偿的方法是把测量结果加上修正值（误差的负值），它可使系统误差减小而不会为零。这种影响因素称为系统效应。

（2）随机误差　它是由外界影响而随机时空变化造成，它无法排除和修正，其大小和符号的变化是随机的，它导致了重复观测中数据分散性，只能得到随机误差的估计值。这种影响因素称为随机效应。

（3）疏忽误差　它是由于仪器产生故障、操作者的失误或重大的外界干扰所引起的测量值的偏差。这种测量值一般称为坏值，它与真值有较大的差异，应根据一定的规则加以判断后剔除。

测量仪器的特征可以用示值误差、最大允许误差等术语来描述。以前使用的极限误差（3σ，即 3 倍的方均根误差）的概念已经不再使用。

五、绝对误差和相对误差

在实际应用中，测量误差通常有两种表示方法，即绝对误差和相对误差。仪表所显示的被测值称为示值。在理论上，绝对误差是指在测量时仪表示值和被测量的真值之间的差值，可以表示为

$$绝对误差 = 示值 - 真值 \tag{2-2}$$

一般真值是一个理论值，但无论采用何种仪表测得的值都有误差。实际中常用约定真值代替真值，例如使用国家标准计量机构标定过的标准仪表进行测量，其测量值即可作为约定真值。在实际应用中，绝对误差可如下计算：

$$绝对误差 = 示值 - 约定真值 \tag{2-3}$$

相对误差为测量误差除以被测量的真值，即

$$相对误差 = 绝对误差/真值 \tag{2-4}$$

由于真值不能确定，一般用约定真值来代替。按照定义相对误差非正即负，它无量纲，可以用% 表示，也可以用 mg/kg、mL/L 等来表示。

六、测量仪表的引用误差和精度等级

任何测量过程都存在一定的误差，因此使用测量仪表时必须知道该仪表的精确程度，以便估计测量结果与真实值的差距，即估计测量值的误差大小。

前面已经提到，仪表的测量误差可以用绝对误差来表示，但是，必须指出，仪表的绝对误差在测量范围内的各点上是不相同的，因此常说的“绝对误差”指的是绝对误差中的最大值。

事实上，仪表的精确度不仅与绝对误差有关，而且与仪表的测量范围有关。例如，两台测量范围不同的仪表，如果它们的绝对误差相等的话，显然测量范围大的仪表精确度较测量范围小的为高。因此工业上经常将绝对误差折合成仪表测量范围的百分数表示，称为仪表的引用误差，也称相对百分误差，可用下式表示：

$$引用误差(\%)=(绝对误差/量程)\times 100\% \tag{2-5}$$

如果把仪表量程中最大的绝对误差和量程之比称为仪表的最大引用误差，可用下式表示：

$$最大引用误差(\%)=(量程中最大的绝对误差/量程)\times 100\% \tag{2-6}$$

仪表的最大引用误差越大，表示它的精确度越低；反之，仪表的最大引用误差越小，表示它的精确度越高。

仪表的精确度通常是用允许的最大引用误差去掉百分号及正负号后的数字来衡量的。按国家统一规定，仪表的精确度划分成若干等级，简称精度等级。目前我国生产的仪表常用的精度等级有 0.005、0.02、0.05、0.1、0.2、0.4、0.5、1.0、1.5、2.5、4.0 等。测量仪表的精度等级是在标准测量条件下所具有的，这些条件包括环境温度湿度、电源电压、电磁兼容性条件以及安装方式等。如果不符合某些条件，则会产生附加误差，如在高温环境下测量，则会对测量仪表产生影响而导致产生温度附加误差。为了进一步说明如何确定仪表的精度等级，下面举两个例子。

例 1 某台测温仪表的测温范围为 200～700℃，校验该表时得到的最大绝对误差为 +4℃，试确定该仪表的精度等级。

解： 该仪表的最大引用误差为：$+4/(700-200)\times 100\%=+0.8\%$

去掉“+”号与“%”号，其数值为 0.8。由于国家规定的精度等级中没有 0.8 级仪表，其数值介于 0.5～1.0 之间，而同样量程的 0.5 级测温仪表在测温时可能产生的最大误差为 $(700-200)℃\times 0.5\%$ 即 2.5℃，显然达不到 0.5 级仪表的要求，因此，确定这台测温仪表的精度等级为 1.0 级。

例 2 某台测温仪表的测温范围为 0～1000℃。根据工艺要求，所测温度指示值的误差不允许超过 ±7℃。试问应如何选择仪表的精度等级才能满足工艺要求？

解： 计算仪表的最大引用误差：$\pm 7/(1000-0)\times 100\%=\pm 0.7\%$

去掉“±”号与“%”号，其数值为 0.8。其数值介于 0.5～1.0 之间，如果选择精度等级为 1.0 级的仪表，其测温时可能产生的最大误差为 $(1000-0)℃\times 1.0\%$ 即 10.0℃，超过了工艺上允许的数值，故应选择 0.5 级仪表才能满足工艺要求。

由以上两个例子可以看出，根据仪表校验数据来确定仪表精度等级和根据工艺要求来选择仪表精度等级，情况是不一样的。

仪表的精度等级是衡量仪表质量优劣的重要指标之一。精度等级数值越小，就表征该仪表的精确度等级越高，也说明该仪表的精确度越高。一般，0.05 级以上的仪表，常用来作为标准表，其测量示值可以作为约定真值；工业现场使用的测量仪表，其精度大多是 0.5 级以下的。仪表的精度等级一般可用不同的符号形式标注在仪表面板上。

七、零点迁移和量程迁移

如果以仪表的输入信号（被测量）相对于量程作为横坐标，以输入信号相对于信号范围作为纵坐标，则可以画出仪表的输入/输出特性曲线，设其为直线关系，如图 2-1 所示。

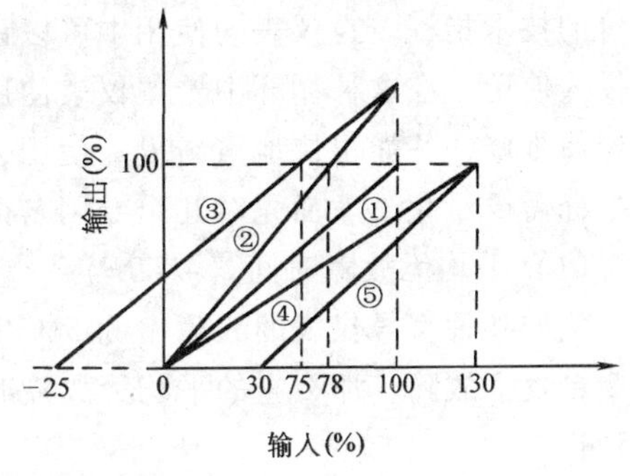

图 2-1　仪表的零点迁移和量程迁移示意图

从图中可以看出曲线①→③和①→⑤是特性曲线的平移，输入量从 −25% ~ 75% 以及从 30% ~ 130%，输出量为 0 ~ 100%，曲线斜率不变，这称为零点迁移，①→③为负向迁移，①→⑤为正向迁移，可通过调整仪表的调零机构来完成。曲线从①→②或①→④是改变了特性曲线的斜率。可以看到，对于曲线②来说输入量从 0 ~ 80% 时，输出已经从 0 ~ 100%，因此量程变小了，而曲线④则是量程变大了，这可通过调整仪表的放大机构来调整特性曲线的斜率，完成量程迁移。

八、测量仪表的滞环、死区和回差

由于测量仪表中的传感元件具有储能效应，如弹性元件的变形、磁滞效应等，因而使得仪表的实际上升曲线和下降曲线并不重合，而形成环状，称为滞环。这样会使得仪表在同一输入量对应有两个输出量，于是出现误差。这里所讲的上升曲线和下降曲线是指仪表的输入量从量程的下限开始逐渐升高或从上限开始逐渐下降而得到的输入/输出特性曲线。

另外，由于测量仪表内部传动机构的间隙和摩擦阻力，或放大器有一定的灵敏限值，在输入量较小时，输出量并不发生变化或变化很小，这一段称为特性曲线的不灵敏区或死区，它也会导致仪表的上升曲线和下降曲线不重合。上升曲线和下降曲线在同一输入量下最大的差值称为回差或变差，如图 2-2 所示。

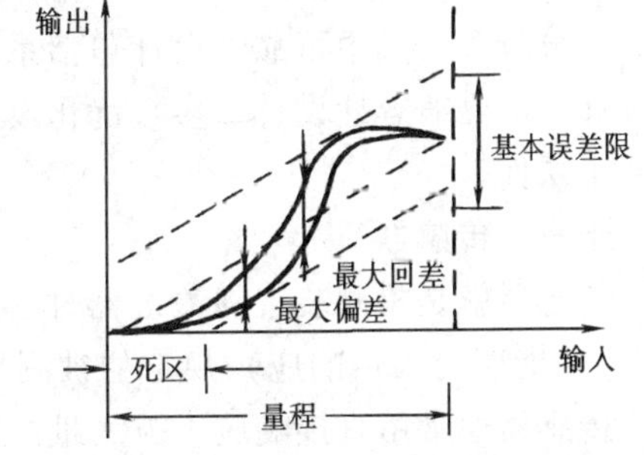

图 2-2　仪表的滞环、死区和回差的示意图

九、测量仪表的灵敏度和分辨率

灵敏度是指测量仪表的输出量响应的变化（Δy）除以对应的输入量激励的变化（Δx）值。对于具有线性关系的仪表来讲，则有

$$S = \Delta y/\Delta x = k(k\text{ 为常数}) \tag{2-7}$$

S 就是仪表输入/输出特性曲线的斜率，量程迁移表示仪表灵敏度的改变。因为 y 和 x 都有各自不同的量纲，因此灵敏度也有量纲，如电流表的 S 值量纲为 α/mA，即每毫安电流的指针转角 α。

分辨率又称为灵敏限或分辨力，它是使测量仪表产生未察觉的响应变化的最大激励变化值。对于数字仪表来讲，它的大小等于最后一位的一个单位值。对于模拟仪表来讲，等于标尺最小刻度值的一半大小。

十、测量仪表的可靠性

可靠性是指产品在规定的条件和规定时间内，完成规定功能的能力。现代的工业生产中，检测系统的故障可能会带来严重的后果，这就要求对可靠性进行研究，并建立一套科学评价的技术指标。在仪表的使用中可以认为是这样的过程：仪表投入使用→故障→检修→继续投入使用。在这种循环中希望仪表使用的时间越长且故障越少越好；如果产生故障，应该很容易维修，并能很快地重新投入使用，只有达到这两种要求才能认为可靠性是高的。可靠性指标需要量化，下面先对几个专用名词进行定义。

（1）平均无故障时间（*MTBF*）　它表示相临两次故障时间的平均值。它的倒数即故障率。例如某种型号仪表的故障率为 5%/kh，这表明如有 100 台这种型号的仪表运行 1kh 会有 5 台发生故障。那么它的平均无故障时间为多少呢？$MTBF = \text{kh}/5\% = 10^5\text{h}/5 = 2\times10^4\text{h} \approx$ 2.5 年。

（2）平均修复时间（*MTTR*）　它表示每次故障后修复时间的平均值。例如某种型号仪表 $MTTR = 48\text{h}$，也就是说如发生故障，可联系生产商，获得备件，经过修理并重新校准后投入使用共需用 2 天时间。

（3）有效度 *A*

$$A = \frac{MTBF}{MTBF + MTTR} \tag{2-8}$$

有效度 *A* 表示了工作时间在整个时间中所占份额，当然 *A* 越大可靠性越高。

可靠性目前是一门专门的科学，它涉及三个领域。第一个是可靠性理论，它又分为可靠性数学和可靠性物理。其中可靠性数学是研究如何用一个数学的特征量来定量地表示仪表设备的可靠程度，这个特征量表示在规定的条件下、规定的时间内完成规定功能的概率，因此可以用概率统计的方法进行估算。第二是可靠性技术，它又分为可靠性设计、可靠性实验和可靠性分析等，其中可靠性设计包括系统可靠性设计、可靠性预测、可靠性分配、元器件散热设计、电磁兼容性设计、参数优化设计等。第三是可靠性管理，它包括宏观管理和微观管理两个层面。

十一、传感器

传感器就是检测装置的关键器件。国家标准《传感器通用术语》对于传感器作了如下定义：“能感受（或响应）规定的被测量，并按照一定规律转换成可用信号输出的器件或装置。传感器通常由直接响应于被测量的敏感元件和产生可用信号输出的转换元件以及相应的电子线路所组成。”在不同的技术领域中对于传感器一类的器件还有其他的名称，例如在电子技术领域，通常把能感受信号的电子元器件称为敏感元件，如热敏元件、磁敏元件、光敏元件及气敏元件；在超声波技术中则更强调能量转换，如压电式换能器等等，而“传感器”是使用最为广泛的名称。

上面已经说明了传感器是由敏感元件和转换元件组成的，其中，敏感元件是指传感器中能直接感受或响应被测量的部分；转换元件是指传感器中将敏感元件感受或响应的被测量转换成适于传输或测量的电信号部分。由于敏感元件的输出信号一般都很微弱，因此需要有信号调理与转换电路对其进行放大、运算调制等。随着半导体器件与集成技术在传感器中的应用，传感器的信号调理与转换电路可能安装在传感器的壳体里或与敏感元件一起集成在同一芯片上。此外，信号调理与转换电路以及传感器工作必须有辅助的电源，因此，信号调理转换电路以及所需的电源都应作为传感器组成的一部分。传感器组成框图如图 2-3 所示。

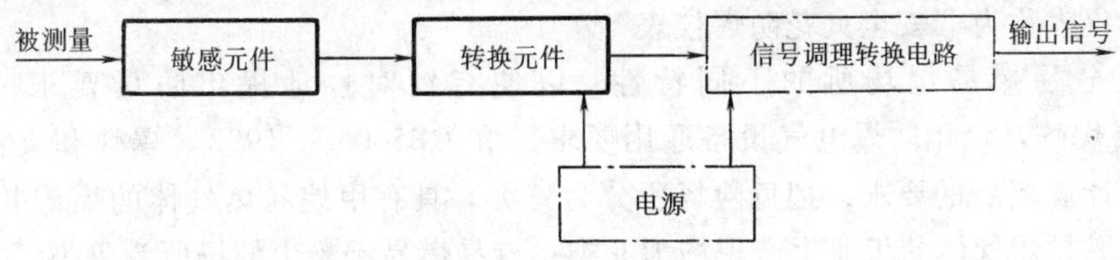

图 2-3　传感器组成框图

传感器技术是一门知识密集型技术，它与许多学科相关。传感器的工作原理各种各样，其种类十分繁多，分类方法也很多，但目前一般采用两种分类方法：一是按被测参数分类，如温度、压力、位移、速度等；二是按传感器的工作原理分类，如应变式、电容式、压电式、磁电式等。在工程应用上，通常是按被测参数种类来选择传感器。

十二、变送器

由于电量最便于传输、转换、处理和显示，因此大部分传感器输出信号都是电量，如电压、电流、电阻、电感、电容、频率等，对于某种传感器而言，采用哪一种电量作为输出是由其工作原理和电路结构决定的。为了便于把不同的传感器组成检测和控制系统，需要将传感器输出信号的物理量形式和数值范围作出统一的规定，这就可以给传感器和检测显示仪表的互换性和兼容性带来极大的方便。当前国际通用的标准信号是直流电流 4 ~ 20mA 或直流电压 1 ~ 5 V（空气压力信号为 20 ~ 100kPa）。采用直流信号的优点是传输过程中容易与交流干扰相区分，而且不受传输线的电感、电容和负载性质的影响，不会产生相位移的问题，适于信号的远距离传送。采用这种标准时，以 4mA（或 1V）表示零信号，这种称为“活零点”的安排有利于识别检测装置断电、断线故障，而且变送器与检测装置之间的连接只需要两根导线，安装维修更加方便。如果用零电流表示零信号，由于信号为零时变送器内部总要消耗一定的电流，就不能采用“两线制”的连接方式。

变送器是从传感器发展而来的，凡能输出标准信号的传感器就称为变送器。输出非标准信号的传感器可以通过转换器变换为标准信号，例如频率转换器能把交流频率或脉冲频率转换为直流 4 ~ 20mA 信号；采用电-气转换器也可以将电流信号转换为气压信号，用来控制气动调节器。当前变送器产品的品种增长很快，对自动控制技术的发展有很大的推动作用。

还应指出，需要连续检测或控制某个工艺参数时，就必须采用连续作用的传感器和变送器，而连续作用的传感器和变送器又可分为模拟式及数字式两大类，目前大多数传感器及变送器是模拟式的，用计算机采集数据时必须经过模/数（A/D）转换器件将模拟量转换为数字量。

十三、仪表的安全防爆

自动化仪表广泛应用于石油、化工、冶金和建材等生产部门，有很多生产工艺存在着易燃易爆气体或粉尘，这就对电动仪表提出了安全防爆的要求。在电气设备的防爆设计上一般采用两种方法：一是在结构上用隔离措施把电路和周围环境隔绝，使电路在正常工作时所产生的热量和在故障状态时形成的电火花及高温局限于密封的壳体之内，以防止把周围的易燃易爆气体引爆。二是从电路的能量上加以限制，使电路无论在正常工作时或是在发生开路、短路等故障状态下所产生的温度或电火花都不足以引燃易燃易爆气体。第一种方法主要在结构上加强了防范，称为“结构防爆”，采用这种技术措施的仪表称为“隔爆仪表”。第二种方法主要是限制能量，从根本上排除发生灾害的可能性，称为“本质安全防爆”，采用这种技术措施的仪表称为“安全火花防爆仪表”。

为了区分易燃易爆场所的不同特性，以便有针对性地提出防爆要求，根据国际GB3836.1《爆炸环境用防爆电气设备通用要求》和GB50058—1992《爆炸和火灾危险环境电力装置设计规范》的要求，把危险场所分为三类。具有甲烷易爆气体的煤矿井下为Ⅰ类；具有各种易燃易爆气体的工业生产现场为Ⅱ类；有易燃易爆粉尘的场所为Ⅲ类。

对爆炸性危险区域又可进一步划分为区，规定如下：

（1）气体或蒸气爆炸性混合物的危险区域分为0区、1区、2区

0区：连续出现或长期出现爆炸性气体混合物的环境。

1区：在正常运行时可能出现爆炸性气体混合物的环境。

2区：在正常运行时不可能出现爆炸性气体混合物的环境，或即使出现也仅是暂时存在的爆炸性气体混合物的环境。

（2）粉尘环境危险区域分为10区和11区

10区：连续出现或长期出现爆炸性粉尘的环境。

11区：有时会将积留的粉尘扬起而偶然出现爆炸性粉尘混和物的环境。

在统一的试验条件下，由同样的试验装置对各种易燃易爆气体和粉尘与空气的混合物进行试验，按易燃易爆的程度排列，可分为A、B、C三级，C级最易引爆，B级次之，A级更次之。

除了与火花明火接触被引爆之外，爆炸性气体与高温物体表面接触也可能自燃。为了防止自燃的危险性，把各种气体混合物按允许最高表面温度分为T1～T6组。其中T6组允许表面温度最低，最容易自燃，T1组最难自燃。对于粉尘则分为T1-1～T1-3组，也是按允许温度依次降低排列，自燃的危险性依次增大。

在设计过程中，应根据实际介质情况，选择仪表的防爆等级。

第二节　温度检测

温度是表征物体或系统的冷热程度的物理量。根据分子物理学理论，温度反应了物体中分子无规则运动的剧烈程度。物体的许多物理现象和化学性质都与温度有关，许多生产过程，特别是化学反应过程，都是在一定的温度范围内进行的。温度是最常见的工业测控参数，人们经常会遇到温度和温度检测与控制的问题。

一、温标

温标是用来量度物体温度高低的标尺，它是温度的一种数值表示，一个温标主要包括两个方面的内容：一是给出温度数值化的一套规则和方法，例如规定温度的读数起点（零点）；二是给出温度的测量单位。常用温标有三种：

（1）经验温标　借助于某一物质的物理量与温度变化的关系，用实验方法或经验公式所确定的温标称作经验温标。它主要指摄氏温标和华氏温标两种。这两种温标都是根据液体（水银）受热后体积膨胀的性质建立起来。

摄氏温标是把大气压下水的冰点定为零度，把水的沸点定为100℃的一种温标。在0～

100℃之间划分100等分，每一等分为1℃，单位符号为℃。摄氏温标虽不是国际统一规定的温标，在我国目前还经常使用。

华氏温标规定在标准大气压下水的冰点为32度，水的沸点为212度，中间划分为180等分，每一等分为1℉，单位符号为℉。

由此可见，用不同温标所确定的温度数值是不同的；另外，上述经验温标使用水银作温度计的测温介质，由于依附于具体物质的性质而带有任意性，不能严格的保证世界各国所用的基本测温单位完全一致。

(2) 热力学温标　又称开尔文温标，单位符号为K。热力学温标是以热力学第二定律为基础的一种理论温标，已由国际计量大会采纳作为国际统一的基本温标。热力学温标的特点是不与某一特定的温度计相联系，并与测温物质的性质无关，是由卡诺定理推导出来的，所以用热力学温标所表示的热力学温度被认为是最理想的温度数值。

热力学中的卡诺热机是一种理想的机器，实际上并不存在，因此热力学温标是一种纯理论的理想温标，无法直接实现。

(3) 国际实用温标　为了使用方便，国际上协商决定，建立一种既能体现热力学温度（即能保证较高的精确度）又使用方便、容易实现的温标，称为国际温标。该温标选择了一些固定点（可复现的平衡态）温度作为温标基准点；规定了不同温度范围内的基准仪器；固定点温度间采用内插公式，这些公式建立了标准仪器示值与国际温标数值间的关系。随着科学技术的发展，固定点温度的示值和基准仪器的准确度会越来越高，内插公式的精度也会不断提高，因此国际温标在不断更新和完善，准确度会不断提高，并尽可能接近热力学温标。

第一个国际温标是1927年建立的，记为ITS—1927。1948年、1968年和1990年进行了几次较大修改，相继有ITS—1948和ITS—1968和IST—1990。目前我国已开始采用IST—1990。

二、温度检测的主要方法分类

温度检测的主要方法根据敏感元件和被测介质接触与否，可以分成接触式与非接触式两大类。接触式检测方法主要包括基于物体受热体积膨胀性质的膨胀式温度检测仪表；基于导体或半导体电阻值所温度变化的热电阻温度检测仪表；基于热电效应的热电偶温度检测仪表。非接触式检测方法是利用物体的热辐射特性与温度之间的对应关系，对物体的温度进行检测，主要有亮度法、全辐射法和比色法等。

各种温度检测方法（仪表）各有自己的特点和各自的测温范围，详见表2-1。下面将主要介绍热电偶和热电阻测温的原理和使用方法。其他非常用方法可参阅有关仪表说明书或有关专著。

表2-1　主要温度检测方法及特点

测温方式	测温种类和仪表		测温范围/℃	主要特点
接触式	膨胀式	玻璃液体	-100~600	结构简单、使用方便、测量精度较高、价格低廉；测量上限和精度受玻璃质量的限制，易碎，不能远传
		双金属	-80~600	结构紧凑、牢固、可靠；测量精度较低、量程和使用范围有限

（续）

测温方式	测温种类和仪表		测温范围/℃	主要特点
接触式	压力式	液体	-40~200	耐振、坚固、防爆、价格低廉；工业用压力式温度计精度较低、测温距离短滞后大
		气体	-100~500	
	热电阻	铂电阻	-260~850	测量精度高，便于远距离、多点集中检测和自动控制；不能测高温，须注意环境温度的影响
		铜电阻	-50~150	
		半导体热敏电阻	-50~300	灵敏度高、体积小、结构简单、使用方便；互换性较差，测量范围有一定限制
	热电效应	热电偶	-200~1800	测温范围广、测量精度高、便于远距离、多点、集中检测和自动控制；需自由端温度补偿，在低温段测量精度较低
非接触式	辐射式		0~3500	不破坏温度场，测量范围大，可测运动物体的温度；易受外界环境的影响，标定较困难

三、热电偶及测温原理

1. 热电效应与热电偶

热电效应是热电偶测温的基本原理。根据热电效应，任何两种不同的导体或半导体组成的闭环回路（见图2-4），如果将它们的两个接点分别置于温度各为 t 及 t_0 的热源中，则在该回路内就会产生热电动势。这两种不同导体或半导体的组合称为热电偶。每根单独的导体或半导体称为热电极。两个接点中，t 端称为工作端（假定该端置于被测的热源中），又称测量端或热电端；t_0 端称为自由端，又称参考端或冷端。

由热电效应可知，闭合回路中所产生的热电动势由两部分组成，即接触电动势和温差电动势，总电动势由式（2-9）给出。实验结果表明，温差电动势比接触电动势小很多，可忽略不计，则热电偶的电动势可表示为

$$E_{AB}(t,t_0) = e_{AB}(t) - e_{AB}(t_0) \tag{2-9}$$

这就是热电偶的基本公式。

当 t_0 为一定时，$e_{AB}(t_0) = C$ 为常数。则对确定的热电偶电极，其总电动势和温度 t 成单值函数关系，即

$$E_{AB}(t,t_0) = e_{AB}(t) - C \tag{2-10}$$

根据国际温标规定：$t_0=0$℃时，用实验的方法测出各种不同热电极组合的热电偶在不同的工作温度下所产生的热电动势值，列成一张表格，这就是常说的分度表。温度与热电动势之间的关系也可以用函数式表示，称为参考函数。新的IST—1990分度表和参考函数是由国际电工委员会和国际计量委员会合作与安排，国际上有权威的研究机构（包括中国在内）共同参与完成的，它是热电偶测温的主要依据。有关标准热电偶的分度表和参考函数可参见有关手册。

2. 热电偶基本定律

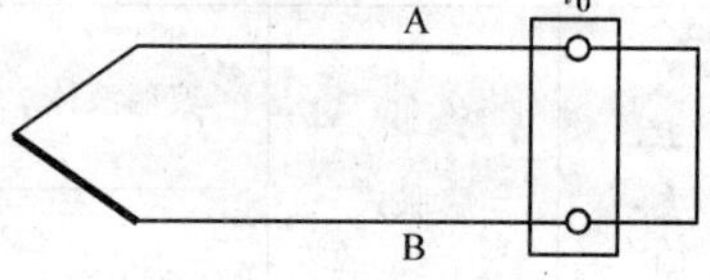

图2-4　三种导体的热电回路

（1）中间导体定律　如图2-4所示，将A、B构成的热电偶的 t_0 端断开，接入第三种导体C，并使A与C和B与C接触处的温度均为 t_0，则接入导体C后对热电偶回路

种的总电动势没有影响。

$$E_{ABC}(t,t_0) = e_{AB}(t) - e_{AB}(t_0) = E_{AB}(t,t_0) \tag{2-11}$$

同理，加入第四、第五种导体后，只要加入的导体的两端温度相等，则总电动势与原热电偶回路的电动势值相同。根据热电偶的这一性质，可以在热电偶回路引入各种仪表、连接导线等。例如，在热电偶的自由端接入一只测量电动势的仪表，并保证两个接点的温度一致就可以对热电动势进行测量而且不影响热电偶的输出。

(2) 均质导体定律　由一种导体组成的闭合回路，不管导体的截面如何以及各处的温度分布如何，都不能产生热电动势。

这条定律说明，热电偶必须有两种不同性质的材料构成。

(3) 中间温度定律　热电偶 AB 在接点温度为 t、t_0 时的热电动势 E_{AB} (t, t_0) 等于热电偶 AB 在接点温度为 t, t_C 和 t_C, t_0 的热电动势 E_{AB} (t, t_C) 和 E_{AB} (t_C, t_0) 的代数和（见图 2-5），即

$$E_{AB}(t,t_0) = E_{AB}(t,t_C) + E_{AB}(t_C,t_0) \tag{2-12}$$

(4) 等值替代定律　如果使热电偶 AB 在某一范围内所产生的热电动势等与热电偶 CD 在同一温度范围内所产生的热电动势，即 $E_{AB}(t,t_0) = E_{CD}(t,t_0)$，则这两支热电偶在该温度范围内可以相互代用。

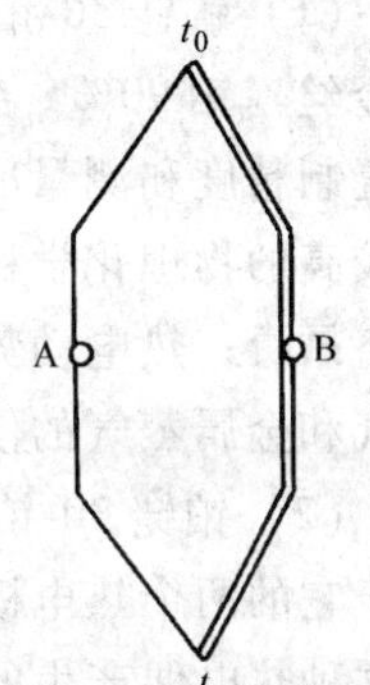

图 2-5　中间温度定律

根据上述定律可有如下结论：当 AB 作为热电偶的测量电极时，如果有一对导线 CD 在温度范围 $t_C \sim t_0$ 内与热电偶 AB 具有相等的电动势，则在该温度范围内可以将这一对导线引入热电偶 AB 回路中，而不影响热电偶 AB 的热电动势。通常把这对导线称为补偿导线，它相当于把热电偶 AB 的自由端由 t_C 处延长到 t_0 处。

四、标准化热电偶与分度表

根据热电偶的测温原理，似乎任何两种导体都可以组成热电偶，用来测量温度。但是为了保证在工程技术中应用可靠，并具有足够精度，对热电偶电极材料有以下要求：

1) 在测温范围内，热电性质稳定，不随时间和被测介质变化；物理化学性能稳定，不易氧化或腐蚀。

2) 电导率要高，并且电阻温度系数要小。

3) 它们组成的热电偶，其热电动势温度的变化率要大，并且希望该变化率在测量范围内接近常数。

4) 材料的机械强度要高，复制性要好，制造工艺要简单，且价格便宜。

实际上并非所有材料都能满足上述要求，目前在国际上被公认的比较好的热电材料只有几种。所谓标准化热电偶就是指由这些材料组成的热电偶，它们已列入工业标准化文件中，具有统一的分度表。标准化文件还对同一型号的标准化热电偶规定了统一的热电极材料及其化学成分、热电性质和允许偏差，故同一型号的标准化热电偶具有良好的互换性。

目前国际上已有 8 种标准化热电偶。这些热电偶的型号（有时也称分度号）、热电极的材料以及可测的温度范围见表 2-2。表中所列的每一种型号的热电材料前者为热电偶的正极，后者为负极；温度的测量范围是指热电偶在良好的使用环境下允许测量温度的极限值，实际使用，特别是长时间使用，一般允许测量的温度上限是极限值的 60% ~ 80%。

表 2-2 标准化热电偶

型号标志	材料	温度范围/℃	型号标志	材料	温度范围/℃
S	铂铑 10[①]-铂	-50~1768	N	镍铬硅-镍硅	-270~1300
R	铂铑 13-铂	-50~1768	E	镍铬-铜镍合金（锰白铜）	-270~1000
B	铂铑 30-铂 6	0~1820	J	铁-铜镍合金（锰白铜）	-210~1200
K	镍铬-镍硅	-270~1372	T	铜-铜镍合金（锰白铜）	-270~400

① 铂铑 10 表示铂 90%，铑 10%，依次类推。

下面简单介绍几种常用的标准化热电偶的主要性能和特点。

(1) 铂铑 30-铂热电偶（S 型） 这是一种贵金属热电偶，由直径为 0.5mm 以下的铂铑合金丝（铂 90%，铑 10%）和纯铂丝制成。由于容易得到高纯的铂和铂铑，故这种热电偶的复制精度和测量准确度较高，可用于精密温度测量。S 型热电偶在氧化性或中性介质中具有较高的物理化学稳定性，在 1300℃以上范围内可长时间使用。其主要缺点是金属材料的价格昂贵；热电动势小，而且热电特性曲线非线性较大；在高温时易受还原性气体所发出的蒸气和金属蒸气的侵害而变质，失去测量准确度。

(2) 铂铑 30-铂铑 6 热电偶（B 型） 这种类型的热电偶具有 S 型热电偶的各种特点。由于它的两个热电极都是铂铑合金，因而提高了抗污染能力，其长期使用温度可达 1600℃。但这种热电偶产生的热电动势很小（在所有标准化热电偶中热电动势为最小），当 $t \leqslant 50$℃，热电动势小于 3μV 时在测量高温时基本可不考虑自由端的温度补偿。

(3) 镍铬-镍硅热电偶（K 型） 这是一种使用面十分广泛的金属热电偶，热电丝直径一般为 1.2~2.5mm。由于热电极材料具有较好的高温抗氧化性，可在氧化性或中性介质中长时间的测量 900℃以下的温度。K 型热电偶具有复现性好，产生的热电动势大，而且线性好，价格便宜等优点；虽然测量精度偏低，但完全能满足一般工业测量要求。这种热电偶的主要缺点是如果用于还原性介质中，热电极会很快受到腐蚀，在此情况下，只能测量 500℃以下的温度。

(4) 镍铬-铜镍合金热电偶（E 型） 这种热电偶在我国通称为镍铬-锰白铜（原称康铜）热电偶，虽不及 K 型热电偶应用广泛，但它的热电动势在所有标准化热电偶中为最大，可测量微小变化的温度。它的另一个特点是对于高湿度气体的腐蚀不甚灵敏，宜在我国南方地区使用或湿度环境较高的纺织工业中使用。其缺点是负极（铜镍合金）难于加工，热电热均匀性比较差，不能用于还原性介质中。

根据上述热电偶的分度表（参考函数），可以得出如下结论：

1) $t=0$℃时，所有型号的热电偶的热电动势均为零；当 $t<0$℃时，热电动势为负值。

2) 同型号的热电偶在相同温度下，热电动势一般有较大的差别；在所有标准化热电偶中，B 型热电偶的热电动势为最小，E 型热电偶为最大。

3) 如果把温度和热电动势作成曲线，则可以看到温度与热电动势之间的关系一般为非线性；正由于热电偶的这种非线性特性，当自由端温度 $t_0 \neq 0$℃时，则不能用测得的电动势 $E(t, t_0)$ 直接查分度表得 t，然后再加 t_0，而应该根据下列公式先求出 $E(t, 0)$

$$E(t,0) = E(t,t_0) + E(t_0,0) \tag{2-13}$$

然后再查分度表温度 t。

五、热电偶自由端温度的处理

从热电偶测量基本公式可以看到，热电偶产生热电动势的大小与工作端温度 t_0 有关，即

$$E_{AB}(t,t_0) = e_{AB}(t) - e_{AB}(t_0)$$

根据国际温标规定，热电偶的分度表是以 $t_0=0℃$ 作为基准进行分度的，而在实际使用过程中，自由端温度 t_0 往往不能维持在 0℃，那么工作端温度为 t 时在分度表中所对应的热电动势 E（t，0）与热电偶实际输出的电动势值 E（t，t_0）之间的误差为

$$E_{AB}(t,0) - E_{AB}(t,t_0) = e_{AB}(t) - e_{AB}(0) - e_{AB}(t) + e_{AB}(t_0) = e_{AB}(t_0) - e_{AB}(0) = E(t_0,0) \tag{2-14}$$

由此可见，差值 E（t_0，0）是自由端温度 t_0 的函数，因此需要对热电偶自由端温度进行处理。

(1) 补偿导线法　热电偶一般做得较短，应用时常常需要把热电偶输出的电动势信号传输到远离数十米的控制室里，送给显示仪表或控制仪表。如果用一般导线（如铜导线）把信号从热电偶末端引至控制室，则根据热电偶均质导体定律，该热电偶回路的热电动势为 E（t，t'_0），如图 2-6 所示，热电偶末端（即自由端）仍在被测介质（设备）附近，而且 t_0'易随现场环境变化。如果设想把热电偶延长并直接引到控制室，这样热电偶回路的热电动势为 E（t，t_0），自由端温度 t_0 由于远离现场就比较稳定，用这种加长热电偶的方法对于廉价金属热电偶还可以，而对于贵金属热电偶来说价格就高了。因此，希望用一对导线和热电偶组成的回路产生的热电动势为 E（t，t_0）。这对导线称为“补偿导线”。这样可以不用原热电偶电极而使热电偶的自由端延长，显然这对补偿导线的热电特性在 $t_0'\sim t_0$ 范围内要与热电偶相同或基本相同。

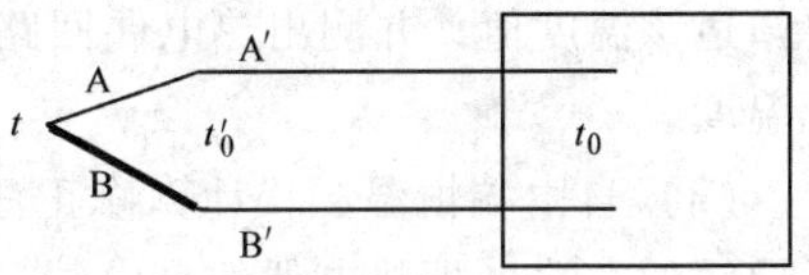

图 2-6　带有补偿导线的热电偶测温原理

在图 2-6 中，A′B′为补偿导线，则补偿导线产生热电动势为 t_0'（t_0'，t_0），图 2-6 的回路总电动势为 E_{AB}（t，t_0'）$+E_{A'B'}$（t_0'，t_0），根据补偿导线的性质，有

$$E_{A'B'}(t'_0,t_0) = E_{AB}(t'_0,t_0)$$

则由热电偶的等值替代定律可得回路总电动势为

$$E = E_{AB}(t,t'_0) + E_{AB}(t'_0,t_0) = E_{AB}(t,t_0) \tag{2-15}$$

因此，补偿导线 A′B′可视为热电偶电极 AB 的延长，使热电偶的自由端从 t_0'处移到 t_0 处，热电偶回路的热电动势只与 t 和 t_0 有关，t_0'的变化不再影响总电动势。

常用热电偶的补偿导线如表 2-3 所示。表中补偿导线型号的头一个字母与配用热电偶的型号相对应；第二个字母“X”表示延伸型补偿导线（补偿导线的材料与热电偶电极的材料相同）；字母“C”表示补偿型补偿导线。

表 2-3　常用补偿导线

补偿导线型号	配用热电偶型号	补偿导线		绝缘层颜色	
		正极	负极	正极	负极
SC	S	SPC（铜）	SNC（铜镍）	红	绿
KC	K	KPC（铜）	KNC（锰白铜）	红	蓝
KX	K	KPX（镍铬）	KNX（镍硅）	红	黑
EX	E	EPX（镍铬）	ENX（铜镍）	红	棕

在使用补偿导线时必须注意以下问题：

1）补偿导线只能在一定的温度范围内（一般为0～100℃）与热电动势相等或相近。

2）不同型号的热电偶有不同的补偿导线。

3）热电偶和补偿导线的两个接点处要保持同温度。

4）补偿导线有正、负极，需分别与热电偶正、负极相连。

5）补偿导线的作用只是延伸热电偶的自由端，当自由端温度 $t_0 \neq 0$℃时，还需进行其他补偿与修正。

（2）计算修正法　当用补偿导线把热电偶的自由端延长到 t_0 处（通常是环境温度），只要知道该温度值，并测出热电偶回路的电动势值，通过查表计算的方法，就可以求得被测实际温度。

（3）自由端恒温法　计算修正法需要保证自由端温度恒定。在工业应用时，一般把补偿导线的末端（即热电偶的自由端）引至电加热的恒温器中，使其维持在某一恒定的温度。通常一个恒温器可供多支热电偶同时使用。在实验室及精密测量中，通常把自由端放在盛有绝缘油的试管中，然后再将其放入装满冰水混合物的容器中，以使自由端温度保持为0℃。

（4）补偿电桥法　补偿电桥法是利用不平衡电桥产生的电动势来补偿热电偶自由端温度变化而引起的热电动势的变化值。如图2-7所示，电桥由 r_1、r_2、r_3（均为锰铜电阻）和 r_{Cu}（铜电阻）组成，串联在热电偶回路中，热电偶自由端与电桥中 r_{Cu} 处于相同温度。当 $t_0=0$℃时，$r_{Cu}=r_1=r_2=r_3=1\Omega$，这时电桥平衡，无电压输出，回路中的电动势就是热电偶产生的电动势，即为 $E(t,0)$，当 t_0 变化时，r_{Cu} 也将改变，于是电桥a、b两端就会输出一个不平衡电压 u_{ba}。如选择适当，可使电桥的输出电压 $u_{ba}=E(t_0,0)$，从而使回路中的总电动势仍为 $E(t,0)$，起到了自由端温度的自动补偿。实际补偿电桥一般 $t_0=20$℃是按时电桥平衡设计的，即当 $t_0=20$℃时，补偿电桥平衡，无电压输出。因此，在使用这种补偿器时，必须把显示仪表的起始点（机械零点）调到20℃处。

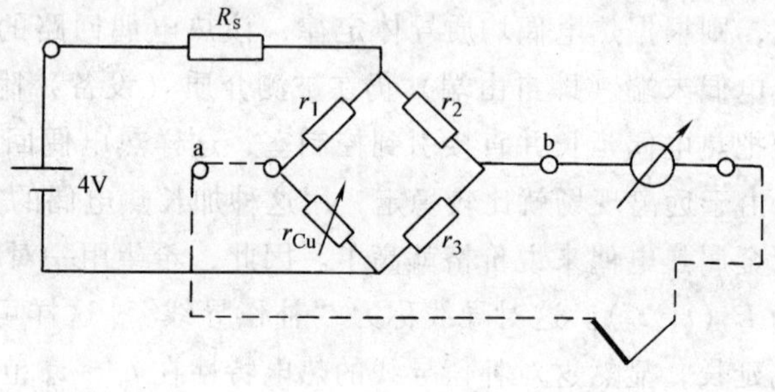

图2-7　补偿电桥

六、热电偶的结构型式

（1）普通型热电偶　普通型热电偶其安装的连接型式可分为固定螺纹连接、固定法兰连接（见图2-8）、活动法兰连接、无固定装置等多种形式。虽然它们的结构和外形不尽相同，但其基本组成部分大致是一样的。通常都是由热电极、绝缘材料、保护套管和接线盒等主要部分组成。

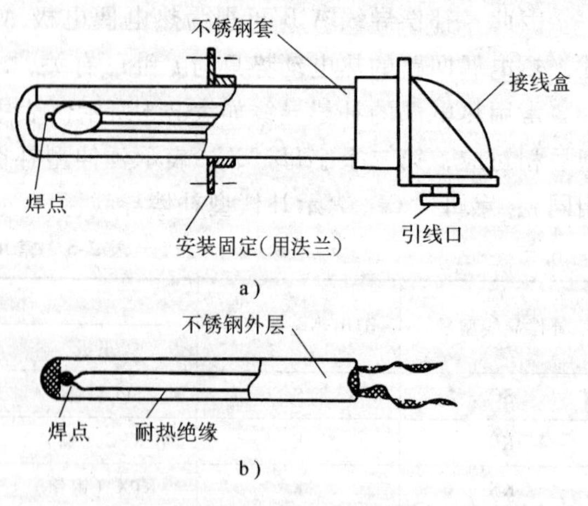

图2-8　热电偶典型结构

（2）铠装热电偶　铠装热电偶是由热

电偶丝、绝缘材料和金属套管三者经拉伸加工而成的坚实组合体。它可以做得很细、很长，在使用中可以随测量需要人为弯曲。套管材料一般为铜、不锈钢或镍基高温合金等。热电极与套管之间填满了绝缘材料的粉末，常用的绝缘材料有氧化镁、氧化铝等。铠装热电偶的主要特点是测量端热容量小，动态响应快；机械强度大；挠性好，可安装在结构复杂的装置上，因此以被广泛用在许多工业部门中。

七、热电阻及测温原理

大部分的导体或半导体电阻都有热效应性质，即电阻体的阻值随温度的升高而增加或减小，但作为温度检测元件，这些材料应满足以下一些要求：

1）要由尽可能大而且稳定的电阻温度系数。

2）电阻率要大，以便在同样的灵敏度下减小元件的尺寸。

3）电阻随温度变化要由单值函数关系。

4）在电阻的使用温度范围内，其化学核物理性能稳定，并且材料复制性好，价格尽可能便宜。

能用作温度检测元件的电阻称为热电阻。根据上述要求，目前国际上最常见的热电阻有铂、铜及半导体热敏电阻等。

1. 金属热电阻

金属热电阻主要由铂电阻、铜电阻和镍电阻等，其中铂电阻和铜电阻最为常用，有一套标准的制作要求和分度表、计算公式。

金属热电阻阻值随温度的变化大小用电阻温度系数 α 来表示，其定义为

$$\alpha = \frac{R_{100} - R_0}{100R_0} \tag{2-16}$$

式中，R_0 和 R_{100} 分别为 0℃和 100℃时热电阻的电阻值。可见 R_{100}/R_0 越大，α 值也越大，说明温度升高使热电阻的电阻值增加越多。

金属的纯度对电阻温度系数影响很大，纯度越高，α 值越大。例如，作为基准器用的铂电阻，要求 $\alpha > 3.925 \times 10^{-3}/℃$。

（1）工业用热电阻温度计的分度公式和分度号　作为标准用铂电阻温度计可以用一种严密、合理的方程来描述其电阻与温度的关系，但是该方程比较复杂。对于工业用铂电阻温度计可用简单的分度公式来描述其电阻与温度的关系。工业用铂电阻温度计的使用范围是 -200 ~ 850℃，需要分成两个温度范围分别表示，在 -200 ~ 0℃的温度范围内用

$$R_t = R_0[1 + At + Bt^2 + C(t - 100)t^3] \tag{2-17}$$

在 0 ~ 850℃的温度范围内用

$$R_t = R_0(1 + At + Bt^2) \tag{2-18}$$

式中，R_t 和 R_0 分别为 t 和 0℃时铂电阻的电阻值；A、B 和 C 为常数。在 ITS—1990 中，这些常数规定为

$$A = 3.9083 \times 10^{-13}/℃$$

$$B = -5.775 \times 10^{-7}/℃^2$$

$$C = -4.183 \times 10^{-12}/℃^4$$

铜电阻温度计也有相应的分度公式。由于它在 -50 ~ 150℃的使用范围内其电阻值与温度的关系几乎是线性的，因此在一般场合下可以近似地表示为

$$R_t = R_0(1 + \alpha t) \tag{2-19}$$

式中，α 为铜电阻的电阻温度系数，取 $\alpha = 4.28 \times 10^{-3}/℃$。

由于热电阻在温度时的电阻值与 R_0 有关，所以对 R_0 的允许误差有严格的要求。目前我国规定工业用铂电阻温度计有 $R_0 = 10\Omega$ 和 $R_0 = 100\Omega$ 两种，它们的分度号分别为 Pt_{10} 和 Pt_{100}；铜电阻温度计也有 $R_0 = 10\Omega$ 和 $R_0 = 100\Omega$ 两种，其分度号分别为 Cu_{50} 和 Cu_{100}。

用表格形式给出在不同温度下各种热电阻分度号的电阻值称为热电阻的分度表。铜热电阻的特性比较接近直线；而铂电阻的特性呈现出一定的非线性，温度越高，电阻的变化率越小。

（2）热电阻的结构型式　工业用热电阻的结构如图 2-9a 所示，它主要由感温体、保护套管和接线盒等部分组成。

感温体是细铂丝或铜丝绕在支架上构成。由于铂的电阻率较大，而且相对机械强度较大，通常铂丝的直径在 0.05mm 以下，因此电阻丝不是太长，往往只绕一层，而且是裸丝，每匝间留有空隙以防短路。铜的机械强度较低，电阻丝的直径需较大，一般为 0.1mm，由于铜电阻的电阻率很小，要保证 R_0 需要很长的铜丝，因此不得不将铜丝绕成多层，这就必须用漆包铜线或丝包铜线。为了使电阻感温体没有电感，无论那种热电阻都必须采用无感绕法，即先将电阻丝对折起来，像图 2-9b 那样双绕，使两个断头处于支架的同一端。

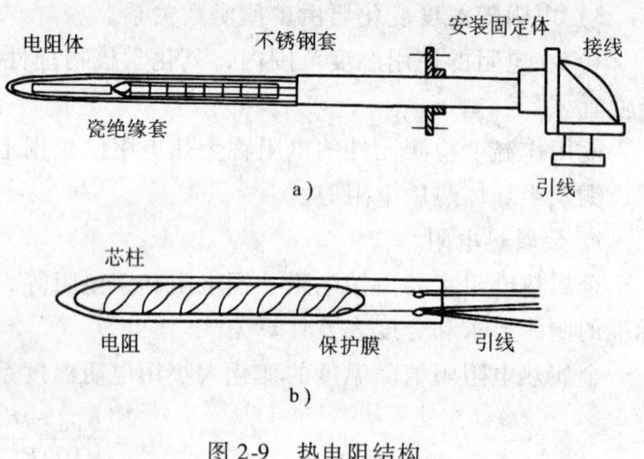

图 2-9　热电阻结构

热电阻的感温体要防腐蚀，尤其是铜热电阻还要防止氧化；水分进入会造成漏电，直接影响阻值。所以工业用热电阻都要有金属保护套管。保护套管上一般附有安装固定体，以便将热电阻温度计固定在被测设备上。

（3）金属热电阻的使用特点　和热电偶相比，金属热电阻有以下特点：

1）同样温度下输出信号大，易于测量；以 0～100℃为例，如用 K 型热电偶，输出为 4.096mV，用 S 型热电偶，输出只有 0.646mV，但用铂电阻 Pt_{100}，则 100℃时电阻为 138.51Ω，增加量为 38.51Ω（或 38.51%）；测量毫伏级的电动势，显然不如测几十欧的电阻增量容易。

2）热电阻的阻值测量必须借助于外加电源，如用电桥将桥臂电阻的变化转变为电压输出，热电偶只要两端存在误差，就能输出热电动势，直接进行测量；但是热电偶需要自由端温度补偿，而热电阻不需要，热电阻的起始电阻 R_0 通过电桥平衡原理自动消去。

3）和热电偶相比，热电阻的感温体结构复杂、体积较大，热惯性大，不适宜测体积狭小和温度变化快的温度，抗机械冲击与振动性能也较差。

4）同类材料制成的热电阻不如热电偶测温上限高，但在低温区（$t < 0℃$）用热电阻测温较好。

铂电阻温度计的特点是精度高，稳定性好，性能可靠，但电阻与温度为非线性关系；铜电阻温度计的特点是电阻温度系数大，而且几乎不随温度而变，铜容易加工和提纯，价格便宜，但温测量范围较窄。此外，铜在温度超过100℃时容易被氧化，而铂在还原性介质中，特别是在高温下很容易被从氧化物中还原出来的蒸气所沾污，使铂丝变脆，并改变它的电阻与温度间的关系。因此，铂电阻和铜电阻温度计必须使用保护套管以设法避免或减轻上述问题。

工业用热电阻安装在生产现场，离控制室较远，因此热电阻的引线对测量结果有较大的影响。目前，热电阻引线方式有两线制、三线制和四线制三种，如图2-10a、b、c所示。

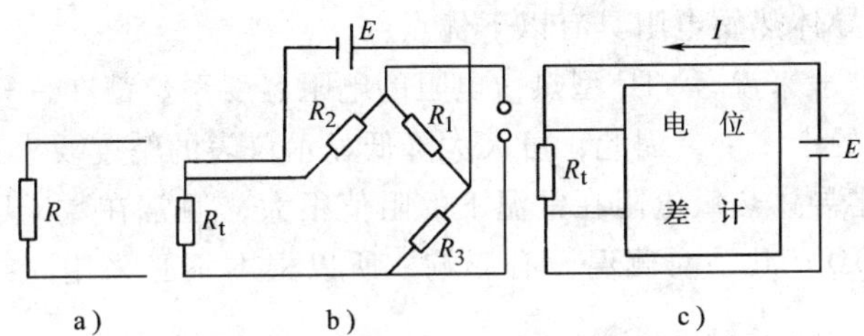

图2-10 热电阻的引线方式

两线制　在热电阻感温体的两端各连一根导线的引线形式为两线制，如图2-10a所示。这种引线方式简单、费用低，但是引线电阻以及引线电阻的变化会带来附加误差。因此，两线制是用于引线不长，测量精度要求较低的场合。

三线制　在热电阻感温体的一端连接两根引线，另一端连接一根引线，此种引线形式称为三线制，如图2-10b所示。当热电阻与电桥配套使用时，这种引线方式可以较好的消除引线电阻的影响，提高测量精度。所以，工业热电阻多半采用三线制接法。

四线制　在热电阻感温体的两端各连两根引线称为四线制，如图2-10c所示。这种引线方式主要用于高精度温度检测。其中两根引线为热电阻提供恒流源 I，在热电阻上产生的压降 $u=R_tI$ 通过另两根引线引至电位差计进行测量。因此，它完全能消除引线电阻对测量的影响。

值得注意的是，无论是三线制或四线制，引线都必须从热电阻感温体的根部引出，不能从热电阻的接线端子上分出。

2. 半导体热敏电阻

半导体热敏电阻是利用某些材料的电阻值随温度的升高而减小（或增大）的特性制成的。

大多数的半导体热敏电阻具有负温度系数，称为NTC型热敏电阻，其阻值与温度的关系可用下列公式表示：

$$R^T = Ae^{B/T} \tag{2-20}$$

式中，R^T 为热敏电阻在温度为时 T（K）的阻值；A、B为取决于半导体材料和结构的常数。

根据电阻温度系数的定义，可以求得NTC型热敏电阻的温度系数为 α_T 为

$$\alpha_T = \frac{1}{R_T}\frac{\partial R_T}{\partial T} = \frac{\beta}{T^2} \tag{2-21}$$

由此可见，电阻温度系数并非常数，它随温度 T 的平方的倒数而减小。也就是说，低温端比高温端要更灵敏。一般NTC型热敏电阻的 β 在1500～6000K之间，因此电阻温度系数为负数，表明电阻随温度的升高而下降。

NTC 型热敏电阻主要有锰、铁、镍、钴、钛、钼、镁等复合氧化物高温烧结而成，通过不同的材料组合，能得到不同的电阻值 R_0 及不同的温度特性。

在由 $BaTiO_3$ 和 $SrTiO_3$ 为主的成分中加入少量 Y_2O_3 和 Mn_2O_3 构成的烧结体具有正电阻温度系数，称其为 PTC 型热敏电阻。PTC 型热敏电阻在某个温度范围内阻值急剧上升，根据这个特性，PTC 型热敏电阻可用作为接触式（开关式）温度检测元件。

半导体热敏电阻成为工业用温度检测元件以来，大量用于家电及汽车用温度检测和控制。目前已深入到各个领域，发展极为迅速，在接触式温度计中，它仅次于热电偶和金属热电阻，占第三位。半导体热敏电阻具有以下优点：

1）灵敏度高。一般来说，NTC 型热敏电阻的电阻温度系数都在 $-3\times10^{-2}\sim6\times10^{-2}/℃$ 之间，是金属热电阻的十多倍，因此，可大大降低显示仪表的精度要求；

2）电阻值高。半导体热敏电阻在常温下的阻值很大，通常在数千欧以上，这样引线电阻（一般最多不过 10Ω）几乎对测温没有影响，所以根本不必采用三线制或四线制，给使用带来了方便。

3）体积小，热惯性也小，时间常数通常在 0.5～3s。

4）结构简单，价格低廉，化学稳定性好，使用寿命长。

半导体热敏电阻的缺点是：互换性差，虽然近几年有明显的改善，但与金属热电阻相比仍有较大的差距；非线性严重；温度测量范围有一定限制，目前只能达到 -50～300℃。

八、辐射式温度计

辐射式温度计是利用物体的辐射能随温度而变化的原理制成的，是一种非接触式温度检测仪表。它可以用于检测运动物体的温度和小的被测对象的温度，且不会破坏被测对象的温度场。

辐射测温主要有如下三种基本方法：

(1) 全辐射法　测出物体在整个波长范围内的辐射能量 $F(T)$，并以其辐射率 ε_T 校正后确定被测物体的温度。

(2) 亮度法　测出物体在某一波长（实际上是一个波长段 $\lambda\sim\lambda+\Delta\lambda$）上的辐射能量 $f(T)$，经辐射率 ε_T 校正后确定被测物体的温度。

(3) 比色法　测出物体在两个特定波长段上的辐射能比值 $\Phi(T)$，经辐射率 ε_T 修正后确定被测物体的温度。

以上三中测温方法各有特点：全辐射法接受辐射能量大，利于提高仪表灵敏度，缺点是容易受环境的干扰；亮度法接受的辐射能量较小，但抗环境干扰的能力强；比色法适应性较强，物体的辐射率影响较小，因此仪表示值接近真实温度，但结构比较复杂，仪表设计和制造要求较高。

无论采用何种辐射测温方法，辐射温度计主要有光学系统、光电转换系统和信号处理系统与变换电路等部分组成。

光学系统是将物体的辐射能（光能）通过光学透镜聚焦到光电元件，光电元件（对红外光需用热敏元件）将辐射能转化成电信号，经信号放大、辐射率的修正和标度变换后输出与被测温度相对应的信号。

透镜对辐射光谱有一定的选择性，例如普通光学玻璃只能透过 0.3～2.7μm 的波长；光电元件（热敏元件）也对光谱有选择性。这样，对于一个具体的辐射接受系统只能接受一定波长范围内的辐射能。

在辐射式温度计中，温度测量范围在很大程度上取决于所接受的辐射能的波长范围，这就要求采用不同特性的透镜和光电元件，必要时还需要加滤光片。例如，用锗滤光片或锗透镜与半导体热敏电阻配合，接受 2～15μm 的红外辐射能，可测温度范围为 0～200℃；用光学玻璃透镜和硫化铅光敏电阻配合，接受 0.6～2.7μm 波长的辐射能，可测温度范围为 400～800℃；用光学玻璃透镜与硅光电池组合，利用波长为 0.7～1.1μm 的辐射能，可测 700～2000℃ 的高温。

红外辐射测温仪近年来在工业生产中得到了相当广泛的应用，它的种类很多，分类方法也有多种，目前市场供应的测温仪覆盖范围达 -40～3000℃，但不同的测温仪实际测量范围是有限制的，通常把 900℃ 以上的测温仪称为高温测温仪；500～900℃ 为中温测温仪；500℃ 以下的为低温测温仪。不同温度段的仪表选用与之相适应的工作波长，通常高温段选用 1～2.2μm；中温段选用 3～5μm；低温段选用 8～14μm 或 7～18μm。按其使用方向大致有下列四种类型：

（1）便携式辐射测温仪　这是一种集测温和显示输出为一体的小型、轻便、可随身携带进行检测的仪器，在显示面板上显示出测量结果非常方便，这种仪器主要用于巡视检查各种设备的温度情况，发现异常可以及时作出处理，应用十分广泛。

（2）在线式辐射测温仪　这种仪器通常固定安装在生产线上进行关键部位的温度连续监测，为自动控制提供依据。在线式辐射测温仪输出方式很多；可以是 4～20mA 电流输出，也可以是电压输出，有的可以直接接热电偶分度输出，取代热电偶而不必更换二次仪表；有的采用数字量输出，经 RS232 或 RS485 与计算机控制网络连接，通过软件程序进行分析与控制。

在线式辐射仪由于安装在条件比较复杂的生产环境中，为了保证仪器能正常工作，需要选用适当的附件如传感头、水冷套、空气吹扫器以及各种安装支架、瞄准器等等。

（3）扫瞄式红外测温仪　这也是固定安装的在线式辐射测温仪，用来监测在输送过程中的温度变化情况，测量时传感器对运动目标扫瞄 90°，在两个极限位置之间测量多达 256 点温度数据，因而可以进行图像分析、在玻璃、塑料、冶金、水泥、造纸、纺织等工业部门进行产品质量监控。

（4）红外成像测量仪　红外成像测温仪集测温与成像功能为一体，具有高性能智能化的特点，当仪器现场对准目标时，在监视器上显示目标区域的热分析图，管理人员可以在目标上对某些点或面进行重点测温。

九、集成温度传感器

集成温度传感器是利用晶体管 PN 界的电流电压特性与温度的关系，把敏感元件、放大电路和补偿电路等部分集成化，并把它们封装在同一壳体里的一种一体化温度检测元件。它除了与半导体热敏电阻一样有体积小、反应快的优点外，还具有线性好、性能高、价格低等特点。虽然由于 PN 结受耐热特性和特性范围的限制，集成温度传感器只能用来测 150℃ 以下的温度，但在许多领域中它已得到实际应用。

十、小结

温度检测主要由接触式和非接触式两大类，其中常用的是接触式温度仪表。工业生产过程中一般用膨胀式温度仪表作现场就地指示；热电偶和金属热电阻则主要用作集中显示、记录和控制用的温度检测；半导体热敏电阻和集成温度传感器由于价格低，使用方便等特点在各种非工业生产过程领域中有广泛的应用。但是，由于接触式温度检测需要把温度敏感元件置于被测对象中，通过物体间的热交换，使之达到热平衡，这时的温度检测的影响时间较长，同时由于敏感元件的插入破坏了原被测对象的温度场。为减小上述影响，要求尽可能缩小温度敏感元件的体积。另一方面，由于在高温下，被测介质对敏感元件有一定的腐蚀作用，长期使用会影响敏感元件的性能，因此需要在敏感元件外加保护套管，这样同时还增加了温度检测的响应时间。

非接触式温度检测方法主要是基于物体的热辐射原理工作的。它可以用于运动物体表面以及用接触式温度仪表难于测量的物体（被测对象）的温度检测，其特点是不会破坏被测对象的温度场。但是，由于物体的热辐射能量不仅与温度有关，而且还与辐射率等因素有关，因此其测量精度仍受到一定的限制。

第三节 压力检测

一、概述

压力是工业生产过程中的重要参数之一。特别是在化学反应中，压力既影响物料平衡，也影响化学反应速度，所以必须严格遵守工艺操作规程，这就需要检测或控制其压力，以保证工艺过程的正常进行。同时压力检测或控制也是安全生产所必需的，通过压力监视可以防止生产设备因过压而引起破坏或爆炸。

1. 压力的单位

压力是指均匀而垂直作用于单位面积上的力，用符号 p 表示。在国际单位制中，压力得单位为帕斯卡（简称帕，用符号 Pa 表示）。

在工程技术上，目前仍使用的压力单位还有：工程大气压、物理大气压、巴、毫米汞柱和毫米水柱等。我国已规定国际单位帕斯卡为压力的法定计量单位。各种压力单位之间的换算关系如表 2-4 所示。

表 2-4 压力计量单位及其换算表

单位名称	帕（Pa）N/m^2	巴 bar	毫巴 mbar	毫米水柱 mmH_2O	标准大气压 atm	工程大气压 kgf/cm^2	毫米汞柱 mmHg	磅力/英寸 lbf/in^2
帕（Pa）N/m^2	1	1×10^{-5}	1×10^{-2}	1.019716×10^{-1}	0.9869236×10^{-5}	1.019716×10^{-5}	0.75006×10^{-2}	1.450442×10^{-4}
巴 bar	1×10^{5}	1	1×10^{3}	1.019716×10^{4}	0.9869236	1.019716	0.75006×10^{3}	1.450442×10
毫巴 mbar	1×10^{2}	1×10^{3}	1	1.019716×10	0.9869236×10^{-3}	1.019716×10^{-3}	0.75006	1.450442×10^{-2}
毫米水柱 mmH_2O	0.980665×10	0.980665×10^{-4}	0.980665×10^{-1}	1	0.9878×10^{-4}	1×10^{-4}	0.73556×10^{-1}	1.422×10^{-3}
标准大气压 atm	1.01325×10^{5}	1.01325	1.01325×10^{3}	1.033227×10^{4}	1	1.0332	0.76×10^{3}	1.4696×10

（续）

单位名称	帕（Pa） N/m^2	巴 bar	毫巴 mbar	毫米水柱 mmH_2O	标准大气压 atm	工程大气压 kgf/cm^2	毫米汞柱 mmHg	磅力/英寸 lbf/in^2
工程大气压 kgf/cm^2	0.980665×10^5	0.980665	0.980665×10^3	1×10^4	0.9878	1	0.73557×10^4	1.422398×10
毫米汞柱 mmHg	1.33224×10^2	1.33224×10^{-3}	1.33224	1.316×10^{-3}	1.316×10^{-3}	1.35951×10^{-3}	1	1.934×10^{-2}
磅力/英寸^2 lbf/in^2	0.68945×10^4	0.68945×10^{-1}	0.68945×10^2	0.6805×10^{-1}	0.6805×10^{-1}	0.707×10^{-1}	0.51715×10^2	1

2. 压力的表示方法

压力的表示方法有三种，即绝对压力 p_a、表压力 p、真空度或负压 p_h，即

$$p = p_a - p_0 \tag{2-22}$$

真空度是指大气压与低于大气压的绝对压力之差，有时也称负压，即

$$p_h = p_0 - p_a \tag{2-23}$$

由于各种工艺设备和检测仪表通常是处于大气之中，本身就承受着大气压力，所以工程上经常采用表压和真空度来表示压力的大小。同样，一般的压力检测仪表所指示的压力也是表压或真空度。因此，在无特殊说明外，均指表压力。绝对压力、表压力、负压或真空度之间的关系如图 2-11 所示。

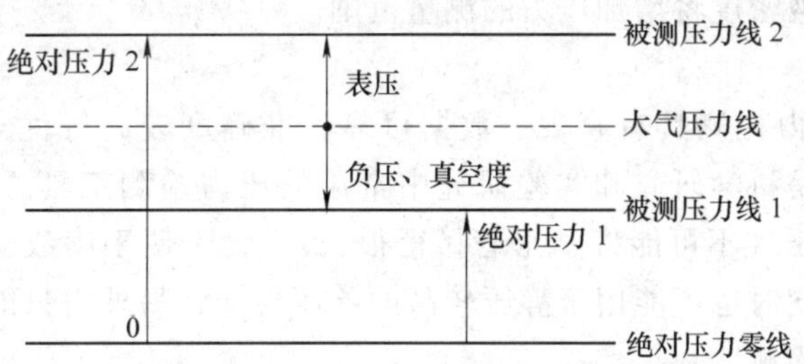

图 2-11　绝对压力、表压力、负压或真空度之间的关系

3. 压力检测的主要方法和分类

压力检测的方法很多，按敏感元件和转换原理的特征不同，一般分为四类。

（1）液柱式压力检测　它是根据流体静力学原理，把被测压力转换成液柱高度，一般采用充有水或水银等液体的玻璃的 U 形管或单管进行测量。

（2）弹性式压力检测　它是根据弹性元件受力变形的原理，将被测压力转换成位移，常用的弹性元件有弹簧管、膜片和波纹管。

（3）气式压力检测　它是利用敏感元件将被测压力直接转换成各种电量，如电阻、电荷量等。

（4）压力检测　它是根据液压机液体传送压力的原理，将被测压力转换成活塞面积上所加平衡砝码的质量。它普遍被用作标准仪器对压力检测仪表进行检定。

二、液柱式压力检测

液柱式压力检测是以液体静力学原理为基础的。它们一般采用水银或水为工作液，用 U

形管或单管进行检测，常用于低压、负压或压力差的检测。

1. 工作原理

U 形玻璃管两端管口的压力 $p_1=p_2$ 时，管内两边的液面没有高度差，如图 2-12a 所示；当它的两个管口分别接压力 $p_1>p_2$ 时，U 形管的两管内的液面便会产生高度差，如图 2-12b 所示。根据液体静力学原理，有

$$p_2 = p_1 + \rho g h \tag{2-24}$$

式中，ρ 为 U 形管内所充工作液的密度；g 为 U 形管所在地的重力加速度；h 为 U 形管左右两管的液面高度差。

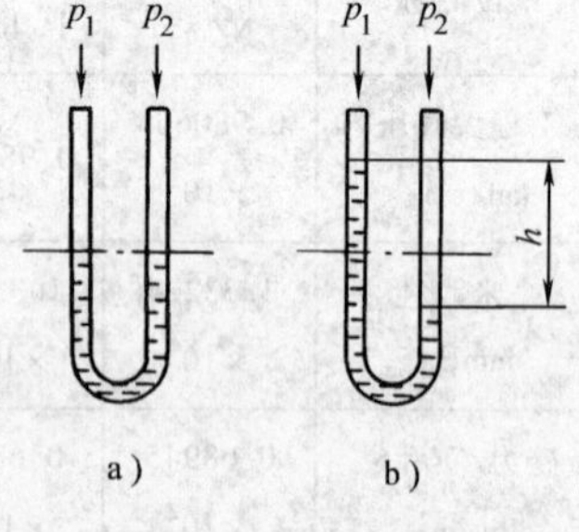

图 2-12 U 形玻璃管压力检测原理图

式（2-24）可改为

$$h = \frac{1}{\rho g}(p_2 - p_1) \tag{2-25}$$

这说明 U 形管内两边液面的高度差 h 与两管口的被测压力之差成正比。如果将 p_1 管通大气，即 $p_1=p_2$，则

$$h = \frac{p}{\rho g} \tag{2-26}$$

式中，$p=p_2-p_0$ 为 p_2 管的表压。由此可见，用 U 形管可以检测被测压力之间的差值（称差压），或检测某个表压。

由式（2-26）可知，若提高 U 形管工作液的密度 ρ，则在相同的压力作用下，h 值将下降。因此，提高工作液密度将增加压力的测量范围。

2. 特点

用 U 形管进行压力检测具有直观、数据可靠、准确度较高等优点，它不仅能测表压、差压，还能测负压，是科学研究和实验研究中常用的压力检测工具。但是，用 U 形管只能测量较低的压力或差压（不可能将 U 形管做得很长），为了便于读数，U 形管一般使用玻璃做成，因此易破损，同时也不能用于静压较高的差压检测，另外它只能进行现场指示。

三、弹性式压力检测

这是用弹性元件作为压力敏感元件把压力转换成弹性元件位移的一种检测方法。弹性元件在弹性限度内受压后会产生变形。变形的大小与被测压力成正比关系。

目前，用作压力检测的弹性元件主要有膜片、波纹管和弹簧管。图 2-13 给出了一些常用弹性元件的示意图。

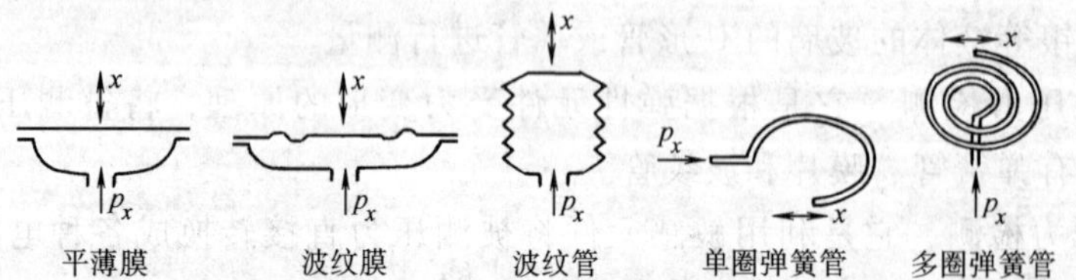

图 2-13 弹性元件示意图

弹性元件受外部压力作用后通过受压面表现为力的作用，其力的大小为

$$F = Ap \tag{2-27}$$

式中，A 为弹性元件承受压力的有效面积。根据虎克定律，弹性元件在一定范围内变形与所

受外力成正比关系，即

$$F = Cx \tag{2-28}$$

式中，C 为弹性元件的刚度系数；x 为弹性元件在受外力 F 作用下所产生的位移（即形变）。

因此，当弹性元件受压力为 p 时，其位移量为

$$x = \frac{F}{C} = \frac{A}{C}p \tag{2-29}$$

弹性元件的有效面积 A 和刚度系数 C 与弹性元件的性能、加工过程和热处理等有较大关系。当位移量较小时，它们可视为常数，压力与位移成线性关系。比值 A/C 的大小决定了弹性元件的压力测量范围，一般地，A/C 越小，可测压力越大。

1. 膜片

膜片是一种沿外缘固定的片状形测压弹性元件，按剖面形状分为平膜片和波膜片。膜片的特性一般用中心的位移和被测压力的关系来表征。当膜片的位移很小时，它们之间有良好的线性关系。

波纹膜片是一种压有环状同心波纹的圆形薄膜，其波纹的数目、形状、尺寸和分布情况与压力测量范围有关，也与线性度有关。有时也可以将两块膜片沿周边对焊起来，成一薄膜盒子，称为膜盒。若将膜盒内部抽成真空，并且密封起来，则当膜盒外压力变化时，膜盒中心将产生位移。这种真空膜盒常用来测量大气的绝对压力。

膜片受压力作用产生位移，可直接带动传动机构指示。但是，由于膜片的位移较小，灵敏度低，指示精度也不高，一般为 2.5 级。

膜片更多的是和其他转换元件合起来使用，通过膜片和转换元件把压力转换成电信号。下面是一些常见的组合方式。

（1）电容式压力传感器　电容式压力传感器的核心部分，结构如图 2-14 所示。左右对称的不锈钢基座 2 和 3 的外侧加工成环状波纹沟槽并焊上波纹隔离膜片 1 和 4，基座内则有玻璃体 5，基座和玻璃体中央都有相通的孔。玻璃体内表面是光滑的凹球面，球面除边缘部分外镀有金属膜 6，此金属膜有导线引至外部，构成电容的左右定极板；中央夹有弹性平膜

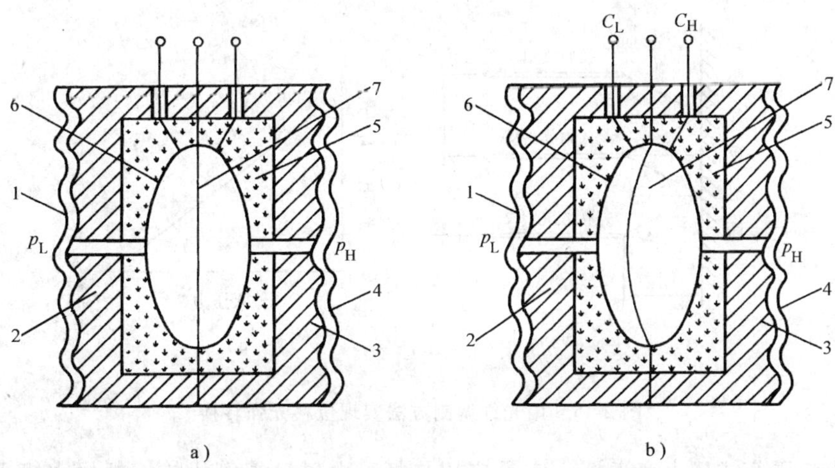

图 2-14　两室结构的电容式差压传感器

a）$p_H = p_L$ 时　b）$p_H > p_L$ 时

片即测量膜片 7，成为电容的中央动极板。测量膜片左右空间被分隔成两个室，这种结构称为两室式。

在测量膜片左右两室中充满硅油，当左右隔离膜片分别承受高压 p_H 和低压 p_L 时，硅油的不可压缩性和流动性便能将差压 $\Delta p = p_H - p_L$ 传递到测量膜片的左右面上，因为测量膜片在固定之前加有预张力，所以当差压 $\Delta p = 0$ 时十分平整并处于中央位置，使得定极板左右两电容的容量完全相等，即 $C_H = C_L$，电容量的差值为零。在有差压作用时，测量膜片发生变形，也就是动极板向低压侧定极板靠近，同时远离高压侧定极板，使得 $C_L > C_H$。由此可见，这是差动电容形式的压力或差压传感器。采用差动电容结构的好处是灵敏度高、线性度好，可以减小由于介电常数 ε 受温度影响引起的不稳定性。

在测量膜片左右两室中充满硅油，当左右隔离膜片分别承受高压 p_H 和低压 p_L 时，硅油的不可压缩性和流动性便能将差压 $\Delta p = p_H - p_L$ 传递到测量膜片的左右面上，因为测量膜片在固定之前加有预张力，所以当差压 $\Delta p = 0$ 时十分平整并处于中央位置，使得定极板左右两电容的容量完全相等，即 $C_H = C_L$，电容量的差值为零。在有差压作用时，测量膜片发生变形，也就是动极板向低压侧定极板靠近，同时远离高压侧定极板，使得 $C_L > C_H$。由此可见，这是差动电容形式的压力或差压传感器。采用差动电容结构的好处是灵敏度高、线性度好，可以减小由于介电常数 ε 受温度影响引起的不稳定性。

电容式差压传感器与测量电路组合在一起便构成电容式变送器，现在已形成了包括压力、差压、绝对压力、带开方的差压（用于测量流量）、及高差压、微差压、高静压等多种系列产品，具有结构紧凑、抗振性好、精确度高、调整容易、寿命长等显著优点，广泛用于国民经济各部门。

（2）光纤式压力传感器　它的核心是采用光纤及其调制机构实现位移光强的转换，如图 2-15a 所示，当入射光纤的光束照射到膜片上，其反射光的一部分被接收光纤 1 和接收光纤 2 接收，其光强比值 I_1/I_2 随被测压力线性下降，如图 2-15b 所示。进一步用光电转换元件以及有关电路处理，可把光信号转换成通用的电信号。如果膜片采用非金属材料，如聚四氟乙烯，则这种传感器可用在微波环境下的压力检测。

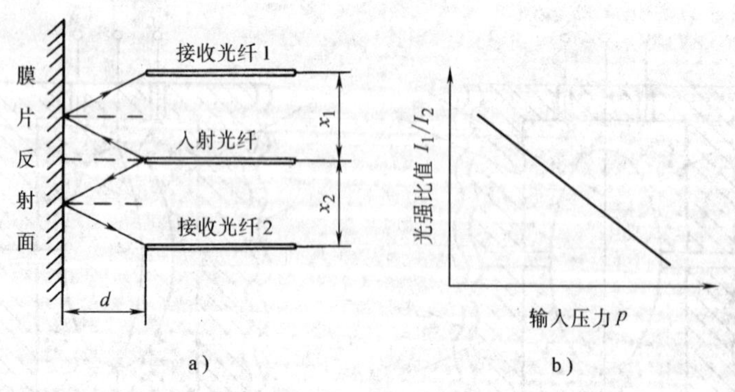

图 2-15　用光纤调制方法实现位移光强转换

（3）力矩平衡式压力变送器　它是应用杠杆、电磁反馈等机构，根据力矩平衡原理将膜片的位移变成标准电信号输出。

2. 波纹管

波纹管是一种具有等间距同轴环状波纹，能沿轴向伸缩的测压弹性元件。当波纹管受沿轴向的作用力 F 时，产生的位移为

$$x = F\frac{1-\mu^2}{Eh_0}\frac{n}{A_0 - aA_1 + a^2A_2 + B_0h_0^2/R_B^2} \tag{2-30}$$

式中，μ 为泊松系数；E 为弹性模数；h_0 为非波纹部分的壁厚；n 为完全工作的波纹数；a 为波纹平面部分的倾斜角；R_B 微波纹管的内径；A_0、A_1、A_2 和 B_0 为与材料有关的系数。

由于波纹管的位移相对较大，故一般可在其顶端安装传动机构，带动指针直接读数。波纹管的特点是灵敏度高（特别是在低压区），常用于检测较低的压力（$1.0\sim10^6$Pa），但波纹管迟滞误差较大，精度一般只能达到 1.5 级。

3. 弹簧管

弹簧管是横截面呈非圆形（椭圆形或扁圆形），弯成圆弧状（中心角常为 270°）的空心管子。管子的一段为封闭，另一端为开口。闭口段作为自由端，开口端作为固定端，如图 2-16 所示。

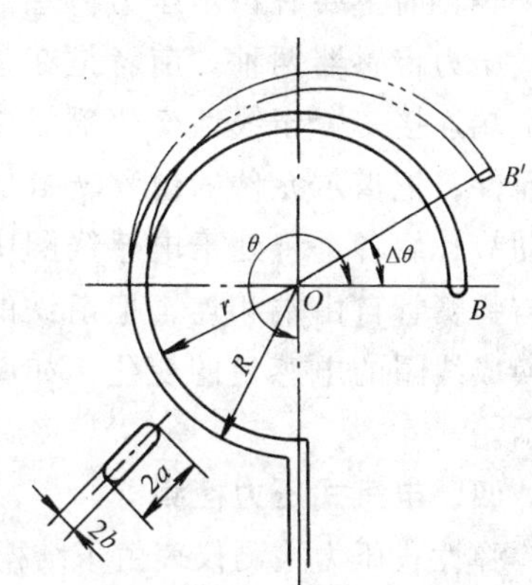

图 2-16 单圈弹簧管结构

被测压力介质从开口端进入并充满弹簧管的整个内腔，由于弹簧管的非圆横截面，使它有变成圆形并伴有伸直的趋势而产生力矩，其结果是弹簧管的自由端产生位移，同时改变其中心角。位移角（中心角改变量）和所加压力有如下的函数关系：

$$\frac{\Delta\theta}{\theta_0} = p\frac{1-\mu^2}{E}\frac{R^2}{bh}\left(1-\frac{b^2}{a^2}\right)\frac{\alpha}{\beta+k^2} \tag{2-31}$$

式中，θ_0 为弹簧管中心角的初始角；$\Delta\theta$ 为受压后中心角的改变量；R 为弹簧管弯曲圆弧的外半径；h 为管壁厚度；a、b 为弹簧管椭圆形截面的长、短半轴；k 为几何参数（$=Rh/\alpha^2$）；α、β 为与比值 a/b 有关的参数；μ、E 见式（2-30）的说明。该式仅适用于薄壁（$h/b<0.7\sim0.8$）弹簧管。

由式（2-31）可知，如果 $a=b$，则 $\Delta\theta=0$，这说明具有均匀壁厚的圆形弹簧管不能用作压力监测的敏感元件。对于单圈弹簧管，中心角变化量 $\Delta\theta$ 一般较小。要提高 $\Delta\theta$，可采用多圈弹簧管，圈数一般为 2.5 ~9。

弹簧管可以通过传动机构直接指示被测压力，也可以用适当的转换元件把弹簧管自由端的位移变换成电信号输出。

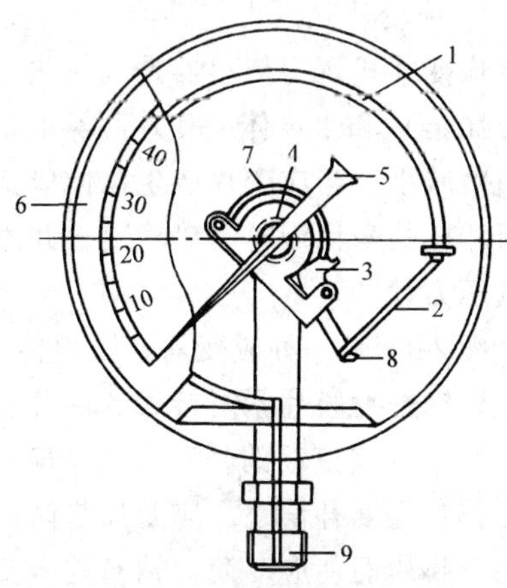

图 2-17 弹簧管压力计

1—弹簧管 2—拉杆 3—扇形齿轮 4—中心齿轮 5—指针 6—面板 7—游丝 8—调节螺钉 9—接头

（1）弹簧管压力表 弹簧管压力表是一种指示性仪表，如图 2-17 所示。被测压力由接头 9 输入，使弹簧管的自由端产生位移，通过拉杆使扇形齿轮 3 做逆时针偏转，于是指针 5 通过同轴的中心齿轮的带动而作顺时针偏转，在面板 6 的刻度标尺上显示出被

测压力的数值。游丝7是用来克服因扇形齿轮和中心齿轮的间隙所产生的仪表变差。改变调节螺钉8的位置（即改变机械传动的放大系数），可以实现压力表的量程调节。

弹簧管压力表结构简单、使用方便、价格低廉，它使用范围广，测量范围宽，可以测量负压、微压、低压、中压和高压，因此应用十分广泛。根据制造的要求，仪表的精度等级最高为0.15级。

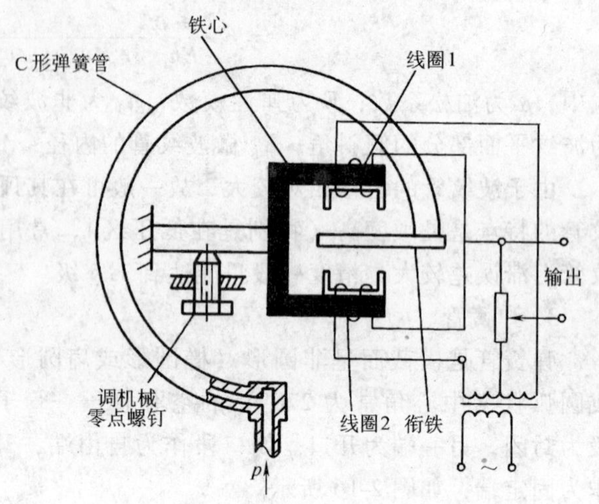

图 2-18　变隙式C形差动电感压力传感器

（2）电远传式弹簧管压力仪表　这类仪表目前主要有霍尔压力传感器和电感式压力传感器两种。前者是在弹簧管自由端连接一置于线性变化磁场中的霍尔元件，把霍尔元件的位移转换成霍尔电动势；后者是将处于电感线圈中的衔铁与弹簧管自由端相连，把衔铁的位移转换成线圈的电感量的变化，如图2-18所示。

四、电气式压力检测

弹性式压力检测仪表由于结构简单，价格便宜，使用和维修方便，故在工业生产中应用十分广泛。但对于测量压力变化快和高真空、超高压场合，其动态和静态性能不能满足要求，而电气式压力检测方法则较适合。

电气式压力检测方法一般使用压力敏感元件直接将压力转换成电阻、电荷量等电量的变化。能实现这种压力电量转换的压敏元件主要有压电材料、应变片和压阻元件，其工作原理如下：

1. 应变片式压力传感器

应变片式压力传感器是利用电阻应变原理构成的。电阻应变片有金属应变片（金属丝或金属箔）和半导体应变片两类。被测压力使应变片产生应变。当应变片产生压缩应变时，其阻值减小；当应变片产生拉伸应变时，其阻值增加。应变片阻值的变化，再通过桥式电路获得相应的毫伏级电动势输出，并用毫伏计或其他记录仪表显示出被测压力，从而组成应变片式压力计。

图2-19是一种应变片式压力传感器的原理图。应变筒的上端与外壳固定在一起，下端与不锈钢密封膜片紧密接触，两片锰白铜丝（原称康铜丝）应变片用特殊胶合剂（缩醛胶等）贴紧在应变筒的外壁。一个应变片沿应变筒轴向贴放，作为测量片；另一个沿径向贴放，作为温度补偿片。应变片与筒体之间不发生相对滑动，并且保持电气绝缘。当被测压力作用于膜片而使应变筒作轴向受压变形时，沿轴向贴放的应变片也将产生轴向压缩应变，于是电阻值变小；而沿径向贴放的应变片，由于本身受到横向压缩将引起纵向拉伸应变，于是阻值变大。

两个应变片和与两个固定电阻和组成桥式电路，如图2-19b所示。由于两个应变片的阻值变化而使桥路失去平衡，从而获得不平衡电压作为传感器的输出信号，在桥路供给直流稳

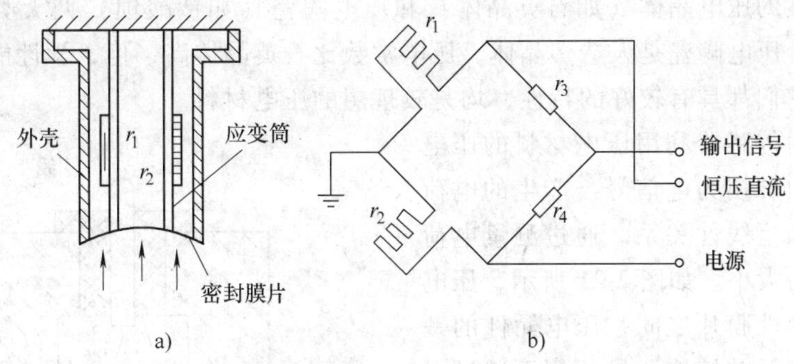

图 2-19　应变片压力传感器示意图

a）传感筒　b）测量桥路

压电源最大为 10V 时，可得最大为 5mV 的输出。传感器的被测压力可达 25MPa。由于传感器的固有频率在 25000Hz 以上，故有较好的动态性能，适用于快速变化的压力测量。传感器的非线性及滞后误差小于额定压力的 1%。

2. 压阻式压力传感器

固体受力后电阻率发生变化的现象称为压阻效应。压阻式压力传感器是基于半导体材料（单晶硅）的压阻效应原理制成的传感器，就是利用集成电路工艺直接在硅平膜片上按一定晶向制成扩散压敏电阻，当硅膜片受压时，膜片的变形将使扩散电阻的阻值发生变化。硅平膜片上的扩散电阻通常构成桥式测量电路，相对的桥臂电阻是对称布置的，电阻变化时，电桥输出电压与膜片所受压力成比例的变化。

图 2-20 为压阻式压力传感器的结构示意图。膜片在圆形硅杯的底部，其两边有两个压力腔，分别输入被测差压或被测压力与参考压力。高压腔接被测压力，低压腔与大气连通或接参考压力。膜片上的两对电阻中，一对位于受压应力区，另一对位于受拉应力区，当压力差使膜片变形，膜片上的两对电阻阻值发生变化，使电桥输出相应压力变化的信号。为了补偿温度效应的影响，一般还可在膜片上沿对压力不敏感的晶向生成一个电阻，这个电阻只感受温度变化，可接入桥路作为温度补偿电阻，以提高测量精度。

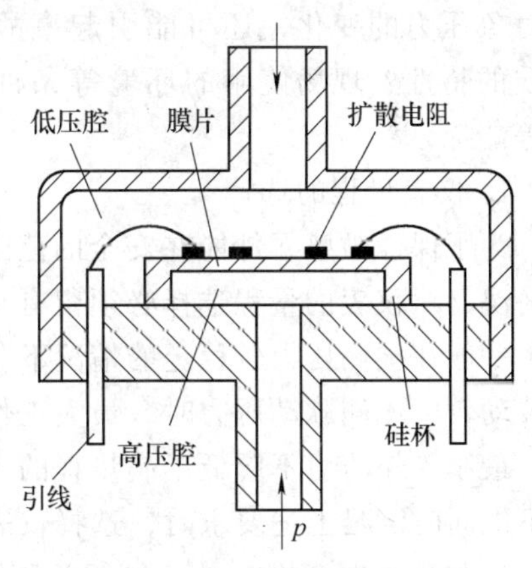

图 2-20　压阻式压力传感器的结构示意图

压阻式压力传感器具有精度高、工作可靠、频率响应高、迟滞小、尺寸小、重量轻、结构简单等特点，可以适应恶劣的环境条件下工作，便于实现显示数字化。压阻式压力传感器不仅可以用测量压力，稍加改变，就可以用来测量差压、高度、速度、加速度等参数。

3. 压电式压力传感器

某些电介质沿着某一个方向受力而发生机械变形（压缩或伸长）时，其内部将发生极化现象，而在其某些表面上会产生电荷；当外力去掉后，它又会重新回到不带电的状态，此现象称为“压电效应”，压电式压力传感器正是利用这些材料的压电效应而工作的。常用的压电材料有天然的压电晶体（如石英晶体）和压电陶瓷（如钛酸钡）两大类，它们的压电机理并不相同，压电陶瓷是人造多晶体，压电常数比石英晶体高，但力学性能和稳定性不如石英晶体好。它们都具有较好的特性，均是较理想的压电材料。

压电式压力传感器利用压电材料的压电效应将被测压力转换为电信号。产生的电荷量与作用力之间呈线性关系。通过测量电荷量可知被测压力大小。如图 2-21 所示，压电元件夹于两个弹性膜片之间，压电元件的一个侧面与膜片接触并接地，另一侧面通过引线将电荷量引出。被测压力均匀作用在膜片上，使压电元件受力而产生电荷。电荷量一般用电荷放大器或电压放大器放大，转换为电压或电流输出，输出信号随被测压力的变化而变化。

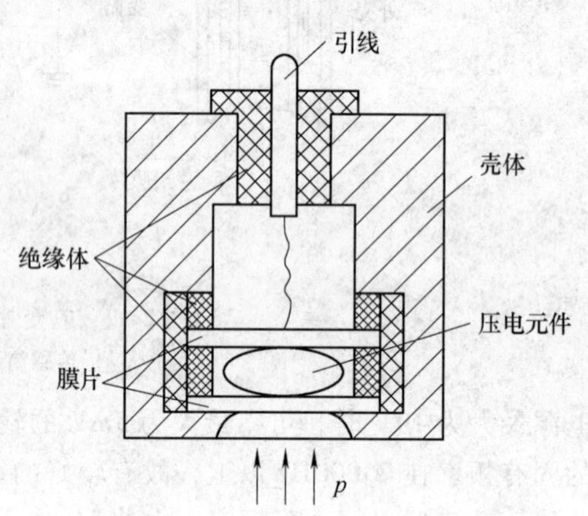

图 2-21　压电式压力传感器结构

压电式压力传感器体积小，结构简单，工作可靠；测量范围宽，可测 100MPa 以下的压力；测量精度较高；频率响应高，可达 30kHz。它是动态压力检测中常用的传感器，但由于压电元件存在电荷泄漏，故不适宜测量缓慢变化的压力和静态压力。

五、压力检测仪表的选用

压力检测仪表的选用是一项重要工作，如果选用不当，不仅不能正确、及时地反映被测对象压力的变化，还可能引起事故。选用时应根据生产工艺对压力检测的要求、被测介质的特性、现场使用的环境等条件本着节约的原则合理的考虑仪表的类型、量程、精度等。

1. 仪表量程的选择

为了保证敏感元件能在安全的范围内可靠地工作，也考虑到被测对象可能发生的异常超压情况，对仪表的量程选择必须留有足够的余地。

一般在被测压力较稳定的情况下，最大工作压力不应超过仪表满量程的 3/4；在被测压力波动较大或测脉动压力时，最大工作压力不应超过仪表满量程的 2/3。为了保证测量准确度，最小工作压力不应低于满量程的 1/3。当被测压力变化范围大，最大和最小工作压力可能不能同时满足上述要求时，选择仪表量程应首先要满足最大工作压力条件。

目前我国生产的压力（包括差压）检测仪表有统一的量程系列，它们是 1、1.6、2.5、4.0、6.0Pa 以及它们的 10^n 倍数（n 为整数）。

2. 仪表精度的选择

压力进测仪表的精度主要根据生产允许的最大误差来确定，即要求实际被测压力允许的最大绝对误差应小于仪表的基本误差。另外，在选择时应坚持节约的原则，只要测量精度能满足生产的要求，就不必追求用精度过高的仪表。

例如有一压力容器在正常工作时压力范围为 0.4～0.6MPa，要求使用弹簧管压力表进行检测，并使测量误差不大于被测压力的 4%，需要确定该表的量程和精度等级。

由于被测对象的压力比较稳定，设弹簧管压力表的量程为 A，则根据最大工作压力有

$$A > \left(0.6 \div \frac{3}{4}\right)\text{MPa} = 0.8\text{MPa}$$

根据最小工作压力有

$$A < \left(0.4 \div \frac{1}{3}\right)\text{MPa} = 1.2\text{MPa}$$

根据仪表的量程系列，可选用量程范围为0～1.0MPa的弹簧管压力表。

由此得出被测压力的允许最大绝对误差为

$\Delta_{max} = (0.4 \times 4\%)\text{MPa} = 0.016\text{MPa}$ 这就要求所选仪表的相对百分误差为

$$\delta_{max} < \frac{0.016}{1.0 - 0} \times 100\% = 1.6\%$$

按照仪表的精度等级，可选择1.5级的压力表。

3. 仪表类型的选择

压力检测仪表类型的选择主要应考虑以下几个方面。

（1）被测介质的性质　对腐蚀性较强的介质应使用像不锈钢之类的弹性元件或敏感元件；对氧气、乙炔等介质应选用专用的压力仪表。

（2）对仪表输出信号的要求　对于只需要观察压力变化的情况，应选用如弹簧管压力表那样的直接指示性的仪表；如需将压力信号远传到控制室或其他电动仪表，则可选用电气式压力检测仪表或其他具有电信号输出的仪表，如霍尔压力传感器等；如果要检测快速变化的压力信号，则要选用电气式压力检测仪表，较常用的是压阻式压力传感器。

（3）使用的环境　对爆炸性较强的环境，在使用电气压力仪表时，应选择有防爆炸性能的压力仪表，对于温度特别高的环境，应使用温度系数小的敏感元件。

六、小结

各种压力检测方法和仪表各自有自己的特点和适用范围。液柱式压力检测方法结构简单、使用方便，数据可靠，可用来测量低压、低差压和负压。但其测量精度受工作液的毛细作用、密度及视差等因素的影响，测量差压时静压不能太高；测量范围较窄，若工作液为水，则最大测量范围只有0～20kPa，若工作液采用水银，则测量范围可提高到0～250kPa；由于玻璃易破损，一般这种方法只在实验室使用。弹簧管这种弹性元件常用来构成弹簧管压力表，它具有结构简单，使用方便和价格低廉的特点，由于它应用范围广，测量范围宽，因此在工业生产中使用十分普遍。但弹簧管压力表只能检测静态压力。电气式压力检测方法由于使用的压敏元件体积小，且大多为半导体材料，它不仅可将压力直接转换为电信号，而且还具有很高的频率响应，可测快速变化的压力。作为压敏元件的压电晶体的频响最高，可达100kHz，其次是压阻元件，达10kHz。不过压电晶体、压阻元件和应变片构成的应变时压力传感器的灵敏度易受温度的影响，静态漂移较大，对压电晶体来说不能用来测量静态压力。固态压力传感器由于利用了集成电路的制造工艺，将敏感元件和补偿电路等集成在一起，克服了温度对压阻元件灵敏度的影响，从而既有很好的动态特性又有稳定的静态特性，因此，一般认为固态压力传感器是今后压力检测的发展重点。

压力检测仪表虽有统一的量程系列，但在使用时可根据实际需要进行量程调整，在调整过程中必须重新标定，需要再用一台另一量程的压力检测仪表，这给使用者带来不便且增加费用支出。因此，能在很大的测压范围内进行量程调整而不需要重新标定是目前压力检测仪表和检测方法研究的一个热门课题。

压力检测的特点是压力敏感元件必须与被测介质接触。一般的做法是在被测压力容器上开一个孔，通过引压管将被测介质引入压力检测仪表的敏感元件处。因此，引压系统的性能和可靠性左右着整个检测系统的性能，例如，引压管受堵将引起测压不正确；引压管太长使测压系统的动态性能变差等。在压力容器上开孔引压时会导致压力容器的强度大大降低。因此，若能发现一种非接触式压力检测方法将具有十分重大的意义。

第四节　流量测量

一、流量的概念及流量测量仪表分类

单位时间内流过管道某截面流体的体积或质量称为流量。前者称为体积流量，用 q_V 表示，单位为 m^3/h。后者称为质量流量，用 q_m 表示，单位为 kg/h。由于很难保证流体在流动过程中均匀流动，严格地说只能认为在某截面上微小单元面积上流动是均匀的。当整个截面上的流量分布是均匀的，设其流速为 v，截面面积为 A，则有

$$q_V = vA \tag{2-32}$$

同时质量流量和体积流量的关系为

$$q_m = \rho q_V \tag{2-33}$$

式中，ρ 为流体的密度。

对于连续生产过程，瞬时流量测量是与生产的高效、优化和安全直接相关。但在一些经济核算以及贸易往来中，却需要测量流量总量。流量总量是指在一段时间内流过管道介质的总和。即

$$V = \int_0^t q_V \mathrm{d}t$$

$$m = \int_0^t q_m \mathrm{d}t$$

式中，V 为体积流量（m^3）；m 为质量流量（kg）。

一般把检测流量的仪表叫流量计，把检测总量流量的仪表叫计量表。工业生产中应用的流量计通常具有显示总量的作用。

流量是一个动态量，所以流量检测过程与流体流动状态、流体的物理性质、流体的工作条件、流量计前后直管段的长度等有关。因此确定流量测量方法、选择流量仪表时需要综合考虑，才能达到理想的测量要求。

流量测量仪表分为体积流量仪表和质量流量仪表两大类。体积流量仪表又分为速度法测量仪表和容积法流量仪表。由式（2-32）可知，当管道中流体的流通面积 A 确定后，测出通过该截面流体的速度 v，就可获得此处流体的体积流量大小 q_V。根据这一原理制成的仪表称为速度法体积流量仪表。在单位时间里（或一段时间里）直接测的通过仪表的流体体积流量 q_V 的仪表称为容积法流量仪表。

质量流量仪表又分为直接法质量流量仪表和间接法质量流量仪表。前者是由仪表的检测元件直接测量出流体质量的仪表。后者是同时测出流体的体积流量、温度、压力值，再通过运算间接推导出流体的质量流量的仪表。

流量仪表按测量原理可细分如下：

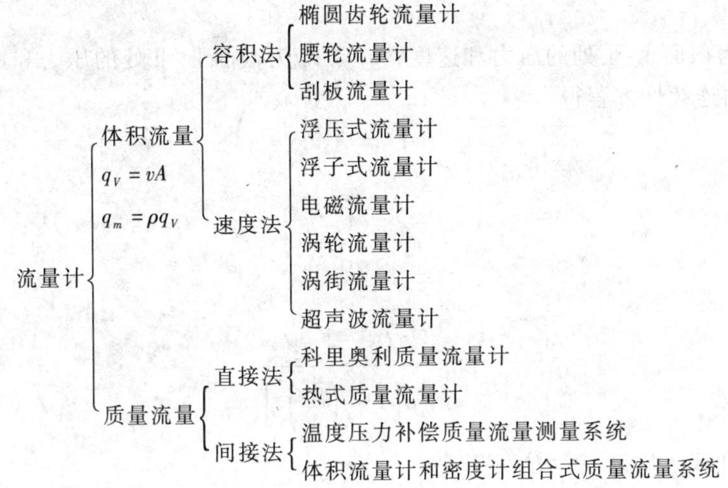

二、差压式流量计

1. 差压式流量计原理

差压式流量计的测量原理是基于流体的机械能相互转换的原理。在水平管道流动的流体，具有动压能和静压能（位能相等），在一定条件下，这两种形式的能量可以相互转换，但能量的总和不变。如图 2-22 所示，稳定流动的流体沿水平方向流经管道，在管道中间垂直于轴线方向安装一个节流件——孔板，它造成流通截面积减小，显然截面Ⅰ-Ⅰ处流体未受孔板的影响，流体充满管道，管道截面积为 A_1，流体的静压力为 p_1'，平均流速为 v_1，流体的密度为 ρ_1。截面Ⅱ-Ⅱ处是流体经过孔板后流束收缩的最小截面，截面积为 A_2，压力为 p_1'，平均流速为 v_2，流体密度为 ρ_2。图中所示的为压力、流速曲线在孔板前后的变化情况，它充分反映了流体的静压能、动压能的相互转换。流体在截面Ⅱ-Ⅱ处，流束收缩到最小，流速达最大，静压力最小，然后，流束扩张，流速和压力慢慢增加，然而由于涡流区的存在，导致流体有能量损失。

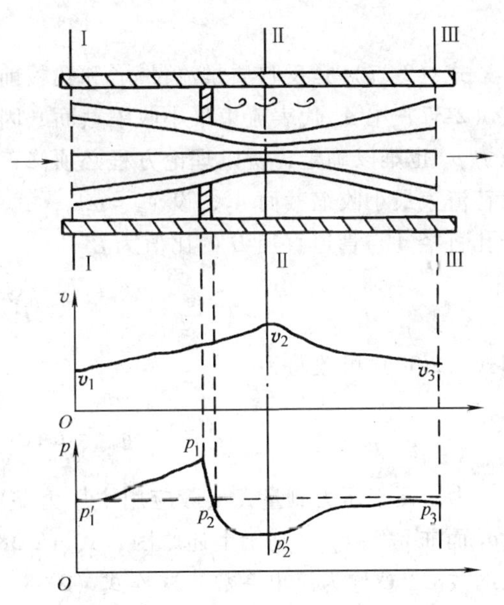

图 2-22　差压式流量计测量原理示意图

设被测流体为不可压缩的理想流体，其流经孔板时，不对外作功，与外界没有能量交换，流体本身也没有温度变化。根据伯努利方程，对截面Ⅰ-Ⅰ、Ⅱ-Ⅱ处沿管中心的流体有以下能量关系：

$$\frac{p_1'}{\rho_1} + \frac{v_1^2}{2} = \frac{p_2'}{\rho_2} + \frac{v_2^2}{2} \tag{2-34}$$

因为被测流体是等温不可压缩的，即 $\rho_1 = \rho_2 = \rho$，所以式（2-34）可写为

$$p_1' + \frac{\rho v_1^2}{2} = \frac{\rho v_2^2}{2} + p_2' \tag{2-35}$$

式中，p_1'、v_1 为截面Ⅰ-Ⅰ处的压力和速度；p_2'、v_2 为截面Ⅱ-Ⅱ处的压力和速度。

根据流体的连续性方程得

$$A_1 v_1 = A_2 v_2 \tag{2-36}$$

即

$$v_1 = \frac{A_2}{A_1} v_2$$

代入式（2-35）得

$$v_2^2 = \frac{2(p_1' - p_2')}{\rho\left[1 - \left(\frac{A_2}{A_1}\right)^2\right]}$$

对于截面积Ⅱ-Ⅱ代入质量流量方程得

$$q_m = \rho A_2 v_2 = A_2 \sqrt{\frac{2\rho(p_1' - p_2')}{1 - \left(\frac{A_2}{A_1}\right)^2}} \tag{2-37}$$

式（2-37）是反映质量流量 q_m 和孔板前后压差 $p_1' - p_2'$之间关系得理论方程式。实际上式（2-37）中 A_2 代表流束最小收缩截面，因其位置和大小均难以确定，从而使 A_2 面上得静压力 p_2'也难以确定，所以理论方程必须修正。为了计算和使用方便，用孔板的开孔截面 A_0 代替流束最小收缩截面 A_2，设 $A_2 = \mu A_0$，式中 μ 为流束收缩系数。设孔板得开孔直径为 d，开孔直径 d 与管道直径 D 的比值为 β

$$\beta^2 = \frac{A_0}{A_1}$$

则式（2-37）可改写为

$$q_m = \mu A_0 \sqrt{\frac{2\rho(p_1' - p_2')}{1 - \mu^2\beta^4}} \tag{2-38}$$

为了便于压力测量，实际应用中压力差取自孔板前后的固定位置处，如图 2-19 中的 $p_1 - p_2$ 而非 $p_1' - p_2'$。基于上述原因，式（2-38）需修正。通常将包括 μ 在内的系统合为一个无纲数 C，C 称为流出系数。这样式（2-38）可写成

$$q_m = CA_0 \sqrt{\frac{2\rho(p_1 - p_2)}{1 - \beta^4}}$$

$$= \frac{C}{\sqrt{1 - \beta^4}} A_0 \sqrt{2\rho\Delta p} \tag{2-39}$$

式中，$\Delta p = p_1 - p_2$。

以上推导是针对不可压缩的理想流体而得出的流量公式。对于可压缩流体（如各种气体、蒸气）流过节流装置时，压力发生改变必然引起密度 ρ 的改变，因此对于可压缩流体式（2-39）应引入气体膨胀系数 ε，则式（2-39）变为

$$q_m = \frac{1}{\sqrt{1 - \beta^4}} C\varepsilon A_0 \sqrt{2\rho_1 \Delta p} \tag{2-40}$$

同理

$$q_V = \frac{1}{\sqrt{1-\beta^4}} C\varepsilon A_0 \sqrt{\frac{2\Delta p}{\rho_1}} \tag{2-41}$$

式中，C 为流出系数；ε 为可膨胀系数；A_0 为节流件开孔截面积（m^2）；ρ_1 为被测流在Ⅰ-Ⅰ处的密度（kg/m^3）；Δp 为流装置输出的差压（Pa）；q_m 为质量流量（kg/s）；q_V 为体积流量（m^3/s）。

式（2-40）、式（2-41）为差压式流量计的流量公式。当被测流体为液体时，$\varepsilon=1$，当被测流体为气体、蒸气时，$\varepsilon<0$。

2. 差压式流量计

差压式流量计是基于节流装置的一种流量测量仪表，也称为节流式流量计。差压式流量计由节流装置、引压导管、差压变送器（差压计）组成，框图如图 2-23 所示。

图 2-23　差压式流量计的组成框图

节流装置把流体流量 q_m（q_V）转换成差压信号 $\Delta p=K_1q_m^2$，引压导管把节流装置产生的差压信号传送到差压变送器（差压计），差压变送器将差压信号转换为国家规定的标准信号（例如 $I_o=4\sim20$mA DC）输出或直接显示流量大小。因其输出的标准信号便于集中控制和实现综合自动化，所以用差压变送器和节流装置等组成的差压式流量计已经很普遍。目前广泛使用的有 3051 系列电容式差压变送器、411 系列扩散硅式差压变送器、8600 系列电感式差压变送器和 823 系列振弦式差压变送器等。

由于节流装置是一个非线性环节，因此差压式流量计的输出电流 I_o 与输入的流量之间呈现 $I_o=K_1K_2q_m^2$ 的关系，即被测流量与差压变送器的输出电流的平方根成正比。但一般都希望输入输出成线性关系，即指示流量时有均匀的刻度。解决的办法是在差压变送器内增加开方运算功能，将标准电流信号进行开方。必须指出，对于差压变送器输出标准电流信号的开方运算，并不是将电流的毫安数进行开方运算就完成任务，应使开方后的电流仍然保持在标准信号范围之内。例如直流 4～20mA 的信号，开方之后仍然在 4～20mA 范围内。故实际运算公式是 $I_o=(\sqrt{16}+\sqrt{I_i-4}+4)$ mA，即先要把起点电流 4mA 减去，经过开方后再把它加上，例如 $I_i=13$mA 时经开方运算后变为 $I_o=(\sqrt{16}+\sqrt{13-4}+4)$ mA $=11$mA。

三、电磁流量计

电磁流量计是根据法拉第电磁感应定律进行测量的流量计。电磁流量计的优点是压损极小，可测流量范围大，最大流量与最小流量的比值一般为 20∶1 以上，适用的工业管径范围宽，最大可达 3m，输出信号和被测流量成线性，精确度较高，可测量电导率 $\geqslant 1\mu S/cm$ 的酸、碱、盐溶液、水、污水、腐蚀性液体以及泥浆、矿浆的流体流量。但它不能测量气体、蒸气以及纯净水的流量。

1. 测量原理

当导体在磁场中作切割磁力线运动时，在导体中会产生感应电动势，感应电动势的大小与导体在磁场中的有效长度及导体在磁场中作垂直于磁场方向运动的速度成正比。同理，如

图 2-24 所示，导电流体在磁场中作垂直方向流动而切割磁力线时，也会在管道两边的电极上产生感应电动势。感应电动势的方向由右手定则判定，感应电动势的大小由下式确定：

$$E_x = BDv \tag{2-42}$$

式中，E_x 感应电动势（V）；B 磁感应强度（T）；D 管道内径（m）；v 液体的平均流速（m/s）。

然而体积流量 q_V 等于流体的流速 v 与管道截面积（πD^2）/4 的乘积，即

$$q_V = \frac{\pi}{4}D^2 v \tag{2-43}$$

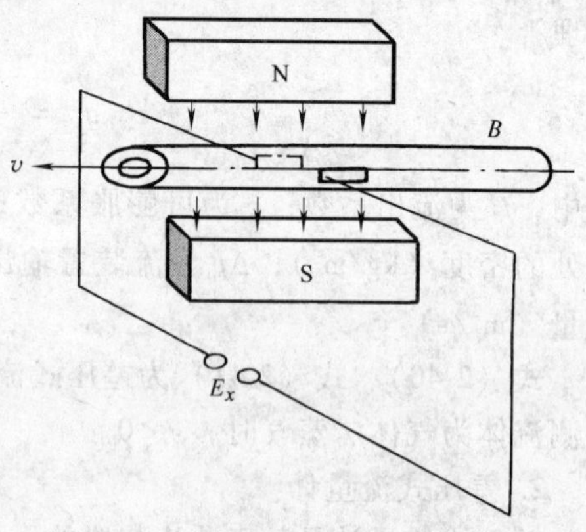

图 2-24　电磁流量计的测量原理

将式（2-42）代入式（2-43）得

$$q_V = \frac{\pi D}{4B}E_x \tag{2-44}$$

由上式可知，在管道直径 D 已定且保持磁感应强度 B 不变时，被测体积流量与感应电动势成线性关系。若在管道两侧各插入一根电极，就可引入感应电动势 E_x，测量此电动势的大小，就可求得体积流量。

2. 电磁流量计的结构

电磁流量计主要由磁路系统、测量导管、电极、外壳、衬里和转换器等部分组成。

（1）磁路系统　磁路系统的作用是产生均匀的直流或交流磁场。直流磁路用永久磁铁来实现，其优点是结构比较简单，受交流磁场的干扰较小，但它易使通过测量导管内的电解质液体极化，使正电极被负离子包围，负电极被正离子包围，出现电极的极化现象，并导致两电极之间的内阻增大，因而严重影响仪表正常工作。当管道直径较大时，永久磁铁相应也很大，笨重且不经济。所以电磁流量计一般采用交流磁场，且是 50Hz 工频电源激励产生的。

采用交变磁场的电磁流量计，其磁感应强度 $B = B_m \sin\omega t$。故此时的感应电动势 E_x 也是一交变电动势，即

$$E_x = B_m D v \sin\omega t \tag{2-45}$$

将式（2-45）代入式（2-43）得

$$q_V = \frac{\pi D}{4B_m \sin\omega t}E_x \tag{2-46}$$

式中，B_m 为磁感应强度的最大幅值（T）；ω 为交变磁场的角频率（s^{-1}）；t 为时间（s）。

（2）测量导管　测量导管的作用是让被测导电液体通过。为了使磁力线通过测量导管时磁通量不被分流或短路，测量导管必须采用不导磁、低电导率、低热导率和具有一定机械强度的材料制成，可选用不导磁的不锈钢、玻璃钢、高强度塑料等。

（3）电极　电极的作用是引出和被测流量成正比的感应电动势信号。电极一般用非导磁的不锈钢制成，且被要求与衬里齐平，以便使流体通过时不受阻碍。它的安装位置宜在管道的垂直方向，以防沉淀物堆积在其上面而影响测量精度。

（4）外壳　外壳应用铁磁材料制成，是保护励磁线圈的外罩，并隔离外磁场的干扰。

（5）衬里　在测量导管的内侧及法兰密封面上，有一层完整的电绝缘衬里。它直接接

触被测液体，其作用是增加测量导管的耐腐蚀性，防止感应电动势被金属测量导管管壁短路。

（6）转换器　由液体产生的感应电动势信号十分微弱，受各种干扰因素的影响很大，转换器的作用就是将感应电动势信号放大并转换成统一的标准信号并抑制主要的干扰信号。

1）正交干扰　电磁流量计为了消除电极的极化现象，一般都采用交变磁场。虽然可以有效地克服介质的极化现象，但同时产生正交干扰问题。正交干扰是指相位和感应电动势 E_x 相差90°的无用信号。产生正交干扰的主要原因是：当电磁流量计工作时，管道内充满导电液体，使被测液体、电极、电极引线和转换器的输入阻抗构成闭合回路。当闭合回路中有交变磁场通过，就要产生感应电动势（干扰电动势），其值为

$$
\begin{aligned}
e_{\mathrm{f}} &= -K\frac{\mathrm{d}B_{\mathrm{m}}\sin\omega t}{\mathrm{d}t} \\
&= -KB_{\mathrm{m}}\sin\left(\omega t-\frac{\pi}{2}\right)
\end{aligned}
\tag{2-47}
$$

干扰电动势 e_{f} 和被测感应电动势 E_x 的频率相同，相位相差90°，习惯上称为正交干扰。严重时，正交干扰甚至超过被测感应电动势 E_x，使流量计无法工作，故必须设法消除正交干扰的影响。消除正交干扰的主要方法有下列两种：

①　自动对消法　如图2-25，从一个电极上引出两根导线分别绕过磁极形成两个闭合回路。当有磁力线穿过这两个闭合回路时，在两个回路内产生方向相反的干扰电流 i_1 和 i_2，调整调零电位器RP间触点位置，使干扰电流 $i_1=i_2$，进而使干扰电动势自动消除，从而有效地抑制正交干扰的影响。

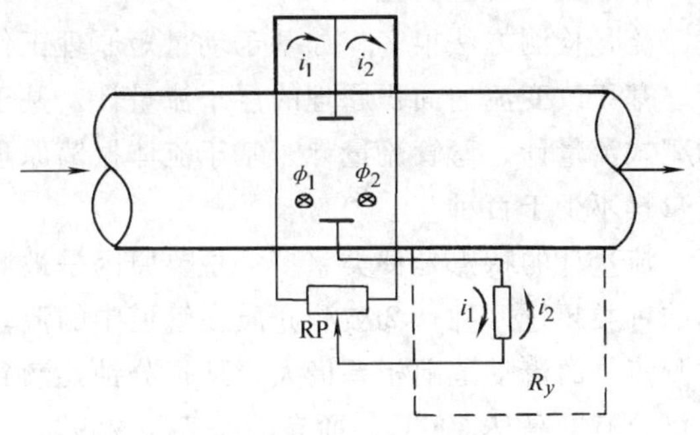

图2-25　自动对消法

图2-25中 R_y 表示测量电路的等效输入电阻。

②　在转换器的电路中进一步采取抑制措施来消除正交干扰。

2）转换器的设计要求　转换器的任务是把电极检测到的感应电势信号 E_x 经放大转换成统一的标准直流信号。由于电磁流量计的特点，转换器应满足以下三点要求：

①　要求能消除各种干扰，对信号进行有效的放大。

②　要求转换器由高输入阻抗。

③　要求转换器能消除电源波动。

3. 电磁流量计的选用安装

电磁流量计的合理选用及正确安装对提高流量计的测量精度和延长仪表的寿命，都是极其重要的。其选择原则有如下4点：

1）被测流体必须是导电液体，它不能测量气体、蒸汽、石油制品、甘油、酒精等物质，也不能测量纯净水。

2）口径与量程的选择。流量计口径比管道内径稍小。流量计的量程根据不低于预测的最大流量的原则选择满量程刻度，常用流量最好超过满量程的50%，这样可获得较高的精

度。常用流速为 2 ~ 4m/s 最合适。

3）压力的选择。使用压力必须低于电磁流量计额定工作压力，一般不得超过 16×10^5Pa。

4）温度的选择。被测介质温度不能超过衬里材料的容许使用温度，一般不大于 200℃。

4. 电磁流量计安装注意事项

1）安装位置。电磁流量计可以垂直、水平安装，但推荐垂直安装，且被测流体是自下而上流动。也可以水平安装，但要使两电极在同一水平面上。水平安装时要保证在任何时候测量导管都充满液体。

2）电磁流量计信号比较弱，满量程时只有几毫伏，且流量很小时，只有几微伏，外界稍有干扰就会影响测量精度。因此，流量计的外壳、屏蔽线、测量导管都要接地。要求单独设置接地点，千万不要连接在电机或上、下管道上。

3）流量计的安装地点要远离一切磁源（如大功率电机、变压器）。

4）电磁流量计是速度式流量计。当流线分布不符合设定条件时，将产生测量误差。

因此，在电磁流量计前必须有 10*D* 左右的直线段，以消除各种局部阻力对流线分布对称性的影响。

四、其他流量测量仪表

流量检测方法很多，如基于动量矩原理工作的涡轮流量计、基于声学原理的超声波流量计、基于改变流通面积原理的浮子流量计、基于差压原理的匀速管流量计、基于力平衡原理的靶式流量计、弯管流量计、基于流体振荡原理的涡流量计等。目前市场上基于各种原理的流量计不少于百种。

流量计的特点是种类繁多，主要原因是被测介质的复杂性和多样性，体现在：①被测流体的种类超过万种；②被测介质在管道中的流动状态不同，可能是层流、紊流和脉动流；③被测流体的流动范围相差极大，从每分钟几滴到每小时数百吨；④被测介质的温度可相差上百倍，有的高达 600℃，而有的是零下 259℃，压力的变化范围更大；等等。因此每种流量计只适用某类介质和一定的流量范围，还没有一种流量计是万能的。

流量仪表另一个特点是正确使用流量计能发挥仪表的作用，一定要根据被测流体的性质和范围选择适用的流量仪表。流量计的选用以适用、可靠为依据，不要追求高、精、尖、新，要根据流量计厂商的要求进行安装和使用。

第五节　物位测量

一、概述

如果仅仅为了观察密闭容器里的液位，根本不用任何仪表，只需在容器壁上开玻璃窗就行了，或用玻璃管、玻璃板构成的只读式液位计，如图 2-26 所示。

工业蒸汽锅炉的压力很高，必须用厚耐热玻璃板代替玻璃管，并且要把上下端分别接至气相和液相部位。还要考虑到冲洗和检修，应在图中 1、2、3 处加装阀门。

单从原理上看，图中玻璃管里的液位应与容器内液位齐平，但是若容器内为高温液体，引至外部后将受到冷却而降温，密度就会稍有增加，所以读数略低于容器内的实际液位。尤其是容器内若是处于沸腾状态的液体，含有气泡的液体其平均密度更小，用玻璃管或玻璃板直读式液位计观察往往很不精确。

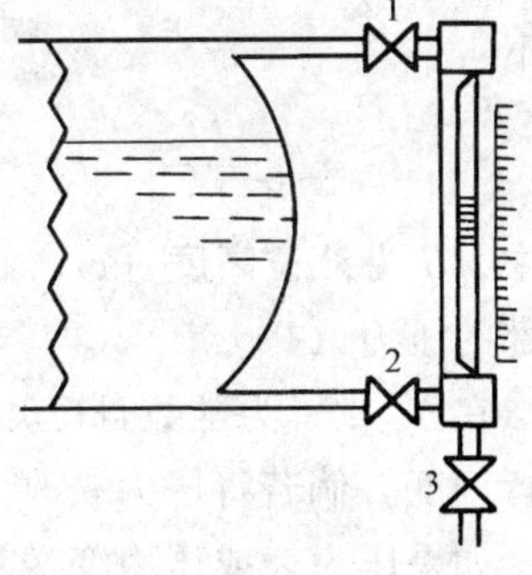

图 2-26 直读式液位计

流动性好的液体，液位是水平的，所以除了利用器壁作为电极的电容式液位计之外，一般液位计只对安装高度有要求，可以在同一高度上选择任何安装地点。但是流动性差的粉粒体物料，料面就不是水平，料面的局部高低与进出料口位置有关，也和进出料的流量有关。对于进出料口都处于轴线上的立式圆筒形容器而言，如进料流量大于出料，则料面呈中央凸起的圆锥状；若出料流量大于进料，则呈中央凹陷的漏斗形坑。为了使料位检测能代表平均料位，应将料位计安装在距容器内壁 1/3 半径处。这样，无论料面凸起或凹陷，测量出的料位都能正确地反映平均值。（根据立体几何计算，锥体的体积和同样底面积而高度等于其 1/3 的柱体体积完全相等）在据容壁 1/3 半径处和锥体的 1/3 高度处是对应的。

此外，有时容器的几何形状和传感器安装位置配合不当会出现死角，超声法和放射线法都存在死角问题。

粉粒体料位还有滞留区。因为它的流动性差，在堆积状态下又不滑坡的最大倾角，叫做“安息角”。自动卸货卡车的倾斜角必须大于所装货物的安息角才能卸净。皮带运输机的倾斜角应该小于所运货物的安息角才能把货物运到高处去。料仓的设计也要考虑这一特性，否则会有物料残留。安息角的大小与颗粒形状、表面粗糙程度、潮湿程度、是否带静电、是否吸附气体等因素有关。

接触法测物位的仪表应考虑防腐蚀和渗漏，对于物料仪表还要经受物料的磨损，有挥发性易燃易爆气体的场合及大量粉尘的环境，要注意防爆安全。

二、压力式液位变送器

利用压力或压差变送器可以很方便地测量液位，且能输出标准气压信号或电流信号，所用变送器原理及结构已前面介绍过，此处只讨论其应用。

1. 法兰及双法兰

对于上端与大气相通地开口容器，可以在底部接压力表，根据液柱下端压力得知液位，见图 2-27a。

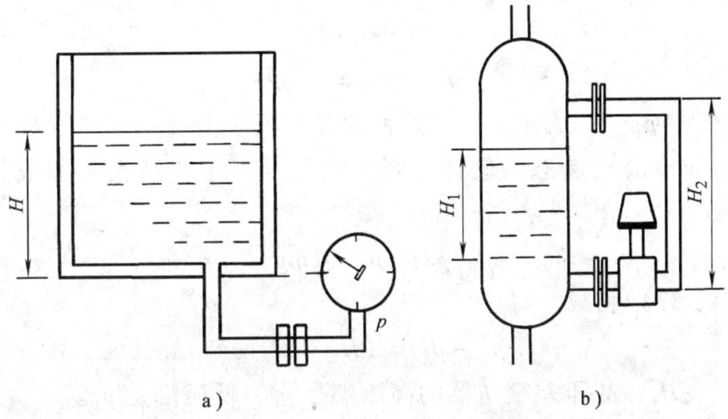

图 2-27 单法兰及双法兰液位计

由于容器和压力表见只需一个法兰将管路连接，故称“单法兰液位计”。测量原理分析如下：

$$H = \frac{p}{\rho g} \tag{2-48}$$

式中，H 为液位高度（m）；g 为重力加速度（m/s^2）；ρ 为液体的密度（kg/m^3）；p 为容器低部的压力（Pa）。

在 ρ、g 皆为常数且已知的情况下，压力 p 与液位 H 成正比，可直接在压力表上按液位进行刻度。倘若将压力表改为压力变送器，就成为液位变送装置。

如果压力表或压力变送器不可能安装在与容器低部相同的高度处，导压管内的液柱压力必须用零点迁移法抵消。

对于粘稠液体或有凝结性的液体，应在导管的入口处加隔离膜片，并在导压管内充满硅油，借助硅油传递压力。

利用隔离膜片和硅油，单法兰方式甚至可用来粗略地测量粉粒体料位。但是严格地说粉粒体底部压力和料位并不完全成正比，这是因为颗粒间及颗粒与器壁间有摩擦阻力，在距料面一定深度以下，压力就保持常数，与料位无关了。所以这种方法多用在不很高的料位范围内作料位报警开关，即位式作用传感器。

将电容式压力变送器悬挂在容器里，使其受压膜片处于最低液位高度处，便可从软导线上得到对应于液位的标准电流信号。天津天威公司及瑞安自动化仪表厂都有这类液位变送器。但它只用于开口容器，即液面以上为环境大气压力的情况下才能使用，否则输出信号就是液柱高度所产生的压力与液面气体压力之和。

这种用软导线悬挂液体里的液位变送器不需要在容器上开孔，也不用法兰，高度又便于调整。但要注意液体温度不可超过变送器所能承受的极限，容器内有搅拌装置或流体剧烈流动的场合也不能使用。如果液体稍有粘性或受冷后凝固，不能用导管引出时，用这种悬挂时变送器却很合适，它不必采取隔离膜片和硅油传压的措施。

对于上端和大气隔绝的闭口容器，多半其上部空间与大气压力不等，必须采用图 2-27b 的方式，用两个法兰分别将液相和气相压力引到差压变送器，利用 p_1 和 p_2 之差反映液位。

设容器上部空间的压力为 p，则

$$p_1 = p + H_1\rho g \tag{2-49}$$

$$p_2 = p \tag{2-50}$$

因此可得

$$p_1 - p_2 = H_1\rho g \tag{2-51}$$

即被测液位 H_1 与压差 $p_1 - p_2$ 成正比。但这种情况只限于上部空间是干燥气体时成立，假如上部是蒸气或其他能冷凝成液态的气体，则上端的导管里必然会形成液住，其高度为 H_2。于是

$$p_2 = p + H_2\rho g \tag{2-52}$$

式（2-49）和式（2-52）相减，得

$$p_1 - p_2 = (H_1 - H_2)\rho g \tag{2-53}$$

由图可知，$H_2 > H_1$，故压差变送器的高压端是 p_2，低压端是 p_1。

导压管里的液体只传递压力，并不流动，所以液注 H_2 为常数，利用零点迁移的办法能

够把式（2-53）的后一项消除，使差压变送器的输出直接反映被测液位 H_1。

有时双法兰的两个导压管入口也都用隔离膜片和硅油，使它能测量粘稠、有沉淀、有腐蚀或易冻结的液体。

三、电容式物位传感器及变送器

利用物料介电常数恒定时极间电容正比于物位的原理，可构成电容式物位传感器。特点是无可动部件，与物料密度无关，但要求物料的介电常数与空气介电常数差别大，且需要高频电路。电容式传感器的基本原理在第二章已有详述，本节重点介绍在物位测量中的应用。

1. 电容物位传感器电极结构形式

电极的结构见图 2-28。图 2-28a 适用于导电容器中的绝缘性物料，且容器为立式圆筒形。器壁为一极。沿轴线插入金属棒为另一极，其间构成的电容 C_x 与物位成比例。也可悬挂带重锤的软导线作为电极。

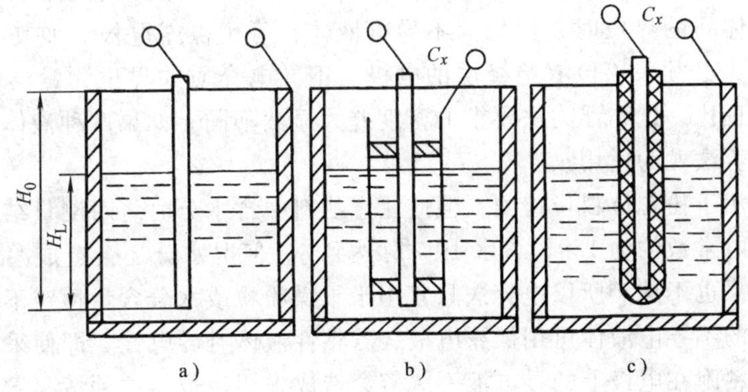

图 2-28　电容物位传感器的电极

图 2-28b 适用于非金属容器，或虽为金属容器但非立式圆筒形，物料为绝缘性物质。这时在棒状电极周围用绝缘支架套装金属筒，筒上下开口，或整体上均匀分布多个孔，使内外物位相同。中央圆棒及与之同轴的套筒构成两个电极，其间电容和容器形状无关，只取决于物位。这种电极只用于液位，粉粒体容易滞留在极间。

图 2-28c 用于导电性物料，其形状和位置和图 2-28a 一样，但中央圆棒电极上包有绝缘材料，电容 C_x 是由绝缘材料的介电常数和物位决定的，与物料的介电常数无关，导电物料使筒壁与中央电极间的距离缩短为绝缘层的厚度，物位升降相当于电极面积改变。

以图 2-28a 为例，设导电容器直径为 D，中央电极直径为 d，上部空气的介电常数为 ε_1，下部液体的介电常数为 ε_2，电极总长为 H_0，浸没在液体中的长度为 H_L，则根据同心圆筒状电容的公式可写出气体部分的电容为

$$C_1 = \frac{2\pi\varepsilon_1(H_0 - H_L)}{\ln\left(\dfrac{D}{d}\right)} \tag{2-54}$$

液体部分的电容为

$$C_2 = \frac{2\pi\varepsilon_2 H_L}{\ln\left(\dfrac{D}{d}\right)} \tag{2-55}$$

忽略杂散电容及端部边界效应后，两电极间总电容为

$$C_x = C_1 + C_2 = \frac{2\pi[\varepsilon_1 H_0 + (\varepsilon_2 - \varepsilon_1) H_L]}{\ln\left(\dfrac{D}{d}\right)}$$

$$= C_0 + \frac{2\pi(\varepsilon_2 - \varepsilon_1) H_L}{\ln\left(\dfrac{D}{d}\right)} \tag{2-56}$$

式中的 C_0 为初始电容，可在空仓时测出。有物料时电容 C_x 与物位 H_L 成线性关系。为了提高灵敏度，希望 H_L 前的系数尽量大，除 $\varepsilon_2-\varepsilon_1$ 取决于被测介质外，在电极结构上应力图使用大直径的中央电极，d 达到接近于 D 则系数的分母小，灵敏度高。但实际上采用图 2-28b 的形式与被测容器连通，或者采用图 2-28c 的结构。当然，这两种办法都只是用于流动性好的液体，而对于粉粒体或稍有粘性的液体，如要提高灵敏度，可将中央电极稍偏向一器壁，但切勿过分靠近，因为太靠近壁面时稍有弯曲或移动会引起灵敏度剧烈变动。

测量两种液体间的界位时，如均为不导电液体，可用裸露电极。如其中一种（只限一种）为导电液体，必须采用包有绝缘层的电极。不导电介质的界位测量灵敏度与两种液体介电常数之差成正比，这和浮力法要求的密度差大显然不同。如果两种液体密度相近而介电常数差别大，电容法尤为适用。

电容法也可用于粉粒体料位检测，但应注意物料中含水分时将对测量结果影响很大。例如干燥的土壤介电常数约为 1.9，含水 19% 时达到 8，何况水分还会造成漏电。即使采用绝缘层的电极，效果也不佳。所以电容法只宜用于干燥粉粒或水分含量恒定不变的粉粒体。

稍有粘稠性的不导电液体可用裸露电极，若粘性液体有导电性，即使采用绝缘层电极也不能工作，因为粘附在电极上的导电液不脱落会造成虚假液位。这种情况下只能借助隔离膜将压力传到非粘性液体上，再用电容法测量。

2. 位式作用传感器电路

用电容法构成物位开关，可用于液位或料位报警或位式调节系统，在这种应用方式下，不要求电容与物位成正比，只希望在电极附近有很高的灵敏度，所以电极宜横向插入容器或用平板形电容。

传感器电路分为起振停振型及连续振荡型两类。前者靠物位所形成的电容满足正当条件与否，决定是否振荡；后者利用交流电桥的输出信号判断物位。两者都通过功率放大驱动继电器或无触点开关器件得到通断信号。

3. 连续作用传感器电路

料位变送器的电容传感电路，多为环形二极管电桥式，其工作原理如图 2-29 所示。用高频振荡产生方波电压送入电桥的 A 点，B 点接容器的电极（即未知电容 C_x），D 点接固定电容 C_0（其值与容器完全放空时的 C_x 值相等，即初始电容）对角线 AC 间有毫安

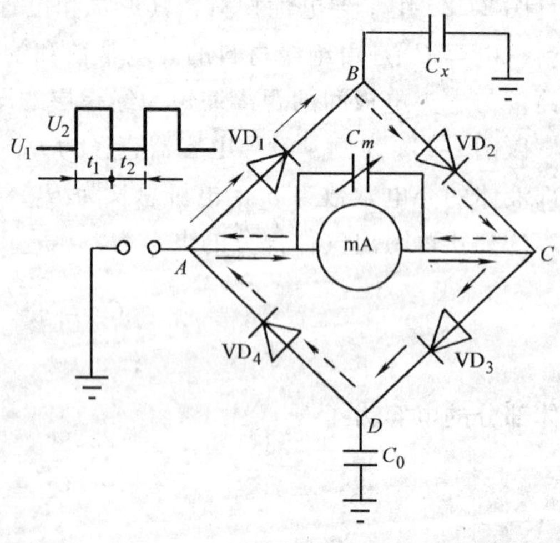

图 2-29　环形二极管电桥

表及并联电容 C_m。设方波前半周电压 U_2 历时 t_1，后半周电压为 U_1，历时 t_2。在 t_1 时间里，经过 VD_1 向 C_x 充电，并经毫安表及 C_m 通过 VD_3 向 C_0 充电（均用实线箭头表示），直到 C_x 及 C_0 都达到 U_2 为止。这期间流过毫安表的电荷为 $q_1=C_0(U_2-U_1)$。在 t_2 时间里，C_x 经 VD_2、毫安表及 C_m 放电，同时 C_0 经 VD_4 放电，直到 C_x 和 C_0 电压减低到 U_1 为止。放电期间通过毫安表的电荷 $q_2=C_x(U_2-U_1)$（放电方向用虚线箭头表示）。方波的频率 f 为 $1/(t_1+t_2)$。故由 C 到 A 的电流（即每秒流过的电荷）为

$$I_2 = C_x f(U_2 - U_1) \tag{2-57}$$

由 A 到 C 的电流为

$$I_1 = C_0 f(U_2 - U_1) \tag{2-58}$$

每一周期内电流的平均值即其直流分量为

$$\begin{aligned} I &= I_2 - I_1 = f(U_2 - U_1)(C_x - C_0) \\ &= f\Delta U\Delta C_x \end{aligned} \tag{2-59}$$

容器放空时，调整 C_0 使之等于 C_x，则上式 $I=0$。有物料时，I 与 ΔC_x 成正比。对于立式圆筒容器，则 I 与物位成正比。将电流 I 经过适当电路变换为标准电流信号，就构成电容物位变送器。

为了便于说明原理，电路中用毫安表代替直流放大电路。

四、电导式及电感式物位传感器

对于导电性液体采用电导式液位传感器更简单，尤其是输出开关信号的位式传感器，精确度和可靠性都比较高。此处所说导电性液体除了各种液态金属及酸、碱、盐溶液外，也包括一般工业生产中的非纯水，例如高中压锅炉里的水，其电阻率约为十分之几到几十欧·米，其导电性足以引起传感器输出变化。

为了防止极化腐蚀影响电极寿命，电导式传感器所用电源一般为交流，频率不宜太高，以免受到电感电容影响。电感式液位计则依靠被测液体内的涡流反映液位，显然必须用交流电源工作。

1. 电接点液位传感器

在容器上方垂直伸入适当长度的导体电极，如容器本身是导电的，则电极与壁器构成的电路通断与否取决于液位的高低。若容器是绝缘的，可用两根电极。

同理，对于导电容器，长短不一的电极 A 和 B 可用于液位上下限报警。若分别装有长度不等的多根电极，则可分段显示液位值。电极也可用带重锤的钢丝绳子代替。

这种传感器虽然简单，但在高温高压锅炉上应用时必须有耐热而强度高的绝缘材料，还要能承受高温炉水的腐蚀，一般在高压锅炉上用氧化铝陶瓷绝缘，并且用合金（由铁、钴、镍构成的合金，其膨胀系数与氧化铝陶瓷近似）密封，制成专用的电极。

2. 简易连续指示液位计

如果液体的电阻率为恒定值，也可将电极制成同心套筒状，根据电极 AB 间的阻值大小连续测量液位。若液体导电性强，可采用多个氖灯显示，液位越高，发光的氖灯就越多。要注意的是，液体的电阻应远小于器壁漏电阻。

3. 跟踪式液位变送器

精确度较高的电导式液位计或液位变送器应该用伺服系统构成，图 2-30 是由电导原理构成的跟踪式液位变送器。图中滚筒 1 上绕细钢丝绳，绳端重锤触及液面后形成电的通路，

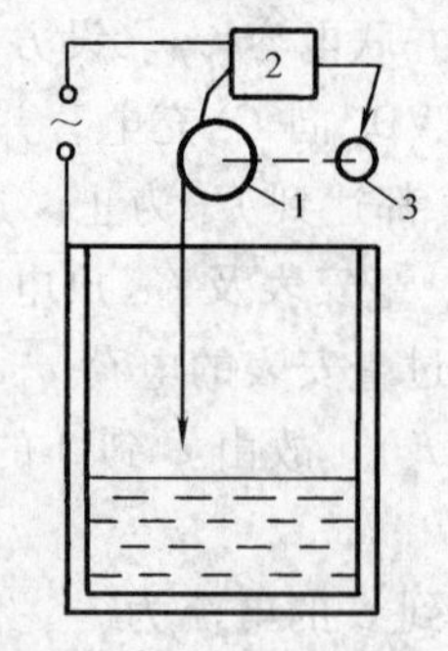

图 2-30　电导式跟踪液位计

使伺服放大器 2 产生提升信号，此信号作用于伺服电动机 3，使之带动滚筒将重锤升离液面。一旦与液面脱离，伺服放大器的输出信号改变，又使伺服电动机反转，重锤又将下降，重新接触液面。如此反复动作，重锤的平均位置始终跟踪着液位升降，滚筒轴上安装显示装置或电远传装置便可连续反映液位值。此处，重锤相当于探针。

为了不频繁正反转动，可采用高度不等的两个探针，都浸没时提升，都暴露时下降，只有高探针在液上而低探针在液下时电动机停止。若两重锤的高度差很小，也有足够的精度。

4. 电感式液位传感器

在平面螺旋线圈内通以交流电，当导电液体表面接近线圈时，液体出现涡流，将使线圈的电感量改变。若线圈与电容并联，并联回路的谐振频率会有明显的变化，利用这一原理可构成液位开关，但不适合连续液位测量。

五、射线物位仪表

1. 微波物位测量

微波法和气介质式超声物位测量法相似，也是非接触法，但所用的是电磁波，即雷达测距原理。

根据用途不同，也可分为位式作用和连续作用两类。前者将发射器和接收器分别装在容器两侧（器壁以外），如果物料低于微波束的路径可接受到信号，物料升高到波束处，微波受到阻挡吸收，便接受不到信号。后者则将发射及接收装置安装在容器顶部，对物位进行连续测量。连续测量的结果以 4 ~ 20mA 标准电流信号的形式输出，或兼有数字输出接口，例如温州科隆公司的 BM70 型微波液位计就是两种输出兼有，在 0 ~ 20mA 范围内达到 0.5 级精度。由于微波式属于非接触法，可用在高粘度或含颗粒的物位测量上。

2. γ 射线物位测量

这种方法也是非接触法，利用放射线同位素发出的 γ 射线穿透容器到达接收器，根据是否有衰减可构成位式传感器，根据衰减程度可构成连续作用的变送器。放射源通常用钴—60（半衰期 5.26 年）或铯—137（半衰期—32.2 年）。封装在灌铅的钢保护罩内，设有能开闭的窗口，不用时闭锁，以免辐射危害。

以 E + H 公司的 QG 型为例，其射线发射角有 5°、20°、40°三种，所用同位素多为钴—60，其放射性活度有 3.7×10^{9}Bq，7.4×10^{9}Bq 及 7.4×10^{8}Bq 三种，此处 Bq 为放射性活度的单位［贝可勒尔］，Bq = 2.7×10^{-11}Ci（Ci 为居里）。

接收器是管状结构，长 100 ~ 500mm，安装在与发射器相对应的位置，使物位变化时接收器的一段受到辐射，另一段被物料阻挡。射线的发射角、距离、接收器的长度三者配合，整个量程内都能有效地检测。

γ 射线法对人体固然存在有害作用，然而其剂量有限，在妥善防护之下并无危险。

六、小结

物位测量仪表一般分为液位、料位和界位三大类，从检测方式上可分为接触式和非接触式两种，为了适应不同的物料特性，采用了不同的检测原理如差压式、浮力式、电容式、电导式、电感式、阻力式、超声波式、微波式等。但总体思路是将物位转换为电信号输出，按照电信号的形式，有开关类物位传感器和输出标准电流信号的物位变送器，前者比较简单，能够组成物位报警或自动进出料的自动化系统。后者配合一些其他仪表可连续指示物位或构成连续物位控制系统。

对于高压容器、挥发性物料及有毒物料中使用的物位仪表应特别注意防泄漏，接触式物位仪表必须有防腐、防磨损和防粘附等功能。

第六节　调节器与执行器

一、调节器

模拟式电子调节器的用途是将测量信号和给定信号相比较的偏差值进行 PID（或 PI、PD）运算，然后转换成 DC4～20mA 输出信号。凡是输出 DC4～20mA 的变送器或转换器均可以与它联用，凡是接收 DC4～20mA 的执行器或其他仪表都可以作为它的负载，从而实现对温度、压力、液位、流量等工艺参数的自动控制。

ICE 电子调节器由输入电路、比例微分电路、比例积分电路、输出电路、手动操作电路、测量信号指示电路和给定信号指示电路等组成，其结构图如图 2-31 所示。调节器的核心部分是 PD 电路和 PI 电路。

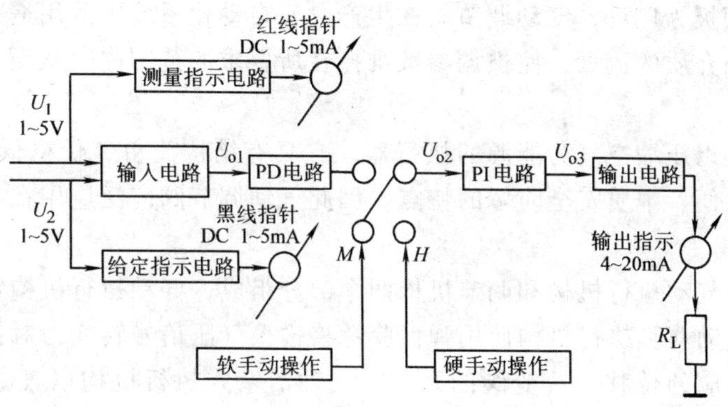

图 2-31　ICE 电子调节器组成框图

主要技术指标：

测量信号	DC1～5V
内给定信号	DC1～5V
外给定信号	DC4～20mA
输出信号	DC4～20mA
比例带	2%～500%
积分时间	0.01～25min
微分时间	0.04～10min
微分增益	10
积分增益	$\geqslant 10^4 \sim 10^5$
负载电阻	250～750Ω
调节精度	$\leqslant \mid \pm 0.5\% \mid$

二、数字式可编程控制器

数字式可编程控制器是以微处理器为中心的多功能调节器，可接收多路模拟量及开关量输入，实现复杂的运算、控制、通信和故障诊断功能。

数字式可编程控制器可实现几十种函数运算，利用内部的控制模块，可组成多种回路结构，既有连续调节功能，也具有顺序控制功能。

数字式可编程调节器能与集中监视操作站及上位计算机交换信息，构成大型的综合信息管理及控制系统，实现集中 CRT 操作。

数字式可编程调节器具有自诊断功能，能及时发现仪表自身及外部电路的故障，可根据给出的故障代码，迅速的查明原因，予以排除，确保生产的安全运行。

国内有大量生产数字式可编程调节器的厂家，如西安仪表厂的 YS—80 系列，四川仪表厂的 DIGITORRONIK 系列，大连仪表厂的 VI187MA 系列等。

三、气动调节阀

1. 气动调节阀的用途与构成

执行器按其能源形式可以分为气动执行器、电动执行器和液动执行器三大类。气动执行器又可分为气动调节阀、气动马达、气动机器人。

执行器在生产过程自动化中作用十分重要。人们把它称为实现生产自动化的手足，其中气动调节阀的应用极为广泛，气动调节阀在生产过程自动化系统中的用途是接受调节器的输出信号，改变被调介质的流量，使被调参数维持在所要求的范围内，从而实现生产过程自动化。

气动调节阀是以压缩空气为能源的执行器。它具有结构简单、价格低廉、输出推力大、性能稳定、维护方便、本质安全防爆的特点，因此气动调节阀广泛应用在石油、化工、电力等部门。

气动调节阀由气动执行机构和调节机构两个部分组成，气动执行机构常用的有薄膜式和活塞式两大类。气动薄膜执行机构使用弹性膜片将输入气压信号转变为对推杆的推力，通过推杆使阀芯产生相应的位移，改变阀的开度。气动活塞式执行机构以气缸内的活塞输出推力。典型的气动薄膜执行机构主要由弹性薄膜、压缩弹簧和推杆组成。气动薄膜执行机构的输出是位移，它与信号压力的关系为

$$pA = KL$$

式中，p 为通入气室的信号压力；A 为弹性膜片的有效面积；K 为弹簧的刚度；L 为执行机构推杆位移。

由上式可知推杆的位移 L 为

$$L = \frac{pA}{K} \tag{2-60}$$

当气动执行机构制成后，A 和 K 便为常数，故从式（2-60）可以知道执行机构的位移和信号压力成正比。当信号压力输入薄膜气室时，此压力作用在膜片上产生推力，使推力移动，同时使弹簧受压产生反作用力，信号压力越大，推力越大，推杆的位移和弹簧的压缩量也就越大。推杆的位移范围就是执行机构的行程。推杆从零走到全行程，阀门就从全开（或全关）到全关（或全开）。

气动调节阀的调节机构主要由推杆、阀体、阀芯、阀座等部分组成。阀芯在阀体内上下

移动时，可以改变阀芯阀座间的流通面积，控制通过的流量。从流体力学的观点，调节阀是一个局部阻力可以改变的节流元件。当流体流过调节机构时，由于阀芯、阀座造成的流通面积的局部缩小，形成局部阻力，并使流体在该处产生能量损失。常用调节阀前后的管道直径一致，流速相同，根据能量守恒定律，可得到流体经过调节阀的能量损失等于调节阀前后流体的压差为

$$H = \frac{p_1 - p_2}{\rho g} \tag{2-61}$$

式中，H 为单位质量流量流经调节阀的能量损失；p_1 为调节阀后的压力；ρ 为流体密度；g 为重力加速度。

如果调节阀的开度不变，流经调节阀的流体不可压缩，则单位质量流体的能量损失与流体的动能成正比，即

$$H = \frac{\xi u^2}{2g} \tag{2-62}$$

式中，ξ 为调节阀的阻力系数；u 为流体的平均流速。

流体在调节阀中的平均流速为

$$u = \frac{q_V}{A} \tag{2-63}$$

式中，q_V 为流体的体积流量；A 为调节阀连接管道截面积。

综合上述三式，得到调节阀的流量方程为

$$u = A\left(\frac{2(p_1 - p_2)}{\rho}\right)^{1/2} \div \xi^{1/2} \tag{2-64}$$

由式（2-64）可见，当调节阀的管截面积一定，（$p_1 - p_2$）不变时，流量仅随阻力系数变化。阻力系数主要与流通面积（阀的开度）有关。调节阀阻力系数的变化是通过阀芯行程的改变来实现，即改变阀门开度，就改变了阻力系数，从而达到调节流量的目的。阀开得越大，ξ 将越小，通过的流量将越大。

根据不同的要求，调节阀有多种结构形式，如：直通单座阀、直通双座阀、角形阀、三通阀、高压阀、蝶阀、隔离阀等。这些阀可与气动执行机构配合构成气动执行器，也可以与电动执行机构配合构成电动执行器。

2. 气动调节阀的流量特性

调节阀的流量特性是指介质流过阀的相对流量和相对位移（相对开度）之间的函数关系，即

$$\frac{q_V}{q_{V\max}} = f\left(\frac{l}{L}\right) \tag{2-65}$$

式中，$q_V/q_{V\max}$ 为相对流量；l/L 为相对位移，即调节阀某一开度下的行程与全开时行程之比。

一般而言，改变调节阀的阀芯和阀座之间的流通面积，便可调节流量。但实际上由于各种因素的影响，如在流通面积改变的同时还发生阀前后压差的变化，而压差的变化也会引起流量的变化等，因此流量特性有固有流量特性和工作流量特性两个概念。

（1）固有流量特性　固有流量特性是阀前后压差保持不变特性（也称理想流量特性）。

典型的固有流量特性如图 2-32a 所示，不同流量特性的阀芯的形状如图 2-32b 所示。

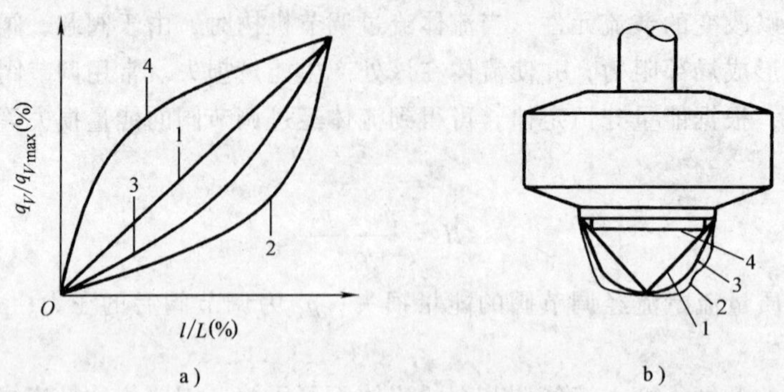

图 2-32　不同固有流量特性曲线和阀芯形状

1—直线流量特性　2—对数流量特性　3—抛物线流量特性　4—快开流量特性

（2）工作流量特性　工作流量特性是指调节阀在实际应用时的流量特性。图 2-33 所示为调节阀和管道串联时的情况。

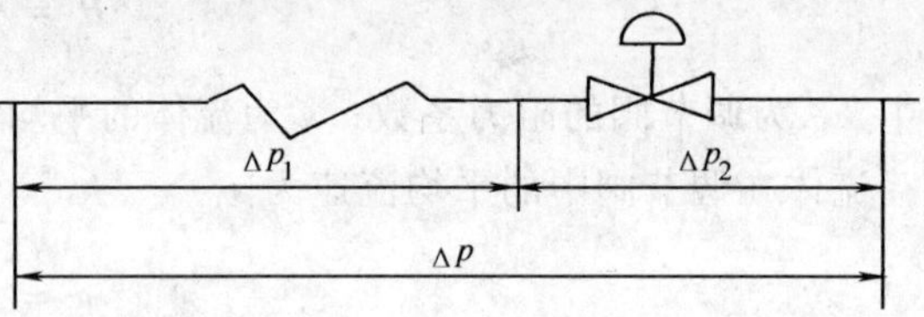

$$\Delta p = \Delta p_1 + \Delta p_2 \qquad (2\text{-}66)$$

图 2-33　串联管道

令 $s = \Delta p_2 / \Delta p$ 为阀全开时阀前后压差和系统总压差之比，由于管道阻力件造成的压力损失，调节阀的工作流量特性将发生畸变。对于固有流量特性为直线和对数的调节阀，在不同的 s 值下，工作流量特性畸变情况如图 2-34 所示。

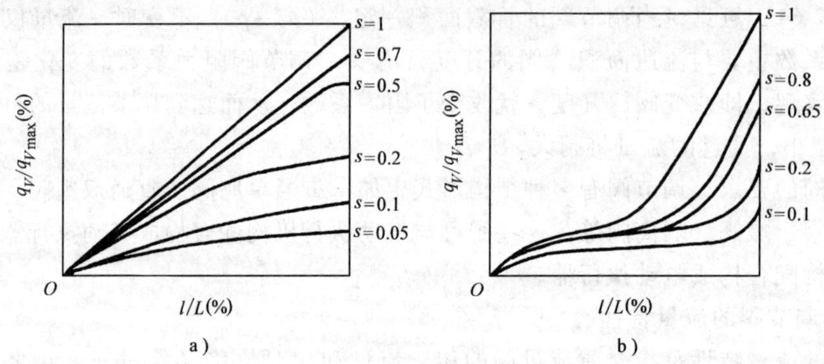

图 2-34　串联管道时调节阀的工作特性（以 $q_{V\max}$ 为参比值）

a）直线　b）对数

对上图分析可知，在 $s=1$ 时，管道阻力损失为零，系统的总压差全部降落在阀上，工作流量特性和固有特性一致。随着 s 的减小，管道阻力损失增大，不仅阀全开时流量减小，而且流量特性曲线也发生很大变化，成为一系列上拱的曲线。直线流量特性趋近于快开特性，对数特性趋近于直线特性。实际使用中希望阀阻比大于 0.3。

四、阀门定位器

阀门定位器是气动调节阀的主要附件。它和气动调节阀配套使用，接收调节器的输出信号，然后用它的输出信号去控制气动调节阀。阀门定位器有以下几种用途：

1）改善阀的静态特性

用阀门定位器后，只要调节器输出气压略有改变，经过喷嘴-挡板系统及放大器的作用，就可以使通过调节阀膜头的气压有大的变化，以克服阀杆的摩擦和消除调节阀不平衡力的影响，从而保证阀门位置按调节器发出的信号准确定位。

2）用于高压、高温或低温介质的场合。

3）用于介质中含有固体悬浮物或粘性流体的场合。

4）用于大口径、高压差等不平衡力较大的场合。

5）用于调节器与气动调节阀距离在60m以上时，为了克服信号的传递滞后，加快执行机构的动作速度使用阀门定位器。

6）用于改变阀的流量特性。通过改变定位器反馈凸轮的形状，可使调节阀的线性、快开等百分比流量特性互换。

7）用于分程控制。用一个调节器控制两个以上的调节阀，使它们分别在信号的某一区段完成全行程移动。例如，使两个调节阀分别在20～60kPa及60～100kPa的信号范围内完成全程移动。

8）用反作用式定位器可使气开阀变为气关阀，气关阀变为气开阀。

五、电气转换器

电气转换器是电动单元组合仪表中的一个转换单元。它可以将电动控制系统的标准信号（DC0～10mA或DC4～20mA）转换为标准气压信号（$0.2\times10^5\sim1.0\times10^5$Pa）。通过电气转换器可以组成电气混合系统以便发挥各自的优点，扩大使用范围。一般使用电气转换器把电动调节器输出信号经转换后来驱动气动执行器，或将来自各种电动变送器的输出信号经转换后送往气动调节器。

电气转换器按其防爆类型分为一般型、安全火花型和安全防爆型。输入信号为DC4～20mA，输出信号为$0.2\times10^5\sim1.0\times10^5$Pa（大功率为$0.4\times10^5\sim2.0\times10^5$Pa），气源压力为$1.4\times9.81\times10^4$Pa）。这种转换器可用来直接推动气动执行或作较远距离的传送。

六、电动执行器

1. 电动执行器的用途和特点

电动执行器是自动控制系统中的一个重要的组成部分。它接收来自调节仪表的电信号，用电动执行机构将其转换成适当的力或力矩，以推动各类调节阀（或其他执行机构），从而达到自动生产的目的。

电动执行器与气动执行器相比，具有动作灵敏、能源取用方便、信号传递快捷和适合远距离控制的优点。

2. 电动执行器的组成和工作原理

电动执行器由电动执行机构和调节机构两部分组成。其中将调节控制信号转换成为力矩或力矩的部分叫做电动执行机构，各种调节阀或调节设备称为调节机构。调节机构部分是和气动执行器通用的，所不同的只是电动执行器使用电动执行机构，即使用电动机等电的动力元件产生推力开闭调节阀。

依据执行机构的不同，电动执行器分成三类。它们是角行程执行器（DKJ型）、直行程执行器和旋转式电动执行器。

电动执行机构与调节机构的连接方式有多种，一般可将两者固定安装在一起，构成一个完整的执行器，如电动调节阀、电磁阀等，也有的用机械杆把两者就地连接起来，如各种直行程、角行程、多转式电动执行机构就属这一类。

电动执行器的组成框图如图2-35所示。它主要由伺服放大器DFC、电动操作DFD、位置发送器WF、伺服电动机SM、减速器J等组成，其工作过程是：来自调节器的输出信号送到伺服放大器，与位置发送器的反馈信号相比较，其差值（正或负）经放大后去控制伺服电动机正转或反转，经过减速器后使输出轴产生位移（直线或0°~90°角）。输出轴的位移又经位置发送器转换成4~20mA信号，作为位置指示和反馈信号。反馈信号送到伺服放大器的输入端。若反馈信号和输入信号相等时，电动机停止转动。此时，轴输出就稳定在与输入信号成比例的位置上。电动机也可以通过电动操作器进行手动操作。

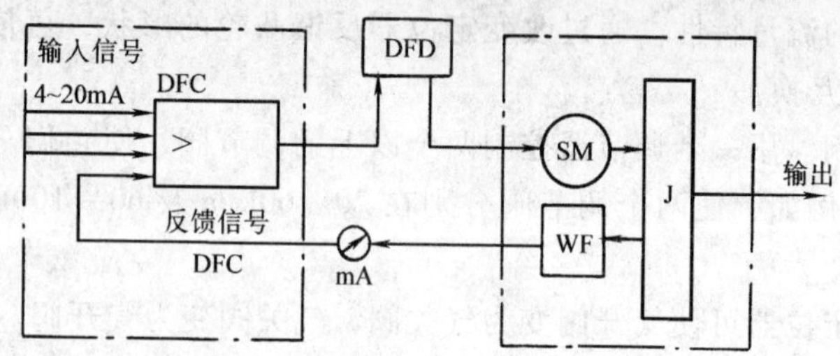

图2-35 电动执行器主要组成框图

电动执行器的伺服放大器（DFC）是由前置放大器、触发器1和2及晶闸管主回路等组成，组成框图如图2-36所示。伺服放大器有三个输入通道和一个反馈通道，可同时输入三个输入信号和一个反馈信号，以满足复杂控制系统的要求。

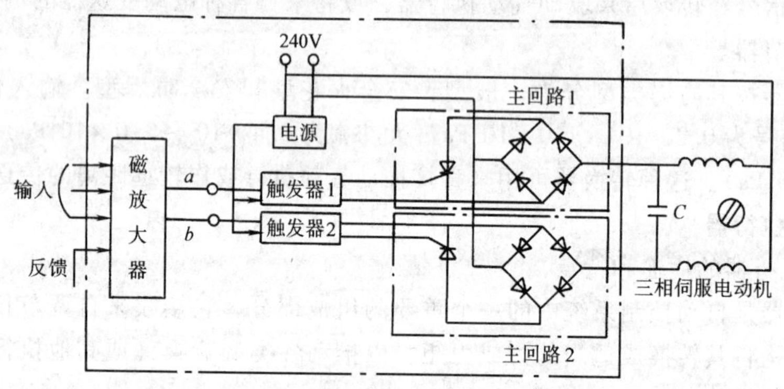

图2-36 伺服放大器组成框图

电动执行器的执行机构的两相伺服电动机是执行机构的动力部分，它具有起动转矩大和起动电流较小的优点。位置发送器是根据差动变送器的工作原理，利用输出轴的位移改变铁芯在差动线圈中的位置，以产生反馈信号和位置信号。因为电动执行器所用电动机转速较高，而执行器输出轴全行程时间需25s（即输出轴转速是0.6r/min），所以电动机到主输出轴间要有减速器，减速比例为1000~1500。

3. 智能电动执行器

随着电子技术的迅速发展，微处理器大量被引入到仪表中，出现了智能式执行器。智能电动执行器有如下特点：

1）用微处理器技术和数字显示技术，功能强，使用方便，具有自诊断、自调整和PI调节功能。

2）一种固有特性的调节阀通过软件修正就可以拥有多种输出特性，使不能进行阀芯形状修正（蝶阀）的阀也可改变流量特性，可以使非标准特性修正为标准特性，改变了长期以来靠加工阀芯形状来修正特性的传统做法。

3）在调节中采用了电制动技术和断续调节技术，对具有自锁功能的执行机构可以取消机械摩擦制动器，大大提高了执行器的可靠性。

4）主要技术指标先进，基本误差：±1%（单相）；死区：±0.5%，具有工作方式选择、故障诊断与报警等多种功能。

智能电动执行器控制电源划分有单相和三相两大类。以下仅介绍单相智能电动执行器的工作原理。

单相智能电动执行器的结构框图如图2-37所示。工作过程是来自调节器或变送器的模拟量信号，经过处理后进入智能伺服放大器，智能伺服放大器中的微处理器定时检测该输入信号和位置反馈信号。当接入调节器信号且不进行修正时，微处理器比较这两个信号，一旦信号不平衡，偏差超过要求，即发出控制信号，经放大隔离后驱动智能伺服放大器中的功率晶闸管，使晶闸管导通带动电动机转动，调节阀门开度，同时微处理器也将表示阀门开度的位置信号转换成相应的脉冲量发往操作器的显示器，操作人员可以从数字操作器上观察阀门的开度。

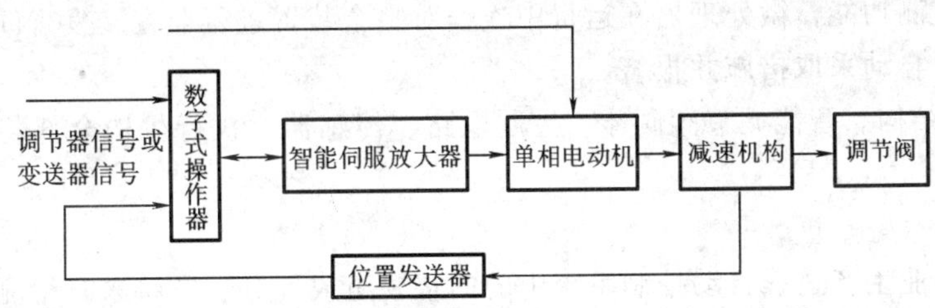

图2-37　单相智能电动执行器结构框图

当接收变送器信号进入PI调节工作方式时，微处理器将变送器信号与给定值进行比较，并按预先设置好的参数PI进行计算并发出控制信号调节阀门开度，直到两个信号平衡。

当进入特性修正方式时，微处理器将不是仅仅比较两个信号是否相等，而是对信号按预先设置的特性参数进行计算，使输入信号与阀门位移呈要求的非线性关系。这使得改变调节阀的流量特性变得很方便，为改善系统的稳定提供新的方法。

调节阀的种类、形状、特性千差万别，对一台调节阀来说，一旦加工、装配好以后，其位移与流量、压差的关系就固定下来了。传统的电动执行器只能如实地复现调节阀的固有特性。智能电动执行器通过微处理器的计算、修正，可以相对改变调节阀的流量特性。

实现调节阀特性修正的基本原理是：输入待修正阀门的固有特性和要达到标准特性的必要参数，计算出达到标准特性时阀门的实际开度。通过修正可使一种调节阀的流量变为多种，使不能通过加工阀门形状来改变固有特性的阀也可修正到理想特性。

三相智能电动执行器主体和单相智能电动执行器的主体相同，对输入信号的处理、特性、故障诊断等也一样。不同点是对输出信号的处理和控制软件做了些改动。智能伺服放大器的输出进入三相功率转换器，由其转换成三相功率输出，再驱动三相伺服电动机工作。

七、智能调节阀

智能调节阀是集常规仪表的检测、控制、调节等功能形成一个完整结构的智能仪器，它至少由以下六部分组成：

1）处理器及智能软件的控制器。

2）提供反馈信号和诊断信号的传感器。

3）信号变换器。

4）I/O 及通信接口。

5）执行机构。

6）调节阀。

智能调节阀具有以下特点：

1）有智能控制功能。可按给定值自动进行 PID 调节，控制流量、压力、压差和温度等过程变量，还可支持串级控制方式等。

2）有保持功能。无论电源、机械部件、控制信号、通信或其他方面出现故障时，都会自动采取保护措施，以保证本身及生产过程安全可靠；具有掉电保护功能，当外电源掉电时能自动用后备电池驱动执行机构，使阀位处于预先设定的安全位置。

3）通信功能。操作人员可在远方对其进行检测、整定和修改参数或算法等。

4）诊断功能。智能调节阀的阀体和执行机构上装有传感器专门用于故障诊断，电路上也设置了各种监测功能，微处理器在运行中连续对整个装置进行监视，发现问题立即执行预先设定的程序，自动采取措施并报警。

5）一体化结构。智能调节阀阀体、控制电路、传感器、执行机构全部装在一个现场仪器中。

八、小结

调节器是工业生产过程自动控制系统中的的重要组成部分，它将来自检测仪表的信号进行综合，按照预定的调节规律去控制执行器的动作，实现自动控制。

执行器在生产过程自动化中相当于一个“机械手”的作用，它接受来自调节器的信号改变被控介质的操作变量，达到对被控参数进行自动调节的目的。按照执行机构使用的能源不同可分为气动、电动和液动三类，在实际应用中气动执行器使用最多，液动执行器应用最少。

目前智能调节器、智能执行器、智能调节阀应用越来越多。

第三章 现场总线与工业以太网技术

现场总线与工业以太网技术是一种集计算机、数据通信、控制、集成电路及智能传感等技术于一身的新兴控制网络技术。现场总线是一种应用于生产现场，在现场设备之间、现场设备与控制装置之间实行双向、串行、多节点数字通信的技术。现场总线作为工业数据通信网络的基础，沟通了生产过程现场级控制设备之间及其与更高控制管理层之间的联系，但它不仅仅是一个基层网络，而且还是一种开放式、新型全分布式的控制系统。目前流行的现场总线已达40多种，在不同的领域发挥着重要作用。以太网技术也正在从传统的办公自动化逐渐发展到工业自动化领域，形成的工业以太网技术正在飞速发展。总之，现场总线与工业以太网技术，已成为自动化技术发展的热点之一，并引起自动化系统结构及设备的深刻变革，基于现场总线与工业以太网技术的控制系统必将逐步取代传统的独立控制系统、集中采集控制系统等，成为21世纪自动控制系统的主流。

第一节 工业控制网络

随着计算机、通信、网络等信息技术的飞速发展，人们需要建立包含从工业现场设备层到控制层、管理层等各个层次的综合自动化网络平台，即建立以工业控制网络技术为基础的企业综合信息化系统。

一、工业控制网络

工业控制网络作为一种特殊的网络，直接面向生产过程的测量和控制，肩负着工业生产运行一线测量与控制信息传输的特殊任务，因而具有一些特殊的要求，如较强的实时性、高可靠性与安全性，工业生产现场恶劣环境的适应性、总线供电与本质安全等。另外，开放性、分散化和低成本也是工业控制网络应具备的重要特征。

相比一般的电信、计算机信息网络，工业控制控制网络具有以下特点：

1）控制网络中数据传输的及时性和系统响应的实时性是控制系统最基本的要求；在信息网络的大部分工作中，实时性是可以忽略的。

2）控制网络应具有在高温、潮湿、振动、腐蚀、电磁干扰等恶劣的工业环境中长时间、连续、可靠、完整地传送数据的能力，在可燃和易爆场合，还应具有本质安全性能。

3）工业控制网络的通信方式多使用广播或组播方式；而信息网络多采用点对点的通信方式。

4）工业控制网络传输的信息多为短帧信息，长度较小且信息交换频繁，在正常工作状态下周期性信息（如过程测量、控制、监控信息等）较多，非周期性信息（如突发事件报警）较少；而信息网络恰恰与此相反。

5）工业控制网络的信息流具有明确的方向性，如测量信息由变送器到控制器，控制信息由控制器到执行器，过程监控与突发信息由现场仪表传向操作站等；而信息网络的信息流向不具有明显的方向性。

6）工业控制网络必须解决多家公司产品和系统在同一网络中相互兼容，即互操作性的问题。

二、工业控制网络对控制系统体系结构的影响

工业控制网络的出现使控制系统的体系结构发生了根本性变化。把基本控制功能下放到现场具有智能的芯片或功能块中，不同现场设备中的功能块可以构成完整的控制回路，使控制功能彻底分散，直接面向对象，把具有控制、测量与通信功能的功能块与功能块应用进程作为网络节点，采用开放的控制网络协议进行互联，形成底层控制网络。整个自动化系统形成了在功能上管理集中、控制分散，在结构上横向分散，纵向分级的体系结构。控制系统体系结构大致经历了以下几个发展阶段。

1. 模拟仪表控制系统

模拟仪表控制系统于20世纪六、七十年代占主导地位。其显著缺点是：模拟信号精度低，易受干扰。

2. 集中式数字控制系统

集中式数字控制系统于20世纪七、八十年代占主导地位。采用单片机、PLC或微机作为控制器，控制器内部传输的是数字信号，因此克服了模拟仪表控制系统中模拟信号精度低的缺陷，提高了系统的抗干扰能力。集中式数字控制系统的优点是易于根据全局情况进行控制计算和判断，在控制方式、控制时机的选择上可以统一调度和安排；不足的是，对控制器本身要求很高，必须具有足够的处理能力和极高的可靠性，当系统任务增加时，控制器的效率和可靠性将急剧下降。

3. 集散控制系统（DCS）

集散控制系统（Distributed Control System，DCS）于20世纪八、九十年代占主导地位。其核心思想是集中管理、分散控制，即管理与控制相分离，上位机用于集中监视管理功能，若干台下位机分散到现场实现分布式控制，各上下位机之间用控制网络互连以实现相互之间的信息传递。因此，这种分布式的控制系统的体系结构有力地克服了集中式数字控制系统中对控制器处理能力和可靠性要求高的缺陷。在集散控制系统中，分布式控制思想的实现正是得益于网络技术的发展和应用，遗憾的是，不同的DCS厂家为达到垄断经营的目的而对其控制通信网络采用各自专用的封闭形式，不同厂家的DCS系统之间以及DCS与上层Intranet、Internet信息网络之间难以实现网络互联和信息共享，因此集散控制系统从该角度而言实质是一种封闭专用的、不具可互操作性的分布式控制系统。在这种情况下，用户对网络控制系统提出了开放化和降低成本的迫切要求。

4. 现场总线控制系统（FCS）

现场总线控制系统（ Fieldbus Control System ，FCS）正是顺应以上潮流而诞生，它用现场总线这一开放的，具有可互操作的网络将现场各控制器及仪表设备互连，构成现场总线控制系统，同时控制功能彻底下放到现场，降低了安装成本和维护费用。FCS实质是一种开放的、具可互操作性的、彻底分散的分布式控制系统。在现场总线技术快速发展的过程中，以太网技术也从办公自动化向工业自动化领域拓展，形成的工业以太网技术在迅速发展。

图3-1所示为集散控制系统DCS向现场总线控制系统FCS的演变示意图。

纵观控制系统体系结构的发展，不难发现，每一代新的控制系统推出都是针对老一代控制系统存在的缺陷而给出的解决方案，最终在用户需求和市场竞争两大外因的推动下占领市

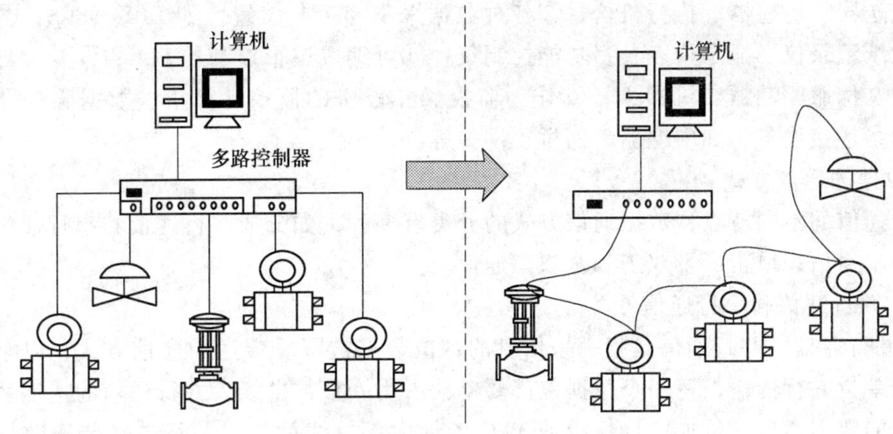

图 3-1　DCS 向 FCS 的演变示意图

场的主导地位，以现场总线和工业以太网技术为代表的工业控制网络技术的不断发展彻底改变了工业控制系统体系结构，必将成为 21 世纪控制系统的主流产品。

三、工业控制网络技术基础

1. 通信系统的构成

什么是通信？简单地说，不同的系统经由线路相互交换数据，就是通信。通信的主要目的是将数据从一端传送到另一端，达到数据交换的目的。例如，从人与人之间的对话、计算机与设备之间的数据交换到计算机与计算机间的数据传送，乃至于广播或卫星都是通信的一种。一个完整的通信系统一般包括信息源、信息接受者、发送设备、接受设备和传输介质几部分。单向数字通信系统的结构可用图 3-2 表示。

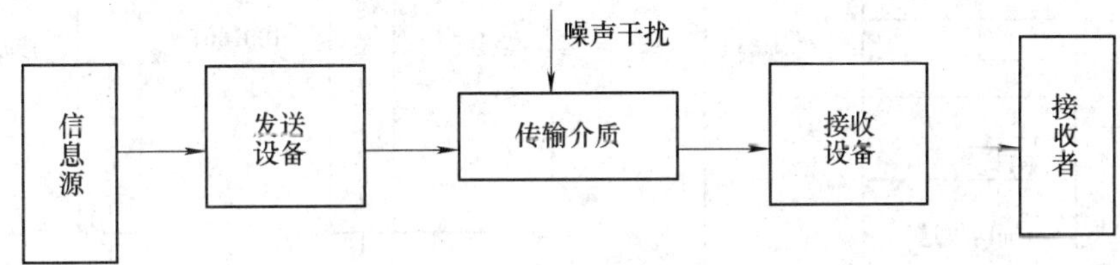

图 3-2　单向数字通信系统的结构

信息源和信息接收者是信息的产生者和使用者，信息源输出分为模拟信号和数字信号两种，在数字通信系统中传输的是数字化后的信息，这些信息可能是原始数据，也可能是计算机处理后的数据，甚至是某些指令等。发送设备的基本功能是将信息源和传输介质匹配起来，即将信息源产生的信号通过编码变换成易于传送的信号形式，送往传输介质。有时为了达到某些特殊要求而进行各种处理，如保密处理、纠错编码处理等。传输介质是指发送设备到接收设备之间信号传递所经的媒介，包括有线的和无线的，有线传输介质有同轴电缆、双绞线和光缆等；无线传输介质有电磁波、红外线等。信号在介质中传输时必然会引入某些干扰，如热噪声、脉冲干扰、衰减等。接收设备的基本功能是完成发送设备的反变换，即进行解调译码解密等，其任务的关键是从带有干扰的信号中正确恢复出原始信息来。

在工业控制网络中，发送设备与接收设备往往都与数据源紧密连接为一个整体。许多测量控制装置既是发送设备又是接收设备。在工业控制网络系统中典型的发送与接收设备有：

①各种变送器、传感器、执行机构；②各种数据采集与控制装置，如 DCS、FCS；③智能仪表，如无纸记录仪、显示仪表、多功能控制仪；④可编成逻辑控制器 PLC；⑤变频器、视觉识别系统、伺服驱动器、机器人；⑥作为监控操作设备的监控计算机、数据服务器或工作站；⑦网络连接设备，如中继器、网桥、网关等。

2. 数据的通信方式

根据通信的不同特点，数据通信方式的分类有多种，如分成并行通信和串行通信；同步通信和异步通信；单工、半双工和全双工通信。

（1）并行通信和串行通信

1）并行通信　并行通信是指一条信息的各位数据被同时传送的通信方式，以字节、字或双字为单位并行传输，每一个数据位都要单独占用一根数据线。并行通信的速度快，适用于近距离的数据通信，例如：计算机或 PLC 各种内部总线就是以并行方式传送数据的，另外，在 PLC 底板上，各种模块之间通过底板总线交换数据也以并行方式进行。但在长距离的数据通信中，并行传输所需要的通信电缆费用将大量增加，成本很高，此时一般采用串行通信。

2）串行通信　串行通信是指组成一条信息的各位数据被逐位按顺序传送的通信方式，串行通信时数据是一位一位顺序传送，只用很少几根通信线，比较便宜，成本低，传送的距离可以很长，但串行传送的速度要慢一些，并且要注意传输中的同步问题，使得收发双方在时间基准上保持一致。并行通信和串行通信示意图如图 3-3 所示。

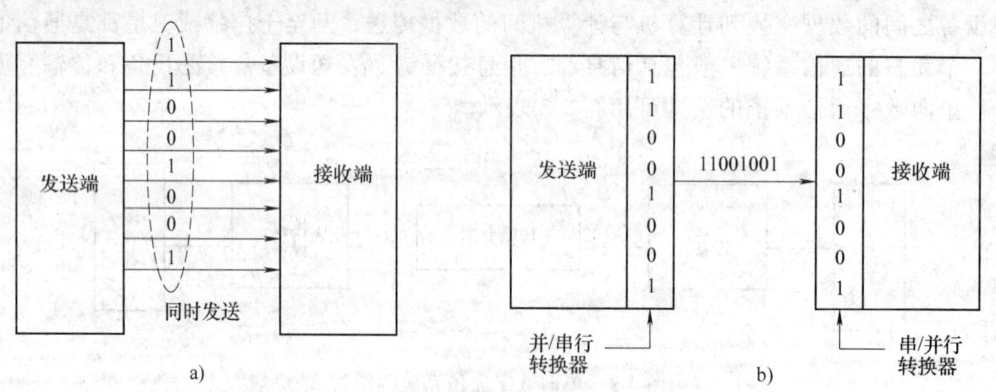

图 3-3　并行通信和串行通信示意图

a）并行通信　b）串行通信

在工业生产中，串行通信因其成本低、传输距离远而得到广泛的应用。常用的通用串行通信接口有 RS-232、RS-485 等。RS-232、RS-485 等是由美国电子工业协会 EIA（Electronic Industry Association）正式公布的，是异步串行通信中应用最广泛的标准总线，它规定连接电缆和机械、电气特性、信号功能及传送过程。计算机上一般都有 1～2 个标准 RS-232 串口，即通道 COM1 和 COM2。近距离的传输可以采用 RS-232 接口，当需要几百米上千米的远距离传输时则采用 RS-485 接口（两线差分平衡传输），如果要求通信双方均可主动发送数据，必须采用 RS-422（四线差分平衡传输），RS-232 通过转换器可以变成 RS-485，当需要多个 RS-485 接口时，可以在 PC 上插入基于 PCI 总线的专用板卡（如 PCI1612 板卡）。

（2）异步通信和同步通信　在串行通信中，同步是十分重要的，当发送器通过传输介质向接收器传输数据信息时，每次发出一个字符（或一个数据帧）的数据信号，要求接收器必须能识别出该字符（或该帧）数据信号的开始和结束，以便在适当的时刻正确地读取该字符（或该帧）数据信号的每一位信息。下面介绍两种基本串行通信方式：同步通信和异步通信。

1）异步通信　在异步通信方式中，数据以字符为单位依次传输，两个字符之间可以有间隔，间隔时间是任意的。串行异步通信字符格式如图 3-4 所示。

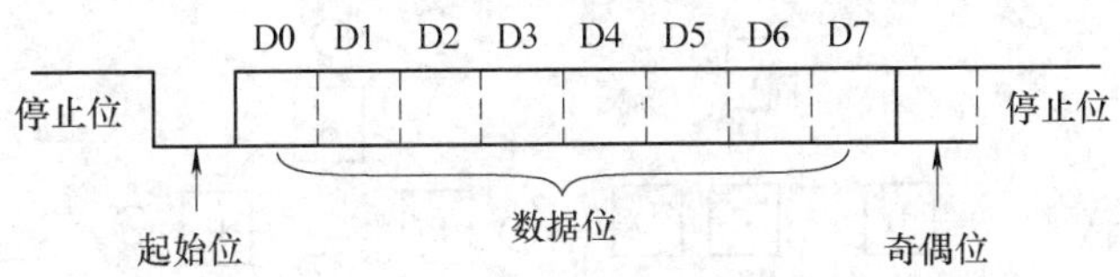

图 3-4　串行异步通信字符格式

发送方发送一个字符数据时，先发送一个起始位（逻辑 0，低电平），之后以相同的速率发送字符的各个位及奇偶校验位，接收方以同样的速率接收，最后用个停止位（逻辑 1，高电平）作为一个字符传送结束的标志。一般而言，数据位有 5、6、7 或 8 位，停止位有 1、1.5 或 2 位，是否有奇偶校验位可根据实际需要而定。前后两个字符的间隔时间是任意的，此时处于空闲状态，线上的状态是高电平，可以理解成停止位的延续，之后，接收方收到一个低电平信号表示一个新的字符传送过程的开始。可见，在一个字符的传送过程中，收发双方基本保持同步，所谓异步只是指两个字符之间的间隔的不确定性。在异步通信中，双方的同步并不是基于同一个时钟，会有一定的差异，位数越多，差异越明显，但是，每次只传送一个字符，接收方每次都利用起始位进行同步关系的校正，也就是说收发双方在每一个字符上都是同步的，不会造成误差的积累。异步通信对时钟的要求不高，设备简单容易实现。

2）同步通信　同步通信把许多字符组成一个信息组，或称为信息帧，其传输单位是帧，每帧含有多个字符，字符之间没有间隙，字符前后也没有起始位和停止位。同步通信中的同步包括位同步和帧同步两个层次。位同步是指在传送数据流的过程中，收发对每一个数据位都要准确地保持同步，可以在发送端与接收端之间设置专门的时钟线，这叫外同步，比如 I^2C 总线采用的就是外同步；还可以在数据传输中嵌入同步时钟，如曼彻斯特编码，这叫内同步。帧同步是在每个帧的开始和结束都附加标志序列，接收端通过检查这些标志实现与发送端帧级别上的同步。在数据传输量较大时，同步通信的效率高于异步通信。

串行通信的速度一般用波特率来表示，波特率是指串行通信时每秒种传输数据的位数，其单位为波特（Baud）。注意：串行通信双方的波特率、数据传输格式必须事先约定一致。

（3）单工、半双工及全双工通信　根据通信双方的分工和信号传输方向，串行通信有单工、半双工及全双工三种方式。

1）单工方式　参与通信的双方分工明确，在任意时刻，只能由发送器向接收器的单一固定方向上传送数据。例如，收音机作为接收器只能收听由电台发送的信息。

2）半双工方式　通信双方设备中的每一个既是发送器，也是接收器，两台设备可以相互传送数据，但某一时刻则只能向一个方向传送数据。例如，步话机是半双工设备，因为在一个时刻只能有一方说话。

3）全双工方式　通信双方设备既是发送器，也是接收器，两台设备可以同时在两个方向上传送数据。例如，电话是全双工设备，因为双方可同时说话。

3. 网络拓扑结构

所谓拓扑，是一种研究与大小、形状无关的线和面特性的方法，由数学上图论演变而来。在网络中，把计算机等网络单元抽象为点，把网络中的通信媒体（如电缆）抽象为线，从而抽象出网络的拓扑结构，即用网络拓扑结构来描述组成计算机网络的各个节点所构成的物理布局。常见的网络拓朴结构有总线型、星形、环形及树形等结构，如图 3-5 所示。

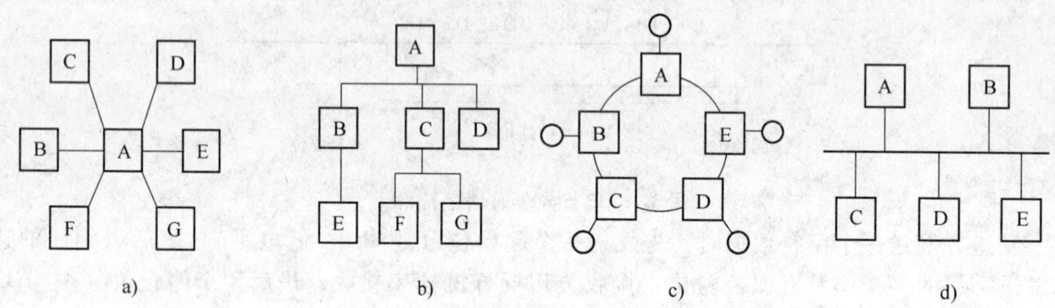

图 3-5　网络的拓扑结构

a）星形结构　b）树形结构　c）环形结构　d）总线型结构

（1）星形结构　星形结构中，每个节点均以一条单独信道与中心节点相连。任何两个节点间要通信必须通过中心节点转接，中心节点是控制中心。星形结构的优点是建网容易、控制简单。它的缺点是网络共享能力差，网络可靠性低，如果一旦中心节点出现故障，则全网瘫痪。

（2）树形结构　树形结构网络是天然的分级结构。其特点是网络成本低，结构比较简单。在网络中，任意两个节点之间不产生回路，每个链路都支持双向传输，并且，网络中节点扩充方便、灵活，寻查链路路径比较简单。非常适合于分主次、分等级的层次型管理系统。

（3）环形结构　网络中各节点通过一条首尾相连的通信链路连接起来的一个闭合环形结构网，数据在环上单向流动。由于各节点共享环路，因此需要采取措施（如令牌控制）来协调控制各节点的发送。环形结构的优点是无信道选择问题，缺点是不便于扩充，系统响应延时大。

（4）总线型结构　总线型结构是最普遍使用的一种网络拓扑结构，它是将各个节点和一根总线相连。总线型结构的优点是结构简单、灵活、可扩充性好、可靠性高、资源共享能力强。但由于同环形结构一样采用共享通道，因此需处理多站争用总线的问题。以太网就是采用这种网络拓扑结构。

4. 差错控制技术

信号在传输过程中，会因为各种干扰造成信号的失真，造成通信的接收端所收二进制数和发送端实际发送的不一致，由“1”变为“0”，或由“0”变为“1”，这就是差错。差错控制是指在数据通信过程中，发现差错、并对差错进行纠正，从而把差错限制在数据传输所允许的尽可能小的范围内。

最常用的差错控制方法是差错控制编码。数据信息位在向信道发送之前，先按照某种关系附加上一定的冗余位，构成一个码字后再发送，这个过程称为差错控制编码过程。接收端收到该码字后，检查信息位和附加的冗余位之间的关系，以检查传输过程中是否有差错发生，这个过程称为检验过程。差错控制编码可分为检错码和纠错码。

（1）检错码　检错码是指能自动发现差错的编码。

（2）纠错码　纠错码是指不仅能发现差错而且能自动纠正差错的编码。

奇偶校验码是通过增加冗余位来使得码字中“1”的个数保持奇或偶数的编码方法，是一种检错码。海明码是由 R · Hamming 首次提出的，它是一种可以纠正一位差错的编码，而且编码效率要比正反码高。一般说来纠错码的编码效率比检错码的编码效率低，因而在通信网络中用得更多的还是检错码。奇偶校验码作为一种检错码虽然简单，但是漏检率较高，在计算机网络和数据通信中用得最广泛的检错码是一种漏检率低得多也便于实现的循环冗余码（CRC）。

5. ISO/OSI 参考模型

为了促进计算机网络的发展，实现计算机网络构件（包括硬件和软件）的标准化和网络的互连互通，国际标准化组织（ISO）在 1984 年正式公布了开放系统互联（Open System Interconnection，OSI）基本参考模型，即 ISO/ OSI，“开放”这个词表示能使任何两个遵守参考模型和有关标准的系统进行互连。OSI 模型将计算机网络划分为 7 个层次，每层完成一个明确定义的功能集合，并按协议相互通信。每层向上层提供所需要的服务，同时为了完成本层协议也要使用下层提供的服务。

如图 3-6 所示，7 个层次由下向上依次是：物理层、链路层、网络层、传输层、会话层、表示层与应用层。

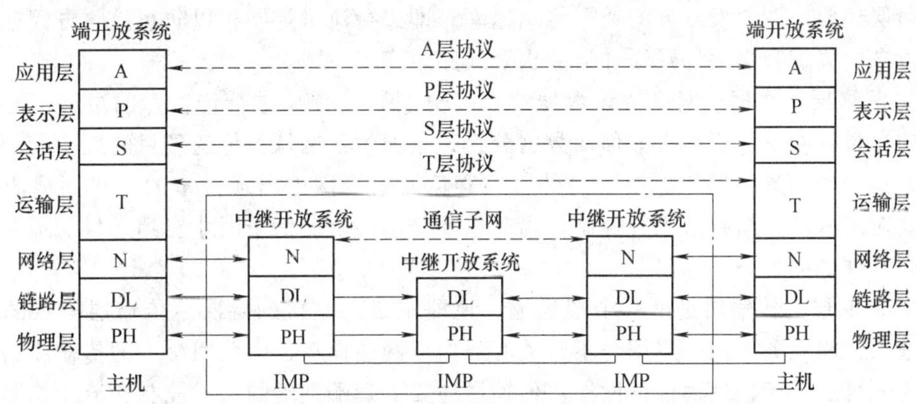

图 3-6　OSI 参考模型

层次结构模型中数据的实际传送过程如图 3-7 所示。图中发送进程送给接收进程的数据，实际上是经过发送方各层从上到下传递到物理媒体；通过物理媒体传输到接收方后，再经过从下到上各层的传递，最后到达接收进程。

在发送方从上到下逐层传递的过程中，每层都要加上适当的控制信息，即图中和 H7、H6、. . . 、H1，统称为报头。到最底层成为由“0”或“1”组成的数据比特流，然后再转换为电信号在物理媒体上传输至接收方。接收方在向上传递时过程正好相反，要逐层剥去发送方相应层加上的控制信息。

因接收方的某一层不会收到底下各层的控制信息，而高层的控制信息对于它来说又只是

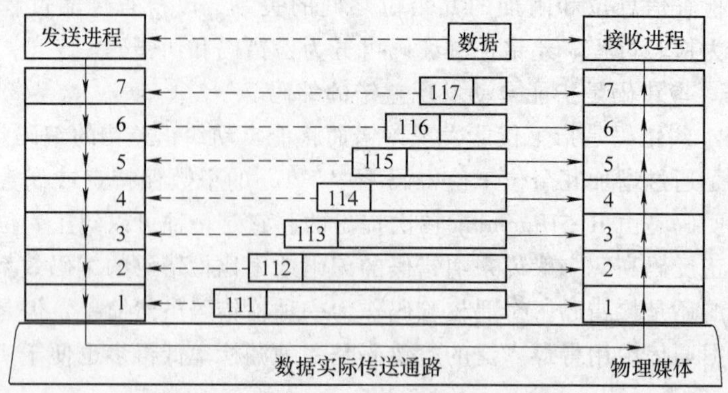

图 3-7　数据的实际传送过程

透明的数据，所以它只阅读和去除本层的控制信息，并进行相应的协议操作。发送方和接收方的对等实体看到的信息是相同的，就好像这些信息通过虚通信直接给了对方一样。

（1）物理层　定义了为建立、维护和拆除物理链路所需的机械的、电气的、功能的和规程的特性，其作用是使原始的数据比特流能在物理媒体上传输。具体涉及接插件的规格、“0”、“1”信号的电平表示、收发双方的协调等内容。

（2）数据链路层　比特流被组织成数据链路协议数据单元（通常称为帧），并以其为单位进行传输，帧中包含地址、控制、数据及校验码等信息。数据链路层的主要作用是通过校验、确认和反馈重发等手段，将不可靠的物理链路改造成对网络层来说无差错的数据链路。数据链路层还要协调收发双方的数据传输速率，即进行流量控制，以防止接收方因来不及处理发送方来的高速数据而导致缓冲器溢出及线路阻塞。

（3）网络层　数据以网络协议数据单元（分组）为单位进行传输。网络层关心的是通信子网的运行控制，主要解决如何使数据分组跨越通信子网从源传送到目的地的问题，这就需要在通信子网中进行路由选择。另外，为避免通信子网中出现过多的分组而造成网络阻塞，需要对流入的分组数量进行控制。当分组要跨越多个通信子网才能到达目的地时，还要解决网际互联的问题。

（4）传输层　传输层是第一个端到端，也即主机到主机的层次。传输层提供的端到端的透明数据传输服务，使高层用户不必关心通信子网的存在，由此用统一的传输原语书写的高层软件便可运行于任何通信子网上。传输层还要处理端到端的差错控制和流量控制问题。

（5）会话层　会话层是进程到进程的层次，其主要功能是组织和同步不同的主机上各种进程间的通信（也称为对话）。会话层负责在两个会话层实体之间进行对话连接的建立和拆除。在半双工情况下，会话层提供一种数据权标来控制某一方何时有权发送数据。会话层还提供在数据流中插入同步点的机制，使得数据传输因网络故障而中断后，可以不必从头开始而仅重传最近一个同步点以后的数据。

（6）表示层　表示层为上层用户提供共同的数据或信息的语法表示变换。为了让采用不同编码方法的计算机在通信中能相互理解数据的内容，可以采用抽象的标准方法来定义数据结构，并采用标准的编码表示形式。表示层管理这些抽象的数据结构，并将计算机内部的表示形式转换成网络通信中采用的标准表示形式。数据压缩和加密也是表示层可提供的表示变换功能。

(7) 应用层　应用层是开放系统互连环境的最高层。不同的应用层为特定类型的网络应用提供访问 OSI 环境的手段。网络环境下不同主机间的文件传送访问和管理（FTAM）、传送标准电子邮件的文电处理系统（MHS）、使不同类型的终端和主机通过网络交互访问的虚拟终端（VT）协议等都属于应用层的范畴。

第二节　现场总线技术

自 20 世纪 50 年代，4～20mA 的模拟电流信号作为标准信号一直在过程控制领域中占据统治地位。20 世纪 70 年代，随着计算机技术的发展，数字式的计算机引入到测控系统中，此时的计算机提供的是集中式控制处理。20 世纪 80 年代，在各种仪器设备中嵌入了具有计算分析判断功能微处理器，出现了各种数字式的智能化仪器仪表，能够实现信息采集、显示、处理、传输、优化控制等，本身具备自动量程转换、自动调零、自校正及自诊断等功能。在过程控制领域，随着各种智能传感器、变送器和执行器的出现，一种新的控制系统体系-数字化到现场、控制功能到现场、设备管理到现场的现场总线控制系统应运而生。

如前所述，控制系统的发展历经集中式数字控制系统、集散控制系统、现场总线控制系统，纵观控制系统体系结构的发展，不难发现，每一代新的控制系统推出都是针对老一代控制系统存在的缺陷而给出的解决方案，最终在用户需求和市场竞争两大外因的推动下占领市场的主导地位。FCS 正是顺应以上潮流而诞生，它用现场总线这一开放的，具有可互操作的网络将现场各控制器及仪表设备互连，构成现场总线控制系统，同时控制功能彻底下放到现场，降低了安装成本和维护费用。

一、现场总线的定义

现场总线是一种应用于生产现场，在现场设备之间、现场设备与控制装置之间实行双向、串行、多节点数字通信的技术。或者说，现场总线是应用在生产现场、连接智能现场设备和自动化测量控制系统的数字式、双向传输、多分支结构的网络系统与控制系统，它以单个分散的、数字化、智能化的测量和控制设备作为网络节点，用总线连接，实现相互交换信息，共同完成自动控制任务。

现场总线不仅是一种通信协议，也不仅是用数字信号传输的仪表代替模拟信号（DC4～20mA）传输的仪表，关键是用新一代的现场总线控制系统 FCS 代替传统的集散控制系统 DCS，实现现场通信网络与控制系统的集成。其本质含义体现在以下 6 个方面：

(1) 全数字化通信　和半数字化的 DCS 不同，现场总线系统是一个纯数字系统。现场总线是用于过程自动化和制造自动化的现场设备或现场仪表互连的现场数字通信网络，利用数字信号代替模拟信号，其传输抗干扰性强，测量精度高，大大提高了系统的性能。

(2) 现场设备互连　现场设备或现场仪表是指传感器、变送器和执行器等，这些设备通过一对传输线互连。传输线可以使用双绞线、同轴电缆和光纤等。

(3) 互操作性　互操作性的含义来自不同制造厂的现场设备，不仅可以互相通信，而且可以统一组态，构成所需的控制回路，共同实现控制策略。

(4) 分散功能块　FCS 取消了 DCS 的输入/输出单元和控制站，把 DCS 控制站的功能块分散地分配给现场仪表，实现了彻底的分散控制。

(5) 通信线供电　现场总线的常用传输介质是双绞线，通信线供电方式允许现场仪表直接从通信线上摄取能量。

(6) 开放式互联网络　现场总线为开放式互联网络，既可与同类网络互联，也可与不同网络互联，还可以实现网络数据库共享。

二、现场总线控制系统体系结构

现场总线技术将专用微处理器置入传统的测量控制仪表，使它们各自都具有了一定的数字计算和数字通信能力，成为能独立承担某些控制、通信任务的网络节点。它们分别通过普通的双绞线、同轴电缆、光纤等多种途径进行信息传输，这样就形成了以多个测量控制仪表、计算机等作为节点连接成的网络系统。该网络系统按照公开、规范的通信协议，在位于生产现场的多个微机化自控设备之间，以及现场仪表与用作监控、管理的远程计算机之间，实现数据传输与信息共享，进一步构成了各种适应实际需要的自动控制系统。简而言之，现场总线控制系统把单个分散的测量控制设备变成网络节点，并以现场总线为纽带，把它们连接成可以互相沟通信息，并和其他计算机共同完成自控任务的网络系统与控制系统。

现场总线控制系统的体系结构如图 3-8 所示，最底层的 Infranet 控制网即 FCS，各控制器节点下放分散到现场，构成一种彻底的分布式控制体系结构，网络拓扑结构任意，可为总线形、星形、环形等，通讯介质不受限制，可用双绞线、电力线、无线、红外线等各种形式。FCS 形成的 Infranet 控制网很容易与 Intranet 企业内部网和 Internet 全球信息网互连，构成一个完整的企业网络三级体系结构。

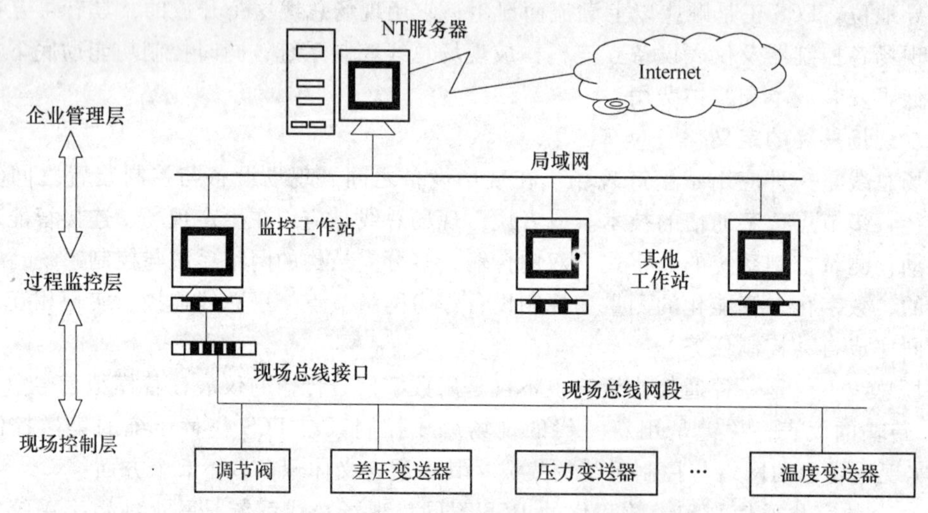

图 3-8　现场总线控制系统的体系结构

三、现场总线的技术特点

现场总线的技术特点如下：

(1) 系统的开放性　开放系统是指通信协议公开，各不同厂家的设备之间可进行互连并实现信息交换，现场总线开发者就是要致力于建立统一的工厂底层网络的开放系统。这里的开放是指对相关标准的一致、公开性，强调对标准的共识与遵从。一个开放系统，它可以与任何遵守相同标准的其他设备或系统相连。一个具有总线功能的现场总线网络系统必须是开放的，开放系统把系统集成的权利交给了用户。用户可按自己的需要和对象把来自不同供应商的产品组成大小随意的系统。

(2) 互可操作性与互用性　这里的互可操作性，是指实现互连设备间、系统间的信息传送与沟通，可实行点对点，一点对多点的数字通信。而互用性则意味着不同生产厂家的性能类似的设备可进行互换而实现互用。

(3) 现场设备的智能化与功能自治性　它将传感测量、补偿计算、工程量处理与控制等功能分散到现场设备中完成，仅靠现场设备即可完成自动控制的基本功能，并可随时诊断设备的运行状态。

(4) 系统结构的高度分散性　由于现场设备本身已可完成自动控制的基本功能，使得现场总线已构成一种新的全分布式控制系统的体系结构。从根本上改变了现有 DCS 集中与分散相结合的集散控制系统体系，简化了系统结构，提高了可靠性。

(5) 对现场环境的适应性　工作在现场设备前端，作为工厂网络底层的现场总线，是专为在现场环境工作而设计的，它可支持双绞线、同轴电缆、光缆、射频、红外线、电力线等，具有较强的抗干扰能力，能采用两线制实现送电与通信，并可满足本质安全防爆要求等。

四、现场总线技术标准

现场总线技术发展迅速，处于群雄并起、百家争鸣的阶段。只有遵守相同的现场总线技术标准，企业按照标准生产产品，才能够按照标准将不同产品组成一个有机的系统。围绕着现场总线的标准化，世界上各大知名厂商之间进行了激烈的竞争，使标准的制定工作进展缓慢。1999 年 7 月在加拿大渥太华召开会议，IEC TC65（国际电工委员会负责工业测量和控制的第 65 标准化技术委员会）通过了 IEC61158 决议，规定了 8 种类型的现场总线国际标准，即 IEC61158 现场总线标准，分别是：FF H1 、ControlNet、Profibus、Interbus、P-Net、WorldFIP、SwiftNet、FF HSE（即 FF 的 H2）。其中，P-Net 和 SwiftNet 是专用总线；ControlNet、Profibus、Interbus 和 WorldFIP 是从 PLC 发展而来的；FF 和 HSE 是从传统 DCS 发展而来的。另外 IEC SC17B（国际电工委员会负责低压点起的第 17B 标准化技术委员会）也通过了 3 种现场总线国际标准（IEC 62026—1），它们分别为：SDS（Smart Distributed System）智能分布系统、ASI（Actuator Sensor Interface）执行器传感器接口和 Device Net 设备网络。国际上另外一个组织 ISO（国际标准化组织），也推出了 ISO11898 决议，认定 CAN（Control Area Network）总线为国际标准。事实上，目前国际上有 40 多种现场总线，其他的如 Bitbus、Modbus、Arcnet、ISP 等仍有各自的市场。目前具影响力的有 FF、Profibus、HART、CAN、和 LonWorks 等。要实现这些总线的兼容和互操作是十分困难的，还没有任何一种现场总线能覆盖所有的应用领域。

由于技术出发点不同，目前的现场总线大都有各自的应用范围与应用领域，现列举部分如下：

过程控制：FF、Profibus-PA、HART、WorldFIP。

制造自动化：Profibus-DP、Interbus。

农业、养殖业、食品加工业：P-Net。

楼宇自动化：LonWorks、Profibus-DP。

汽车检测、控制：CAN。

航空航天检测与控制：SwiftNet。

第三节　几种典型的现场总线

一、基金会现场总线

基金会现场总线，即 FoudationFieldbus，简称 FF，这是在过程自动化领域得到广泛支持和具有良好发展前景的技术。美国 Fisher-Rousemount 公司联合横河、Foxboro、ABB、西门子等 80 家公司制订了 ISP 协议，Honeywell 公司联合欧洲等地的 150 家公司制订了 WordFIP 协议。这两大集团于 1994 年 9 月合并，成立了现场总线基金会，致力于开发出国际上统一的现场总线协议。它以 ISO/OSI 开放系统互联模型为基础，取其物理层、链路层、应用层为 FF 通信模型的相应层次，并在应用层上增加了用户层。

基金会现场总线分低速 H1 和高速 H2 两种通信速率。H1 的传输速率为 3125Kbit/s，通信距离可达 1900m（可加中继器延长），可支持总线供电，支持本质安全防爆环境。H2 的传输速率为 1Mbit/s 和 2.5Mbit/s 两种，其通信距离为 750m 和 500m。物理传输介质可支持双绞线、光缆和无线发射，协议符合 IEC1158-2 标准。其物理媒介的传输信号采用曼彻斯特编码，每位发送数据的中心位置或是正跳变，或是负跳变。正跳变代表 0，负跳变代表 1，从而使串行数据位流中具有足够的定位信息，以保持发送双方的时间同步。接收方既可根据跳变的极性来判断数据的“1”、“0”状态，也可根据数据的中心位置精确定位。

为满足用户需要，Honeywell、Ronan 等公司已开发出可完成物理层和部分链路层协议的专用芯片，许多仪表公司已开发出符合 FF 协议的产品。

二、LonWorks

LonWorks 是又一具有强劲实力的现场总线技术，它是由美国 Ecelon 公司推出并由它们与摩托罗拉、东芝公司共同倡导，于 1990 年正式公布而形成的。它采用了 ISO/OSI 模型的全部 7 层通信协议，采用了面向对象的设计方法，通过网络变量把网络通信设计简化为参数设置，其通信速率从 300bit/s ~ 15Mbit/s 不等，直接通信距离可达到 2700m（78kbit/s，双绞线），支持双绞线、同轴电缆、光纤、射频、红外线、电源线等多种通信介质，并开发相应的本安防爆产品，被誉为通用控制网络。

LonWorks 技术所采用的 LonTalk 协议被封装在称之为 Neuron 的芯片中并得以实现。集成芯片中有 3 个 8 位 CPU；一个用于完成开放互连模型中第 1 ~ 2 层的功能，称为媒体访问控制处理器，实现介质访问的控制与处理；第二个用于完成第 3 ~ 6 层的功能，称为网络处理器，进行网络变量处理的寻址、处理、背景诊断、函数路径选择、软件计量时、网络管理，并负责网络通信控制、收发数据包等；第三个是应用处理器，执行操作系统服务与用户代码。芯片中还具有存储信息缓冲区，以实现 CPU 之间的信息传递，并作为网络缓冲区和应用缓冲区。如 Motorola 公司生产的神经元集成芯片 MC143120E2 就包含了 2KRAM 和 2KEEPROM。

LonWorks 技术的不断推广促成了神经元芯片的低成本，而芯片的低成本又返过来促进了 LonWorks 技术的推广应用，形成了良好循环。

LonWorks 公司的技术策略是鼓励各 OEM 开发商运用 LonWorks 技术和神经元芯片，开发自已的应用产品，据称目前已有 2600 多家公司在不同程度上采用了 LonWorks 技术：1000 多家公司已经推出了 LonWorks 产品，并进一步组织起 LonWark 互操作协会，开发推广 Lon-

Works 技术与产品。为了支持 LonWorks 与其他协议和网络之间的互联与互操作，该公司正在开发各种网关，以便将 LonWorks 与以太网、FF、Modbus、DeviceNet、Profibus、Serplex 等互联为系统。另外，在开发智能通信接口、智能传感器方面，LonWorks 神经元芯片也具有独特的优势。LonWorks 技术已经被美国暖通工程师协会 ASRE 定为建筑自动化协议 BACnet 的一个标准。美国消费电子制造商协会已经通过决议，以 LonWorks 技术为基础制定了 EIA-709 标准。LonWorks 被广泛应用在楼宇自动化、家庭自动化、保安系统、办公设备、运输设备、工业过程控制等行业。

三、Profibus

Profibus 是作为德国国家标准 DIN 19245 和欧洲标准 prEN 50170 的现场总线。ISO/OSI 模型也是它的参考模型。由 Profibus-Dp、Profibus-FMS、Profibus-PA 组成了 Profibus 系列。DP 型用于分散外设间的高速传输，适合于加工自动化领域的应用。FMS 意为现场信息规范，适用于纺织、楼宇自动化、可编程控制器、低压开关等一般自动化，而 PA 型则是用于过程自动化的总线类型，它遵从 IEC1158-2 标准。该项技术是由西门子公司为主的十几家德国公司、研究所共同推出的。它采用了 OSI 模型的物理层、数据链路层，由这两部分形成了其标准第一部分的子集，DP 型隐去了 3 ~ 7 层，而增加了直接数据连接拟合作为用户接口，FMS 型只隐去第 3 ~ 6 层，采用了应用层，作为标准的第二部分。PA 型的标准目前还处于制定过程之中，其传输技术遵从 IEC1158-2（1 ）标准，可实现总线供电与本质安全防爆。

Porfibus 支持主—从系统、纯主站系统、多主多从混合系统等几种传输方式。主站具有对总线的控制权，可主动发送信息。对多主站系统来说，主站之间采用令牌方式传递信息，得到令牌的站点可在一个事先规定的时间内拥有总线控制权，并事先规定好令牌在各主站中循环一周的最长时间。按 Profibus 的通信规范，令牌在主站之间按地址编号顺序，沿上行方向进行传递。主站在得到控制权时，可以按主—从方式，向从站发送或索取信息，实现点对点通信。主站可采取对所有站点广播（不要求应答 ），或有选择地向一组站点广播。

Profibus 的传输速率为 96 ~ 12kbit/s 最大传输距离在 12kbit/s 时为 1000m，15Mbit/s 时为 400m，可用中继器延长至 10km。其传输介质可以是双绞线，也可以是光缆，最多可挂接 127 个站点。

四、CAN

CAN 是控制网络 Control Area Network 的简称，最早由德国 BOSCH 公司推出，用于汽车内部测量与执行部件之间的数据通信。其总线规范现已被 ISO 国际标准组织制订为国际标准，得到了 Motorola、Intel、Philips、Siemens、NEC 等公司的支持，已广泛应用在离散控制领域。

CAN 协议也是建立在国际标准组织的开放系统互连模型基础上的，不过，其模型结构只有 3 层，只取 OSI 底层的物理层、数据链路层和顶上层的应用层。其信号传输介质为双绞线，通信速率最高可达 1Mbit/s，直接传输距离最远可达 10km,，可挂接设备最多可达 110 个。

CAN 的信号传输采用短帧结构，每一帧的有效字节数为 8 个，因而传输时间短，受干扰的概率低。当节点发生严重错误时，具有自动关闭的功能以切断该节点与总线的联系，使总线上的其他节点及其通信不受影响，具有较强的抗干扰能力。

CAN 支持多主方式工作，网络上任何节点均在任意时刻主动向其他节点发送信息，支持点对点、一点对多点和全局广播方式接收/发送数据。它采用总线仲裁技术，当出现几个节点同时在网络上传输信息时，优先级高的节点可继续传输数据，而优先级低的节点则主动停止发送，从而避免了总线冲突。

已有多家公司开发生产了符合 CAN 协议的通信芯片，如 Intel 公司的 82527，Motorola 公司的 MC68HC05X4，Philips 公司的 82C2 50 等。还有插在 PC 上的 CAN 总线接口卡，具有接口简单、编程方便、开发系统价格便宜等优点。

五、HART

HART 是 Highway Addressable Remote Transduer 的缩写。最早由 Rosemout 公司开发并得到 80 多家著名仪表公司的支持，于 1993 年成立了 HART 通信基金会。这种被称为可寻址远程传感高速通道的开放通信协议，其特点是现有模拟信号传输线上实现数字通信，属于模拟系统向数字系统转变过程中工业过程控制的过渡性产品，因而在当前的过渡时期具有较强的市场竞争能力，得到了较好的发展。

HART 通信模型由 3 层组成：物理层、数据链路层和应用层。物理层采用 FSK（Frequency Shift Keying）技术在 4~20mA 模拟信号上迭加一个频率信号，频率信号采用 Bell202 国际标准；数据传输速率为 1200bit/s，逻辑“0”的信号频率为 2200Hz，逻辑“1”的信号传输频率为 1200Hz。

数据链路层用于按 HART 通信协议规则建立 HART 信息格式。其信息构成包括开头码、显示终端与现场设备地址、字节数、现场设备状态与通信状态、数据、奇偶校验等。其数据字节结构为 1 个起始位，8 个数据位，1 个奇偶校验位，1 个终止位。应用层的作用在于使 HART 指令付诸实现，即把通信状态转换成相应的信息。它规定了一系列命令；按命令方式工作。它有 3 类命令，第一类称为通用命令，这是所有设备理解、执行的命令；第二类称为一般行为命令，它所提供的功能可以在许多现场设备（尽管不是全部）中实现，这类命令包括最常用的现场设备的功能库；第三类称为特殊设备命令，以便在某些设备中实现特殊功能，这类命令可以在基金会中开放使用，又可以为开发此命令的公司所独有。在一个现场设备中通常可发现同时存在这 3 类命令。HART 支持点对点主从应答方式和多点广播方式。按应答方式工作时的数据更新速率为 2~3 次/s，按广播方式工作时的数据更新速率为 3~4 次/s，它还可支持两个通信主设备。总线上可挂设备数多达 15 个，每个现场设备可有 256 个变量，每个信息最大可包含 4 个变量。最大传输距离 3000m，HART 采用统一的设备描述语言 DDL。现场设备开发商采用这种标准语言来描述设备特性，由 HART 基金会负责登记管理这些设备描述并把它们编为设备描述字典，主设备运用 DDL 技术来理解这些设备的特性参数而不必为这些设备开发专用接口。但由于这种模拟数字混信号制，导致难以开发出一种能满足各公司要求的通信接口芯片。HART 能利用总线供电，可满足本安防爆要求。

六、RS-485

尽管 RS-485 不能称为现场总线，但是作为现场总线的鼻祖，还有许多设备继续沿用这种通信协议。采用 RS-485 通信具有设备简单、低成本等优势，仍有一定的生命力。以 RS-485 为基础的 OPTO-22 命令集等也在许多系统中得到了广泛的应用。

EIA-RS-485 总线是工业领域广泛应用的 ISO/OSI 模型物理层标准协议之一。具有如下特点：

1. 电气特性

RS-485 采用两线差分平衡传输，其差分平衡电路如图 3-9 所示。每个信号都有专用的导线对，将其中一线定义为 A，另一线定义为 B，其中一根导线上的电压等于另一根导线上的电压取反，接收器的输入电压为 A、B 两根导线电压的差值 $V_A - V_B$。

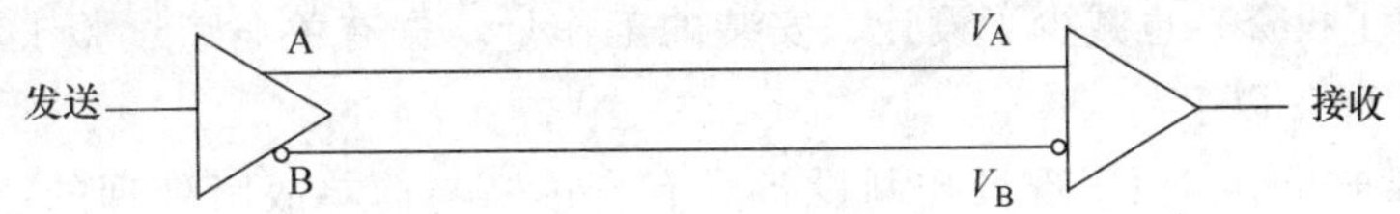

图 3-9 差分平衡电路

其信号定义如下：

逻辑 0：差分电压为 -2.5 ~ -0.2V 时；

逻辑 1：差分电压为 +0.2 ~ +2.5V 时。

在 RS-485 的接收器端，如果 A 至少比 B 高 0.2V，接收器就认为它为逻辑 1，如果 B 至少比 A 高 0.2V，那么接收器就认为它是逻辑 0。

RS-485 采用差分电路最大的优点是抑制噪声，因为 A、B 两根信号线都传递几乎相同大小、方向向相反的电流，而大多数的噪声电压在两条导线往往同时出现，这就减少了接收到的噪声，差分运算使得任何一条导线上出现的噪声电压都被在另一条导线上同时出现的噪声电压所抵消。差分电路的另一个优点是不受节点间接地电平差异的影响。最大传输距离约为 1200m，最大传输速率为 10Mbit/s（≤40m）。

2. 机械特性

采用 RS-232/RS-485 连接器（如 ADAM4520）将 PC 串口 RS-232 信号转换成 RS-485 信号，或接入 TTL/RS-485 转换器（如 MAX485）将 I/O 接口芯片的 TTL 电平信号转换成 RS-485 信号，进行远距离高速双向通信。

3. 功能与规程特性

数据传输介质采用双绞线、同轴电缆或光缆，安装简易，电缆数量、连接器、中继器、滤波器使用数量较少（每个中继器可延长线路 1200m），网络成本低廉。

第四节 现场总线控制系统

现场总线控制系统是用开放的现场总线控制通信网络将自动化最底层的现场控制器和现场智能仪表设备互连的实时全数字网络控制系统。现场总线控制系统要求在功能上管理集中、在控制上分散、在结构上横向分散并且纵向分级，同时系统具有快速实时的响应能力。

一、现场总线系统的优点

现场总线系统结构的简化，使控制系统的设计、安装、投运到正常生产运行及其检修维护，都体现出优越性。

（1）节省硬件数量与投资 由于现场总线系统中分散在设备前端的智能设备能直接执行多种传感、控制、报警和计算功能，因而可减少变送器的数量，不再需要单独的控制器、计算单元等，也不再需要 DCS 系统的信号调理、转换、隔离技术等功能单元及其复杂接线，还可以用工控 PC 作为操作站，从而节省了一大笔硬件投资，由于控制设备的减少，还可减少控制室的占地面积。

（2）节省安装费用　现场总线系统的接线十分简单，由于一对双绞线或一条电缆上通常可挂接多个设备，因而电缆、端子、槽盒、桥架的用量大大减少，连线设计与接头校对的工作量也大大减少。当需要增加现场控制设备时，无需增设新的电缆，可就近连接在原有的电缆上，既节省了投资，也减少了设计、安装的工作量。据有关典型试验工程的测算资料，可节约安装费用60%以上。

（3）节省维护开销　由于现场控制设备具有自诊断与简单故障处理的能力，并通过数字通讯将相关的诊断维护信息送往控制室，用户可以查询所有设备的运行，诊断维护信息，以便早期分析故障原因并快速排除。缩短了维护停工时间，同时由于系统结构简化，连线简单而减少了维护工作量。

（4）用户具有高度的系统集成主动权　用户可以自由选择不同厂商所提供的设备来集成系统。避免因选择了某一品牌的产品被“框死”了设备的选择范围，不会为系统集成中不兼容的协议、接口而一筹莫展，使系统集成过程中的主动权完全掌握在用户手中。

（5）提高了系统的准确性与可靠性　由于现场总线设备的智能化、数字化，与模拟信号相比，它从根本上提高了测量与控制的准确度，减少了传送误差。同时，由于系统的结构简化，设备与连线减少，现场仪表内部功能加强：减少了信号的往返传输，提高了系统的工作可靠性。此外，由于它的设备标准化和功能模块化，因而还具有设计简单，易于重构等优点。

二、现场总线控制系统采取的实时性措施

1）简化OSI协议，提高实时响应能力。现场总线控制系统的通信协议一般为物理层、链路层、应用层，再增加一个用户层作为网络节点，互联成底层总线网，如Profibus总线的4层结构。

2）控制功能彻底分散，直接面向对象，接口直观简洁。把基本控制功能下放到现场具有智能的芯片或功能块中，同时具有测量、变送、控制与通信功能的功能块，作为网络节点，互联成底层总线网。

如Profibus总线系统，按照主站、从站分，把底层的通信及控制集中到从站来完成。各公司厂商提供较齐全的各类主站与从站系列芯片，实现起来简单又便宜。又如LonWorks，虽然通信协议于OSI相同为7层，但全部固化在一个神经元芯片中，不需要经网络传输，同样可加快实时响应能力。网络变量存储于神经元芯片ROM中，由节点代码编译时确定，同类型的网络变量连接起来进行自控，大大简化了开发和安装分布系统的过程。

3）介质访问协议。大部分现场总线控制系统均为令牌传递总线访问方式，既可达到通信快速的目的，又可以有较高的性价比。只有LonWorks采用改进型的，即带预测P的CSMA访问方式，相比传统的多路访问冲突检测CSMA方法，减少了网络碰撞率，提高了重载时的效率，并采用了紧急优先机制，以提高它的实时性与可靠性。

4）通信方式。一般分调度通信和非调度通信。调度通信用于设备间周期性传输，控制的数据预先设定；非调度通信用于参数设定、设备诊断报警处理。以其功能分，有主站和从站。从站仅在收到信息时确认或当主站发出请求时向它发信息，所以只需总线协议一小部分，既经济，实时性也强。

三、现场总线控制系统主要设备

现场总线将现场变送器、控制器、执行器机器其他设备以节点设备形式连接起来，便组

成现场总线控制系统，其基本设备有如下几类：

1. 检测、变送器

常用现场总线变送器有温度、压力、流量、物位和成分分析等变送器，具有检测、变换、零点与增益校正和非线性补偿等功能，同时还常嵌有 PID 控制和各种运算功能。现场总线变送器是一种智能变送器，具有模拟量（DC4 ~ 20mA）和数字量输出以及符合总线要求的通信协议。

2. 执行器

常用现场总线执行器有电动和气动两大类，除具有驱动和执行两种基本功能外，还内含有调节阀输出特性补偿、嵌有 PID 控制和运算功能以及对阀门的特性进行自检和自诊断等。

3. 服务器和网桥

例如利用 FF 现场总线组成控制系统，必须在服务器下连接 H1 和 H2 总线系统，而网桥用于 H1 和 H2 之间的连通。

4. 辅助设备

为使现场总线系统正常工作，还必须有各种转换器、总线电源、安全栅和便携式编程器等辅助设备。

5. 监控设备

除供工程师对各种现场总线控制系统进行硬件和软件组态的设备和供操作人员对生产工艺进行操作的设备外，还必须有用于工程建模、控制和优化调度的计算机工作站等。

所有上述设备与常规仪表控制系统不同，它必须是数字化、智能化仪表，具有支持现场总线系统的接口和符合现场总线控制系统通信协议的运行程序。

必须指出，在现场总线控制系统中分散到变送器和执行器中的 PID 控制，通过硬件组态同样可以方便地组成诸如串级、比值和前馈—反馈控制等多回路控制系统。当然，若控制系统需要采用更复杂的 PID 控制规律或者采用非 PID 控制规律时，例如自适应控制、推理控制和 Smith 预估控制等，嵌入式 PID 单元是难以胜任的，通常这些由位于现场总线网络上的监控计算机完成。

此外，传统仪表的显示、记录、打印等功能在现场总线控制系统中均由相应的软件由网络上的监控计算机来完成。只有在特殊要求的情况下，现场总线显示仪表、记录仪表和打印仪表才被使用。

四、现场总线控制系统的结构

1. 现场总线控制系统的一般结构

利用现场总线将网络上的监控计算机和现场总线单元设备连接起来便组成了现场总线控制系统，图 3-10 为现场总线控制系统的一般结构。虽然由于采用不同的现场总线，其结构形式略有差异，但该结构形式仍不失为一般性结构。

由图可见，现场总线控制系统将传统仪表单元微机化，并用现场网络方式代替了点对点的传统连接方式，从根本上改变了过程控制系统的结构和关联方式。对于不同的现场总线标准，其相应的现场总线控制系统也有一定的差别，下面来看两个例子。

2. 基于 FF 现场总线组成的典型现场总线控制系统

图 3-11 为基于 FF 现场总线的典型 FCS 结构。由图可见，基于 FF 总线的 FCS 结构可把现场总线仪表分为两类：一类是通信数据较多，通信速率要求高和要求实时性强的现场总线

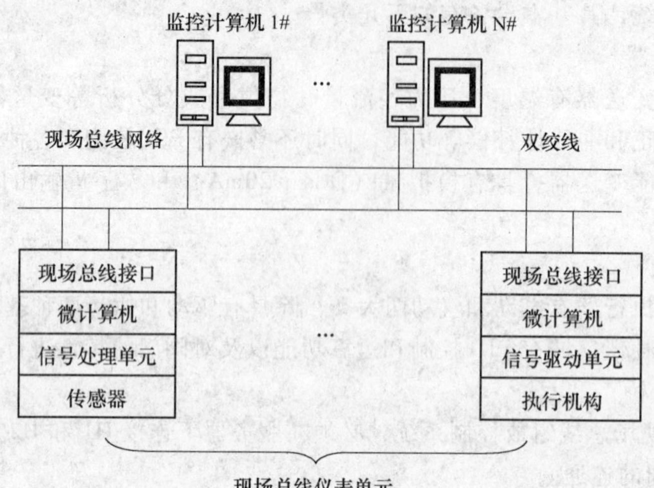

图 3-10　现场总线控制系统的一般结构

仪表直接连接在 H2 总线系统上；而其他要求数据通信速率较慢、实时性要求不高的现场总线仪表，则全部连接在 H1 总线上。由于每一条总线只能连接 32 台现场总线仪表，因而多条 H1 总线可通过网桥连接到 H2 总线上，以提高通信速率，保证整个系统的实时性要求和控制需要。多条 H1 和 H2 总线通过服务器和局域网（LAN）与监控计算机或操作站进行数据通信。

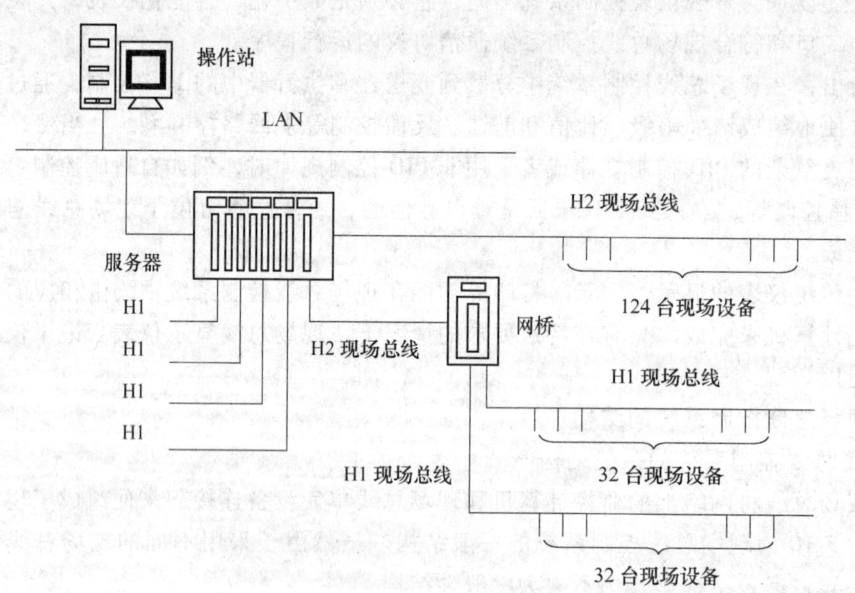

图 3-11　基于 FF 现场总线的典型 FCS 结构

3. 基于 LonWorks 现场总线组成的典型现场总线控制系统

图 3-12 为基于 LonWorks 的典型 FCS 系统结构。

由于 LonWorks 总线的网络功能较强，能支持多种现场总线系统和底层总线系统，因此由其组成的现场总线系统结构较为复杂，功能较为全面。凡是符合 LonWorks 总线系统自身规范的现场总线仪表，均可通过路由器连接到 LonWorks 总线网络上。而其他现场总线，例

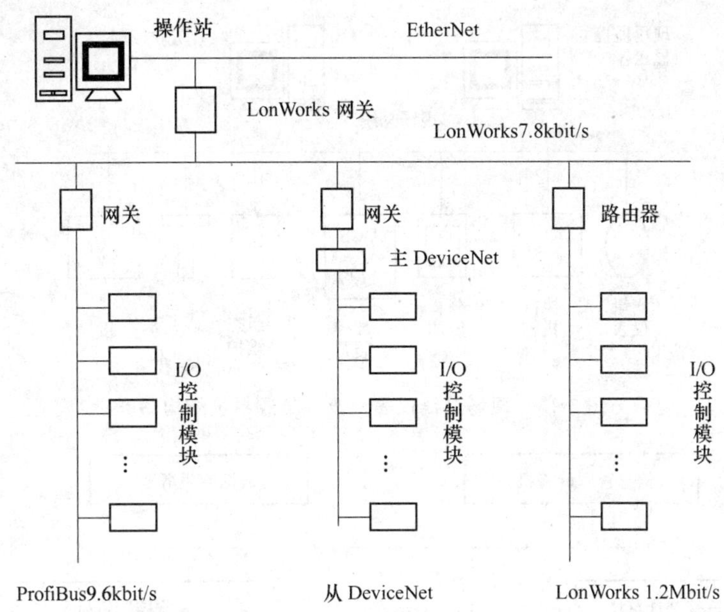

图 3-12　基于 LonWorks 的典型 FCS 系统结构

如 ProfiBus、DeviceNet 等，则可通过网关连接到 LonWorks 总线网络上。由于不同现场总线系统的通信速率各异，故由此组成的控制系统实际上是一个混合网络系统。在该混合系统中，多种网络共存于一体，而在每一网段的通信速率是不同的。

至于其他现场总线系统组成的现场总线控制系统的典型结构与图 3-10 相似，但略有差异，因此不一一叙述。

五、现场总线控制系统的集成与扩展

现场总线控制系统（FCS）是通过网络将现场总线传感器、变送器、调节器和执行器等利用现场总线连接而成．对于传统的设备，例如 DCS、PLC、通用的模拟单元和数字单元等，将这些传统设备经网络化处理后，用现场总线系统连接起来，实现一定控制功能系统，成为现场总线控制系统的集成。

图 3-13 为现场总线控制系统的集成系统结构图。由图可见，该系统除了将现有的 DCS 和 PLC 等控制装备以及检测、变送、控制、计算、执行和显示等现场总线仪表集成到系统中外，还将 I/O 接口、测量仪表、执行机构和监控显示器等传统仪表集成到系统中。此外，为了实时监视系统的运行状态和分析故障，还集成了分析检测、组态维护、数控装置和手动操作等专用或特殊设备。

随着现代生产过程规模的不断扩大，现场总线控制系统的规模也不断增大，控制任务也在扩展，除了完成常规的过程控制任务外，还需进行企业生产管理的自动化和协调化，实现企业综合自动化．因此，现场总线控制系统与上层管理、控制系统有机地结合起来实现系统的扩展是必然的。

图 3-14 为基于 FCS 的现代控制管理结构图。由图可见，底层单元组合仪表或数字仪表、变送器、执行器、分析监测、DCS 系统和组态 PC 等与中层开放式标准化生产管理系统通过现场总线系统将所有信息集成和管理起来；而中层则通过局域网（LAN）将上层全开放式面向用户服务的一体化信息管理系统连接起来，以实现更高层次的信息共享。同时还可根据需

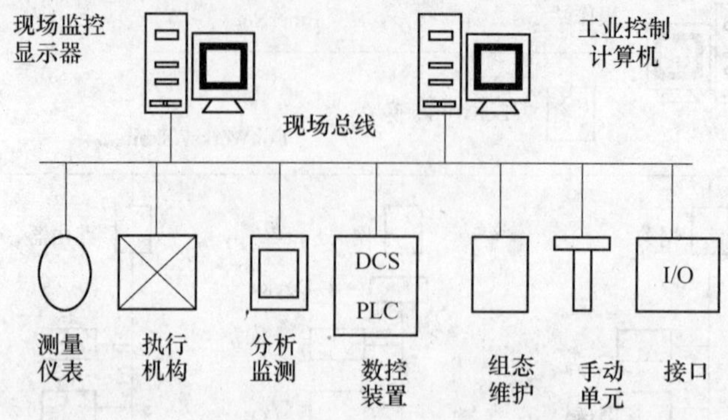

图 3-13　现场总线仪表、设备集成系统结构图

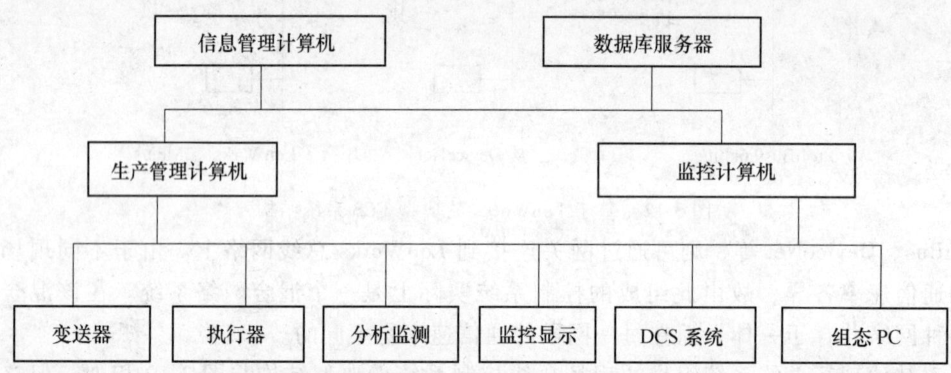

图 3-14　基于 FCS 的现代控制管理系统结构图

要连接到 Internet 和广域网上。

六、现场总线控制系统实例

目前，现场总线控制系统已广泛应用于石油、化工、电力、食品、轻工、冶金、机械等行业中，实现生产过程的自动化，本节介绍一个应用实例。

某化工厂有石灰车间、重碱车间、煅烧车间、盐硝车间、热电车间和压缩车间。有温度、压力、流量、液位、物位、成分分析等热工参数和数字量、开关量检测点 800 多个和数百个控制回路，且各车间分布地域较广阔。显然，利用传统的仪表控制系统进行检测、控制和集中管理是很难实现的。这里介绍基于现场总线的控制系统符合低成本、高效益的理想控制方案。

由于 Profibus 传输速率高、应用范围广、发展前景好，因此该系统选择 Profibus 组成现场总线。Profibus 有 Profibus-DP、Profibus-FMS 和 Profibus-PA 三个兼容品种，而 Profibus-Dp 是一种高速和便宜的通信连接，它专门设计为自动控制系统和设备级分散的 I/O 之间进行通信用的产品，故该系统选用 Profibus-DP 组成，其系统框图见图 3-15。由图可见，各车间的网络布置是基本相同的，仅是检测变送器、仪表和控制回路多少的区别，整个控制系统由现场过程控制级、车间监控级和集团公司管理级（总调度室）三个层次组成。

1. 现场过程控制级

由图 3-15 可见，ET200M 为 I/O 接口模块，生产过程的各被测量和控制回路，即各种变送器、调节器、执行器等均挂接于 ET200M 上。然后 ET200M 通过 Profibus-DP 现场总线挂接

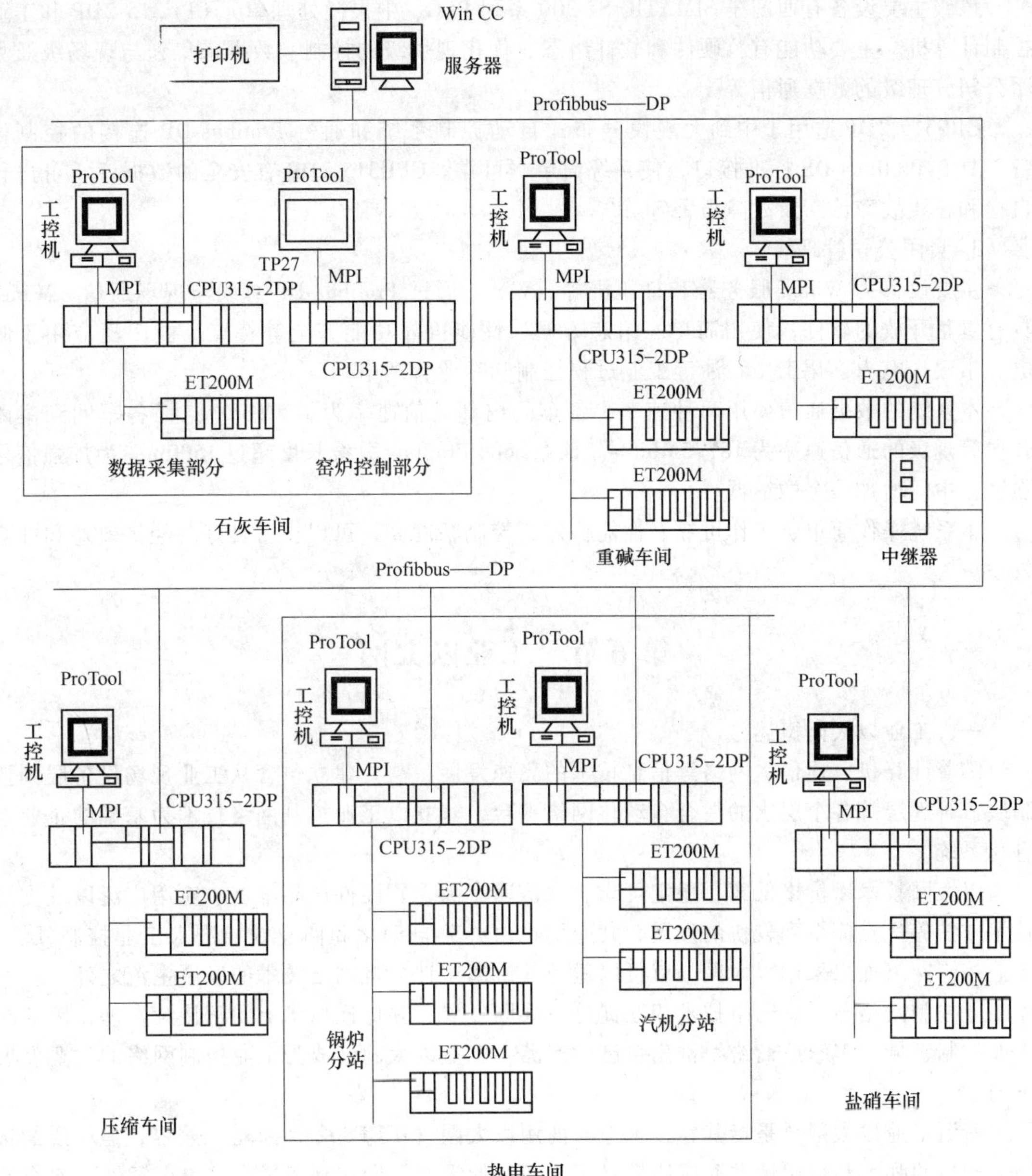

图 3-15　化工厂现场总线控制系统框图

到中央微处理单元模块 CPU315-2DP。在 ET200M 上挂接的模块有：模拟输入和输出模块 SM331 和 SM332；数字量、开关量输入和输出模块 SM321 和 SM322；热电阻模块 SM331-RT；热电偶模块 SM331-TC；称重模块 SIWAREX-U 等。每一个 ET200M 接口可扩展 8 个 I/O 模块，其与车间监控站的通信速率为 12Mbit/s。

由此可见，生产工程的各种工艺参数的采集、控制均由现场控制级完成，并通过 Profibus-DP 与车间监控级进行通信。

2. 车间监控级

该级主要设备有西门子 SIMATIC S7-300 系列 PLC、中央微处理单元 CPU315-2DP 和工业控制计算机。主要功能有：硬件和软件组态、优化现场级的控制、数据采集和与现场级及集团公司管理级的数据通信等。

CPU315-2DP 适用于中到大规模分布式自动控制系统和通过 Profibus-DP 连接的控制设备，具有 Profibus-DP 标准接口，使系统简单、可靠。CPU315-2DP 有安全的数据库、可进行自检和在线故障诊断及故障报警等。

3. 集团公司管理级

主要设备为 Wincc 服务器和打印机等。Wincc 通过 Profibus-DP 总线与现场通信。Wincc 具有真正开放的软件，使用简单、组态方便、性能可靠功能齐全等特点。被广泛应用于邮电、市政、电力、化工、石油等工业过程控制和企业管理中。

本系统的数据通信使用两种速率，各车间内部通信速率为 1.5Mbit/s；而各车间到集团公司管理级的通信速率为 187.5Mbit/s。该系统的 Profibus 总线长度超过 1500m，为加强信号强度，中间增加一个中继器。

本系统操作简单、工作可靠、性能稳定、控制精度高，可以获得良好的经济效益和社会效益。

第五节　工业以太网

一、工业以太网概述

随着计算机、通信、网络等信息技术的飞速发展，需要建立包含从工业现场设备层到控制层、管理层等各个层次的综合自动化网络平台，建立以工业控制网络技术为基础的企业信息化系统。

以太网技术以价格低廉、稳定可靠、通信速率高、软硬件产品丰富、应用广泛以及支持技术成熟等优点而得到较快的发展，其应用也由办公自动化和商业领域进入工业控制领域。工业控制网络如果采用以太网，就可以避免其游离于计算机网络技术的发展主流之外，从而使工业控制网络与信息网络技术相互促进，共同发展，并保证技术上的可持续发展，因此在工业控制领域，多家厂商纷纷推出自己的产品，工业以太网已成为工业控制网络的重要发展方向。

所谓工业以太网，是指其在技术上与商用以太网（IEEE802.3 标准）兼容，但材质的选用、产品的强度和适用性方面应能满足工业现场的需要，即在环境适应性、可靠性、安全性和安装使用方面满足工业现场的需要。与专门为工业控制而开发的现场总线相比，工业以太网技术的优点表现在应用广泛，为所有的编程语言所支持；软硬件资源丰富；易于与 Internet 连接，实现办公自动化网络与工业控制网络的无缝连接；可持续发展的空间大等。尽管存在许多优点，采用以太网技术也必然会存在这样那样的一些问题。

以太网由于采用 CSMA/CD 介质访问控制机制，即多个节点都连接在一条总线上，所有的节点都不断向总线上发出监听信号，但在同一时刻只能有一个节点在总线上进行传输，而其他节点必须等待其传输结束后再开始自己的传输，显然采用这种处理冲突的算法具有排队延迟不确定的缺陷，无法保证确定的排队延迟和通信响应确定性，如果不采取必要的改进措施，将无法在工业控制中得到有效的使用。

二、以太网在控制领域的应用

以太网是 IEEE802.3 所支持的局域网标准。按照国际标准化组织开放系统互联参考模型（ISO/OSI）的 7 层结构，以太网标准只定义了数据链路层和物理层。作为一个完整的通信系统，它需要高层协议的支持，APPARENT 在定义了 TCP/IP 高层通信协议、并把以太网作为其数据链路层和物理层的协议之后，以太网便和 TCP/IP 紧密地捆绑在一起了。以后，由于国际互联网采用了以太网和 TCP/IP 协议，人们甚至把诸如超文本链接等协议组放在一起，俗称为以太网技术；TCP/IP 的简单实用已为广大用户所接受。目前不仅在办公自动化领域，而且在各个企业的管理网络、监控层网络也都广泛使用以太网技术，并开始向现场设备层网络延伸。目前以太网在控制领域的应用主要包括以下三个方面：

1. 与其他控制网络结合的以太网

以太网在向现场级深入发展的过程中，一种重要思路是尽可能和其他形式的控制网络相融合。另外以太网和 TCP/IP 协议开始并不是面向控制领域的，在体系结构、协议规则、物理介质、数据、软件、适用环境等诸多方面与成熟的自动化解决方案（如 PLC、DCS、FCS）相比有一定差异，要想做到完全意义上的融合是很困难的。因此，以太网与其他控制形式保留各自优点、互为补充，是目前以太网进入控制领域的最常见的应用方案。

2. 专用的工业以太控制网络

采用了和普通以太网不同的一些专有技术，用以太网的结构实现现场总线所具备的控制功能。如前所述真正意义上的工业以太网应该能很好地解决通信的确定性和实时性问题，提高对工业生产现场环境的适应能力，要求能工作在较宽温度范围内长期工作、封装牢固（抗振和防冲击）、导轨安装、电源冗余、DC24V 供电等，另外，还必须满足可靠性、安全性方面的需要。

3. 嵌入式以太控制网络

嵌入式 Internet 是当前网络应用的热点，就是通过 Internet，使所有连接网络的设备彼此互通互联：从计算机、通信设备到仪器仪表、家用电器等。这些设备一般通过局域网和 Internet 相连。在以太网占局域网统治地位的今天，一种嵌入式、支持 TCP/IP 的网络控制器将成为这些设备进入局域网乃至因特网的基础。但这种由普通以太网构成的局域网在应用层上不能满足实时通信、复杂的工程模型组态以及设备间的高可互操作性，也不能满足工业现场某些方面的特殊要求，如本质安全、恶劣环境、可靠性等。它主要是使通用以太网能接纳带串行通信口的现场设备，达到数据采集和监控的目的。

三、工业以太网的关键技术

以太网过去被认为是一种“非确定性”的网络，作为信息技术的基础，是为 IT 领域应用而开发的，在工业控制领域只能得到有限应用，主要是因为：以太网的介质访问控制层协议采用带碰撞检测的载波侦听多址访问方式，当网络负荷较重时，网络的确定性不能满足工业控制的实时性要求；以太网所用的接插件、集线器、交换机和电缆等是为办公室应用而设计的，不符合工业现场恶劣环境要求；在工厂环境中，以太网抗干扰性能较差，若用丁危险场合，以太网不具备本质安全性能；以太网不能通过信号线向现场设备供电问题。

随着互联网技术的发展与普及推广，以太网传输速率的提高和以太网交换技术的发展，上述影响工业以太网发展及应用的关键问题正在逐渐得到解决。

1. 通信的确定性和实时性

工业控制网络必须满足对实时性的要求，即信号传输要速度快，确定性好。Ethernet 过去一直被认为是为 IT 领域开发的，采用了带有冲突检测的载波侦听多路访问协议（CSMA/CD）以及二进制指数退避算法的非确定性网络系统。对于响应时间要求严格的控制过程，使用以太网技术可能由于冲突的产生造成响应时间不确定和信息不能按要求正常传递，这正是阻碍以太网应用于工业现场设备层的原因所在。

随着快速以太网与交换式以太网的发展，为解决以太网的非确定性问题带来了新的契机：首先，Ethernet 的通信速率一再提高，从 10Mbit/s、100Mbit/s 增大到如今的 1000Mbit/s、10Gbit/s，在数据吞吐量相同的情况下，通信速率的提高意味着网络负荷的减轻，网络碰撞几率大大下降，提高了网络的确定性。其次，采用星型网络拓扑结构，交换机将网络划分为若干个网段。交换机之间通过主干网络进行连接，交换机可对网络上传输的数据进行过滤，使每个网段内节点间的数据传输只在本地网段内进行，而不需经过主干网，从而本地数据传输不占其他网段的带宽，降低了所有网段和主干网的网络负荷。最后，采用全双工通信方式。在一个用 5 类双绞线（光缆）连接的全双工交换式以太网中，其中一对线用来发送数据，另一对线用来接收数据，这样交换式全双工以太网消除了冲突的可能，使 Ethernet 通信确定性和实时性大大提高。

同时，广大工控专家通过研究发现，通信负荷小于 10% 时，以太网几乎不发生碰撞，或者说，因碰撞而引起的传输延迟几乎可以忽略不计。另一方面，在工业控制网络中，传输的信息多为周期性测量和控制数据，报文小，信息量少，信息流向也具有明显的方向性，即由变送器传向控制器；由控制器传向执行机构。在拥有 6000 个 I/O 的典型工业控制系统中，通信负荷为 10Mbit/s 以太网的 5% 左右，即使有操作员信息传送（如设定值的改变，用户应用程序的下载等)，其负荷也完全可以保持在 10% 以下。因此，通过适当的系统设计和流量控制技术，以太网完全能用于工业控制网络，事实也正如此。

2. 工业以太网的可靠性和安全性

传统的 Ethernet 是为办公自动化的领域应用而设计，并没有考虑工业现场环境的需要（如冗余电源供电、高温、低温、防尘等)，故商用网络产品不能应用在有较高可靠性要求的恶劣工业现场环境中。

随着网络技术的发展，上述问题正迅速得到解决。为了解决网络在工业应用领域和极端条件下稳定工作的问题，美国 Synergetic 微系统公司和德国 Hirschmann，Phoenix Contact、Jetter AG 等公司专门开发和生产了导轨式集线器、交换机产品并安装在标准 DIN 导轨上，并配有冗余供电，接插件采用牢固的 DB-9 结构，而在 IEEE802. 3af 标准中，对 Ethernet 的总线供电规范也进行了定义。此外，在实际应用中，主干网可采用光纤传输，现场设备的连接则可采用屏蔽双绞线，对重要的网段还可采用冗余网络技术，以提高网络的抗干扰能力和可靠性。

在工业生产过程中，很多现场不可避免地存在易燃、易爆或有毒的气体，应用于这些场合的设备都必须采用一定的防爆措施来保证工业现场的安全生产。现场设备的防爆技术包括两类，即隔爆型（如增安、气密、浇封等）和本质安全型。与隔爆技术相比较，本质安全技术采取抑制点火源能量作为防爆手段，其关键技术为低功耗技术和本安防爆技术。由于目前以太网收发器本身的功耗都比较大，一般都在 60 ~ 70 mA（5V 工作电源），低功耗的以太网现场设备设计难以设计，因此，在目前技术条件下，对以太网系统可采用隔爆防爆的措施，确保现场设备本身的故障产生的点火能量不外泄，保证运行的安全性。

另外，工业以太网实现了与Internet的无缝集成，实现了工厂信息的垂直集成，但同时也带来了一系列的网络安全问题，包括病毒、黑客的非法入侵与非法操作等网络安全威胁问题，对此，一般可采用网关或防火墙等方法，将内部控制网络与外部信息网络系统相隔离，另外，还可以通过权限控制、数据加密等多种安全机制来加强网络的安全管理。

3. 总线供电问题

总线供电（或称总线馈电）是指连接到现场设备的线缆不仅传输数据信号，还能给现场设备提供工作电源。对于现场设备供电可以采取以下方法：

1）在目前以太网标准的基础上适当地修改物理层的技术规范，将以太网的曼彻斯特信号调制到一个直流或低频交流电源上，在现场设备端再将这两路信号分离开来。

2）不改变目前物理层的结构，而通过连接电缆中的空闲线缆为现场设备提供电源。

四、几种工业以太网及系统结构

鉴于工业以太网的快速发展和关键问题的突破，使得工业自动化领域控制级以上的通信网络正在逐步统一到工业以太网，并正在向下逐渐延伸。目前，典型的工业以太网主要有以下4个：Modbus-IDA（Modbus protocol on TCP/IP）工业以太网、Ethernet/IP（the ControlNet/DeviceNet Objects on TCP/IP）工业以太网、Foundation Fieldbus HSE（High Speed Ethernet）工业以太网和PROFINET（Profibus on Ethernet）工业以太网，下面分别介绍。

1. Modbus-IDA工业以太网

IDA（Interface for Distributed Automation）组织是由德国Phoenix Contact公司和法国Schneider电气公司等多家公司于2000年3月联合成立的，该组织提出一套基于Ethernet、TCP/IP的用于分布式自动化的接口标准，利用这个接口标准，可以建立基于Ethernet和Web的分布式智能控制系统。IDA组织开发的工业以太网的主要定义有：协议、方法和用于节点间实时和管理通信的对象结构；为了实现不同生产商工具和设备间的对象交换，将使用基于XML的对象描述和交换机制；通过定义一个安全层，将大大增强网络的安全性；为了同步设备的时钟，定义了高精度同步的方法；定义了设备描述、IP寻址和设备映象等方法，简化设备的安装和替换，实现真正意义上的即插即用。

Modbus协议原为美国Modicon公司于20世纪70年代所发表的用于PLC产品的通信协议。由于其功能比较完善，很容易实现，适用于不少工业用户所需要的通信类别，所以被许多系统供应商采纳，得到很广泛的应用，已成为事实上的工业通信标准。早期的Modbus协议似乎建立在TIA/EIA标准RS-232F和RS-485A串行链路的基础上，近年来，随着Modbus协议不断发展，已经将Web Server、Ethernet和TCP/IP等技术引入应用协议，于是，在2002年5月以法国Schneider公司为首的MODBUS组织（Modbus Organization）发表了Modbus TCP/IP规范，它建立在IETF标准RFC 793和RFC 791基础上。

Modbus TCP/IP基本上用简单方式将Modbus帧嵌入TCP帧，这是一种面向连接的传送，它们需要响应。使用UDP不需要响应，其差错检验通常在应用层完成。上述请求/响应技术很适用于Modbus的主站/从站特性，交换式Ethernet为用户提供确定性特性。在TCP帧中使用开放的Modbus可提供一种系统规模可伸缩的方案，由10个网络节点到100个网络节点，无需采用多目的传送（Multicast）技术。

从上面的叙述可以看出，Modbus组织和IDA集团都致力于建立基于Ethernet TCP/IP和

Web 互联网技术的分布式智能自动化系统，因此，合并后 Modbus IDA 工业以太网将会更加完善，其系统构成框图如图 3-16 所示。从图 3-16 中可以看出，该系统是总线型分级分布式系统结构，当然以太网也可以采用环型拓扑结构。管理级采用以太网 TCP/IP 标准，它由目前流行的商用以太网集线器、交换机和收发器等构成，可完成用户各种管理功能；控制级包括 PLC、IPC、分布式 I/O、人机界面、电机速度控制器和网关等，采用 Modbus TCP/IP 协议，完成各种控制功能；现场级可采用基于 Modbus 协议或 Ethernet 协议的各类设备和 I/O 装备；嵌入式 Web 服务是系统核心技术之一，使用标准的 Internet 浏览器就可以读取设备的各类信息、修改设备的配置和查看历史故障记录。同时，集成式 Web 服务器可完成系统设备的诊断功能。

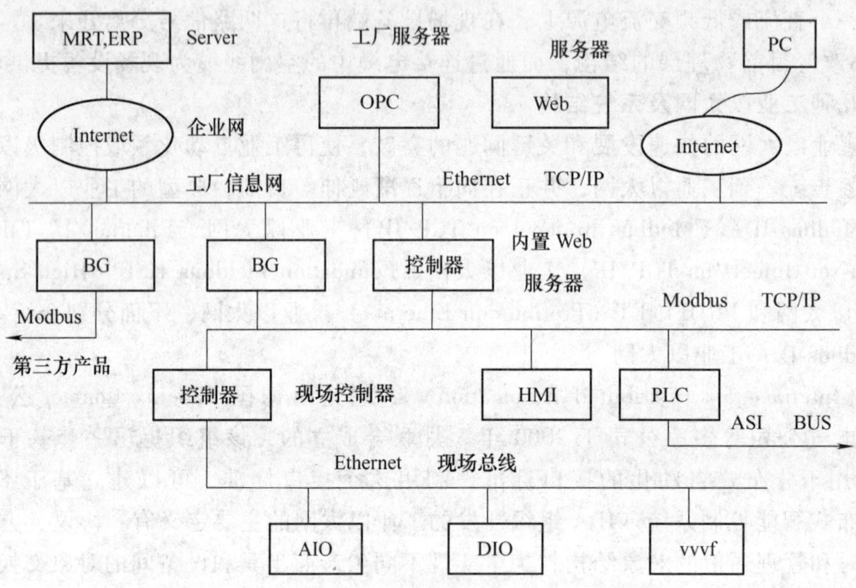

图 3-16　Modbus-IDA 工业以太网系统结构

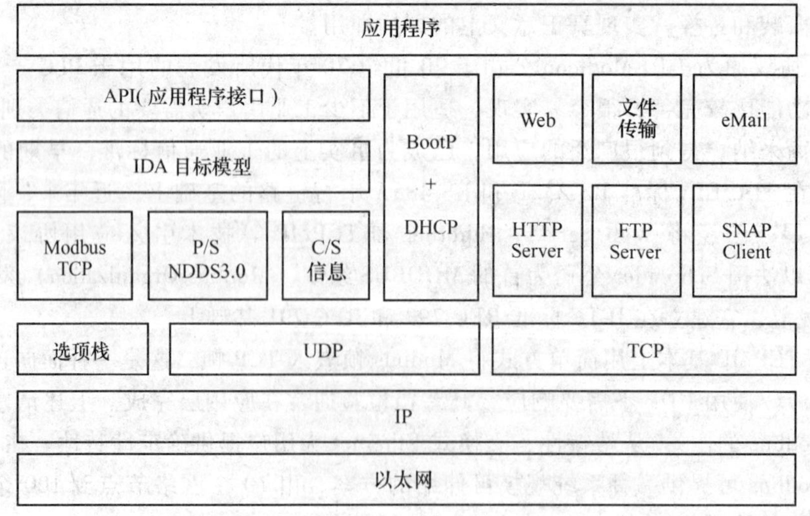

图 3-17　Modbus-IDA 通信协议模型

Modbus-IDA 通信协议模型示于图 3-17 中，该模型建立在面向对象的基础上，这些对象可以通过 API 应用程序接口被应用层调用。通信协议同时提供实时服务和非实时服务。非实时通信基于 TCP/IP 协议，充分采用 IT 成熟技术，如基于网页的诊断和配置（HTTP）、文件传输（FTP）、网络管理（SNMP）、地址管理（BOOTP/DHCP）和邮件通知（SMTP）等；实时通信服务建立在 RTPS（实时发布者/预订者模式）和 Modbus 协议之上。RTPS 协议及其应用程序接口（API）由一个对各种设备都一致的中间件来实现，它采用美国 RTI 公司的 NDDS 3.0 实时通信系统，并构建在 UDP 协议上；Modbus 协议构建在 TCP 协议上。

2. Ethernet/IP 工业以太网

1998 年初，Control Net 国际组织（Control Net International，CI）开发了由 Control Net 和 Device Net 共享的、开放的和被广泛接受的应用层规范，上述两种网络都是基于 Ethernet 的。利用这种技术，CI、工业以太网协会（the Industrial Ethernet Association，IEA）和开放的 Device Net 供应商协会（Open Device Net Vendor Association，ODVA）于 2000 年 3 月发表了 Ethernet/IP，打算将这个基于 Ethernet 的应用层协议作为工业自动化标准。

以太网协议（Ethernet/IP）是一种开放的工业网络标准，它支持显性和隐性报文，并且使用目前流行的商用以太网芯片和物理媒体。如图 3-18 所示，Ethernet/IP 网络使用有源星形拓扑结构，一组装置点对点地连接到交换机。星形拓扑的优点是支持 10Mbit/s 和 100Mbit/s 的产品，可以将 10Mbit/s 和 100Mbit/s 产品混合使用。星形拓扑接线简便，很容易查找故障，维护也简单等。

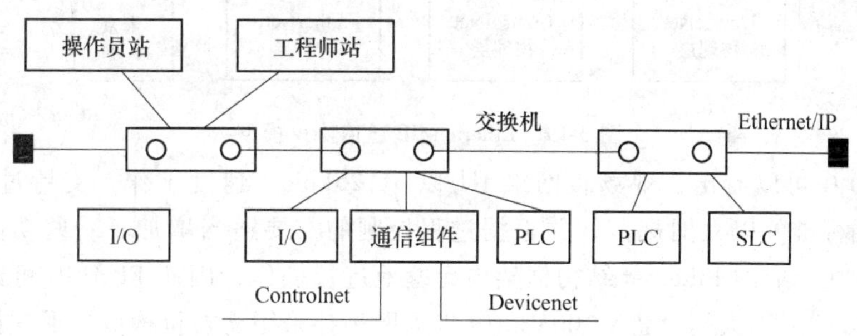

图 3-18　Ehernet/IP 工业以太网系统结构

Ethernet/IP 是一种开放协议，它使用现有的成熟技术：IEEE 802.3 物理和数据链路协议；Ethernet TCP/IP 协议组；控制和信息协议（CIP），它提供实时的 I/O 报文和信息，以及对等层通信报文。

Ethernet/IP 成功之处在于 TCP/UDP/IP 之上附加 CIP，提供一个公共的应用层，Ethernet/IP 通信协议模型示于图 3-19 中。CIP 的控制部分用于实时 I/O 报文或隐性报文。CIP 的信息部分用于报文交换，也称作显示报文。Control Net、Device Net 和 Ethernet/IP 都使用该协议通信，三种网络分享相同的对象库，对象和装置行规（Device profile）使得多个供应商的装置能在上述三种网络中实现即插即用。对象的定义是严格的，在同一种网络上支实时报文、组态和诊断。Ethernet/IP 能够用于处理多达每个包 1500B 的大批量数据，它以可预报方式管理大批量数据。目前，Ethernet 网络技术正在快速发展，成本在迅速下降，因而 Ethernet/IP 得到了越来越广泛的应用。

3. FF HSE 工业以太网

1998 年，美国 Fieldbus Foundation（FF）决定采用高速以太网（HSE）技术开发 H2 现场总线，作为现场总线控制系统控制级以上通信网络的主干网，控制级以下仍使用解决了两线制供电的 H1 现场总线，从而构成了信息集成开放的体系结构，其系统结构图如图 3-19 所示。

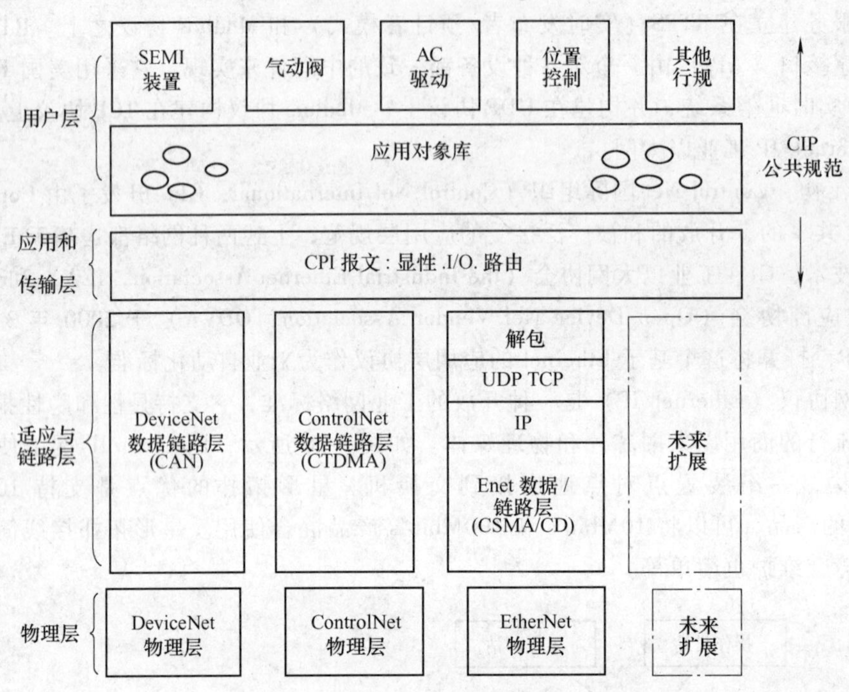

图 3-19　Ethernet/IP 通信协议模型

从图 3-20 中可以看出，现场级网络 H1 以 31.25kbit/s 速度工作，支持过程控制应用。HSE 网络遵循标准的以太网规范，并根据过程控制的需要适当增加了一些功能，但这些增加的功能可以在标准的 Ethernet 结构框架内无缝地进行操作，因而 FF HSE 可以使用当前流行的商用（COTS）以太网设备。100Mbit/s 以太网拓扑采用交换机构成星形连接，这种交换机具有防火墙功能，以阻断特殊类型的信息出入网络。HSE 使用标准的 IEEE 802.3 信号传输、标准的 Ethernet 接线和通信媒体。设备与交换机之间距离，使用双绞线为 100m，使用全双工光缆则可达 2000m。HSE 使用连接装置（Linking Device）连接 H1 子系统，LD 履行网桥功能，它容许就地连在 H1 网络上的各现场设备完成点对点等通信。HSE 支持冗余通信，如果一条线路断开，则数据流将立即移至后备线路传送。采用冗余的交换机和连接装置可以实现网络的冗余与容错，HSE 上的任何设备都能作冗余配置。

FF HSE 通信系统结构示于图 3-21 中。其协议规范已被国际电工委员会接受，成为 IEC61158 国际标准。FF HSE 的 1～4 层由现有的以太网、TCP/IP 和 IEEE 标准所定义，HSE 和 H1 使用同样的用户层，现场总线信息规范（FMS）在 H1 中定义了服务接口，现场设备访问代理（FDA）为 HSE 提供接口。用户层规定功能模块、设备描述（DD）、功能文件（CF）以及系统管理（SM）。

FF 规范了 21 种功能模块供基本的和先进的过程控制使用，这些标准的功能模块驻留在连至 HSE 网络的现场设备中，仅需组态并予以链接。FF 还规定了新的柔性功能模块

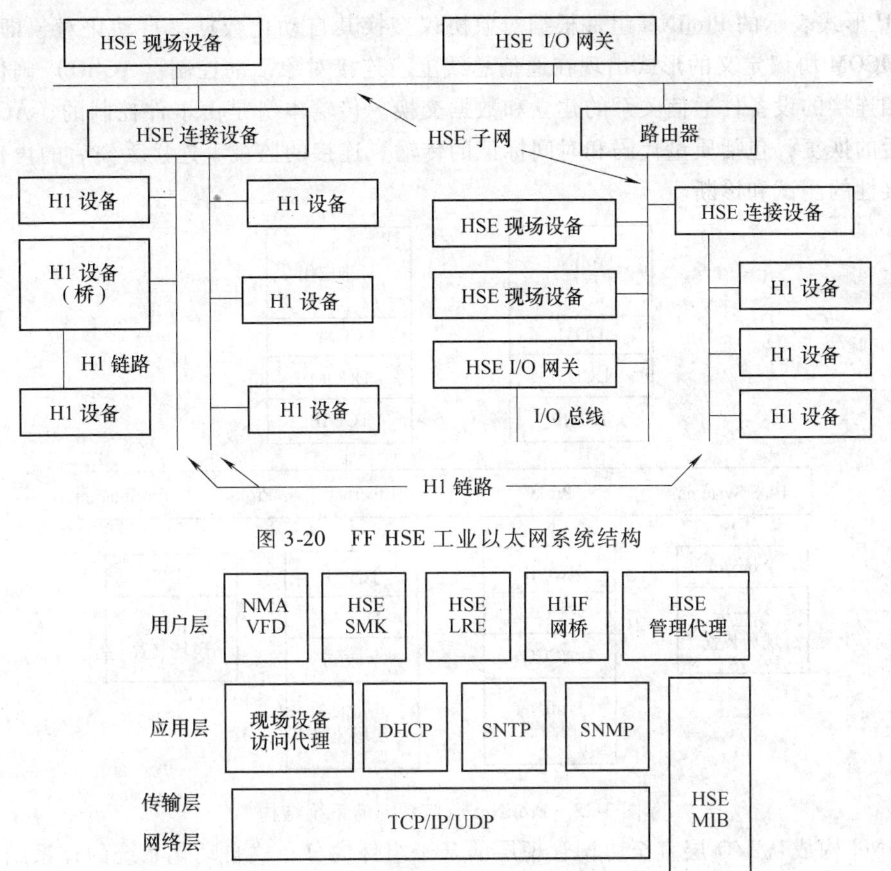

图 3-20 FF HSE 工业以太网系统结构

图 3-21 FF HSE 通信系统结构

（FFB），用以进行复杂的批处理和混合控制应用。FFB 支持数据采集的监控、子系统接口、事件顺序、多路数据采集、PLC 和与其他协议通信的网间连接器。

HSE 工业以太网为连续的过程工业和断续的制造工业所需的连续实时控制提供了各种解决方案。它也为各类传感器、连续与断续自动控制系统、监控和批量系统、资源规划系统以及信息管理系统的集成提供了一种标准的协议。

4. ProfiNet 工业以太网

PNO（Profibus National Organization）组织于 2001 年 8 月发表的 ProfiNet 规范是用于 Profibus 纵向集成的、开发的、一致的综合系统解决方案。ProfiNet 将工厂自动化和企业信息管理较高层 IT 技术有机地融为一体，同时又完全保留了 Profibus 现有的开放性。ProfiNet 特别重视有关保护投资的要求，以确保现有工厂的继续运行，同时还要求现有的系统可以集成已经安装的系统。

ProfiNet 通信系统的系统结构示于图 3-22 中，从图中看出，该方案支持开放的、面向对象的通信，这种通信建立在普遍使用的 Ethernet TCP/UDP/IP 基础上，优化的通信机制还可以满足实时通信的要求。基于对象应用的 DCOM 通信协议是通过该协议标准建立的。以对象的 PDU 形式表示的 ProfiNet 组件根据对象协议交换其自动化数据。自动化对象即 COM 对象作为 DCOM 协议定义的形式出现在通信总线上。连接对象活动控制（ACCO）确保了已组态的互相连接的设备件通信关系的建立和数据交换。传输本身是由事件控制的，ACCO 也负责故障后的恢复，包括质量代码和时间标记的传输、连接的监视、连接丢失后的再建立以及相互连接性的测试和诊断。

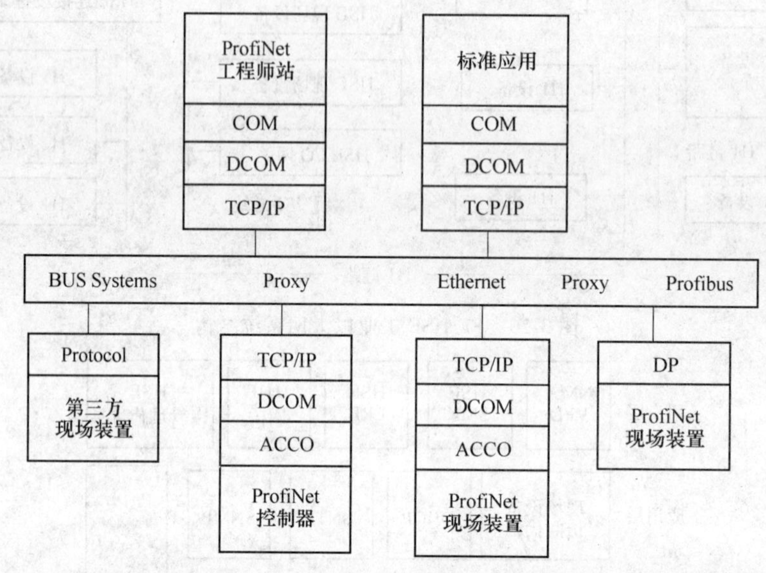

图 3-22 ProfiNet 通信系统的系统结构

ProfiNet 构成从 I/O 层直至协调管理层的基于组件的分布式自动化系统的体系结构方案，Profibus 技术可以在整个系统中无缝地集成。Profibus 可以通过代理服务器（Proxy）很容易地实现与其他现场总线系统的集成。在该方案中，通过代理服务器将通用的 Profibus 网络连接到工业以太网；通过以太网 TCP/IP 访问 Profibus 设备是由 Proxy 使用远方程序调用和 Microsoft DCOM 进行处理的。代理服务器是一种实现自动化对象功能的软件模块，该自动化对象既代表 Profibus 用户又代表工业以太网上的其他 ProfiNet 用户。

ProfiNet 通信协议模型如图 3-23 所示，它使用如下标准与技术：IEEE 802.1 标准；Ethernet TCP/UDP/IP 协议；特定的实时协议；COM/DCOM 组件模型；对象模型；以及网络管理等技术。

综上，ProfiNet 规范将现有的 Profibus 协议与微软的自动化对象模型 COM/DCOM 标准、TCP/IP 通信协议以及工控软件互操作规范 OPC 技术等有机地结合成一体。ProfiNet 试图实现向所有的自动化装置都是透明的、面向对象的和全新的结构体系。

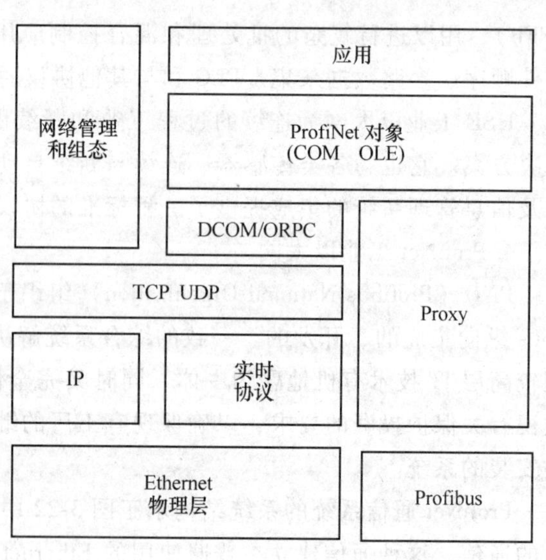

图 3-23 ProfiNet 通信协议模型

从以上不难得出，大的自动化系统公司都把工业以太网使用在控制级及其以上的各级，为了保护投资的利益，现场级仍然采用现有的现场总线，Modbus TCP/IP 使用 Modbus 总线，Ethernet/IP 使用 DeviceNet 和 Control Net 现场总线，FF HSE 现场级使用 FF H1 现场总线，PROFInet 则完全保留已有的 Profibus 现场总线。这样一来，要使这些系统相互兼容看来需要走相当长的路。

互联网技术的成功之处在于使用了 TCP/IP 网络协议，该协议的特点是：开放的协议标准，并且独立于特定的计算机硬件与操作系统；独立于特定的网络硬件；统一的网络地址分配方案；以及标准化的高层协议，可以提供多种可靠的用户服务。

由于工业网络需要解决工业控制具体问题，因而需要增加用户层，所以说工业 TCP/IP 参考模型是 8 层结构。在 TCP/IP 参考模型中，主机-网络层是最低层，它负责通过网络发送和接收 IP 数据包，TCP/IP 参考模型允许主机连入网络时使用多种现成的与流行的协议，充分体现了 TCP/IP 协议的兼容性与适应性。利用这种技术，各种协议的现场总线都可以接入 TCP/IP 网络。IP 互连层相当于 OSI 模型的网络层的无连接网络服务，用来确定信息传输路线，为每个数据包提供独立的寻址能力；TCP 传输层则负责无差错地传送数据包，一旦出错能够实现重发和指示出错。

在 TCP/IP 参考模型中，应用层是最高层协议，它包括超级文本传输协议 HTTP、文件传输协议 FTP、简单网络管理协议 SNMP 等建立于 IT 技术的协议。对于工业以太网，在传输非实时数据时上述协议仍然适用。但是，工业以太网要用于工业控制，还必须在应用层解决实时通信、用于系统组态的对象和工程模型的应用协议。目前要建立一个统一的应用层和用户层标准协议还只是一个长远的目标。

近来，随着网络通信技术的进一步发展，用户的需求也日益迫切，国际上许多标准组织正在积极地工作以建立一个工业以太网的应用协议。工业自动化开放网络联盟（Industrial Automation Open Network Alliance，IAONA）协同 ODVA 和分散自动化集团（Interface for Distributed Automation，IDA）共同开展工作，并对推进基于 Ethernet TCP/IP 工业以太网的通信技术达成共识。由 IAONA 负责定义工业以太网公共的功能和互操作性，具体内容包括对于 IP 地址即插即用互操作的通用策略、装置描述和恢复机制；网络诊断的方案；指导使用 Web 技术；一致性测试；以及定义一种应用接口，以消除各种协议间的差异。相信，经过各方面的共同努力，不久的将来就会出现一个具有互操作性的工业以太网。

第四章　电控系统常用器件

第一节　常用低压电器

凡是在电能的生产、输送、分配和使用过程中起到控制、调节、检测、转换及保护作用的电工器械均可称为电器。用于交流电路额定电压在 1200V 以下、直流电路额定电压在 1500V 以下的电器则称为低压电器。电器的用途广泛，功能多样，种类繁多，构造各异。本节主要介绍在电气控制系统中常用的低压电器，为进行控制系统设计打下基础。

一、熔断器

熔断器是一种结构简单、使用方便、价格低廉的保护电器，广泛用于供电线路和用电设备的严重过载和短路保护。熔断器通常由熔体和熔座两部分组成，结构形式有插入式、螺旋式、有填料密封管式、无填料密封管式等，品种很多。常用的有 RL6、RLS2、RT14、RT18、RT20、NT、NGT 等系列。

选择熔断器的一般原则：

熔断器额定电压应大于线路的工作电压。

熔断器额定电流必须大于或等于所装熔体的额定电流。

熔体的额定电流的选择通常可分为下列几种情况：

1）对于电热器或照明等电阻性负载，熔体额定电流应略大于负载电流。

2）对于供电线路，熔体额定电流应等于或略小于线路的安全电流。

3）保护一台电动机时，考虑起动电流的影响，熔体的额定电流 I_{FU} 可按下式选择：

$$I_{FU} \geqslant (1.5 \sim 2.5) I_N$$

式中，I_N 为电动机额定电流（A）。对于带负载起动或频繁起动的电动机，式中的系数可加大至 3。

4）保护多台电动机时可按下式选择：

$$I_{FU} \geqslant (1.5 \sim 2.5) I_{Nmax} + \sum I_N$$

式中，I_{Nmax} 为容量最大的一台电动机的额定电流；$\sum I_N$ 为其余电动机额定电流的总和。

5）上、下两级都装设熔断器时，为使两级保护互相配合良好，两级熔体的额定电流比值不小于 1.6:1。

6）半导体器件对过载非常敏感，应采用半导体器件保护用熔断器（俗称快速熔断器），如 RLS2、NGT 等系列产品。

二、接触器

接触器是一种通用性很强的电磁式电器，它可以频繁地接通和分断交直流主电路，并可实现远距离控制，主要用来控制电动机，也可以控制电容器、电热设备和照明器具等负载。接触器具有一定过载能力，但不能切断短路电流；它具有失电压保护功能，但本身没有过载保护功能。交流接触器的主触头通常有 3 对，直流接触器主触头为 2 对，还带有一定数量的辅助触头。近年来还出现了真空接触器和由晶闸管组成的无触头接触器。

接触器选用时应注意下列问题：

1）根据负载性质及电源类型选择接触器的型号。

2）接触器主触头的额定电压大于或等于负载回路的电压。

3）接触器的额定电流应大于或等于被控回路的额定电流，如所控制的电动机频繁起动、制动或正反转时，接触器的额定电流还应增大一个等级。

4）线圈的额定电压选择：吸引线圈的额定电压应与控制电路的电压相一致，对于简单控制电路可直接选用交流380V、220V电压。

5）接触器的触头数量、种类的选择：接触器触头数量和种类应根据主电路和控制电路的需要来选择，有不少新型接触器备有多种附件如不同种类和数量的辅助触头组合、空气式延时触头、机械联锁等可供选用，也可用增加中间继电器的方法来解决。

三、继电器

继电器是一种根据某种输入信号的变化来接通或断开控制电路，实现自动控制或保护作用的电器。继电器通常由输入电路（又称感应元件）和输出电路（又称执行元件）两部分组成，当感应元件中的输入量如电压、电流、温度、压力等变化到某一定值时执行元件动作，接通或断开控制回路。继电器的种类很多，随着电子技术的发展，新型电子式小型继电器比传统的继电器灵敏度更高、体积更小、功能更强、寿命更长，应用日益普遍。下面对经常使用的几种继电器作简单的介绍。

1. 电磁式继电器

电磁式继电器是应用最早也最多的继电器，按其输入信号性质可分为电流、电压继电器和中间继电器三种。

（1）电流继电器　电流继电器的线圈与被测电路串联，按照电路中电流变化而动作，其线圈匝数少、导线粗、阻抗小，常用于按电流原则进行控制的场合。按电流继电器的动作电流特点有可分为欠电流、过电流两种。

（2）电压继电器　电压继电器的线圈与被测电路并联，其线圈匝数多、线径细、阻抗大。电压继电器根据所接电路电压值的变化而处于吸合或释放状态，按其动作电压特点而又有过电压、欠电压和零电压三种。过电压继电器在电压正常时释放，当发生过电压（$1.1\sim1.5U_N$）时吸合；欠电压、零电压继电器则在电路电压正常时吸合，当发生欠电压（$0.4\sim0.7U_N$）或零电压（$0.05\sim0.25U_N$）时释放。

（3）中间继电器　中间继电器的吸引线圈是电压线圈，但它的触点数量较多（多达4对动合、4对动断触点）、触点容量较大（可达5A以上），在电路中起中间转换作用。

2. 时间继电器

在感应元件获得信号后，执行元件要延迟一段时间才动作的继电器叫作时间继电器。时间继电器种类很多，按其工作原理可分为电磁式，空气阻尼式、电动式、晶体管式和数字式等；按其延时特点区分则有通电延时和断电延时等，此外，有些时间继电器还带有瞬时动作（不延时）的触点。

选用时间继电器时首先应考虑控制系统所提出的技术要求，对于延时精度要求不高和延时时间较短的，可选用价廉的空气阻尼式；要求延时精度较高、延时时间较长以及延时时间需要经常调节的场合，应选用晶体管式或数字式；在电源波动大的场合，采用空气阻尼式或数字式较好；而在温度变化大的场合则不宜采用空气阻尼式等等。数字式时间继电器具有数字显示，采用拨码开关整定延时时间，直观性、准确性好，延时调节范围宽，具有明显的优越性。

3. 热继电器

热继电器是利用电流流过热元件时产生的热量使敏感元件——双金属片发生弯曲，这种变形达到一定程度时推动执行机构使控制触点发生转换的保护电器，主要用于交流电动机的过载，断相及电流不平衡运行的保护以及其他电气设备发热状态的控制。热继电器还与交流接触器配合组成磁力起动器。

热继电器根据其热元件的多少可分为单相式、两相式、三相式等；根据复位方式又可分为自动复位和手动复位两种；三相式热继电器又有带断相（又称差动）保护和不带断相保护两种。

热继电器只能用作电动机的过载保护而不能作为短路保护使用。热继电器的主要技术数据有热继电器的额定电流、热元件的极数及热元件的额定电流及调节范围等。在选用时要注意以下两点：

1）长期工作制下，按电动机的额定电流来确定热继电器的型号及热元件的额定电流等级，热元件的额定电流 I_{FR} 应略大于电动机的额定电流 I_N，在使用时热继电器的整定旋钮应调节到电动机的额定电流处，否则将起不到保护作用。当电动机的起动时间较长（超过5s以上），热元件的额定电流可根据具体情况调节到电动机额定电流的1.1倍以上的数值处。

2）对于三角形联结的电动机，应选用带断相保护功能的三相式热继电器。

四、低压断路器

低压断路器俗称自动空气开关或自动开关，它相当于刀开关、熔断器、热继电器、过电流继电器、欠电压继电器的功能组合，有些低压断路器还带有若干对辅助控制触点，是一种既有手动开关作用又能自动进行欠电压、失电压过载和短路保护的电器，它在低压配电系统中起着非常重要的作用。低压断路器通常用于不频繁地接通和分断电路，也可以用来控制电动机。低压断路器与接触器不同的是：接触器可以频繁地接通或分断电路，但不能分断短路电流；低压断路器则不仅可以分断额定电流，而且能够分断短路电流，但不宜频繁操作。

低压断路器种类繁多，可按用途、结构特点、极数、传动方式等等来分类：

（1）按用途分　有保护配电线路用、保护电动机用、保护照明线路用和漏电保护用等；

（2）按主电路极数分　有单极、两极、三极、四极断路器，小型断路器还可以拼装组成多极断路器。

（3）按保护脱扣器种类分　有短路瞬时脱扣器、短路延时脱扣器、过载长延时反时限保护脱扣器、欠电压瞬时脱扣器、欠电压延时脱扣器、远方紧急跳闸用分励脱扣器，漏电保护脱扣器等。上述各种脱扣器可以根据需要选择并组装在断路器上。

（4）按动作方式分　有直接手柄操作、手柄储能操作快速合闸、电磁铁操作、电动机操作、电动机储能操作快速合闸等。

（5）按结构型式分　有塑料外壳式、框架式等两种。

在电气控制系统中通常选用塑料外壳式断路器。断路器的主要技术参数有额定电流、额定电压、极数、允许分断的极限电流、脱扣器的种类及整定值等。在设计时应根据被控电路的额定电压、短路容量、负载电流大小等参数选择断路器的型号规格，这就要求所选用的断路器的额定电压和额定电流不小于电路的正常工作电压和工作电流；极限分断能力要大于电路的最大短路电流；欠电压脱扣器额定电压应等于主电路额定电压；热脱扣器的整定电流应与所控制电动机或负载的额定电流相等；电流脱扣器的瞬时脱扣整定电流应大于负载电路正常工作时的尖峰电流，保护电动机时取其起动电流的1.5倍。

五、主令电器

主令电器是在自动控制系统中发出指令或信号的电器，用来控制接触器、继电器或其他电器元件，使电路接通或分断，从而改变控制系统工作状态。主令电器种类很多，主要有按钮、行程开关、接近开关、万能转换开关、主令控制器及脚踏开关、紧急开关等。

1. 控制按钮

控制按钮是一种结构简单、应用广泛的手动操作电器。在低压控制电路中，通过按钮短时接通或断开小电流的控制电路，在可编程序控制器的电路中按钮是常用的输入信号元件。

通常按钮由按钮帽、复位弹簧、桥式动静触头和外壳组成，当按下按钮帽时其动断触头先断开然后动合触头闭合（即先断后合），松开按钮帽后，在复位弹簧的作用下其动合触头和动断触头便恢复原来的状态。

按钮的结构也由多种形式，除上述的普通按钮外，还有紧急式、自锁式、旋钮式及钥匙式等，自锁式按钮在第一次操作后仍然保持转换的状态，要再操作一次才恢复原状；还有带指示灯的，它的按钮帽用不同的颜色的透明塑料制成，兼作指示灯罩。旋钮式有两个或三个工作状态。

按钮通常安装在电控设备的操作部位，为了便于识别按钮的功能，通常将按钮作成红、绿、黄、蓝、黑、白等颜色，一般红色表示停止按钮，绿色表示起动按钮，红色蘑菇头表示紧急停止按钮等等。

2. 行程开关

行程开关又称限位开关或位置开关，是一种利用生产机械某个运动部件的碰撞来发出控制信号，主要用于生产机械运动方向转换、行程大小控制或位置保护等。

行程开关的种类很多，按其头部结构可分为直动、杠杆、单轮、双轮、弹簧杆等；有的不能自动复位，有的动作距离很小被称为微动开关。

3. 接近开关和光电开关

接近开关是一种非接触式、无触头行程开关，当运动着的物体与它接近到一定距离时就发出信号，控制电路执行相应的动作。接近开关不仅能代替上述有触头行程开关完成行程控制和限位保护，还可用来测速、液位检测等。接近开关不受机械力的作用，工作可靠、寿命长，定位精度高，能适应恶劣的工作环境，在工业生产领域应用日益普遍。

接近开关按其工作原理可分为高频振荡型、电容型、霍尔效应型、永久磁铁型（干簧管式）等。主要技术参数有：动作距离、重复精度、操作频率、工作电压、电流等。

光电开关是另一种类型的非接触式检测装置，它由一个红外光发射器和接收器组成，根据两者的位置和光的接收方式的不同，可分为对射式和反射式两种，作用距离从几厘米到几十米不等。

第二节 可编程序控制器

可编程序控制器（简称 PLC）是计算机技术，通信技术与工业控制技术相结合的高科技产品。世界上第一台 PLC 是 1969 年美国 DEC 公司研制成功的，首先用在通用汽车公司的汽车装配线上，此后伴随着世界科学技术的迅速发展，PLC 的软硬件功能不断增强，运行可靠性不断提高，使用维修更加方便，这些鲜明的特点使得它的应用领域不断扩大，多年来一直是工业自动化的重要技术支柱。目前全球制造厂家超过 200 家，年产值近 200 亿美元，年增长率达 10% 以上。

1. PLC 的分类

全世界几百个厂家在几十年里研制生产的 PLC 种类数可胜数，没有形成统一的分类标准，一般从结构形式、控制规模进行分类。

从 PLC 的硬件结构上看，可以分为整体式和组合式（模块式）。整体式 PLC 的 CPU、存储器、电源和输入、输出点都安装在同一机体内，其特点是结构简单紧凑，价格低廉，控制规模和功能固定，灵活性较差。组合式 PLC 采用总线式结构，在一块总线底板（又称基板）上有若干个总线槽，除 CPU 和电源模块有固定的安装位置外，各种功能模块如输入、输出、模拟量、位置及运动控制、温度检测及控制、阀位控制、PID 运算、通信处理等等，可以根据控制系统的需要进行选用，分别安装在某个槽位上，而且还有多种扩展方式可以扩大控制规模，可以与上位机联网等等，因而系统构成灵活性很高，可以适应不同控制对象的需要，当然价格也较高。

PLC 的控制规模通常是指开关量的输入/输出点数和模拟量的输入/输出路数，但主要以开关量的点数计算，一路模拟量相当于 8 ~ 16 点开关量。根据 I/O 控制点数不同，PLC 大致可以分为

微型机——控制点数在 100 以内；

小型机——控制点数在 100 ~ 512 点之间；

中型机——控制点数在 512 ~ 2048 点之间；

大型机——控制点数在 2048 点以上；

超大型机——控制点数可达万点以上。

还应指出，这两种分类也有相通之处，微型 PLC 都采用整体式结构，中型机以上都是组合式结构，不同厂家生产的小型机往往是整体式、组合式兼而有之。

2. 可编程序控制器的应用概况

（1）开关量的开环控制　开关量的开环控制是 PLC 的最基本控制功能，PLC 的指令系统具有强大的逻辑运算能力，很容易实现定时、计数、顺序（步进）等各种逻辑控制方式，大部分 PLC 就是用来取代传统的继电接触器控制系统。

（2）模拟量闭环控制　对于模拟量的闭环控制系统，除了要有开关量的输入输出外，还要有模拟量的输入输出点，以便采样输入和调节输出实现对温度、流量、压力、位移、速度等参数的连续调节与控制。目前的 PLC 不但大型、中型机具有这种的功能外，有些小型机也具有这种功能。

（3）数字量的智能控制　控制系统具有旋转编码器和脉冲伺服装置（如步进电动机）

时，可利用 PLC 能实现接收和输出高速脉冲的功能，实现数字量控制，较为先进的 PLC 还专门开发了数字控制模块，可实现曲线插补功能，近来又推出了新型运动单元模块，能提供数字量控制技术的编程语言，使 PLC 实现数字量控制更加简单。

(4) 数据采集与监控　由于 PLC 主要用于现场控制，所以采集现场数据是十分必要的功能，在此基础上将 PLC 与上位计算机或触摸屏相连接，既可以观察这些数据的当前值，又能及时进行统计分析，有的 PLC 具有数据记录单元，可以用一般个人电脑的存储卡插入到该单元中保存采集到的数据。PLC 的另一个特点是自检信号多，利用这个特点，PLC 控制系统可以实现自诊断式监控，减少系统的故障，提高系统的可靠性。

(5) 联网、通信及集散控制　PLC 的联网、通信能力很强，可实现 PLC 与 PLC 之间的联网和通信，也可实现与上位计算机联网和通信，由上位机来对 PLC 实施管理和编程。PLC 也能与智能仪表、智能执行器装置（如变频器）进行联网和通信，互相交换数据并实现 PLC 对其进行控制。利用 PLC 的联网通信功能，将分散在控制现场的 PLC 组成网络，实现 PLC 站点之间和上、下层之间通信，从而达到“分散控制、集中管理”的目的，这样的系统实际上就是 PCS（过程控制）系统。

3. 常用机型简介

上面已经说到 PLC 品种繁多，大部分厂家都有若干个系列产品。当前在我国市场上占有较大份额的品牌还是为数有限的，在这里选择几个作简单的介绍，供读者参考，如需要深入了解请向网络查询和直接向生产厂或经销商索取详细资料。

(1) 西门子公司　早期推出的 SIMATIC S5 系列产品有：小型机 S5-90U、S5-95U、S5-100U；中型机 S5-115U；大型机 S5-135U、S5-155U 等，这些产品在我国钢铁、汽车、化工等行业广泛应用。近年推出的 SIMATIC S7 系列产品体积更小，性能更好，其中 S7-200 系列是小型机；S7-300 是中型机；S7-400 是大型机。西门子的微型机 LOGO! 体积小、安装方便，很受欢迎。

(2) 日本 OMRON 公司　该公司生产的微型机有 CPM1A、CPM2A；小型机 CQMIH；中型机 C2000H、CV2000、CSI 等各具特色，在中国和世界市场上占有一定的份额。

(3) 日本三菱公司　该公司是最早进入中国的 PLC 市场的厂家之一，20 世纪 80 年代是 F1、F2 系列；90 年代有 FX 系列；目前推出 FX1N、FX2N 等；它的中大型机为 A 系列。

(4) 施耐德 MODICON 公司　该公司兼并了 MODICON 公司，早期生产 984 等系列 PLC，现在的产品种很多，小型机如 Nano、Micro、中型机如 Premium、大型机如 Quantum 等等。

(5) 罗克韦尔 A-B 公司　该公司兼并了 A-B 公司，生产 PLC-5、SLC-500 等系列，近期推出 Control logix 系列大型机。

(6) 美国 GE 公司　该公司生产的 90-20、90-30、90-70 等系列产品相当著名，近期推出 Versa Max 系列产品很有特色。

上述公司在我国都建立了销售和技术服务网络，其中 OMRON 和 A-B 公司在我国建立了合资或独资生产企业，可以生产部分产品供应市场。

第三节　通用型变频器

现代生产机械普遍采用电气传动系统，实现电动机无级变速可以大大简化生产机械的结构，而且还能够显著提高生产机械的技术水平和工作效率，从而提高产品的质量和数量。对于风机和水泵类负载，采用调速方法来改变其工况可节约电能达20%～60%，经济效益十分显著。

异步电动机结构坚固、运行可靠、造价低廉，一直是生产机械的主要动力设备，其转速为

$$n = 60f(1 - s)/p$$

式中，n 为电动机的转速（r/min）；f 为交流电的频率（Hz）；p 为电动机的磁极对数；s 为电动机的转差率。

从上式可以看出，如果能够控制供电频率就能够控制异步电动机的转速。直到20世纪70年代，微电子和电力电子技术发展到相当水平才研制出由大功率晶体器件组成的变频器，时至今日变频调速技术已经十分成熟，成为电动机调速的主流，在工业生产和家用电器领域都获得了广泛的应用。

变频器按其主电路结构不同可分为电压型变频器、电流型变频器、交-交变频器等，它们的控制方式和技术特性都有较大区别。本节主要介绍当前应用最为广泛的通用变频器，它的主电路结构属于电压型变频器。

一、变频调速的基本原理

根据异步电动机运行原理，对它进行调速控制时，其气隙磁通（主磁通）应保持额定值不变，因为磁通减弱则在相同的转子电流下电磁转矩将减小，使电动机的负载能力下降；磁通太强又会使电动机铁心处于过度饱和状态，使定子电流的励磁分量增大，铁心温升过高。由电动机理论可知，三相感应电动机定子每相电动势的有效值为

$$E_1 = 4.44kw_1 fN_1 \Phi_m$$

式中，kw_1 为定子绕组系数；f_1 为定子电流频率；N_1 为定子每相绕组匝数；Φ_m 为每极最大主磁通。

由上式可见，要使 Φ_m 保持不变，就必须使 E_1 与 f_1 比值保持不变，即 $E_1/f_1 = \text{const}$，但是 E_1 的大小无法从外部电路中进行测量，从电机理论中我们知道，在忽略定子绕组的阻抗压降时，电动势 E_1 与定子相电压相等，即：$U_1 \approx E_1$，从而得出 $U_1/f_1 = \text{const}$。

上式表明感应电动机进行变频调速时其电源装置输出的电压与频率必须按照相同的规律变化，也就是说调速装置输出的电压和频率的比值应保持不变，因此这种变频器被称为VVVF（Variable Voltage Variable Frequency）。这种变频器是当前的主流形式。

变频器的主电路如图4-1a所示，三相交流电路经不可控二极管整流电路变为直流电压源，再经过三相逆变器转换为电压和频率可调的三相交流电，其调制原理如图4-1b所示。

由参考电压 U_R 与载频三角波 U_C 的交点来决定逆变管的导通时间，通过脉冲宽度的改变来得到幅值不同的正弦基波电压，其有效值大小与参考电压成正比，频率和相位由参考电压决定，这种调制方式与一般的通过调节脉冲占空比来调节平均电压的脉宽调制方法（简称PWM调制）有所不同，可以获得接近正弦的交流电压，因而称为正弦脉宽调制（简称SPWM调制）。目前，逆变管一般采用绝缘栅双极型晶体管（IGBT），其载频达10kHz以上，可以使变频器性能得到提升，噪声显著降低。

采用U/F控制的VVVF变频器基频以下可以实现恒转矩调速，基频以上则可以实现恒功率调速，这种变频器，电路较为简单，负载可以是普通的感应电动机，经济性好，主要用

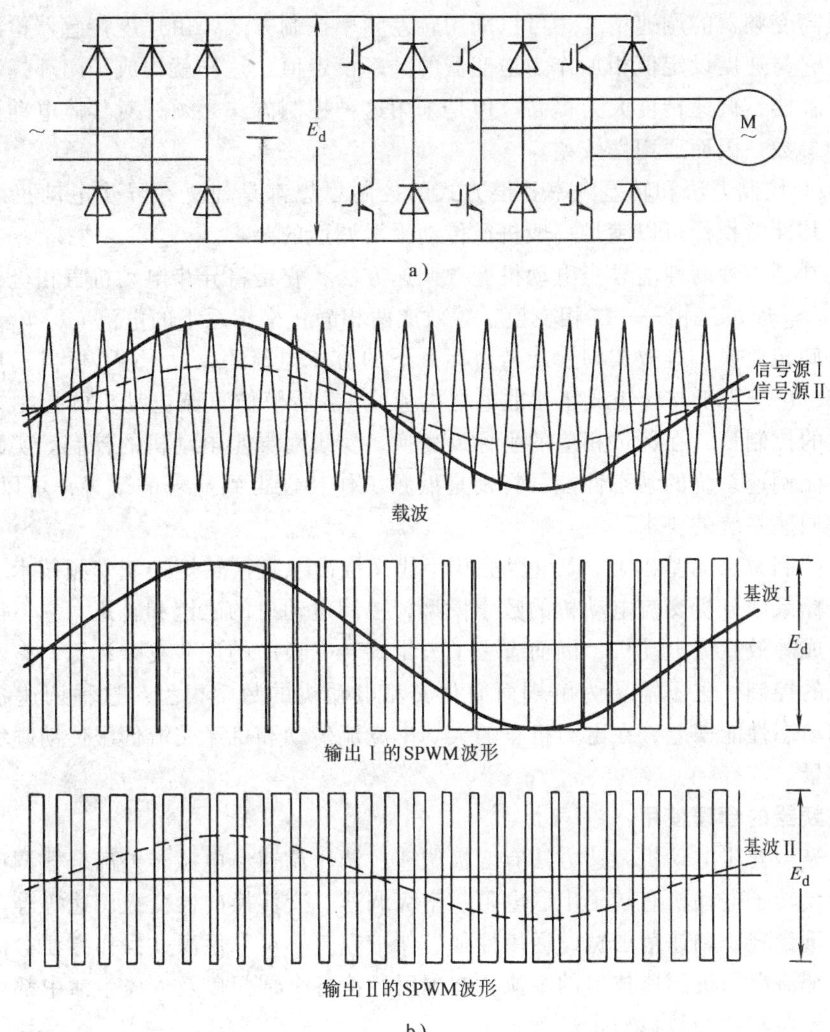

图 4-1　采用 SPWM 调制方式的 IGBT 变频器工作原理

a）主电路原理图　b）SPWM 调制方式原理示意图

于风机、水泵调速节能以及对调速性能没有严格要求的场合。

二、转差频率控制与矢量控制简介

由 VVVF 变频器供电的异步电动机在基频以下的机械特性曲线如图 4-2 所示，由图可以看出随着频率的降低，电动机临界转矩减小，这是因为电动机的额定电流 I_{1N} 在定子电阻的电压降 ΔU_r 是不变的，当定子相电压 U_1 随频率 f_1 同步下降时，$\Delta U_r/U_1$ 将逐渐增大，相应电动势 E_1 将减小，导致主磁通 Φ_m 也随之减小，进而使得电动机的临界转矩减小，由此可见频率降低会使电动机负载能力下降，也就是说由 U/F 恒定的变频器供电的异步电动机低速性能较差。

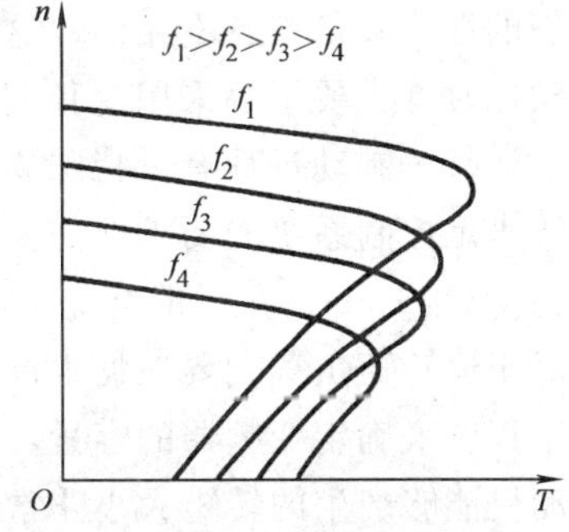

图 4-2　异步电动机变频调速时的机械特性

为了提高变频器的调速精度，可以采用转差频率控制方式，由速度传感器检测出转差角频率，再把它与速度设定值相加作为逆变器的频率设定值，这样就构成了闭环控制，由于转差率得到了补偿，调速精度大为提高。但是采用这种控制方式必须针对具体电动机的机械特性调整控制参数，因而通用性较差。

上述 U/F 控制方法和转差频率补偿方式的控制思想都是建立在异步电动机的静态数学模型上的，其性能指标可以满足一般机械传动平滑调速的要求。

矢量控制是一种高性能异步电动机变频调速方法，它是将异步电动机三相坐标系下的定子流 i_A、i_B、i_C 通过三相——二相变换，等效成两相静止坐标系下的电流 $i_{\alpha 1}$、$i_{\beta 1}$，通过按转子磁场定向旋转变换，等效成同步旋转坐标系下的直流电流 I_{m1}、I_{t1}（I_{m1} 相当于直流电动机的励磁电流，I_{t1} 相当于与转矩成正比的电枢电流），然后模仿直流电动机的控制方法，求得直流电动机的控制量，在经过相应的坐标反变换，实现对异步电动机的控制。实践证明可以获得类似直流调速系统的动态性能，特别是低频工作特性得到显著的改善，可以满足轧钢、造纸等设备调速系统的要求。

在矢量控制方法的基础上，20 世纪 90 年代又推出了直接转矩控制变频技术，这种方法是在定子坐标系中分析交流电动机的数学模型，控制电动机的磁链和转矩。它不需要将交流电动机变换成等效直流电动机，因而省去了矢量旋转变换中的许多复杂计算，它不需要模仿直流电动机的控制，也不需要为解耦而简化交流电动机的数学模型。这种调速系统性能良好，但低速动态性能稍差，在电力机车的大功率交流传动和机床交流伺服传动领域展现出良好的应用前景。

三、变频器的合理使用

传统的笼型异步电动机调速方法有变极调速、调压调速、电磁转差离合器调速、液力耦合调速；绕线转子电动机有转子串联电阻、串级调速、交流换向器变极调速等等。变频调速以体积小、重量轻、调速范围宽、通用性强、保护完善、可靠性高、操作方便等优点而后来居上，成为交流电动机调速技术的主流，在国民经济各个部门以及人民生活中都获得了广泛应用，经济效益和社会效益非常显著。

通用变频器用途很广，通常的运行方式有正反转运行、多级速度运行、多电动机运行、由变频器拖动风机或水泵构成压力、流量、温度闭环控制系统实现自动频率调节运行等等。

我国变频器市场化是 20 世纪 80 年代后期开始的，首先是三垦、富士、三菱，接着有 ABB、AB、西门子，随后有丹佛斯、三星、华为、森兰、格立特等众多品牌陆续进入市场，它们的性能和价格各不相同，这种情况从某种意义上增加了选择的难度。作为设计者在选用变频器时首先要了解采用变频调整装置的生产机械的电动机功率、负载特性、调速范围、起动—运行—制动过程有无特殊要求等，然后认真阅读拟选用的变频器的技术资料，看它是否能够满足控制系统的要求。需要提请注意的是，变频器是电子产品，其输出电流过载能力通常为 150%1min，在一般情况下电动机只要温升不超过允许值，其过载时间可以长得多，因此对于恒转矩负载，要根据生产机械在整个运行时间内可能出现的峰值电流及其维持时间和频繁程度来确定变频器的容量。调速范围是由生产工艺要求确定的，在最低速度时变频器与电动机能够产生的转矩大小非常重要，因此调速范围大的系统要特别重视低频下的机械特性能否满足要求。此外还要注意生产机械是否需要配用制动装置等等。

在变频器调速系统调试时，要合理设置起动转矩、加速、减速时间，S 形运行、频率跨跳、过载保护等运行参数，使变频器既能充分发挥它的优越性能，又能安全经济运行。

第四节 人机界面

人机界面（Human Machine Inferface）通常以HMI表示。

现代工业生产过程复杂多变，操作人员需要掌握各种信息，以便及时进行处理，这就是人机界面的作用。具体来说，将控制系统的PLC、变频器、检测仪表等众多现场设备的运转情况在屏幕上显示出来，操作人员可以使用键盘、鼠标、触摸开关等输入单元写入工作参数或操作命令，从而实现人与机器信息交互的数字设备——人机界面。

人机界面通常包括硬件和软件两大部分。硬件由输入单元、处理器、通信接口、数据存储单元、显示器等组成，常见的就是工控机、触摸屏等设备；软件一般可以分为两部分：运行于Windows操作系统下用以编程的组态软件和运行于人机界面硬件中的工程应用文件。使用时必须先用组态软件按照控制系统的需要在PC上编制出工程应用文件，然后下载到人机界面的处理器中运行。

下面对人机界面的软件和硬件分别作简要介绍。

1. 组态软件

组态（Configuration）的意思就是使用软件中提供的工具、方法完成某个工程具体任务的过程。组态软件实际上是一个专为工业控制系统开发的工具软件，它为用户提供了多种通用工具模块，用户不需要掌握太多的编程语言技术就能够很好地实现一个工程项目所要求的控制功能，它具有与Windows一致的图形化操作界面，非常便于生产组织和管理。工业组态就是把企业中各种现场设备、控制器、监控和管理信息融为一体的计算机平台。典型的工控网络通常可以分为设备层、控制层、监控层、管理层等几个层次，它们构成一个分布式的工业网络控制系统（见图3-8）。组态软件一般是位于监控层的专用软件，负责对下集中管理控制层，向上链接管理层，是企业生产管理信息化的重要组成部分。

组态软件具有以下特点：

（1）延续性和可扩充性　用通用组态软件开发的应用程序，当现场（包括硬件设备或系统结构）或用户需求发生改变时，不需作很多修改即可方便地完成软件的更新和升级。

（2）易学易用　通用组态软件所能完成的功能都用一种方使用户使用的方法包装起来，用户不需掌握太多的编程语言技术（甚至不需要编程技术），就能很好地完成一个复杂工程所要求的所有功能。

（3）通用性　每个用户根据工程实际情况，利用通用组态软件提供的底层设备（PLC、智能仪表、板卡、模块、变频器等）的I/O Driver、开放式的数据库和画面制作工具，就能完成一个具有动画效果，实时数据处理历史数据和曲线，具有多媒体功能的工程。

组态软件可以实现如下功能：

1）对工业控制系统中的各种资源（设备、画面等）进行配置和编辑。

2）查看生产流程画面，掌握设备运行状态。

3）在必要时人为干预生产过程，修改工艺参数。

4）处理数据报警和系统报警。

5）生成各类报表和打印输出。

6）与上层管理部门的计算机联网，支持数据查询。

由于 PC 的硬件平台功能强大（主要是运算速度快，存储容量大等），通用型的组态软件在各种工业监控系统中起着不可替代的重要作用。

上面已经提到组态软件通常有两部分：其一是系统开发环境，这是设计工程师根据控制系统的需要在 PC 上进行工程应用程序生成所必须的工作环境（通常称之为开发版）；其二是系统运行环境，工程应用程序被装入人机界面硬件内存后投入实际运行（通常称之为运行版）。组态软件支持在线组态技术，即在不退出系统运行环境的情况下可以直接进入组态环境并修改组态，通过调试最终将工程应用程序在运行环境投入实时运行，达到了预定技术要求之后，就完成了一个工程项目。

我国陆续引进的著名组态软件有 Intouch、FiX、Citech、WinCC 等。近年来国内也先后推出了 KingViEW（北京亚控公司）、MCGS（北京昆仑通态公司）、力控（大庆三维公司）、天工组态（北京天工创联公司）等组态软件。国产通用组态软件直接采用中文，使用方便，具有较高的性能价格比，已经获得广泛的应用，但仍然很难满足重大工程项目的高性能及高可靠性的要求。

2. 工控机

工业控制计算机（IPC）简称工控机，是为适应工业现场环境而制造的电子计算机。工业现场具有电磁干扰严重、灰尘湿度大、可能存在强烈振动等问题，而且工业生产要求计算机能长时间不间断连续运行，因此工控机必须满足下列技术要求：

1）环境适应性强，具有防尘、防腐、防振动、抗电磁干扰的能力。

2）实时性好，通信功能强，易于实现网络化。

3）可靠性高，平均无故障工作时间（MTBF）应达数万小时。

工控机与一般商用或个人用计算机（PC）在硬件和软件资源上是兼容的，但采用了更适用于工业环境的结构，如工业标准机箱、工业级元件、总线结构以及丰富的过程通道板卡和通信接口等，因而具有更高的可靠性和抗干扰性能，更适合在工业环境中使用，其价格也高于同等配置的普通计算机。

近年来一种基于 LCD 平板显示器的工控机——通常称之为嵌入式 PC，它的体积较小，可以直接安装在生产设备或电控柜上，因而得到了越来越广泛的应用，它与前述的工控机（IPC）不同之处是：

1）嵌入式 PC 主要用于实时性要求较高或规模较小的控制系统中；而 IPC 主要用于监控和数据后台处理，可用于大型工控系统中。

2）嵌入式 PC 的组态和运行环境是分开的，组态在 PC 环境中进行，生成的工程应用文件要下载到嵌入式 PC 环境中运行；工控机的组态和运行都是在 PC 环境中进行的。

3）通用版组态软件运行于 Windows98/2000/NT/XP 等操作系统中；嵌入式 PC 运行于实时多任务操作系统 WindowsCE，Linux 中。

3. 触摸屏

触摸屏是 PLC 厂家首先推出的人机界面。

传统的工业控制系统通常是用按钮、开关、指示灯、显示仪表等器件来监控生产设备运行状态，很难实现对大型生产线集中监控，更无法对系统工艺参数进行现场设置和修改。触摸屏也是一种工业控制计算机，它主要独特之处是在显示器前面覆盖了一层透明的触摸传感器（此类传感器有电阻式、电容式、红外线式、表面声波式等几种，以电阻式最常见），代替了键盘和鼠标。工作时显示器的画面上出现引导操作的图标或菜单，操作人员照此提示用手指或某种物体触摸对应位置的传感器（开关），从而可以根据触摸位置确定其输入信息，触摸屏的 CPU 便发出相应的指令，显示数据，切换画面或通过 PLC 对现场设备进行控制操作。

触摸屏的优点是：

1）编程容易，界面友好，使用者几乎无需培训就可以上岗操作。

2）简单好用，极大地消除了误操作的可能性。

3）抗干扰能力强，运行可靠，能够适应恶劣的工作环境。

4）输入单元整合到显示器上，结构十分紧凑，占用空间很小，便于安装布局。

触摸屏与 PLC 相结合的中小型控制系统应用非常广泛，已经成为当前自动化技术发展的一个重要方向。

触摸屏的编程软件也可以叫做组态软件，通常不同厂家在不同时间生产的触摸屏硬件需要使用不同的组态软件或组态方法。目前生产触摸屏的厂家很多，如西门子的 TP170、270、370；OMRON 的 NT、MPT、NT 系列；三菱的 GOT 系列；富士的 UG20、30；台达的 DOP-A 系列等，用户需要按照所选用的产品各自的技术说明书来使用。

第五节　自动控制用微特电机

随着科学技术的不断发展，在普通旋转电机的基础上产生出多种具有特殊性能的控制电机，它们不但体积小、重量轻、耗电少，而且具有高精度、高可靠性和快速响应等特点，在自动控制系统中发挥重要的作用。自动控制用的微型特种电机品种很多，大致可分为信号转换类：如旋转变压器、自整角机、测速发电机等；执行元件类：如伺服电动机、步进电动机、无刷直流电动机等。下面分别作简要介绍。

1. 旋转变压器

旋转变压器是电磁感应式位置检测传感器，主要用于角位移测量。常用的旋转变压器定子和转子各有空间分布相差 90°的两个绕组，因而被称为正、余弦旋转变压器，其原理图如图 4-3 所示。

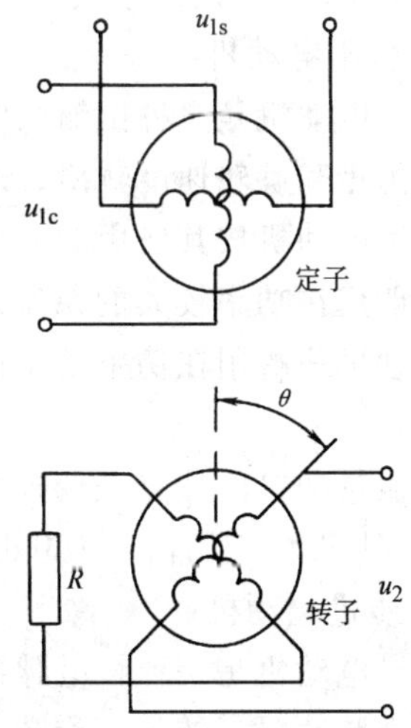

图 4-3　正、余弦旋转变压器原理图

定子的正弦和余弦绕组励磁电压为 u_{1s} 和 u_{1c}；转子的一个绕组感应电压为 u_2，另一个绕组外接阻抗作为补偿，θ 为转子偏转角。

设
$$u_{1s} = U_m \sin\omega t$$
$$u_{1c} = U_m \sin(\omega t + \pi/2) = U_m \cos\omega t$$

当转子正转时有：$u_2 = kU_m \cos(\omega t - \theta)$

式中，U_m 为励磁电压幅值；k 为电磁耦合系数，$k<1$；θ 为相位角（转子偏转角）。

当转子反转时则有：$u_2 = kU_m \cos(\omega t + \theta)$

由此可见，转子输出电压的相位角和转子的偏转角之间有严格的对应关系，只要测出转子输出电压的相位角就可以知道转子的偏转角。由于旋转变压器的转子是和被测轴连接在一起的，因而也就测出了它的角位移。

旋转变压器结构有有刷和无刷两种形式。我国生产的有刷旋转变压器为封闭式，可以在较为恶劣的环境中工作，无刷式旋转变压器结构复杂，由于没有电刷和集电环之间的滑动接触，工作更为可靠。

在这里还应说明的是旋转编码器也是用来检测的角位移的器件，与旋转变压器不同，它是基于光电转换效应的直接输出数字式代码的器件，当前应用领域更为宽广。

2. 自整角机

自整角机也是来传输角度数据的感应式信号元件，它既可以把机械的转角转换成电压、电流信号，又可以将电信号转换成机械轴的转角，主要用于角度的变换和传输，实现机械上互不相连的两根或多根转轴同步旋转。在传动系统中通常是两台或多台同时使用，其中一台主动作为发送机，其余从动为接收机。

自整角机按使用要求的不同可分为力矩式和控制式两类，力矩式主要用于指示系统中，控制式主要用于功率传递系统中。按电源的相数分类，则有单相和三相两种，在自动控制系统中通常使用单相自整角机。按结构形式不同可分为接触式和无接触式两类，无接触式自整角机没有集电环和电刷的滑动接触，可靠性高，使用寿命长，不产生无线电干扰，但是结构较为复杂，电气性能也较差；接触式自整角机结构简单，性能好，使用更为普遍。

3. 测速发电机

测速发电机是一种测量转速的信号元件，它将输入的机械转速变为电压信号输出，在控制系统中主要用来检测转速，其输出电压通常作为速度反馈信号使用。

测速发电机输出电压有直流和交流两大类。直流测速发电机是一种微型直流发电机，它的工作原理与一般的直流发电机相同，按定子磁极的励磁方式可分为无槽电枢、有槽电枢、空心环电枢和圆盘印刷绕组等几种。交流测速发电机则有同步测速发电机和异步测速发电机两种。

对测速发电机的技术要求主要是输出电压与转速成正比而且比值应恒定不随外界条件改变；发电机的转动惯量要小以保证反应快速。

4. 伺服电动机

伺服电动机是一种由输入电信号控制的电动机，它将输入的电压信号变换成电动机转轴的旋转力矩和旋转速度输出，改变输入电压可以改变伺服电动机的转速及转向。

伺服电动机按其使用的电源不同可分为直流伺服电动机和交流伺服电动机。直流伺服电动机一般用在功率较大的系统中，其输出功率通常为1~600W，但也有达数千瓦的。交流伺服电动机一般用在功率较小的系统中，其输出功率通常为0.1~100W，最常用的是30W以下的。

伺服电动机的特点是调速范围宽，机械特性和调节特性均为线性，能够快速响应，无“自转”现象（控制信号为0时其转速也应为0），运行可靠。

5. 步进电动机

步进电动机是一种将电脉冲信号变为对应的角位移或直线位移的转换器。当电动机绕组接收一个脉冲时，转子就旋转一个相应的角度（称为步距）。低频运行时，可以清楚地看到电动机转轴是一步一步地转动的，因而称为步进电动机。

步进电动机的角位移量与输入脉冲的个数严格成正比，因此只要控制输入脉冲频率、相序和脉冲数量就可以获得所需的转速、转向和旋转的空间角度。

步进电动机大致有三种类型：

（1）可变磁阻式　定子磁极上有集中绕组，转子无绕组，由定子绕组励磁产生的反应力矩作用实现步进运行，因而也称为反应式步进电动机。这种电动机结构简单、工作可靠、运行频率高、步距角小（0.75°~9°）。

（2）永磁式　转子为永久磁铁，定子也是凸极结构，它的转动靠转子磁极与定子绕组产生的电磁力相互吸引或排斥来实现。这类电动机控制功率小、效率高、造价低，在定子绕组无电流时也具有保持力。由于受转子磁极宽度限制，步距角不能做得很小（7.5°~18°），电动机频率响应较低，常用于低速场合。

（3）混合式　也称为永磁反应式步进电动机，它并有可变磁阻式和反应式两者的优点：步距角小、工作频率高、控制功率小、无励磁时具有定位转矩，但结构复杂、造价也高。

步进电动机通常经齿轮减速后驱动滚珠丝杠实现工作机构往复直线运动，广泛用于开环控制的数控机械设备如经济型数控车床、线切割机、绘图机以及钢带、纸张、塑料薄膜的固定尺寸传送控制。

6. 无刷直流电动机

直流电动机动态性能好、效率高、控制方便，但它有电接触部件即电刷和换向器从而带来了结构复杂、可靠性差、有换向火花会产生电磁干扰等缺点。近年来随着高性能的稀土永磁材料和位置检测技术以及电力电子技术迅速发展，研制成功了新型的无刷直流电动机。它是根据永磁转子的位置对定子电枢绕组电流进行控制，取代了换向器和电刷的作用，因而这种电动机也具有直流电动机的优良性能。

无刷直流电动机的永久磁铁、磁极安放在转子上，电枢绕组安装放在定子上，位置传感器相应有两部分，转动部分和转子同轴连接，固定部分则与定子相连。由此可见，从本质上说无刷直流电动机是带电子换向器的反装式永磁直流电动机。从电动机运行原理上看，无刷直流电动机和同步电动机十分相似。无刷直流电动机的定子电枢绕组可以做成二相、三相、四相和五相，但实际上三相用得最多；转子位置检测是无刷直流电动机的关键部件，有霍尔式、光电式转换开关以及数字编码器等。

图 4-4a 是三相全波无刷电动机控制系统示意图，从图上可以看到控制系统的主电路与通用型变频器的主电路十分相似，也是交－直－交型式，三相桥式逆变器同样有六只续流二极管用以回收电感能量，定子绕组为 Y 形联结，中性点不引出，每隔 60°触发一只功率晶体管，在一个周期内每相绕组导电 120°，其相电动势和相电流波形如图 4-4b 所示。实际上由于电动机绕组的电感作用，电流波形不可能是理想的矩形波。由于功率晶体管的导通和截止是通过位置传感器的信号来控制的，因此位置传感器和三相绕组之间必须有严格的对应关系才能保证各个功率晶体管的工作状态准确无误。无刷直流电动机是一个闭环控制系统，控制器采用 PWM 调制方式，可以实现调频调压和可逆运行，使得直流无刷电动机具有优良的调速性能。目前这种电动机可以做到数十千瓦甚至更大的容量。

直流无刷电动机的转子为高性能稀土永磁材料，不消耗励磁功率，具有节能高效、结构简单、输出转矩大、噪声小、工作可靠、调速范围宽、转向可逆等一系列优点，因而得到广泛的应用。数控机床的进给系统要求电动机具有优良的动态和静态性能，现在已经普

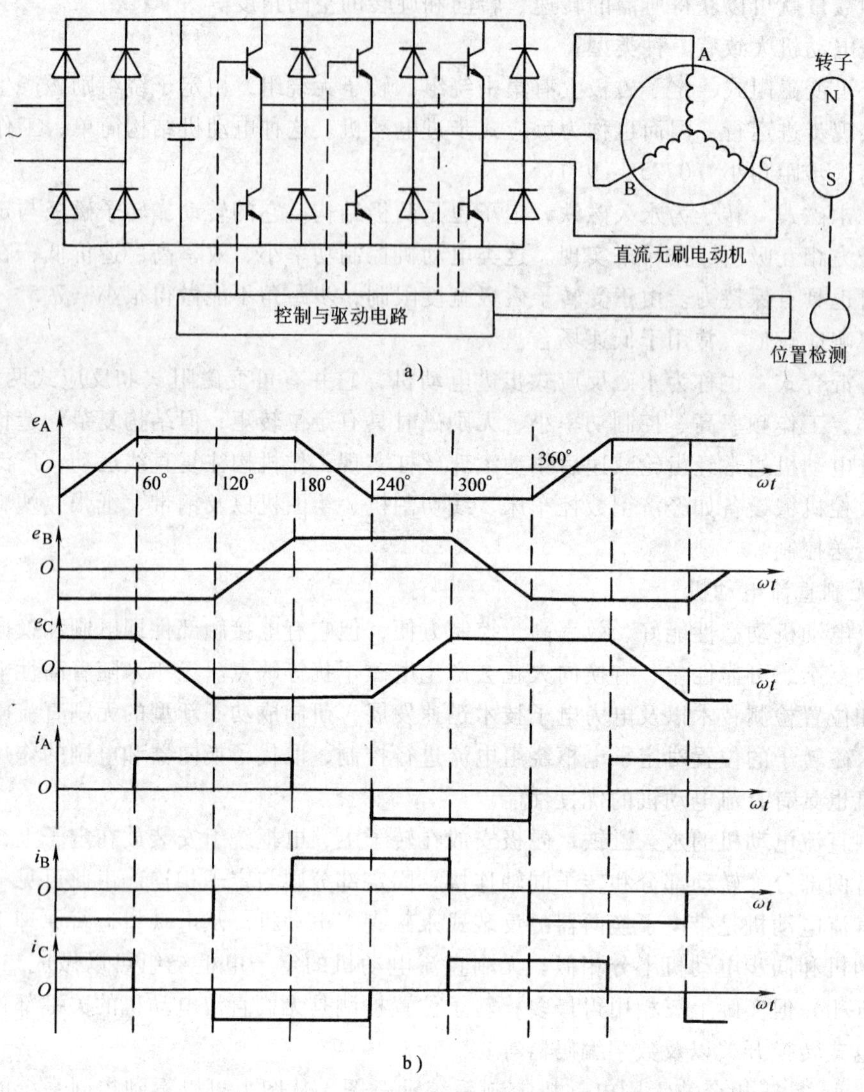

图 4-4　三相全波直流无刷电动机控制系统

遍采用直流无刷电动机（在我国机床行业通常称之为三相永磁同步电动机，如西门子 1FT5、1FT6 系列）；在微电子机械产品如磁盘、光盘驱动器也是用这种微型高效节能的电动机。无刷直流电动机的转子是永磁材料，没有铜损和铁损，也就不存在散热问题，对于转速高达十万 r/min 以上的电动机来说这是一个非常重要的优点，因而它特别适合与高速机械设备如高速磨床、钻床、离心机等相配套。近年来直流无刷电动机的专用集成电路不断出现，它们将信号电路、控制电路和保护电路集成在一起，降低了价格又提高了电动机性能，使得直流无刷电动机品种不断增加，应用领域不断扩大，例如家用空调器，直流无刷电动机正在取代笼型电动机，这种新型空调器节能效果更加显著。又如当前发展很快的电动车辆——电动汽车和电动自行车，体积小、效率高、调速性能优良的直流无刷电动机自然成为理想的驱动电动机。总之，直流无刷电动机具有宽广的应用前景，值得我们给予更多的关注。

第六节　电气测量仪表

一、概述

由电气测量技术测量的电磁量种类很多，包括各种电量如电流、电压、功率（有功、无功、视在功率）、电能（有功、无功）、功率因数、相位、相序、频率等；电路参数如电阻（直流、交流电阻）、电容、损耗因数、损耗角、电感、品质因数、互感等；磁量如磁通、磁感应强度、磁动势、磁场强度、磁阻等等。

常用的电气测量仪器设备大致可以分为三类，下面仅作简单介绍。

（1）指示仪表与电能表　指示仪表是指开关板表，便携式和实验室仪表。开关板表也称配电盘表，主要安装在开关板、仪器面板上，如电流表、电压表、功率因数表、功率表等，这些仪表准确度通常为1.5～2.5级。实验室仪表准确度一段为0.5～0.1级之间，通常用作标准表或用来进行精密测量。选用仪表时其量程应比实际的工作范围上限大1/3左右。

（2）比较测量仪器　这是用比较法进行测量的仪器，常用的有单臂电桥、双臂电桥、交流阻抗电桥，用于测量电压和电动势的电位差计和电流比较式电位差计等。

（3）数字仪器与智能仪器　数字仪器具有准确度高，读数误差小、测量速度快等优点，但由于大量使用电子元件导致稳定性较差而且其价格高于指示仪表。近年来采用微处理器的数字仪器发展很快，由于它具有数据处理、自动补偿、自动调节、信息存储等多种功能，通常称之为智能仪器（也称微机化仪器）。

还应指出的是，利用霍尔效应制成的霍尔电流传感器可以实现电流/电压变换和被测电路与控制电路之间的电气隔离，抗干扰能力很强，工作频率范围很宽，可以从直流到几百千赫，因而在电器与仪表智能化方面获得了广泛的应用，数字式交直流钳形电流表、多种电力质量分析仪都是用霍尔电流信号变送器为基础制成的。

除此之外，还有很多测量仪器设备如示波器、自动记录仪、各种标准电源、测磁仪器等等，限于篇幅不作介绍。值得注意的是，近年来有一种虚拟仪器正在发展之中，它是在电脑硬件系统上增加功能组件、虚拟仪器软件以及通信网络就可以由用户自行定义，组成各种测量仪器和测控系统，这种新型的测量设备具有良好的应用前景。

二、指示式电工仪表

在电气控制系统中最常用到的就是指示式电工仪表，它的特点是直接将被测量（电压、电流、功率、频率、功率因数等）转换为仪表的偏转角位移，在仪表标度指示出被测量的数值从而可以直接读出被测量的大小。电量指示仪表种类很多，分类方法也很多。

（1）按工作原理分　可分为磁电系、电磁系、电动系、静电系、感应系、整流系、热电系、电子系等。

（2）按被测量的种类分　可分为电流表、电压表、功率表、电能表、相位表、频率表以及多用途仪表（如万用表）等。

（3）按工作电流种类分　可分为直流仪表、交流仪表、交直流两用仪表等。

由于各类电量指示仪表的工作原理和结构不同，其主要的性能指标也不相同，表4-1列出了几种常用指示仪表的性能资料。

表 4-1 常用指示仪表性能比较

		磁电系	整流系	电动系	电磁系	感应系
最高准确度		±0.1%	±0.5%	±0.05%	±0.2%	±0.1%
量限范围	电流	1μA~30A	5A	25mA~20A	10mA~60A	23~50A
	电压	1.5μV~60V	2.5V~2.5kV	5~600V	1.5~600V	220~380V
频率范围		直流	直流、20~1000Hz	直流、10~2500Hz	直流、10~800Hz	50~60Hz
波形影响		—	可测量交流平均值	可测量交流有效值	可测量交流有效值	可测量交流有效值
防外电磁场能力		强	强	弱	弱	强
过载能力		差	差	差	强	强
能测的电量		电流、电压、电阻	电流、电压、功率、频率、功率因数	电流、电压、功率、频率、功率因数	电流、电压	电能
主要用途		直流电流、电压	万用表	交直流电压、电流及功率	交流电流、电压	交流电能表

从表4-1可以看出，这些仪表本身测量电压、电流的范围是十分有限的，为了扩大电流、电压的测量范围，通常采用定值分流器与直流毫伏表（通常为0~75mV）配合，用电流互感器与交流电流表（通常0~5A）配合就可以测量最高达数千安培的电流。用电压互感器配合交流电压表（通常为0~100V）就可以测量数千伏直至数百千伏的交流电压。

三、电能表

磁电系、整流系、电动系、电磁系仪表通常都是指针式仪表，常用来测量电压、电流、功率等参数。感应系仪表则主要用来测量交流电能，通常也称之为电度表，它不仅要反映当前功率的大小，更重要的功能是记录电能随时间而增加的积累总和。由于市场需求的多样性，电能表的种类也很多，可以从不同角度进行分类：

（1）按测量对象分　可以分为交流单相电能表和交流三相电能表两种。交流三相电能表又有三相二元件电能表（用以测量三相平衡负载）和三相三元件电能表（也称为三相四线电能表，可以测量三相不平衡负载）等。此外，三相电能表还有有功电能表与无功电能表之别。

（2）按原理分　可以分为感应系和数字式两大类。数字式电能表采用电子电路进行电能计量，其基本原理是数字功率表加上积分装置。数字功率表大多采用模拟乘法器原理或采用微处理器瞬时采样原理；积分装置则可采用V-f转换或用软件计算。

（3）按用途分　可分为一般民用（单相）和工业用（三相）电能表和特殊用途的电能表。特殊用途的电能表主要有多费率电能表（电网实行峰、谷、平差别电价时，需要分别记录不同时间段所耗用的电能）、最大需量电能表（记录用电高峰负荷量）、铜损与铁损电能表（测量输电线路、变压器的铜损、铁损等）、预付费电能表（即IC卡电能表，要求用户先付费后用电）、电子式电力载波电能表（利用电力线路载波通信传输电能数据）等等。

电能表种类繁多、用途各异，需要根据负荷性质和测量要求进行选择。在这里要特别提示的是电能表的负载电流一般有标定电流和额定最大电流两个数值，后者是电能表仍能正常工作、误差在规定范围之内的最大电流。例如某电能表上标为“1.5（6）A”字样，其中

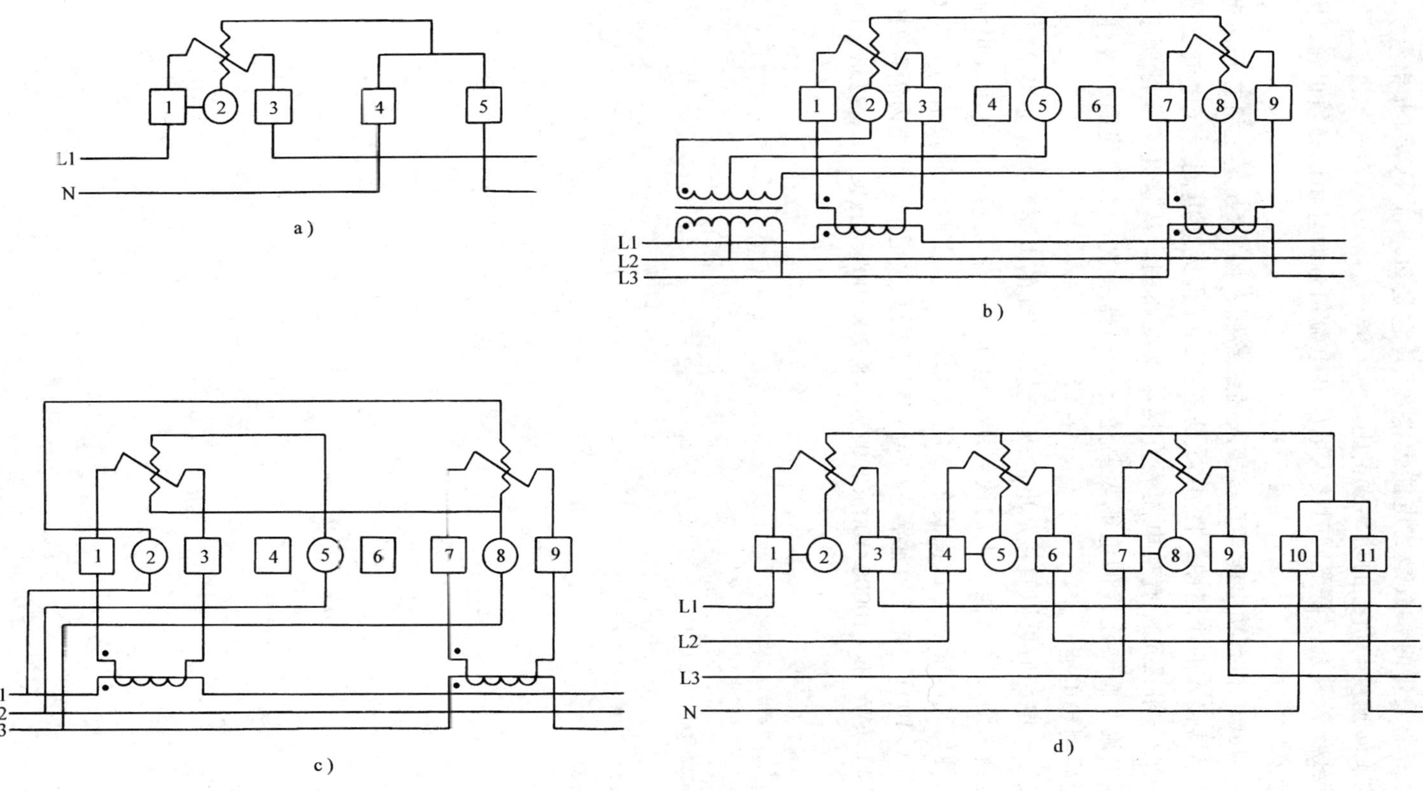

图 4-5 电能表的接线方法

1.5A 为标定电流、6A 为额定最大电流，表示这个电能表在负载电流较小时就能达到规定的准确度，而且具有较大的负荷能力。

电能表还有一个重要的参数是“电能表常数”，它是每增加 1kW · h 铝盘旋转的圈数，由此可知铝盘的旋转速度与负载的功率成正比。

电能表的接线比较复杂，需要同时接入电压和电流信号而且相位必须正确，因此应严格按照说明书规定接线。

图 4-5a 是感应式单相有功电能表直接接入的线路图；图 4-5b 是三相二元件有功电能表经电压、电流互感器接入的线路图；图 4-5c 是三相二元件无功电能表经电流互感器接入的线路图；图 4-5d 是三相三元件有功电能表直接接入线路图。从这几个实际例子可以看出，对于经过电压或电流互感器连接的电能表要注意互感器一次、二次线圈的极性（同名端）必须对应才能正确测量电能。

电能表直接接入电路时可以直接从电能表上读取实际的电能数据，如果是通过电压、电流互感器接入电路，则应将电能表上的读数乘上电压、电流互感器的电压（电流）比才是实际的电能值。例如某电能表上次测得的数值为 125.4、本次测得的数值为 143.6；配用的电压互感器是 10kV/100V、电流互感器是 200A/5A，则两次记录时间之内消耗的电能为

$$(143.6-125.4)\ \text{kW}\cdot\text{h}\times 10000/100\times 200/5=18.2\times 100\times 40\text{kW}\cdot\text{h}=72.8\times 10^{3}\text{kW}\cdot\text{h}$$

下篇　设计范例

概　述

现代生产设备是机械制造、电气控制、生产工艺等专业人员共同创造的产物，只有统筹兼顾制造、控制、工艺三者的关系才能使整机的技术经济指标达到先进水平。电控系统是现代生产设备的重要组成部分，其主要任务是为生产设备协调运转服务，生产设备电气控制系统并不是功能越强、技术越先进越好，而是以满足设备的功能要求以及设备的调试、操作是否方便，运行是否可靠作为主要评价依据，因此在满足生产设备的技术要求前提下电气控制系统应力求简单可靠，尽可能采用成熟的、经过实际运行考验的仪表和电器元件；而新技术、新工艺、新器件的应用，往往带来生产设备功能的改进、成本的降低、效率的提高、可靠性的增强以及使用的方便，但必须进行充分的调研，必要的论证，有时还应通过试验。

一、电控系统的设计与调试

电气控制系统设计的基本任务是根据生产设备的需要，提供电控系统在制造、安装、运行和维护过程中所需要的图样和文字资料。设计工作一般分为初步设计和技术设计两个阶段。电控系统制作完成后技术人员往往还要参加安装调试，直到全套设备投入正常生产为止。

1. 初步设计

参加设计工作的机械、电气、工艺方面的技术负责人应收集国内外同类产品的有关资料进行分析研究，对于打算在设计中采用的新技术、新器件在必要时还应进行试验以确定它们是否经济适用。在初步设计阶段，对电控系统来说，应收集下列资料：

1）设备名称、用途、工艺流程、生产能力、技术性能以及现场环境条件（如温度、湿度、粉尘浓度、海拔、电磁场干扰及振动情况等）。

2）供电电网种类、电压等级、电源容量、频率等。

3）电气负载的基本情况：如电动机型号、功率、传动方式、负载特性、对电动机起动、调速、制动等要求；电热装置的功率、电压、相数、接法等。

4）需要检测和控制的工艺参数性质、数值范围、精度要求等。

5）对电气控制的技术要求，如手动调整和自动运行的操作方法，电气保护及连锁设置等。

6）生产设备的电动机、电热装置、控制柜、操作台、按钮站以及检测用传感器、行程开关等元器件的安装位置。

上述资料实际上就是设计任务书或技术合同的主要内容，在此基础上电气设计人员应拟订若干原理性方案及其预期的主要技术性能指标，估算出所需费用供用户决策。

2. 技术设计

根据用户确定采用的初步设计方案进行技术设计，主要有下列内容：

1）给出电气控制系统的电气原理图。

2）选择整个系统设备的仪表、电气元器件并编制明细表，详细列出名称、型号规格、主要技术参数、数量、供货厂商等。

3）绘制电控设备的结构图、安装接线图、出线端子图和现场配线图（表）等。

4）编写技术设计说明书，介绍系统工作原理、主要技术性能指标、对安装施工、调试操作、运行维护的要求。

上面叙述的设计过程是对需要组织联合设计的大、中型生产设备而言，对已有的设备进行控制系统更新改造或小型设计项目这个过程和内容可以适当简化。

3. 设备调试

电气控制设备在制造完成后应在出厂前进行全面的质量检查，并尽可能模拟在实际工作条件下进行测试，直至消除所有的缺陷之后才能运到现场进行安装。安装接线完毕之后还要在严格的生产条件下进行全面调试，保证它们能够达到预期的功能，其中检测仪表、变频器等应列为重点，PLC 的控制程序更需进行验证，发现问题立即修改，直到正确无误为止。在调试过程中要做好记录，对已经更改了的电控系统设计图样和技术说明书的有关部分予以订正。设计人员参加现场调试，验证自己的设计是否符合客观实际，对积累工作经验、提高设计水平有十分重要的作用。

二、设计过程中应重视的几个问题

1. 制定控制系统技术方案的思路

在进行电控系统的设计时，首先要对项目进行分析，它是定值控制系统还是程序控制系统，或者两者兼而有之？对于定值控制系统，采用简单经济的位式调节还是采用连续调节方式？对于常见的单回路反馈控制系统，主要任务是选择合理的被控变量和操作变量，选择合适的传感变送器以及检测点，选用恰当的调节规律以及相应的调节器、执行器和配套的辅助装置，组成工艺上合理，技术上先进，操作方便，造价经济的控制系统。对于程序控制系统来说，通常采用继电器－接触器控制或 PLC 控制，选用规格适当的断路器，接触器，继电器等开关器件以及变频器，软起动器等电力电子产品，合理配置主令电器－按钮、转换开关及指示灯等，控制线路设计一般应有手动分步调试、系统联动运行两种方式，努力做到安装调试方便，运行安全可靠。

2. 电控系统的元器件选型

电控系统的仪表、电器元件的选型直接关系到系统的控制精度、工作可靠性和制造成本，必须慎重对待，原则上应该选用功能符合要求、抗干扰能力强，环境适应性好，可靠性高的产品，国内外知名品牌很多，可选的范围很大，其中在已有的工程实践中经常使用，性能良好的产品应作为首选，其次为用户所熟悉或推荐的智能仪表、PLC、变频器、工控组态软件以及当地容易购置的电器产品也应在选用之列。总之，应从技术、经济等方面进行充分比较之后做出最终选择。

3. 电控系统的工艺设计

电控系统要做到操作方便、运行可靠、便于维修，不仅需要有正确的原理性设计，而且需要有合理的工艺设计。电气工艺设计的主要内容包括总体配置、分部（柜、箱、面板等）装配设计、导线连接方式等方面。

（1）总体布置　电控设备的每一个元器件都有一定的安装位置，有些元器件安装在控制柜中（如继电器、接触器、控制调节器、仪表等）；有些元器件应安装在设备的相应部位上（如传感器、行程开关、接近开关等）；有些元器件则要安装在操作面板上（如按钮、指示灯、显示器、指示仪表等）。对于一个比较复杂的电控系统，需要分成若干个控制柜、操作台、接线箱等等，因而系统所用的元器件需要划分为若干组件，在划分时应综合考虑生产流程、调试、操作、维修等因素。一般来说划分原则是：①功能类似的元器件组合放在一起；②尽可能减少组件之间的连线数量，接线关系密切的元器件置于同一组件中；③强弱电分离，尽量减少系统内部的干扰影响等。

（2）电气柜内的元器件布置　同一个电器柜、箱内的元器件布置的原则是：①重量、体积大的器件布置在控制柜下部，以降低柜体重心；②发热元器件宜安装在控制柜上部，以避免对其他器件有不良影响；③经常需要调节、更换的元器件安装在便于操作的位置上；④外形尺寸和结构类似的元器件放在一起，便于配接线和使外观整齐；⑤电器元件布置不宜过密，要留有一定的间距，采用板前走线槽配线时更应如此。

（3）操作台面板　操作台面板上布置操作件和显示件，通常按下述规律布置：操作件一般布置在目视的前方，元器件按操作顺序由左向右、从上到下布置，也可按生产工艺流程布置，尽可能将高精度调节、连续调节、频繁操作的器件配置在右侧；急停按钮应选用红色蘑菇按钮并放置在不易被碰撞的位置；按钮应按其功能选用不同的颜色，既增加美观又易于区别；操作件和显示件通常还要附有标示牌，用简明扼要的文字或符号说明它的功能。

显示器件通常布置在面板的中上部，指示灯也应按其含义选用适当的颜色，当显示器件特别是指示灯数量比较多时，可以在操作台的上方设置模拟屏，将指示灯按工艺流程或设备平面图形排布，使操作者可以通过指示灯及时掌握生产设备运行状态，很受用户欢迎。

（4）组件连接与导线选择　电气柜、操作台、控制箱等部件进出线必须通过接线端子，端子规格按电流大小和端子上进出线数目选用，一般一只端子最多只能接两根导线，若将2~3根导线压入同一裸压接线端内时，可看作一根导线但应考虑其载流量。

电气柜、操作台内部配件应采用铜芯塑料绝缘导线，截面积应按其载流量大小进行选择，考虑到机械强度，控制电路通常采用 $1.5mm^2$ 以上的导线，单芯铜线不宜小于 $0.75mm^2$，多芯软铜线不宜小于 $0.5mm^2$，对于弱电线路，不得小于 $0.2mm^2$。

另外，进行柜内配线时每根导线的两端均应有标号，导线的颜色在 GB 2681—1981《电工成套装置中的导线颜色》有明确的规定，例如内部布线一般用黑色；黄、绿、红色分别表示交流电路的第一，第二，第三相；棕色，蓝色分别表示直流电路的正极、负极；黄—绿双色铜芯软线是安全用的接地线（PE 线），其截面积不得小于 $2.5mm^2$。

4. 技术资料收集工作

要完成一个运行可靠、经济适用的电控系统设计，必须有充分的技术资料作为基础，技术资料可以通过多种途径获得：

1）国内外同类设备的电控系统组成和使用情况等资料。

2）有关专业杂志、书籍、技术手册等。

3）参观电气自动化产品展览会时可从参展的国内外著名厂商收集产品样本、价格表等资料。

4）专业杂志上发表的产品广告以及新产品的信息。

5）通过电话、传真或电子邮件等手段向生产厂家或代理商咨询，索取产品的说明书、价格表等资料。

6）从生产厂家的网页上下载需要的技术资料。

7）本单位已完成的电控设备全套设计图样资料，包括调试记录等。

一般来说，电气控制系统的设计工作实质上是控制元器件的“集成”过程，也就是说对于市场上品种繁多、技术成熟、功能不一、价格不同的各种电控产品、检测仪表进行选择，找出最合适的若干器件组成电控系统，使它们能够相互配套、协调工作，成为一个性能/价格比很高的系统，实现预期的目标—生产设备按期调试投产，安全高效运转，能够创造良好的经济效益，因此设计人员需要不断积累资料，总结经验，吸取一切有用的知识，既要熟悉国内外电气自动化产品的性能、价格和技术发展动态，又要了解所配套设备的生产工艺和操作方法，才能设计出性能优良、造价合理的电控系统。

下面简要介绍一些实用的设计项目。在这里要着重说明的是，一个完整的电控系统设计资料大体上应该包括安装、调试、操作、维修等方面的说明书和有关的技术资料，主回路和控制回路电气原理图，电器元件明细表，控制柜（台），箱结构图，内部电器元件布置及接线图，操作面板布置及接线图，外部安装配线图（表）等等。在下面介绍的各个设计示例中，主要提供主回路和控制电路的电气原理图，其他的图表只在其中某个项目作了示范，这样做的原因一方面是为了减少篇幅，更主要的是留下适当的空间供同学们在教师的指导下或者通过自己的努力对电气元器件进行选型、列出元器件清单，对控制系统进行总体布置设计，在此基础上画出控制柜，箱的结构图，电气安装接线图和外部安装接线图（表），编写控制系统的技术说明书等等，将全套图样资料补充齐全，这是一个很好的练习方法。

其次，设计范例三至五都使用了 OMRON 出产的中小型 PLC，只有范例五给出了控制程序梯形图，这样做的原因除了减少篇幅外，主要是可选用的 PLC 产品型号很多，它们的编程指令代码格式各不相同，在设计示例的系统操作方法及设计说明中已提供了控制功能的要求，实际上也就是编程指导书，同学们可以用自己熟悉的 PLC 机型进行代换，然后编制应用程序，进行调试验证，这样也为读者提供了展示能力的平台。

最后还要说明的是在设计示例中采用的电气元器件代号标志及接线端子编号沿用机床电控线路的习惯做法，每个接线端子采用一个数字编号，如按 GB 4026—1983《电器接线端子的识别和用字母数字符号标志接线端子的通则》规定，还要加注元器件本身的端子标记等，表示方法要复杂些。

范例一　热压成型机电气控制

某厂产品的生产工艺过程是将是玻璃纤维毡加固化剂后放入成型机模具中，在 150℃ 左右的温度下加压一定时间使之固化定型。热压成型机采用液压缸带动上模上、下移动，其液压回路控制原理如例图 1-1 所示。

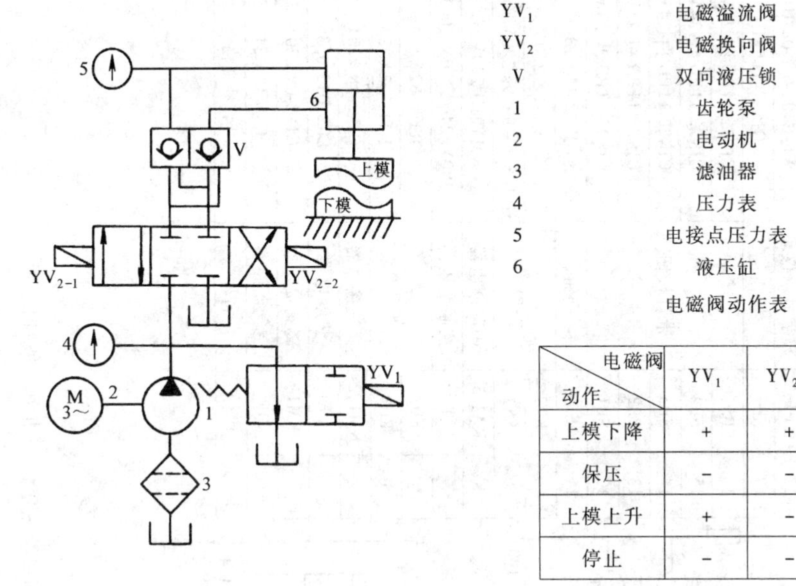

YV_1	电磁溢流阀	YFH-B20H2
YV_2	电磁换向阀	34B0-B10HT
V	双向液压锁	SYS-B10H2
1	齿轮泵	CB-FA40
2	电动机	Y112M-4 4kW
3	滤油器	
4	压力表	Y-100 0 ~ 1MPa
5	电接点压力表	0 ~ 1MPa
6	液压缸	ϕ80mm × 200mm

电磁阀动作表

电磁阀 / 动作	YV_1	YV_{2-1}	YV_{2-2}
上模下降	+	+	–
保压	–	–	–
上模上升	+	–	+
停止	–	–	–

例图 1-1　热压成型机液压回路控制原理图

在进行生产时，操作者首先要合上总电源开关，再接通加热电源对上、下模具进行加热，到达工作温度后起动液压泵，使上模上升到最高位置后停止，放入需成型的材料，再将模具合上继续加热并保持压力，达工艺规定的时间后又使上模上升停止在最高位置，取出成品再放入下一件材料继续加工。

电控线路根据生产工艺要求进行设计。上、下模均采用位式温度控制，液压泵单独设置起动、停止电路。电控系统设置“手动调整”和“自动工作”两种操作方式，用开关 SA 进行选择，电控线路原理图见例图 1-2，控制台结构形式见例图 1-3。

操作者合上总电源开关 QF 后，开关上方红色指示灯 HL_0 亮。

选择“手动调整”作业方式时，按下 SB_4，KA_5、KM_2、KM_3 接通，SB_4 内的红色 LED 指示灯亮，表明上、下模具正在进行加热，操作者可以从温度数显表上看到模具温度变化情况。当上、下模具均已达到工艺要求值（例如 150℃）后，操作者可以按下 SB_6，交流接触器 KM_1 吸合，液压泵电动机运转，SB_6 内的绿色指示灯亮。按住 SB_1 则 KA_1 吸合，电磁阀 YV_1、YV_{2-1} 得电，液压缸活塞带动上模向上移动，SB_1 内的蓝色指示灯亮，松开按钮 SB_1，上模停止；按住 SB_2 则 KA_2 吸合，电磁阀 YV_1、YV_{2-2} 得电，液压缸活塞带动上模向下移动，SB_2 内的黄色指示灯亮，松开按钮 SB_2 则上模停止，这种操作方法称为“点动”。如按下

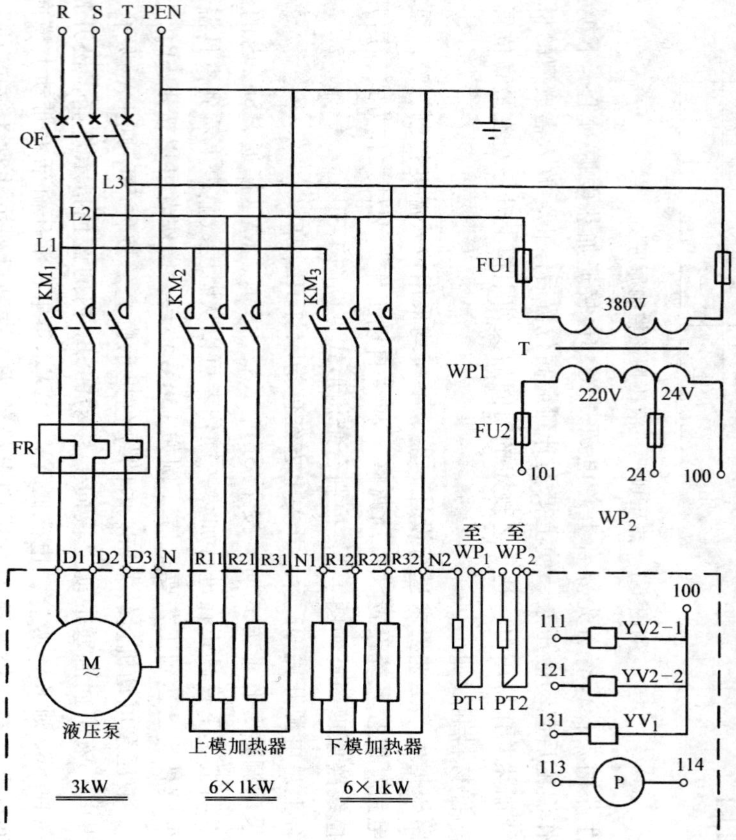

序号	代号	名称	型号规格	数量
21	P	电接点压力表	0～1MPa　φ100	1
20	HL0	指示灯	AD11-22/41-8GZ 220V 红	1
19	PT1,2	铂热电阻	HR-WZP-K1-80-N4	2
18	WP1,2	数字显示仪表	WP-C401-0-1-08-HL	2
17	SB7	按钮	CJK22-11P/R	1
16	SB5,6	带灯按钮	CJK22-11PD 绿 24V	2
15	SB4		CJK22-11PD 红 24V	1
14	SB3		CJK22-11PD 白 24V	1
13	SB2		CJK22-11PD 黄 24V	1
12	SB1		CJK22-11PD 蓝 24V	1
11	SA	旋钮	CJK22-11X2B/K	1
10	KT2	时间继电器	SJ7-1A 220V	1
9	KT1		JS14S 1～99.9s 220V 面板式	1
8	KA1-5	中间继电器	MY2NJ 220VAC	5
7	T	控制变压器	380V/24V,220V 100VA	1
6	FU2	熔断器	RT18-32X/2A	2
5	FU1		RT18-32X/2A	2
4	KM1,2	交流接触器	CJX2-18 220V	2
3	FR	热继电器	LR2-D13 6.3A	1
2	KM1	交流接触器	CJX2-09 220V	1
1	QF	空气断路器	C65 32A 3P	1

例图 1-2　热压成型机电气原理图

101
自动 手动
SA
110
120
KT1
112
111
123
SB1
SB2
124
KA3
KA4
121
113
114
p
KA4
SB5
KA3
KT1
KT2
KA1
115
KA1
KA2
131
KT2
116
KA4
SB3
160
KA5
SB4
161
KA1
100
KA2
KA3
KA5
162
KM2
上模加热
163
KM3
下模加热
KA1
31
(蓝)
(SB1)
上升
KA2
32
(黄)
(SB2)
下降
KA4
35
(绿)
(SB5)
自动
KA5
34
(红)
(SB4)
加热
KA5
33
(白)
(SB3)
停止
KM1
36
(绿)
(SB6)
液压泵
24
上模温控
WP1
1
2
7
8
13
14
15
161
162
Pt1
(在上模内)
下模温控
WP2
1
2
7
8
13
14
15
161
163
Pt2
(在下模内)
HL0
电源
SB7
103
KM1
KM1
105
FR
液压泵
104
SB6
HL1
(绿)

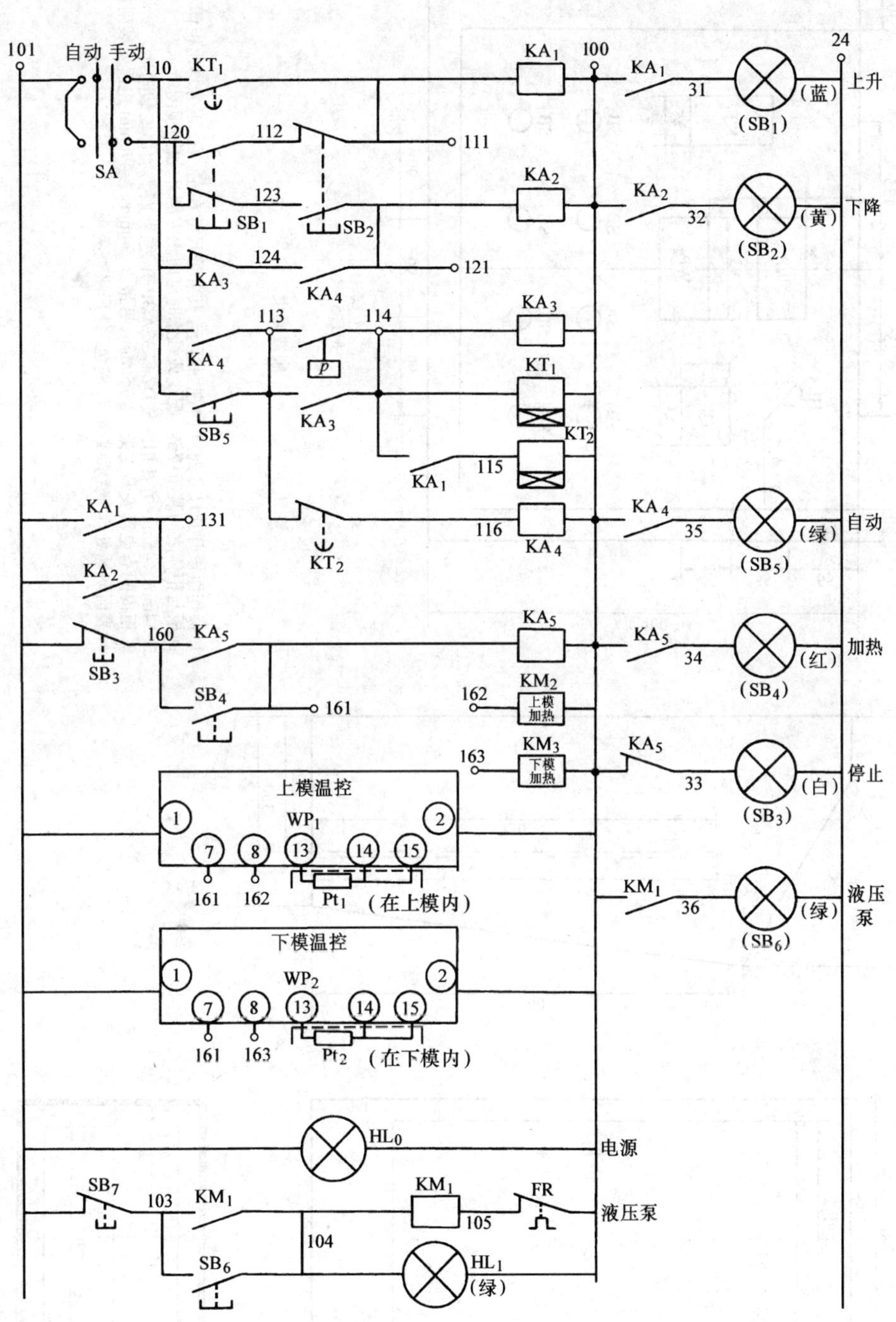

例图 1-2 （续）

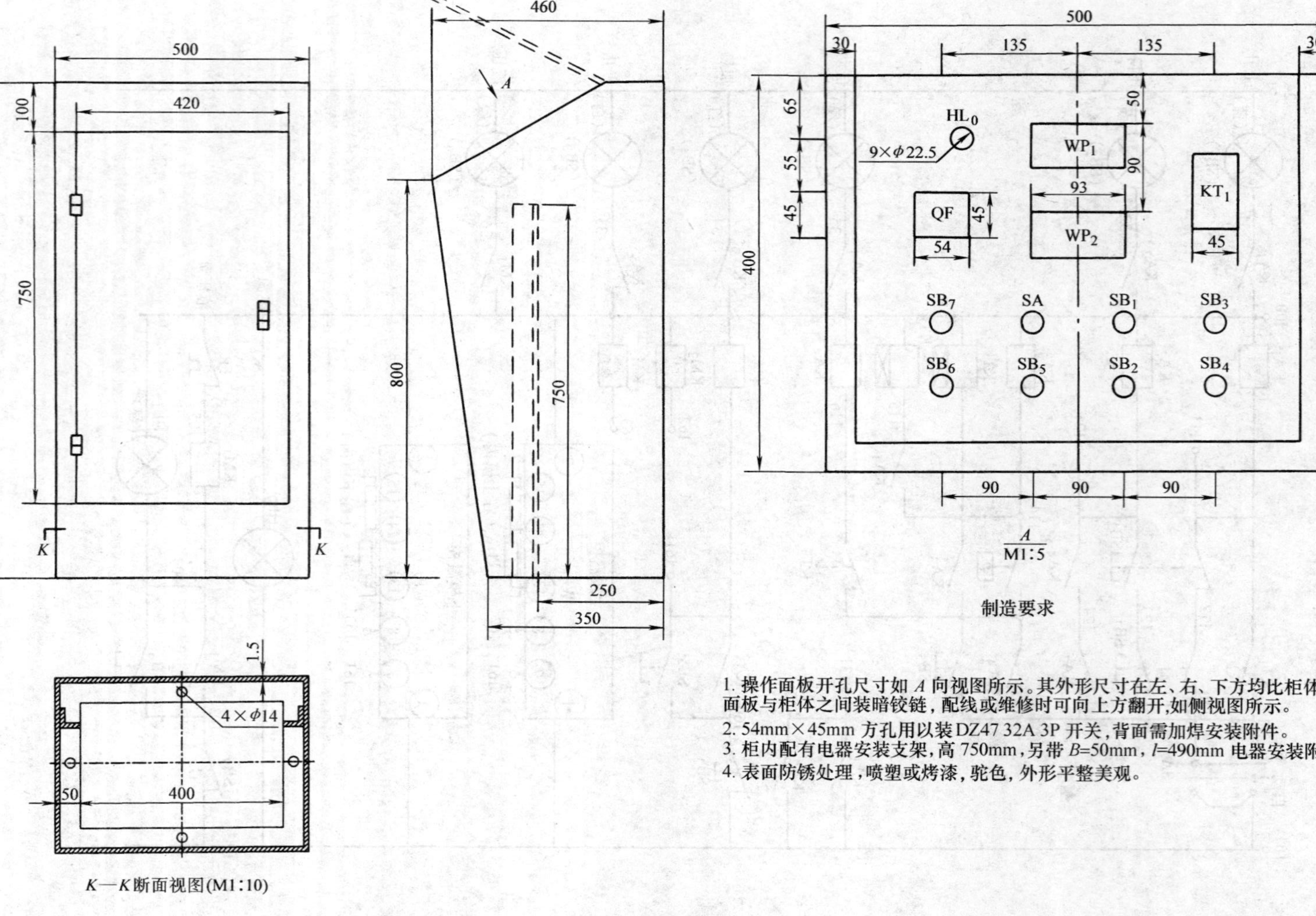

制造要求

1. 操作面板开孔尺寸如 *A* 向视图所示。其外形尺寸在左、右、下方均比柜体小 30mm，面板与柜体之间装暗铰链，配线或维修时可向上方翻开，如侧视图所示。
2. 54mm×45mm 方孔用以装 DZ47 32A 3P 开关，背面需加焊安装附件。
3. 柜内配有电器安装支架，高 750mm，另带 B=50mm，l=490mm 电器安装附件 5 条。
4. 表面防锈处理，喷塑或烤漆，驼色，外形平整美观。

例图 1-3　控制台结构示意图

SB_3 和 SB_7 则模具停止加热和液压泵电动机停止，此时 SB_3 内的白色指示灯亮。在“手动调整”方式时，热压成型机各部分电路均能单独操作，从而可以检查设备每一部分运转是否正常，也可进行工艺试验，优化模具温度、合模保压成型时间等工艺参数。

在模具温度符合要求，液压泵正常运转，上模已处于最高位置时，将选择开关 SA 置于“自动工作”档位，放入待固化的材料，按下 SB_5，绿色指示灯亮，KA_4、KA_2、YV_1、$YV_{2\text{-}2}$ 先后得电，SB_2 黄色指示灯亮，上模下降至合模位置，液压缸活塞已无法继续下降，电接点压力表的压力迅速升高，接点 113-114 接通，KA_3、KT_1 先后得电，KA_2、$YV_{2\text{-}2}$ 随之断电，KT_1 的动合触点 110-111 延时时间到，接通 KA_1 和 KT_2 以及 YV_1、$YV_{2\text{-}1}$，上模上升到最高位置而停止，KT_2 的动断触点 113-116 断开，KA_4 断电，SB_5 中的绿色指示灯熄灭，这个工件的热压成型加工过程已经完成，将其取出后再将下一件待成型的材料放入下模中，按动 SB_5，又自动进行加工过程。

工作结束前，按下 SB_3、SB_7，模具加热及液压泵均停止，断开总电源开关 QF，红色电源指示灯 HL_0 熄灭。

要点提示：

1）热压成型机总开关是微型断路器，其电流容量不大，故安装在操作面板上，这样停送电不必打开控制箱门，便于操作。

2）时间继电器 KT_1 有数字显示，清晰直观，可以随时根据产品固化情况用拨码开关调整延时时间，既保证了产品质量又可以提高生产效率。

3）时间继电器 KT_2 的延时动断触点 113-116 应调整为上模到达最高点 0.5s 左右断开，将 KA_4、KA_2 和 YV_1 断电，使齿轮泵不致因油液无法排出而发生故障。

4）带灯按钮将指示灯与操作按钮合二为一，既使设备工作状态都有明确的显示，又使操作面板布置更加紧凑，按钮颜色要合理选择，可以增加美观。

5）在模具合模保压时，因 $YV_{2\text{-}1}$、$YV_{2\text{-}2}$ 均已断电，液压泵不再供油，如果液压缸管路有泄漏，液压缸的压力会很快下降（可由电接点压力表指示值看出），上模将松开，达不到保压固化的成型要求。为了防上发生上述现象，在液压控制回路中设置了液压锁，调试过程中要注意这个问题。

6）检测仪表选型是电气控制系统设计的关键问题之一，现代仪表不仅能够检测和显示被测参数，而且还可以包含给定值、比较器和调节器等多个环节，还具有报警等功能。本项目的温度数字显示控制仪表内有上限控制接点，模具到达设定温度时，加热器便断电，所以 161-162、161-163 应使用常闭接点。

7）由于电气控制柜或操作台、接线箱等均委托专业制造厂家长期协作，因此设计时只需提供电气控制柜的外形及开孔尺寸，以及需安装的元器件型号，注明制作要求便可，不必提供详细的结构设计图样，如例图 1-3 所示。

思 考 题

上模上升到最高点时可以通过限位开关使 KA_4、KA_2 和 YV_1 断电，请设计其控制电路，并对时间控制方式与行程控制方式作比较。

范例二　工业循环水系统电气控制

某铝合金压铸厂拥有250kW晶闸管中频熔炼电炉两台及400~1600t铝合金压铸机数台，这些设备都要用水冷却，要求冷却水压力不应低于0.25MPa，温度不宜高于35℃，为此配置了一套循环水系统，3台离心式水泵流量 $Q=50m^3/h$，扬程 $H=32m$，电动机功率 $P_N=7.5kW$，用水量最大时开两台水泵就可满足生产需要，这样配置可以在有1台水泵损坏需要修理时仍能满负荷生产；$100m^3/h$ 玻璃钢冷却水塔1座，其冷却风机的功率为3kW，夏季在风机运转时可使从设备返回的循环水温度下降3~5℃；冷却水塔下面的储水池容积约 $50m^3$。

循环水由水泵输送到供水总管，再分别进入各台生产设备，流过需冷却的部位后汇集到回水总管，经过冷却水塔上方的布水管向下喷淋，冷却水塔顶部的抽风机运转时，回水在填料层中与空气流进行充分的热交换后流回储水池中。

水泵出口至生产车间的供水总管上除装设就地显示的指针式压力表外，还装了0~0.6MPa压力传感器及pt100铂热电阻等，它们的数字显示控制仪安装在电气控制柜上，当循环水的供水压力低于0.25MPa或温度达到35℃以上时，发出报警信号，提示值班人员及时进行处理。

循环水系统设备的电气控制柜装在水泵房内，用户还要求在生产车间也能对这些设备进行操作，为此在生产车间里也安装了一只操作箱。循环水系统的电气控制线路及操作箱的外观如例图2-1、例图2-2、例图2-3所示。由于储水池和水泵房均在室外地下，平时无人值守，为防止水泵房内积水过多，在泵房一角设置了长×宽×深为0.6m×0.6m×0.8m的集水坑，内装设有上、下限的水位计和小型潜水泵，在控制柜上有指示灯及开关等，可以手动或自动启、停潜水泵，将坑内积水排出。

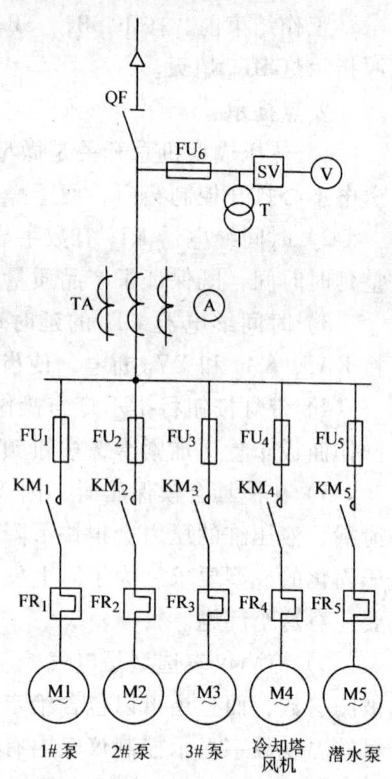

例图2-1　主电路供电系统单线图

在这个电控系统中采用了温度、压力数字显示控制仪表各1套，温度仪表设置为上限报警，压力仪表设置为下限报警，共用一套声光报警器，这套声光报警器应装在车间维修人员值班地点，当发生报警时由他们到水泵房从控制柜的数显表上判明报警原因采取相应的处理措施。

补充说明及要点提示：

1）首先要说明的是，向储水池注水的水源管道上应装设一只浮球阀，当水位低于预定位置时浮球阀打开向储水池补水，当水位达到预定位置时浮球阀关闭，防止水位过高而溢出，浪费资源。因为浮球阀不是电控器件，所以在电控线路上没有表示出来。如果采用电磁阀来控制补水，就要配套水位检测装置，可参考后面的设计范例三。

2）当循环水供水温度达到35℃以上时，生产设备可能要被迫停机，为了避免发生这个

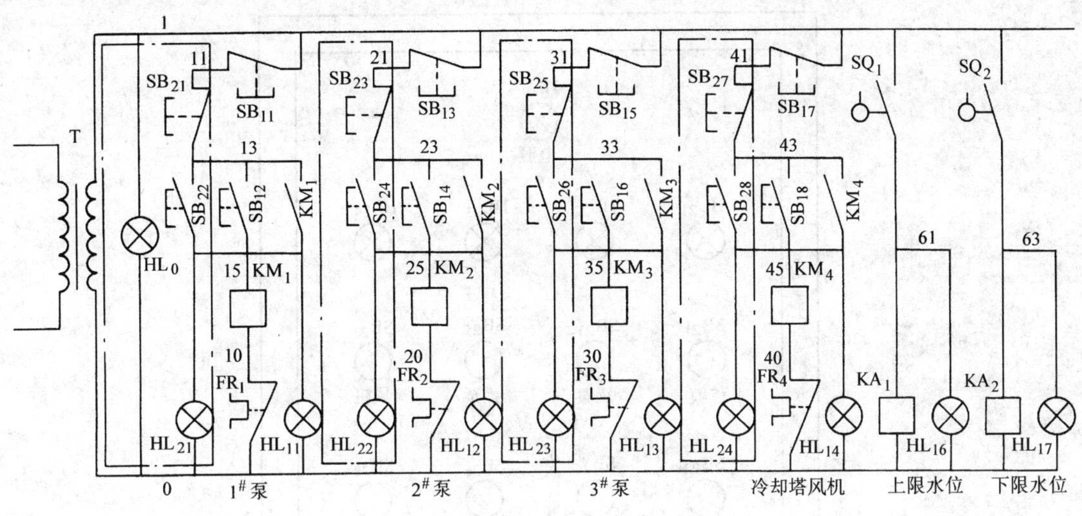

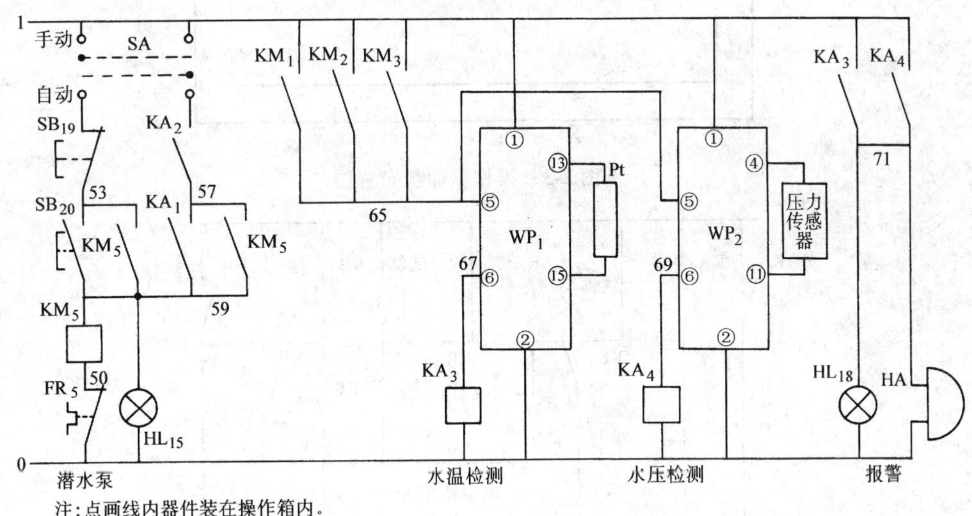

注：点画线内器件装在操作箱内。

例图 2-2　工业循环水系统控制电路原理图

问题，可以在回水总管上装一只电磁阀，当温度仪表检测到供水温度达到33℃时，通过控制继电器将这只电磁阀打开，将回水排入下水道，此时储水池水位下降，浮球阀打开，向储水池补充温度较低的自来水（最好是温度更低的深井水），从而使储水池内混合后的水温下降，供水总管的水温也随之下降，当降低到30℃左右时再将排水电磁阀关闭，供水系统又恢复到封闭循环状态，这时温度检测控制仪应设置为上上限35℃、上限33℃、下限30℃，相应要增加电磁阀和中间继电器、手动控制按钮等，读者可以自行设计相应的电控线路。

3）例图 2-2 的报警电路十分简单，只要报警条件存在，声光信号就一直存在，如果值班人员在知道系统有异常情况后，要求能够保留故障指示灯而消除报警器的噪声，这时可以将报警电路改为例图 2-4 的形式，在接到报警后值班人员按下“消音”按钮，报警声音就停止了。平时按下“试验”按钮，可以检查声光信号是否正常。对本设计而言，“消音”、“试验”按钮及相关电路装在生产车间的操作箱上较为方便，为此控制电路及操作箱要作相

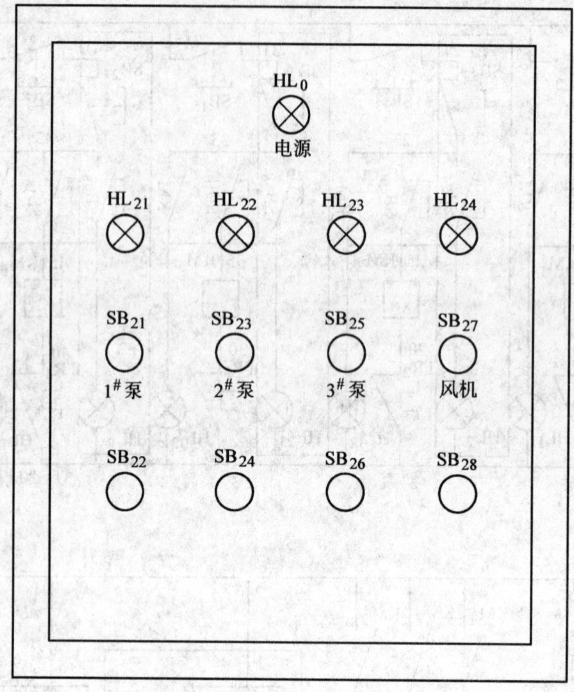

例图 2-3　操作箱面板布置图

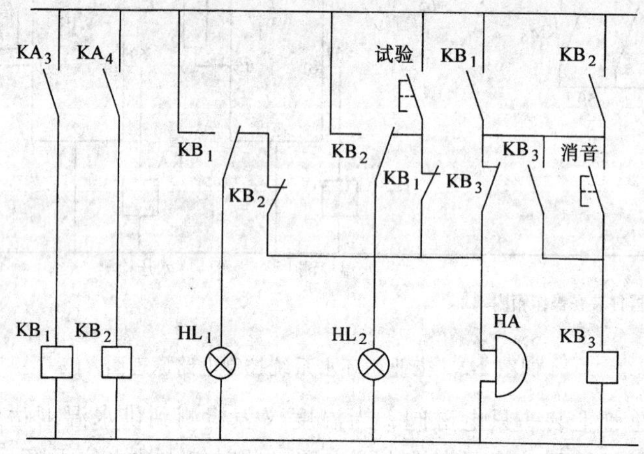

例图 2-4　有试验和消音的报警电路

应的修改。

4）温度、压力数字显示控制仪表 WP_1、WP_2 的型号相同，但铂热电阻和压力传感器的接法是不同的，而且温度是上限报警，压力是下限报警，所用之控制接点相应也有不同，必须按所选用仪表的使用说明书，画安装接线图，进行现场调试时也应按说明书进行操作。

范例三　变频恒压供水控制系统

某小区供水系统共装设离心式水泵3台，其流量、扬程、电动机功率等参数由供水主管部门选定，储水池水源由自来水公司的管网供给，在进水管上安装了一只电磁阀，另一支管通过逆止阀与该小区供水总管相接，如例图3-1所示。

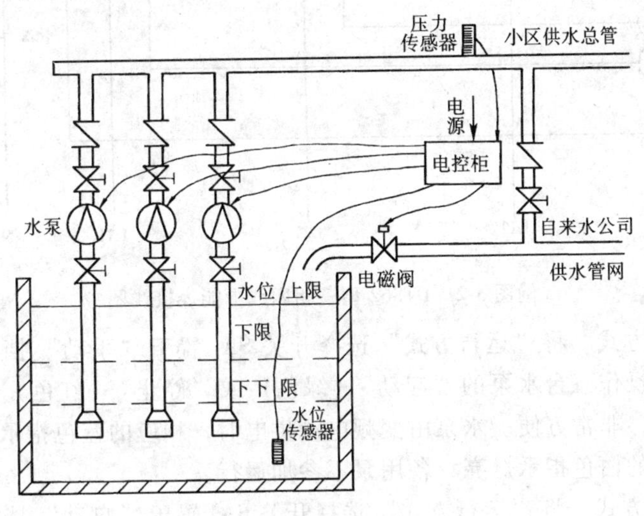

例图3-1　二次供水系统结构示意图

水泵运行和储水池水位均由电控柜进行控制，该系统采用了变频器、可编程序控制器（PLC）以及水压传感器、水位传感器和智能型数字显示控制仪表等器件，运行状态指示清晰，操作方便，不但供水压力稳定而且可以节约电能，降低运行费用，为此控制柜内还安装了电能计量仪表。

常用电能计量仪表为感应式有功，无功电度表，按相数可分为单相，三相二线、三相四线等几种，具体接线方法又有直接接入，经电流、电压互感器接入等几种形式。本项目选用DT862型三相四线感应式有功电能表并经电流互感器接入，其接线图如例图3-2所示。

电控系统主回路、控制电路原理图及控制柜的操作面板安装接线图如例图3-3、例图3-4、例图3-5、例图3-6所示。

该系统具有“手动”、“自动”、“消防”等三种供水方式，储水池水位也能有效控制，电控系统的工作原理及其操作方法扼要叙述于下：

1. 水泵运行控制

（1）水泵工作方式设置　通过三只万能转换开关LW1-3（见例图3-5）选择水泵工作方式，将其分别设定为“变频”、“备用”、“工频”三个挡位之一。就整体而言，变频、工频、备用这三种不同状态只能分别设置一台水泵，如果有两台以上的水泵选择了同一种工作状态，则控制柜上方“系统运行”黄色指示灯HL_0闪亮，系统无法投入运行，提示值班人员应调整设置，如设置正确则HL_0常亮，表明控制系统可以正常工作。

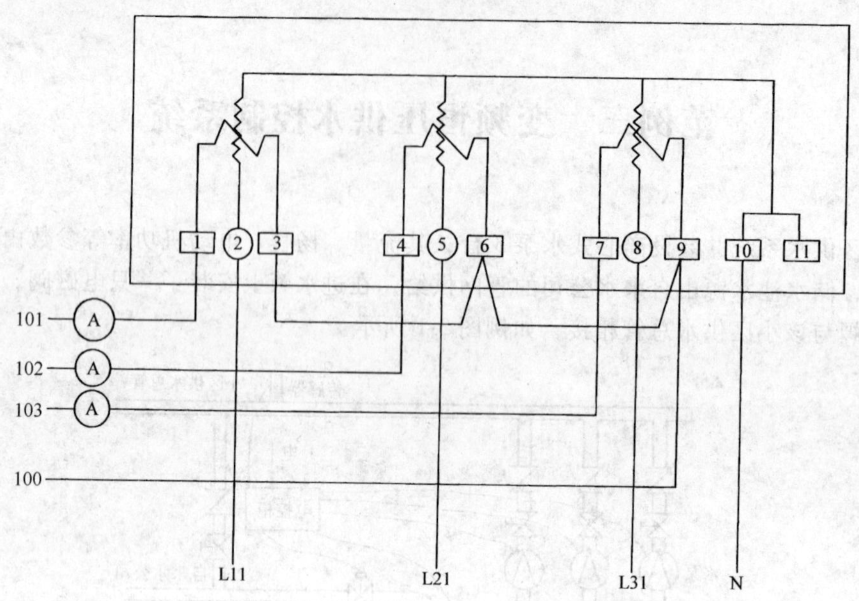

例图 3-2　DT862 型三相四线电能表接线图

（2）手动控制方式　将“运行方式”选择开关 SA_1 置于“手动”挡位，其上方黄色指示灯亮，值班人员操作三台水泵的“起动”（绿色）或“停止”（红色）按钮，便可直接控制水泵的运行状态，非常方便。水泵由变频电源供电时，相应的蓝色指示灯亮，水泵由工频电源供电时，相应的白色指示灯亮，备用泵不参加运行。

（3）自动控制方式　将“运行方式”选择开关 SA_1 置于“自动”挡位，上方蓝色指示灯亮。控制柜上装有压力数字显示控制仪 WP，其压力上限、下限已预先设定，面板上还有一只 20mA 表，用表指示变频器输出频率（即变频泵的转速），这只毫安表指示“20”时的频率为 50Hz。

值班人员按动下面的绿色按钮 SB_1，首先是变频泵起动运行，由于这台水泵是由变频调速器供电的，当用水量增大时，供水压力将下降，通过变频器内部的 PI 调节器的作用，使变频器输出频率上升，水泵转速自动提高以维持水压稳定；反之，用水量减小时，水泵转速又将自动降低，水压不会升高，水压的给定值由多圈电位器 RP 调节。当用水量增加，变频器输出频率已达 50Hz，供水压力降至下限且维持时间大于 30s 时，工频泵便会自动投入运行；当用水量显著增加，供水压力再次降至下限且维持时间大于 30s，则备用泵也会投入运行。当用水量逐步减少，供水压力升高至上限且持续时间大于 30s，则备用泵，工频泵便依次退出运行，由变频泵维持正常供水。

综上所述，采用自动运行方式时，供水压力将在设定的上限、下限之间波动，变频泵连续运行，工频泵、备用泵则在供水高峰时参加运行，不需值班人员管理。

按下红色“系统停止”按钮 SB_2（见例图 3-5），全部水泵均停止运行。

（4）水泵退出运行　当某台水泵需要进行检修不能使用时，应将其置于“备用”状态，打开柜门将其供电开关（QF1-3 之一，见例图 3-3）断开，这台水泵的电源就被完全切断。还要补充说明的是，QF1-3 开关具有保护功能，当水泵的电动机发生故障时也可以自动跳闸，将电路断开。

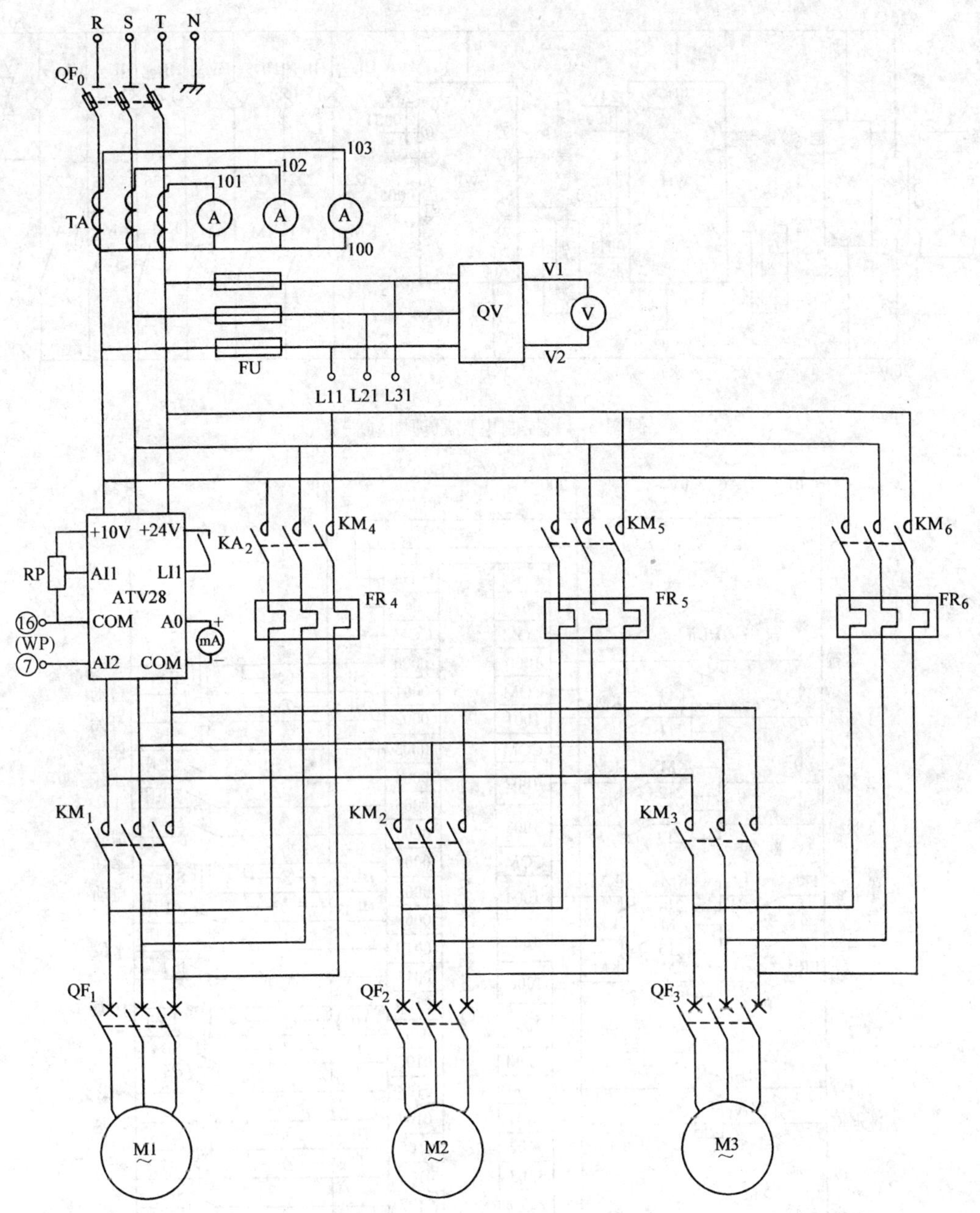

例图 3-3　主回路电气原理图

注：如需安装 DT862 型三相四线电能表接线需作相应修改。

（5）消防供水　按下电控柜门上的红色“消防”蘑菇形自锁按钮 SB_{20}（见例图 3-5）后，红色消防指示灯 HL_{20}亮，变频泵、工频泵、备用泵均投入运行，不受 SA_1 挡位和水压高低的限制，直到再次旋动“消防”按钮，解除自锁状态为止，HL_{20}灯灭，供水系统恢复正常的运行状态。

（6）水泵全部停止时的供水　通常情况下深夜时段用水量很小，而此时城镇供水管网的压力较高，在这种情况下可以将水泵全部停止，公共供水管道通过另一支管的逆止阀接通

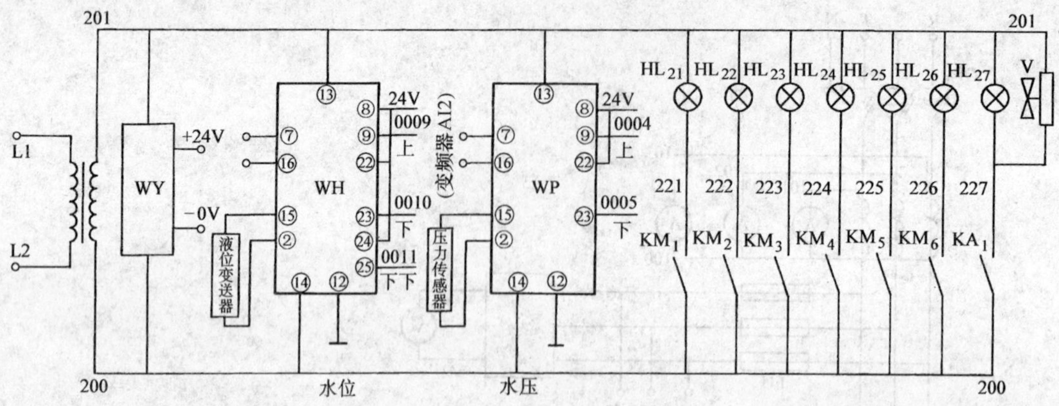

例图 3-4　控制电路原理图（一）

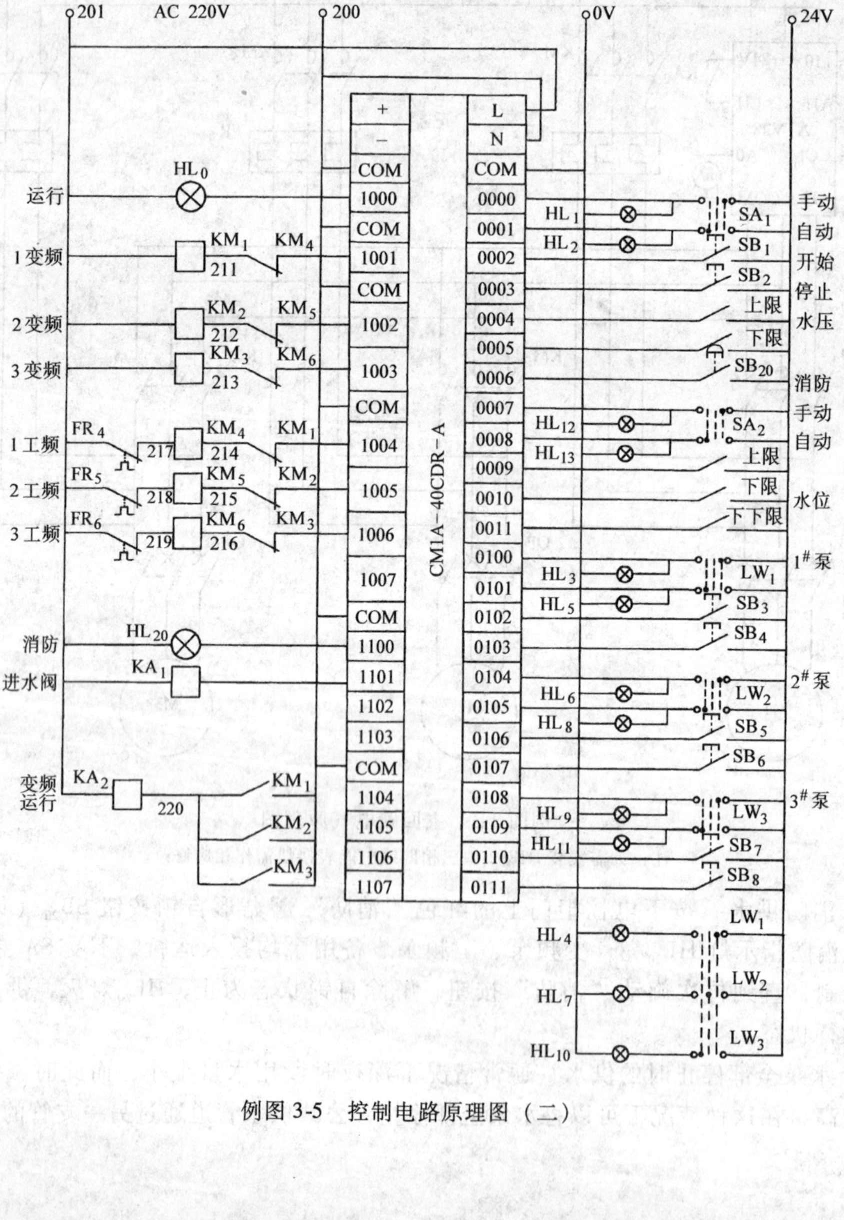

201　AC 220V　200　0V　24V

CM1A−40CDR−A

+　−　COM　1000　COM　1001　COM　1002　1003　COM　1004　1005　1006　1007　COM　1100　1101　1102　1103　COM　1104　1105　1106　1107

L　N　COM　0000　0001　0002　0003　0004　0005　0006　0007　0008　0009　0010　0011　0100　0101　0102　0103　0104　0105　0106　0107　0108　0109　0110　0111

运行　HL_0
1 变频　KM_1 211　KM_4
2 变频　KM_2 212　KM_5
3 变频　KM_3 213　KM_6
1 工频　FR_4 217　KM_4 214　KM_1
2 工频　FR_5 218　KM_5 215　KM_2
3 工频　FR_6 219　KM_6 216　KM_3
消防　HL_{20}
进水阀　KA_1
变频运行　KA_2 220　KM_1　KM_2　KM_3

HL_1　HL_2　SA_1　手动　自动
SB_1　开始
SB_2　停止
上限　水压
下限
SB_{20}　消防
HL_{12}　HL_{13}　SA_2　手动　自动
上限
下限　水位
下下限
HL_3　HL_5　LW_1　1#泵
SB_3　SB_4
HL_6　HL_8　LW_2　2#泵
SB_5　SB_6
HL_9　HL_{11}　LW_3　3#泵
SB_7　SB_8
HL_4　LW_1
HL_7　LW_2
HL_{10}　LW_3

例图 3-5　控制电路原理图（二）

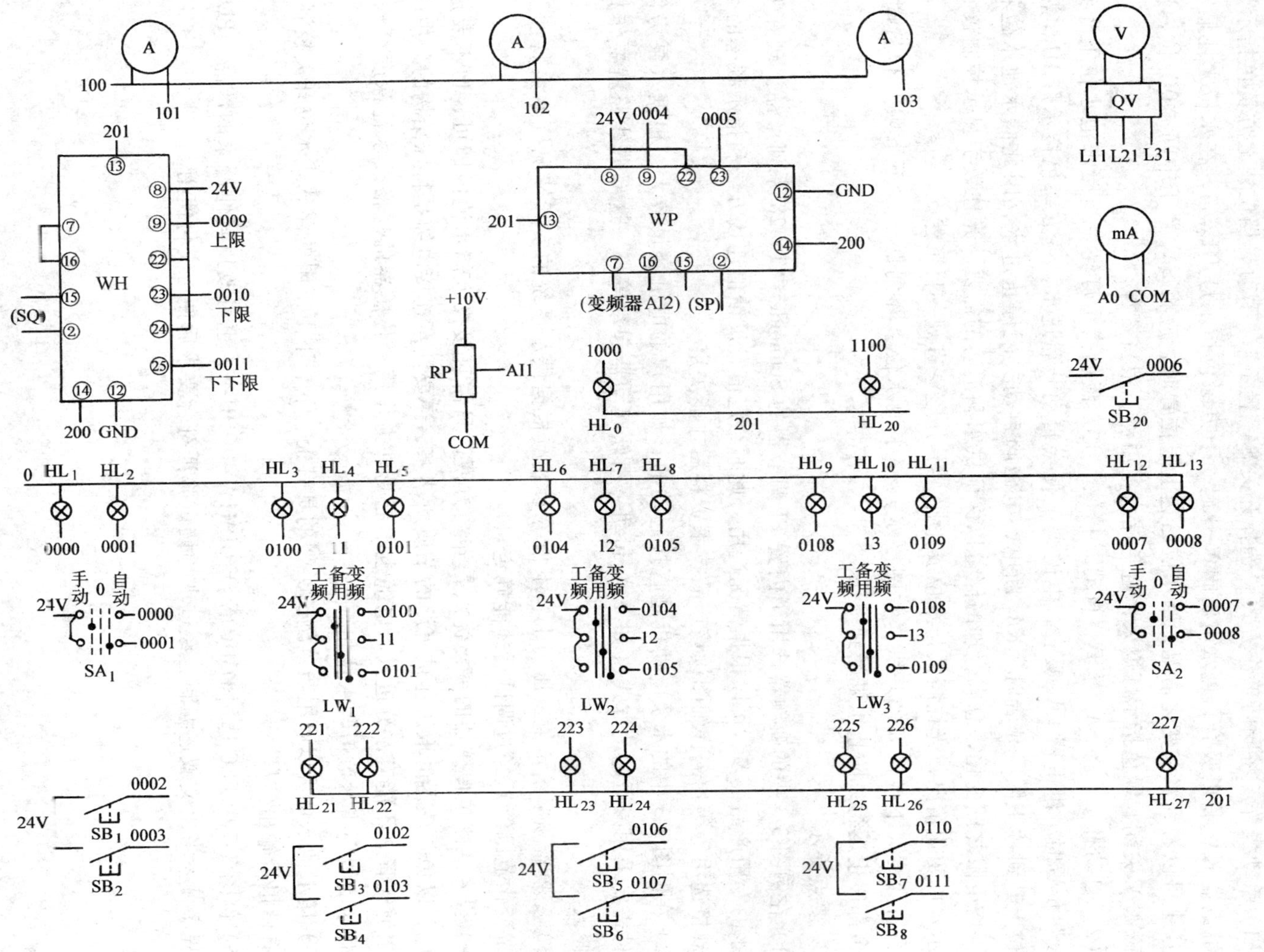

例图 3-6 控制柜操作面板安装接线图

该小区供水总管直接供水，当控制柜遇到突然停电时也是如此，对提高小区供水可靠性有所帮助。

2. 储水池水位控制

(1) 手动操作　将阀门工作方式“选择开关 SA_2 置于”“手动”挡位，上方黄色指示灯亮，继电器 KA_1 得电吸合，进水电磁阀 V 开起，下方绿色指示灯 HL_{27}亮，在水位光柱显示仪 WH 上可以看到水位变化情况，当水位已达上限位置时，应将 SA_2 置于中间“0”位，进水电磁阀 V 关闭，绿色指示灯熄灭，避免储水池溢流，浪费资源。

(2) 自动补水　将 SA_2 置于“自动”挡位，上方蓝色指示灯亮。当储水池水位下降到“下限”位置时，继电器 KA_1 吸合，电磁阀 V 便会自动开启进水，下方绿色指示灯 HL_{27}亮；当水位上升到“上限”位置时，KA_1 断电，电磁阀自动关闭停止进水，因此储水池水位将在上限与下限之间变化，总有合理的储备以保证供水和消防的需要。光柱数字显示控制仪直接显示水位变化情况，光柱高低与水位成正比，十分形象直观一目了然。

在特殊情况下（例如公共供水管网停水）储水池水位下降到低于“下下限”位置时，水泵全部停止运行，防止水泵受到损伤。

3. 要点提示

1）在例图 3-3 中的变频器选用了内置 PI 调节器的 Schneider ATV-28 系列产品。现在变频供水的专用产品很多，可以根据情况选用，此时给定值，反馈值连接方法和指示频率的毫安表规格选用等等均需仔细阅读该产品技术资料后才能决定。

2）在例图 3-3 中的水泵电动机是直接起动的，如用户的电机容量较大，根据水泵房供电条件需要采用减压起动方式（如 Y-△起动、用软起动器起动等），这部分线路就要作相应的修改。

3）变频器频率给定值、压力上、下值等参数应根据供水系统的实际情况（水泵特性及供水量变化范围等）经过调试后才能确定。

4）投入式水位传感器的突出优点是安装方便，只需直接投入储水池内即可，但不要放到池底，以免传感器的取压孔被沉淀的杂质所堵塞，还要注意连接电缆是特殊结构的，中间有一根通气管，不能有水分进入，电缆也不能受外力作用，传感器的规格按水池深度订购，调试时尽量做到指示数值与水位相符。

5）储水池水位可以改用与范例二类似的具有上、下、下下三限的浮球式水位开关控制，但没有模拟量输出信号。

6）例图 3-5 中 PLC 选用 OMRON 产 CPM1A-40CDR-A，也可改用其他厂家的产品，PLC 应用程序可参考上文叙述编制，经过现场调试验证符合要求后便可交付使用。

范例四　覆膜砂生产线电气控制

很多产品都需要将若干种物料按一定比例和顺序，在一定的生产条件下混和后加工而成。某厂专业生产铸铁用覆膜砂，随着产品的推广应用，为适应不同用户的需要，往往要调整配方，改变某些工艺参数，逐步形成了系列化产品，下面以该厂的自动生产线作为配料系统的电控线路设计实例。

生产覆膜砂的主体材料是符合规定的细砂，辅助材料包括两种粒状树脂 A 和 B，两种固体粉末材料 C 和 D 以及一种液体材料 E。

覆膜砂自动生产线的主体设备是自动混砂机，辅助设备包括：前处理——砂加热及输送设备；后处理——圆盘振动筛，皮带运输机、冷却滚筒、斗式提升机、储砂仓、秤量及包装设备等等。限于篇幅，下面只介绍自动混砂机的电气控制系统。

自动混砂机由主电动机驱动混砂平台旋转，重量符合工艺规定，温度为 200°C 左右的热砂经气动进砂门进入混砂机平台上，用红外线检测砂温，当下降至 120°C 时，加入用电子秤预先秤好的树脂 A 和 B，再经工艺规定的时间和次序加入规定数量的粉料 C、D、液体配料 E，然后打开气动排砂门将混好的覆膜砂排出，再经筛分、输送并冷却至 40°C 以下，提升到储存仓中，最后秤量、包装入库。现将覆膜砂生产的工艺流程表述如下：

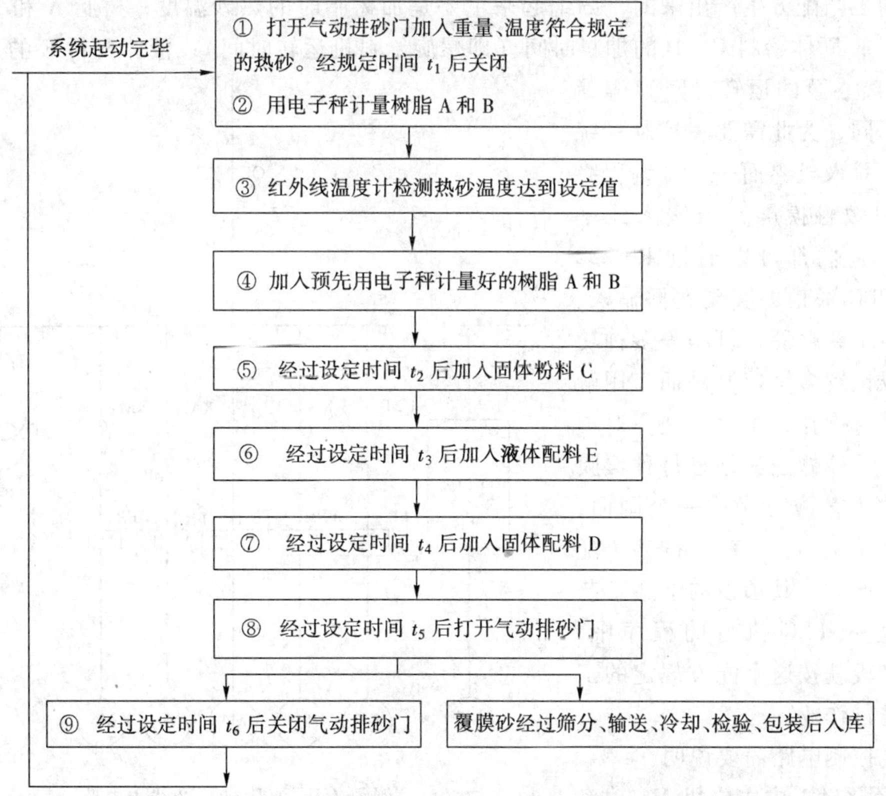

电控系统是整个生产线的重要组成部分，而且电控系统和机械设备的结构以及生产工艺紧密联系在一起，因此在设计过程中机械、电气设计人员和工艺人员必须相互沟通、形成共识才能达到预期的效果。对于覆膜砂自动混砂机来说，需要解决的主要技术问题有两个：

1. 材料的计量方法

材料的计量方法很多，需要综合考虑材料的特性、每次计量的数量，应达到的计量精度等因素来选择。本项目中树脂的计量精度要求较高，采用电子秤（传感器为应变式）进行检测。

粉料的体积较大，采用螺旋给料器输送，通过控制其运转时间（工艺要求在5~10s内加完）就可以控制每次的加入量。

在不同配方中，每次需加液体配料1.5~3L，理论上也有多种计量方法，通过反复对比试验，最后采用小型离心泵输送，泵的流量也按加料时间为5~10s进行估算，例如，要求泵在5s加入液体2L，即

$$Q = 2L/5s = 1440L/3600s \approx 1.5m^3/h$$

按此选定泵的型号规格，然后就通过控制泵的运转时间便可控制其加入量。

贮液槽和泵都装在地面上，液体料进入到混砂机的入口高度约3m，因此泵的扬程大于5m即可。

实践证明粉料、液体料的计量方法简便易行，可以满足生产要求。

2. 配方调用方法

前面已经读到，供给不同用户制造不同铸件需要不同牌号的覆膜砂，不同牌号的覆膜砂是用不同工艺配方生产出来的，归纳起来主要是加树脂时的热砂温度；树脂A和B的重量（即质量）；固体粉料C、D的加料时间（即螺旋给料机运转时间）；液体配料E的加料时间（即小型离心泵的运转时间）等参数有所不同，为此需要在控制系统中增加一只人机界面——可编程终端（也叫做触摸屏）或嵌入式平板电脑，它们都可以通过RS-232接口与PLC通信，实现数据输入、输出、显示、存储、打印等多种功能，可以预置多个控制画面，用触摸开关进行操作，十分方便。对本项目来说具体做法就是将每种覆膜砂牌号的工艺配方做成一个画面，用触摸开关调用，在确定按某个配方进行生产时，其预设的上述工艺参数就进入PLC执行的程序中，从而生产线就按这个配方规定的工艺流程进行作业。

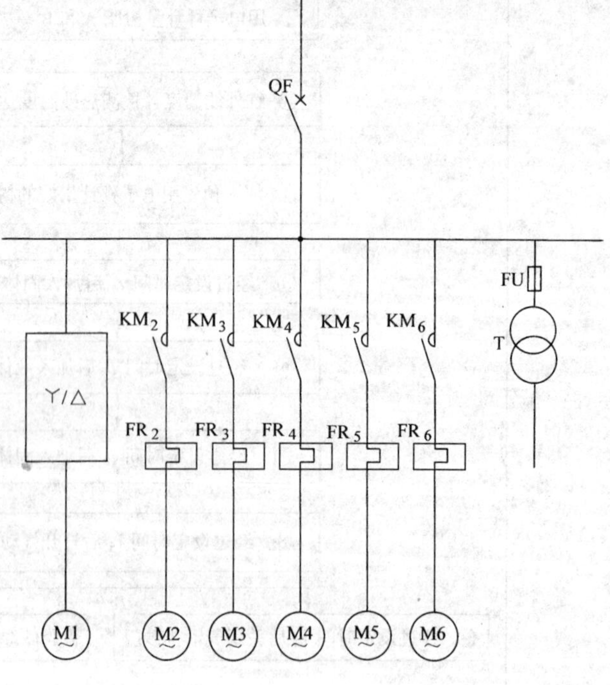

例图4-1 复膜砂生产线主电路

电气控制电路简要说明：

1）例图4-1中主电机M1功率

为 30kW，为此采用 Y-△减压起动方式，其主电路和控制电路如例图 4-2、例图 4-3 所示，由于采用了具有积木式结构的 LC1 系列交流接触器，可以根据需要加装辅助触头、空气延时触头、热继电器以及机械连锁附件等，而且能够快速卡装在标准导轨上，十分方便，图中 DT 就是加装在 KM_1 上的空气延时触头组。

2）DC 24V 供电电路中有 13 只 LED 指示灯，使操作者能够及时了解设备的工作状态变化情况（见例图 4-3）。

3）本控制系统采用了两套传感变送器，一套是红外线温度检测装置，选用美国雷泰公司的（MX 系列），另一套是电阻应变式称重传感器（MT 系列）和重量变送器（WM 系列），它们都由 24V 直流电源供电，输出 4～20mA 标准模拟量信号，这两个模拟量都送到 PLC 的模拟量模块中。CPM2A 系列的 MAD-001 模块可以接收两组模拟量，输出 1 组 4～20mA 模拟量。

4）由于混砂机内砂温和树脂 A、B 的加入量都是重要的工艺参数，而且在不同牌号覆膜砂配方中这些数据需要改变，因此红外线温度检测器和称量传感器的模拟量输出都要进入 PLC 中以便进行数据处理。这部分电路如例图 4-3、例图 4-4 表示。

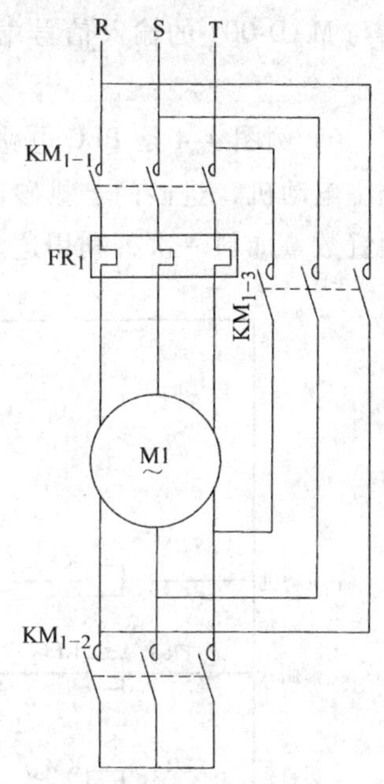

例图 4-2　主电动机 Y-Δ 起动主电路

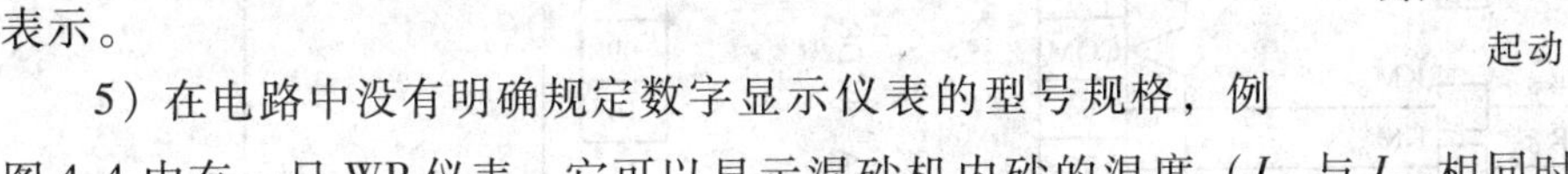

5）在电路中没有明确规定数字显示仪表的型号规格，例图 4-4 中有一只 WP 仪表，它可以显示混砂机内砂的温度（I_{out} 与 I_{IN1} 相同时），也可以显示

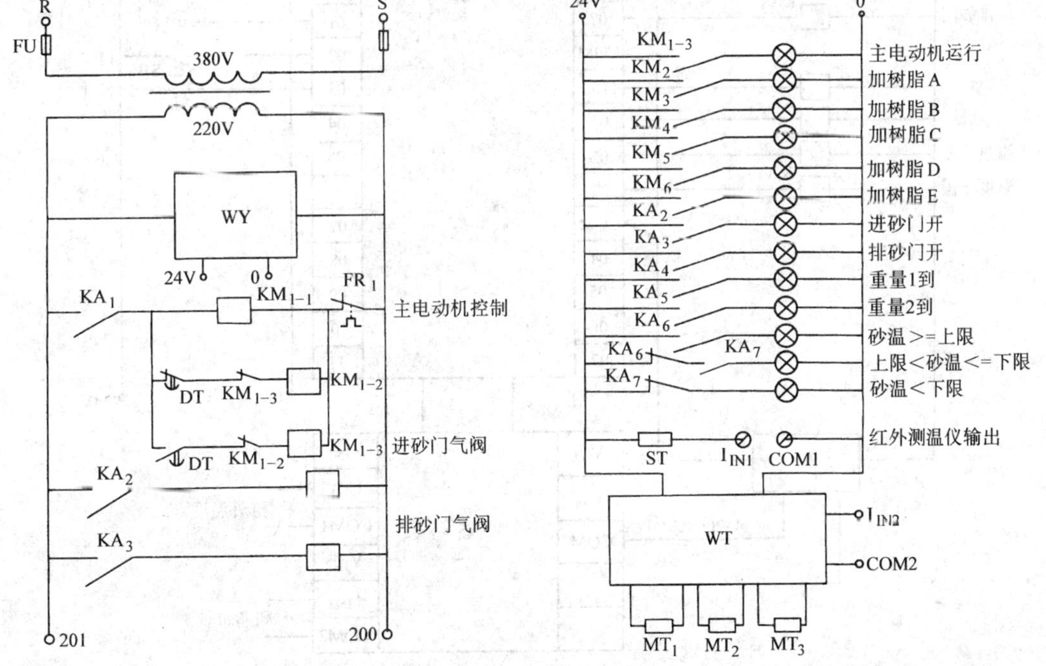

例图 4-3　控制电路原理图

电子秤计量斗中的树脂重量（I_{out}与I_{IN2}相同时）。需要同时显示砂温及树脂重量时，只要有一只变送器能够驱动4～20mA、600Ω负载，就可以将另一只WP仪表的4～20mA输入信号端与MAD-001的输入信号端相串联后都由这只变送器供电，这样两种参数就能够同时显示。

6）例图4-4是PLC电路原理图，在“手动调试”时操作者可以直接使用SA_1起动、停止主电动机，进砂门、排砂门则采用点动控制，物料A-E为定量加料方式，每按一次就按预置数量加料一次，利用这个方法可以对加料量进行核定。

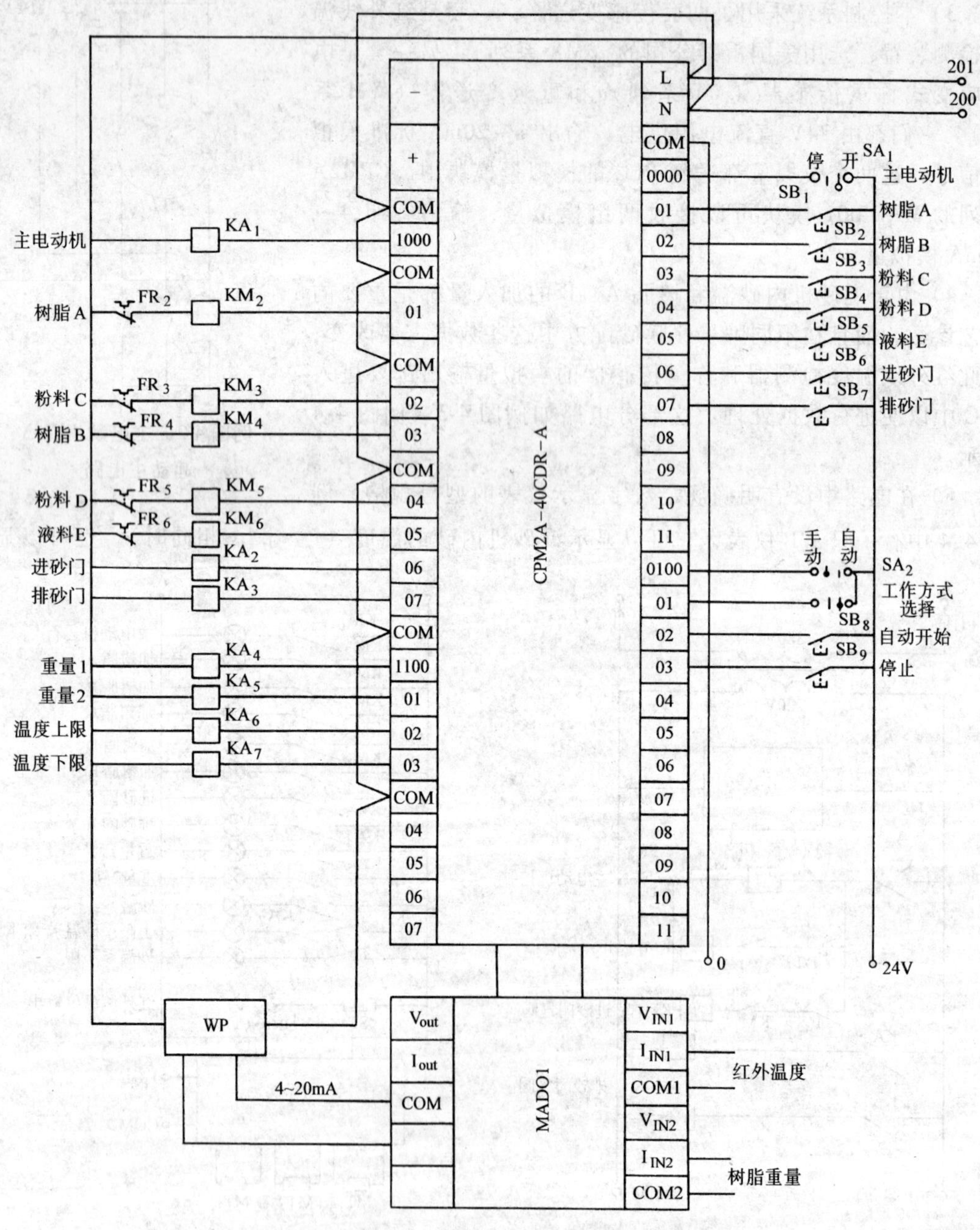

例图4-4 PLC接线原理图

覆膜砂生产线全部设备起动完毕，一切准备就绪后，将 SA_2 置于“自动”挡位，按下“起动”按钮 SB_8，混砂机开始自动工作。

覆膜砂生产线除混砂机外，还包括前处理、后处理等多台设备均应统一进行操作和管理，这时 PLC 应改用 CQM1H（包括模拟量输入、输出模块）才能满足需要（因为没有考虑辅助设备的控制问题，所以本项目选用 CPM2A-40CDR-A 小型整体式 PLC）。

范例五　脉冲清灰袋式除尘器电控系统

随着我国工业的迅速发展和人民生活水平的日益提高，消除污染，保护环境愈来愈受到社会的广泛关注，治理粉尘污染是环保工程的重要项目。脉冲清灰袋式除尘器技术先进，运行可靠，除尘效果好，净化处理后的气体含尘量可降至15～50mg/m^3（标准状态下，即常压和20°C），已经在电力、矿山、冶金、化工、建材、制药、食品等行业普遍使用，成为烟气除尘和副产品回收的重要设备。

袋式除尘器也称为过滤除尘器，它是利用纤维编织物制作的袋式过滤元件来捕集含尘气体中固体颗粒物的除尘装置。袋式除尘器按其清灰方式不同可分为振动式、逆气流反吹风式、脉冲式、声波式及其复合式等几种类型，其中脉冲清灰袋式除尘器由于其脉冲喷吹强度和频率可以控制，清灰效果好，是当前国内外应用最为广泛的除尘装置。

例图5-1为脉冲清灰袋式除尘器的结构示意图。

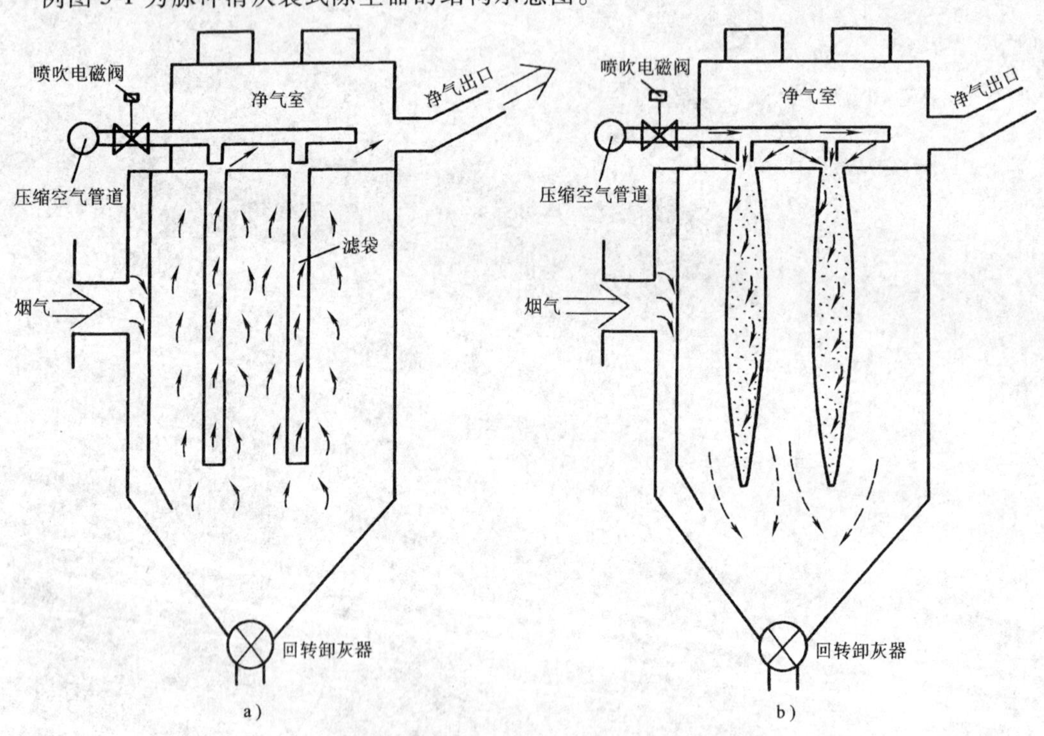

例图5-1　脉冲清灰袋式除尘器结构示意图

a）清灰前滤袋示意图　b）清灰时滤袋示意图

含尘气体从袋式除尘器进口引入后，通过烟气分配装置均匀进入滤袋，在此过程中粉尘即被滤袋的外侧所阻挡，经过净化处理的气体从出口排出，粉尘则附着在滤袋外表面上，当粉尘达到一定厚度时，电磁脉冲阀开启，压缩空气从滤袋出口处的文丘里喷嘴自上而下吹入滤袋，将吸附在滤袋外表面的粉尘清落到下面的灰斗中，然后由回转排灰阀将粉尘排出，文丘里喷嘴可以诱导大量的刚被净化的气体进入袋中，其体积数倍于喷嘴喷出的压缩空气，而且流速很高，形成空气波，使滤袋口至底部发生急剧膨胀和冲击振动，具有很强的清灰效果，如例图 5-1b 所示。

除尘器内的滤袋分为若干组，每组滤袋的喷射时间只需 0.2～0.5s 左右，一组喷射完毕经过 15～30s 左右的间隔时间后，接着对下一组进行喷射，全部滤袋喷射完毕至下一周期的间隔时间则根据滤袋数量和积灰情况决定。由于滤袋积灰能够及时清理，故使得除尘器总是保持良好的工作状态。脉冲清灰袋式除尘器需要根据烟气的温度、流量、粉尘浓度和粒度、粘性、酸碱性等等以及场地情况进行设计配置。

一、除尘器总体结构概述

某锅炉烟气袋式除尘器有两个进口、两个出口，相应有两台引风机（引风机已有控制设备，不包括在本项目内）。除尘器共有 4 个室，每个室有两只进口提升阀，两只出口提升阀，1 只冷风阀；除尘器两侧各有两只旁路提升阀；全套除尘器共有 14 组 24 只提升阀，这些阀门采用电磁气阀控制，其线圈电压 DC 24V。

每个除尘室装有 56 只脉冲电磁阀，每只阀控制 16 个滤袋，共计 896 个滤袋。以 4 只脉冲电磁阀为一组，共有 14 组。每个室的烟气入口和净气出口之间装设 1 只差压传感器，当差压值达上限（约 900Pa，可调整）时，说明滤袋被烟尘堵塞，透气性已明显下降，14 组脉冲电磁阀按规定次序逐一通电进行喷吹，（喷吹时间 0.2～0.4s，间隔时间约为 20～30s，由 PLC 控制）直到差压值恢复正常值（例如 500Pa，可调整）为止。

除尘器每两个室共有一只大灰斗，装有一个灰位上限监测器，当存灰达到上限时发出声光报警信号，提示值班人员及时清灰，灰位下降后报警停止。

在两个净气出口处各装设氧量仪（0～21%）O_2 一只，以监测滤袋工作条件。

在两个烟气进口处各装两只温度传感器，当任何一个测点的烟气温度达到设定值（可调整）时，应采取必要的安全措施，防止滤袋损坏。

每个除尘室设有两只压缩空气联箱，全套除尘器共有 8 只联箱，压缩空气由 $8m^3/min$ 空压机供给，其驱动电动机为 55kW，在除尘器的压缩空气总管上装 1 只压力传感器，当其压力低于下限（例如 0.45MPa，可调整）说明压力不足，应发出报警信号，提示值班人员采取必要的应对措施。

在烟气进气总管及净气总管之间装设差压传感器一只，以监测全系统运行情况。

二、电控系统配置及操作方式

在控制室装设三台电控柜和一套工控机及 19in（1in＝25.4mm）彩显等设备，对除尘器运行状态进行全面控制与监测。三台电控柜中，一台为电源柜，具有双电源自动投切装置，并装设电流、电压表、空压机控制电路以及储罐压力数显表和闪光报警仪、其他开关电器等。两台控制柜门上装有温度、差压，净气氧含量数字仪表，8 路闪光报警仪及喷吹阀指示灯组、操作按钮、指示灯等，如例图 5-2 所示。电控系统有“手动调试”、“自动运行”两种工作方式，下面分别扼要阐述。

1. 手动调试

控制系统接通电源后，电源柜上 AC 220V、DC 24V 指示灯亮。电磁气阀电源开关应全部接通并将柜门上的选择开关置于“手动调试”挡位，相应黄色指示灯亮。值班人员应先启动空压机组，为系统提供气源。

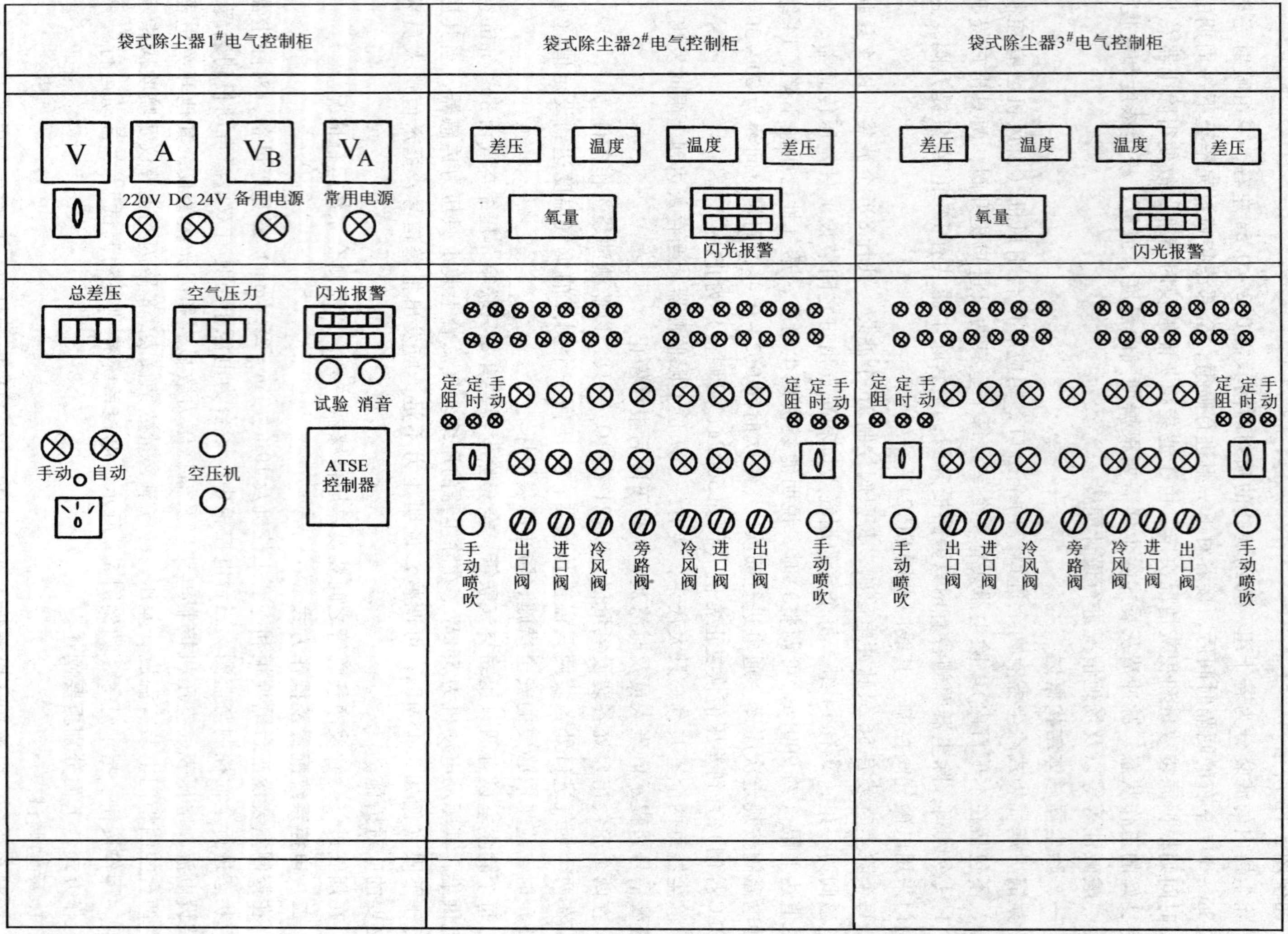

例图 5-2　电气控制柜外形示意图

值班人员接通进口阀、出口阀、冷风阀、旁路阀的控制开关，相应的电磁气阀通电，上述阀门便提升到全开位置，柜门上绿色指示灯亮，断开控制开关则提升阀处于关闭位置，相应的红色指示灯亮。

值班人员接通喷吹试验开关，上方绿色指示灯亮，相应的脉冲电磁阀组开始轮流工作，柜门上小型绿色 LED 指示灯组轮流闪亮，其发光时间就是电磁阀接通脉冲电流时间，十分清晰。

控制柜门上装设的净气氧含量、除尘室差压、烟气入口温度等数字显示仪表指示当前数值，其上、下限可以根据需要设定，既直观，又方便。

电源柜上装设压缩空气压力数显表，总管差压数显表，3 台控制柜上各有一只八路闪光报警控制仪，可以按动“试验”按钮进行检查。

在“手动调试”方式时，各个电气设备都可以根据需要独立进行操作。

2. 自动运行

接通控制柜电源，并将电源柜门上的选择开关置于“自动运行”挡位，相应的蓝色指示灯亮。启动空压机组后如储罐压力传感器检测的压缩空气压力和 4 只烟气进口温度传感器检测的温度均为正常值，则除尘器 4 组 8 只烟气进口提升阀、4 组 8 只净气出口提升阀全部打开，4 只冷风阀和 4 只烟气旁路阀全部关闭，此时除尘器处于正常运行状态。

滤袋脉冲喷吹用转换开关选择定时或定阻方式，所谓“定时”，是脉冲电磁阀组按预定间隔时间喷吹一周；“定阻”喷吹即是当除尘室的差压值达上限时，相应的脉冲电磁阀组开始按顺序逐一通电喷吹，直到差值低于下限值为止。电磁阀组工作时，相应的小型 LED 指示灯组闪亮。还应说明的是，当某个除尘室正在进行喷吹时，其余除尘室即使差压达到上限，也不能进行喷吹，须待这个除尘室喷吹过程结束后才能开始。

在自动运行过程中如需更换某室滤袋时，只要把该室进口，出口提升阀关闭并将相应的电磁气阀电源开关断电即可进行作业。

3. 系统报警状态

在三台控制柜上各有一只 8 路闪光报警控制仪，上方有①~④回路红色报警灯，下方有⑤~⑧回路黄色报警灯，分别由报警信号控制，它们的报警条件设定如下：

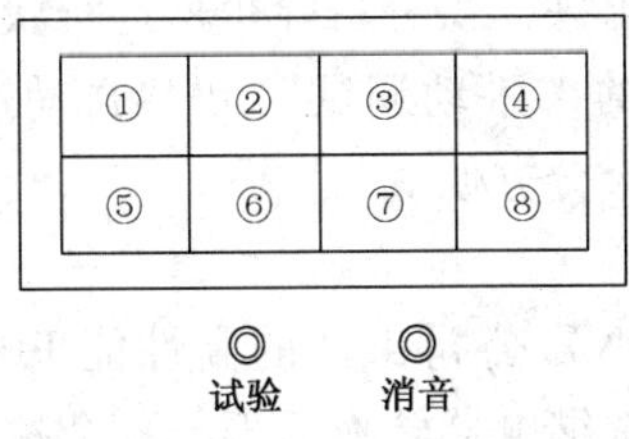

1# 电源柜报警仪设置：

① 压缩空气储罐的压力低于 0.5MPa（可在压力仪表上调整）。

② 备用。

③ 系统烟气总管与净气总管之间的压力大于 900Pa（可在仪表上调整）。

④ 备用。

⑤ 电源 A 失电。

⑥ 电源 B 失电。

⑦ 控制变压器二次电压失电。

⑧ 24V 失电。

$2^{\#}$、$3^{\#}$控制柜报警仪设置：

① 烟气温度达到第一设定值 220°C（4 只温度仪表设定值应调至相同数值）。

② 烟气温度达到第二设定值 210°C（4 只温度仪表设定值应调至相同数值）。

③ $1^{\#}$室（或$3^{\#}$室）差压值达到上限设定值 900Pa（可在相应的仪表上调整）。

④ $1^{\#}$室（或$3^{\#}$室）差压值达到下限设定值 500Pa（可在相应的仪表上调整）。

⑤ 净气含氧量达到 8% 以上（可在仪表调整）。

⑥ $1^{\#}$室（或$2^{\#}$室）灰位达到上限（不可调整）。

⑦ $2^{\#}$室（或$4^{\#}$室）差压值达到上限设定值 900Pa（可在相应的仪表上调整）。

⑧ $2^{\#}$室（或$4^{\#}$室）差压值达到下限设定值 500Pa（可在相应的仪表上调整）。

任何一处烟气温度达到第二设定值时，应打开 4 个除尘室的冷风阀，此时值班人员应密切注意除尘器运行情况；达到第一设定值时，应立即打开两组旁路阀，关闭四组进口阀和出口阀，使烟气直接从引风机排出，防止滤袋温度过高发生损坏。

当有报警信号输入时，相应的报警灯闪光，并发出报警声音，提示值班人员采取必要的对策，值班人员可按下“消音”按钮，使声音停止，但灯光仍然保持到报警信号消除为止。如工控机监控系统也在运行，则工控机相应的画面也有声光报警信号出现。

还要补充说明的是，当按下报警器下方的“试验”按钮时，报警器将发出声光报警信号，用于检查该报警器情况是否正常。

特别需要强调的是，在锅炉运行过程中除尘器的进、出口阀不能关闭，为此本控制系统备有在线式不间断电源 UPS，其容量为 2kV·A/h，当工作交流电源突然断电时仍能维持 PLC 及各提升阀的 24V 控制电源，使提升阀的状态保持不变，另外还设有备用交流电源自动投入电路，以尽可能缩短交流电源中断时间，保证系统安全运行。

三、工控机监控操作

工控机配有系统软件和应用软件，通过 19in 彩色显示器上的多幅画面，可以实时显示除尘器的运行情况和 12 个检测点的当前值，也可切换为某个参数随时间变化的历史曲线，在必要时还可将记录的参数打印出来，供分析除尘器运行状态之用。

有些画面设置了本控制系统的“手动调试”和“自动运行”所需的操作开关，通过鼠标点击，便可进行相应的操作，十分方便。

四、电气控制系统配置特点

1）采用日本欧姆龙（OMRON）公司出产的高性能 PLC-C200Hα 为电气控制系统的核心，每个输出点都经过小型大功率继电器转换后再与各个控制对象连接，即使被控制电路出现过载和短路现象也不会损坏 PLC 内部元件。电气控制系统的主要元器件及检测仪表均选用著名厂家的产品，这些措施保证了系统运行可靠性。

2）本控制系统可以使用控制柜上的操作开关通过 PLC 进行“手动调试”或“自动运行”操作，从数字显示仪表、报警器、指示灯上了解除尘器运行情况；也可由工控机通过 PLC 进行上述操作，充分利用工控机和组态软件的强大功能，还可以对除尘器运行情况进行监测，储存运行参数进行统计分析，从而提高了除尘器的运行可靠性和技术先进性。

3）控制系统以中央控制室集中控制为主，在现场装设检测传感器和喷吹电磁阀工作状态指示灯以及灰斗振动器控制箱等，施工、调试、操作和维修都很方便。

4）三台控制柜用2mm优质钢板制作，内外喷塑，刚性良好，外形美观大方。

五、系统主要配置

1. 检测仪表

① 压力传感器	1151DP 0～1MPa 4～20mA	1只
② 微差压传感器	1151DP 0～2000Pa 4～20mA	4只
③ 氧量仪（含探头）	0～21% O_2	2只
④ 铂热电阻	PT100 L＝750mm，0～300°C	4只
⑤ 智能型数字显示控制仪	WP-C803系列	2只
⑥ 智能型数字显示控制仪	WP-C403系列	8只
⑦ 八回路闪光报警控制仪	WP-X803A	3只

2. PLC（OMRON）

① CPU单元	C200HE-CPU42-E	1只
② 电源单元	C200HW-PA204	2只
③ 安装底板	C200HW-BC081	1只
④ 安装底板	C200HW-BI081	1只
⑤ 输入模块	C200H-ID212	6只
⑥ 输出模块	C200H-OC225	6只
⑦ 模拟量模块	C200H-AD003	2只
⑧ 占空模块	C200H-SP001	2只
⑨ I/O连接电缆	C200H-CN221	1条

3. 工控机监控系统

① 工控机	IPC-610 P3 866/256M/40G/VGA/LAN/声卡/音箱等	1台
② 彩显	19″平面直角	1台
③ 打印机	24针/A4 EPSON	1台
④ 工控组态软件	组态王6.01、开发版、运行版	1套
⑤ 电脑桌椅		1套

4. 不间断电源UPS

山特2kV·A/h在线式　1台

5. 控制箱、柜

① 工控柜	800mm×500mm×1900mm	3台
含双电源自动切换装置	CDQ3A-225A/225A-3P	1套
② 现场接线箱	400mm×250mm×600mm	8台

六、要点提示

1）本项目和本书未收集的另一项目同样是脉冲清灰滤袋式除尘器，设备结构基本相同，由于用户对电气控制系统有不同的要求，设计时必须遵照与用户商定的技术方案，因此电控系统的配置就有很大的差异，这也表明同一种设备可以与不同的电控系统相配套，主要取决于用户的需求。

2）本项目的小灰斗下部设置翻板阀，当灰斗内烟灰累积到一定重量时翻板阀自动打开将积灰排出，不用星形卸灰阀。小灰斗下面是两只大灰斗，各装设一只电容式料位计作为灰位上限检测，用来发出报警信号提示值班人员进行检查处理，由此可见解决同样的问题方法可以不同，以因地制宜、经济适用为上。

3）本方案采用智能仪表显示各测点的当前数值，又用它们的上、下限接点和中间继电器通过 PLC 进行控制并送入闪光报警器发出报警信号；另一方面又设置了工控机监控系统，工控机是 PLC 的上位机，它们之间采用 RS-232 通信，气压、温度、差压、净气含氧量等模拟量信号送入 PLC 的模拟量模块，因此可以在工控机的显示器屏幕上显示这些参数，而且能够对控制系统运行情况进行监控，这样双重配置的目的是使操作更方便，运行更可靠。

4）本项目采用的通用组态软件 Kingview（组态王）是北京亚控科技发展有限公司开发的，在国内获得了相当广泛的应用。组态软件是一种专为工业控制系统开发的工具软件，它为用户提供了多种通用工具模块，可以实现数据采集与处理、画面设计、动画显示、报表输出、报警处理、流程控制等功能，用户不需掌握太多的编程语言技术就能够很好的完成一个复杂工程所需要的应用软件设计。用组态软件开发的系统具有和 Windows 相似的图形化操作界面，非常便于生产的组织和管理。组态技术是计算机控制技术综合发展的重要成果，对于工业控制系统的普及和技术水平的提高都具有十分重要的意义。

5）本项目只列出了系统的重要配置，配套的低压电器元件及辅助材料未列入，全套生产和安装调试用图样资料因篇幅很大也未列入，读者可以根据本文叙述进行技术设计。参见例图 5-3 ~ 例图 5-5。

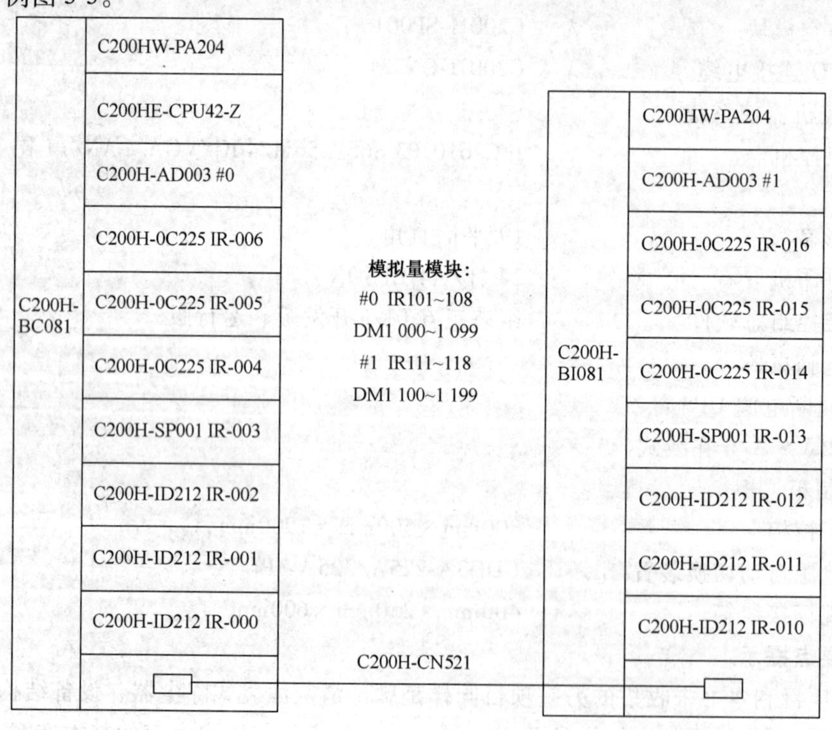

例图 5-3　PLC 模块布置图

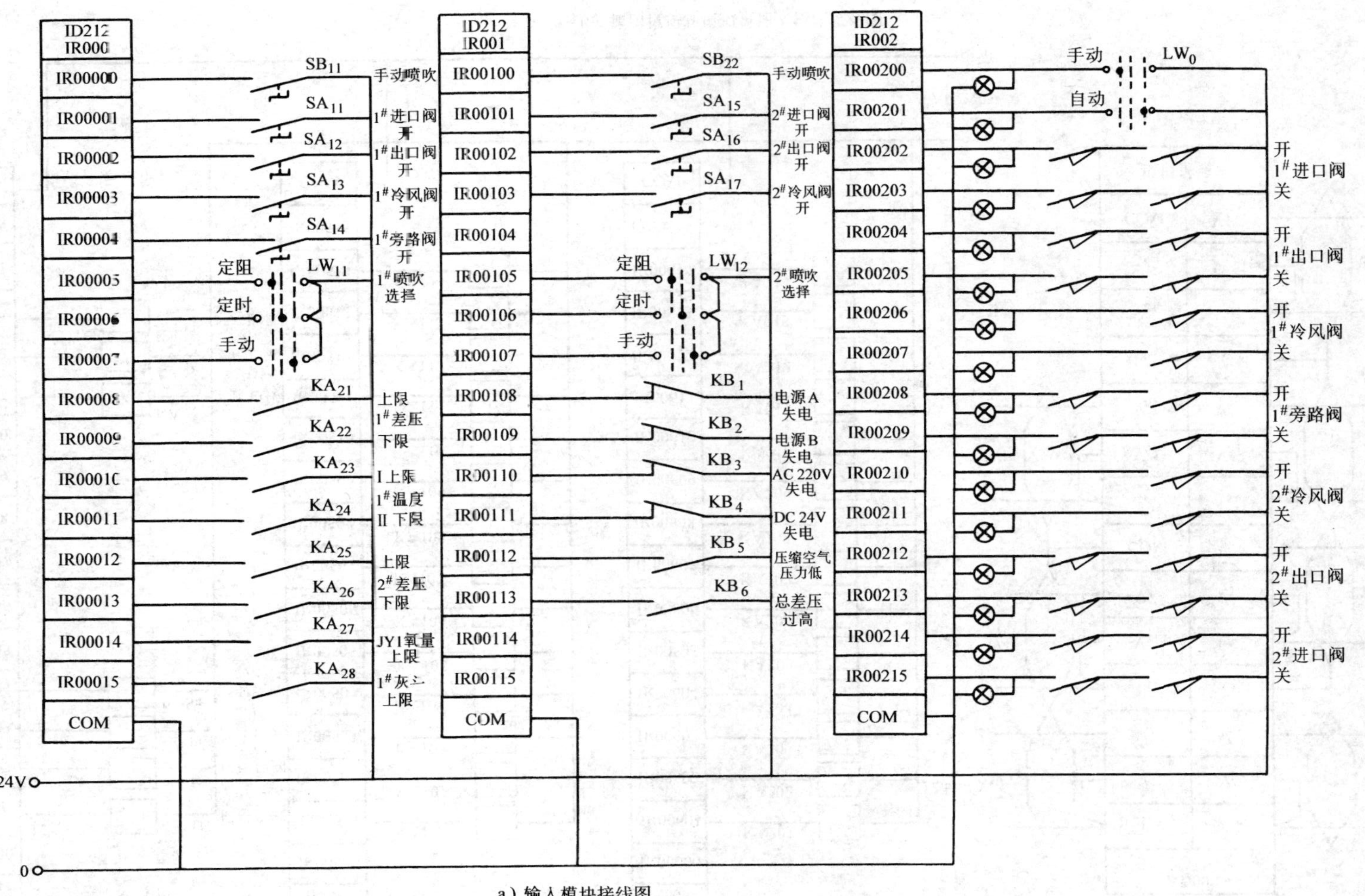

a）输入模块接线图

例图 5-4　PLC 主机模块接线原理图

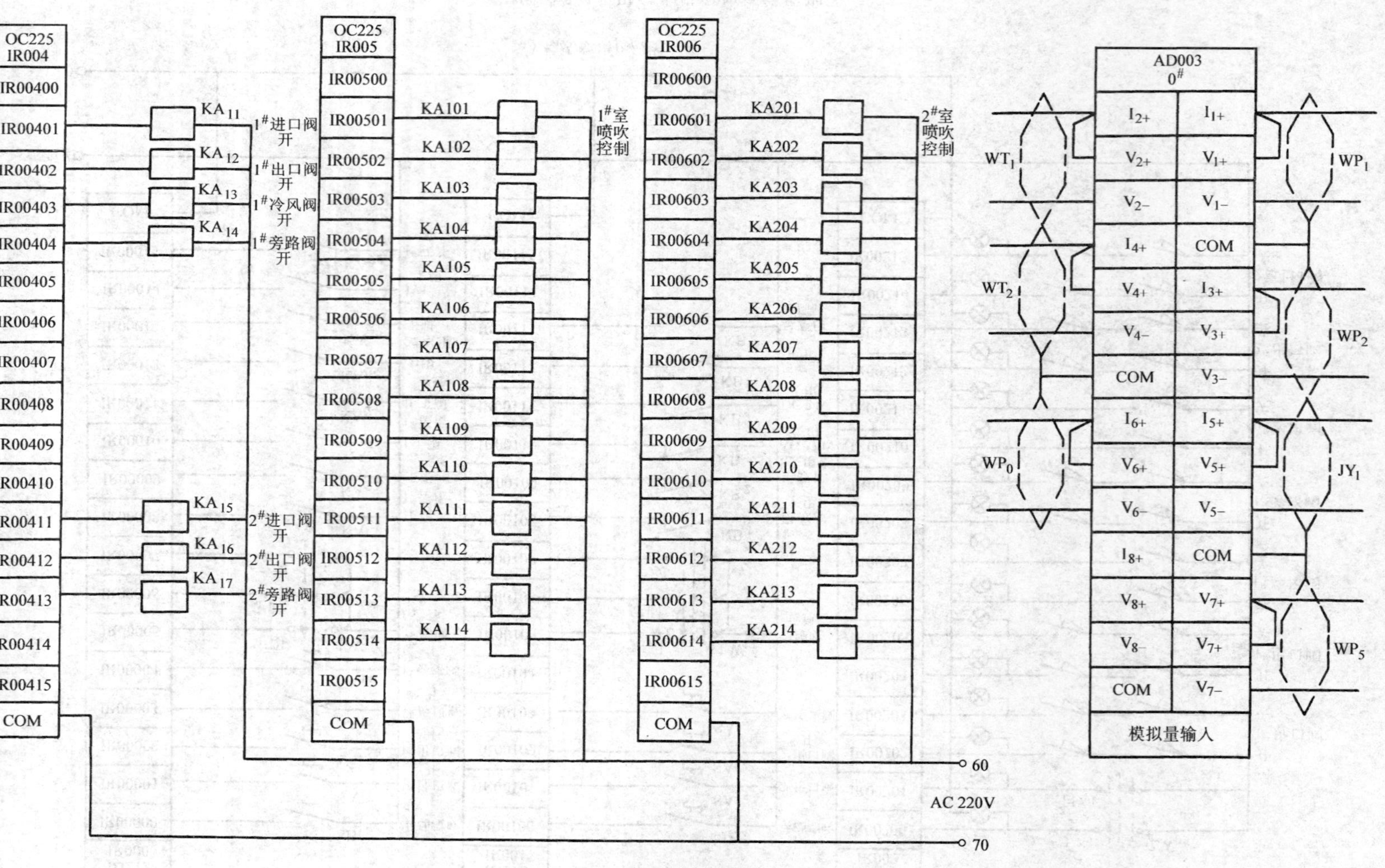

b）输出模块和模拟量输入模块接线图

例图 5-4 （续）

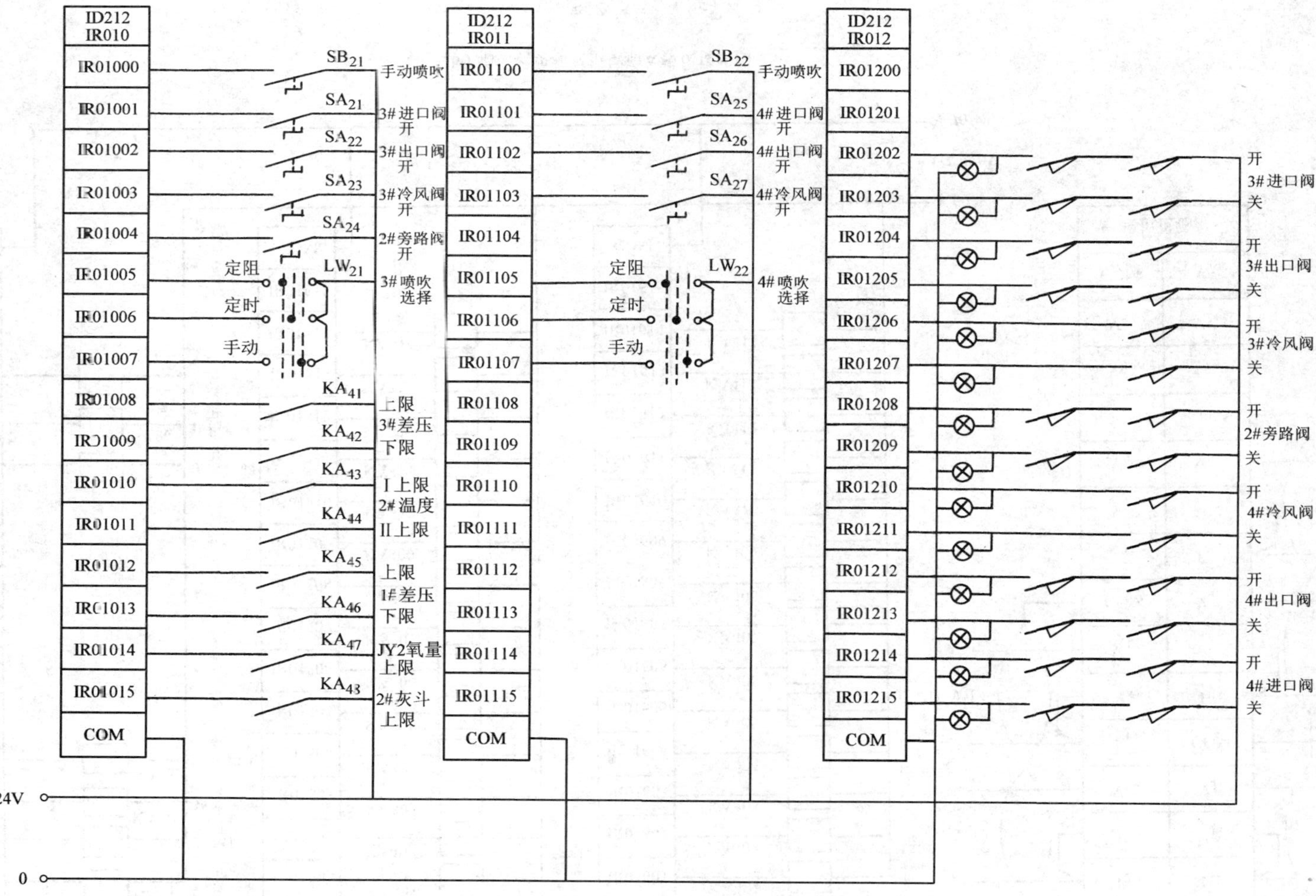

a）输入模块接线图

例图 5-5　PLC 扩展机模块接线原理图

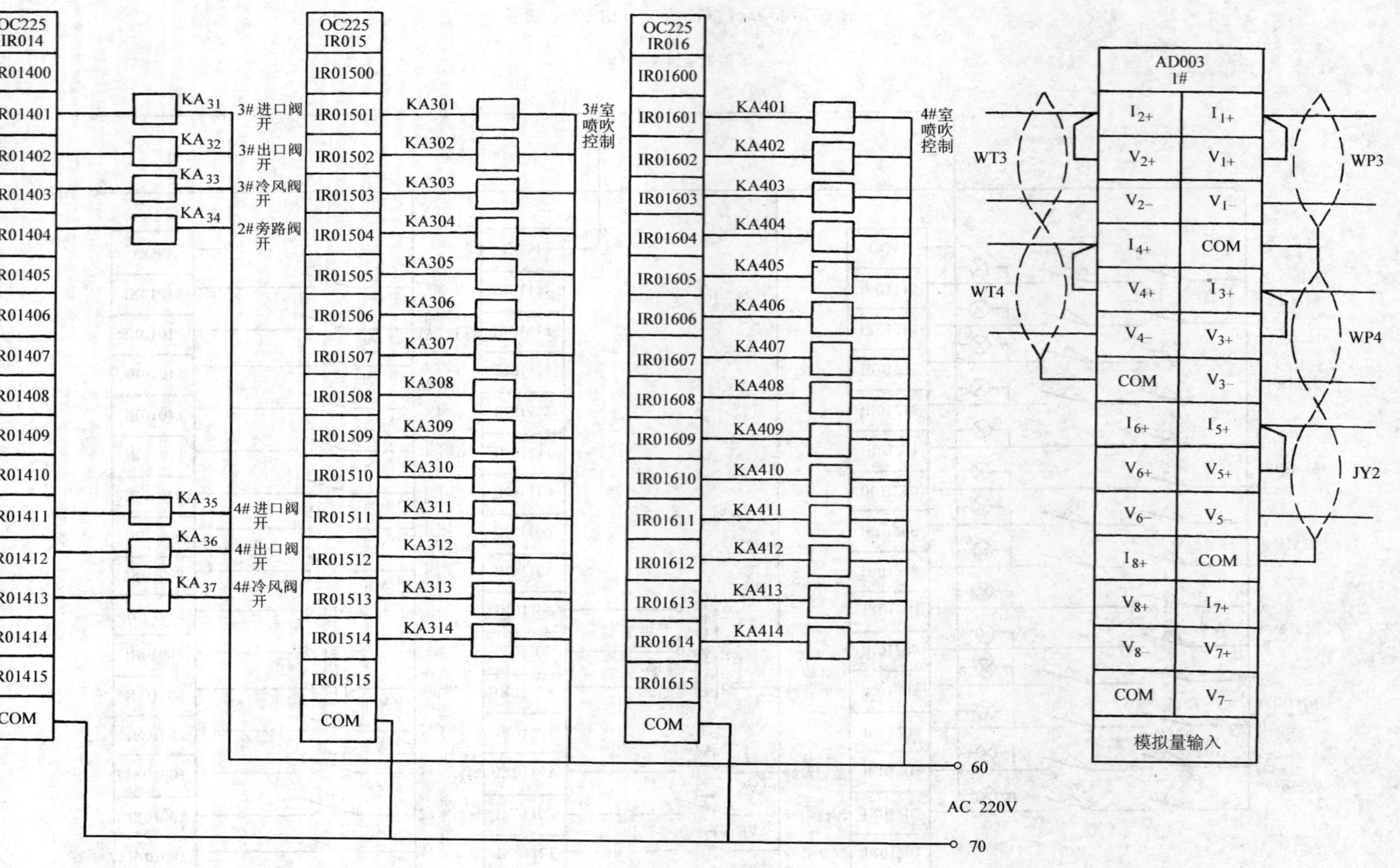

b）输出模块和模拟量输入模块接线图

例图 5-5 （续）

6）PLC 的控制程序（梯形图）是根据系统的技术要求和 PLC 各个模块的接线方式进行设计的，也可以有不同的方案，下面给出一种比较简单的方案供读者参考（例图 5-6a ~ f）。

全部梯形图大致可分为四部分：例图 5-6a 是 14 组 24 只气动提升阀控制程序，它们有两种操作方式：在“手动”操作时用控制柜门上的旋钮操作；在“自动”操作时，正常运行状态下各除尘器进、出口阀均开启，冷风阀、旁路阀均关闭；当烟气温度达到第二设定值时，冷风阀开启，当烟气温度达到第一设定值时旁路阀开启，各除尘器进、出口阀均关闭。

例图 5-6b 是 4 个除尘室是否需要进行喷吹清灰的逻辑判断程序，只要符合手动、定阻、定时三种条件之一则这个除尘室就应进行喷吹清灰操作。

例图 5-6c、d 是 4 个除尘室的 14 组喷吹电磁阀的控制程序，核心部分是移位寄存器，它包括 HR1 ~ HR4 等 4 个通道，每个通道有 16 位，分别控制对应的 4 个除尘室的喷吹顺序，移位至 HR4. 15 时启动停歇时间控制程序，停歇时间到移位寄存器便又起动运行，也就是开始执行新的工作循环，当某个除尘室符合喷吹清灰条件时，它们 14 组电磁阀就依次通电喷吹。喷吹清灰循环的三个参数：间隔时间、脉冲宽度、停歇时间预先存储在 DM1、DM2、DM3 数据区内，修改这些参数十分方便。

例如，脉冲间隔为 20s，脉冲宽度为 0. 3s、停歇时间为 2min，则工作周期为

$$[(20\times16\times4+0.3\times16\times4)/60+2]\,\text{min}=[(1280+19.2)/60+2]\,\text{min}\approx24\,\text{min}$$

图 5-6f 是工艺参数转换程序，本控制系统共设 12 个检测点，检测元件测出的当前值经数字智能仪表转换为 4 ~ 20mA 模拟信号，然后进入 PLC 的模拟量通道，成为十六进制数字，再用 SCL 指令转换为十进制数，保存在数据区中，可以由工控机调用。

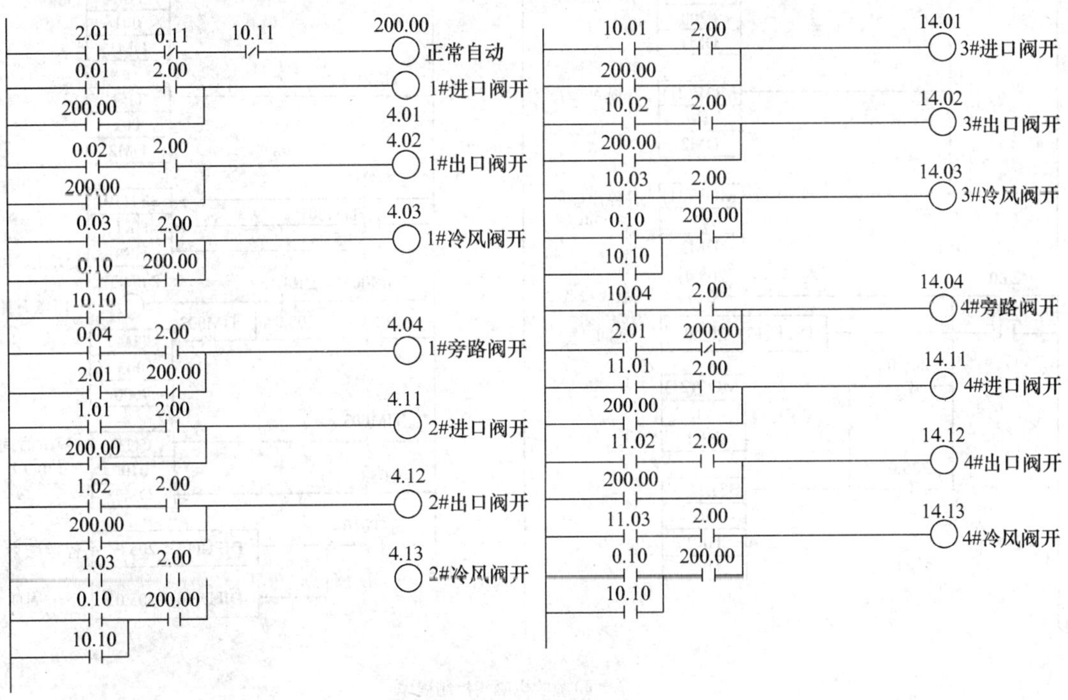

a）气动提升阀控制程序

例图 5-6　PLC 控制程序梯形图

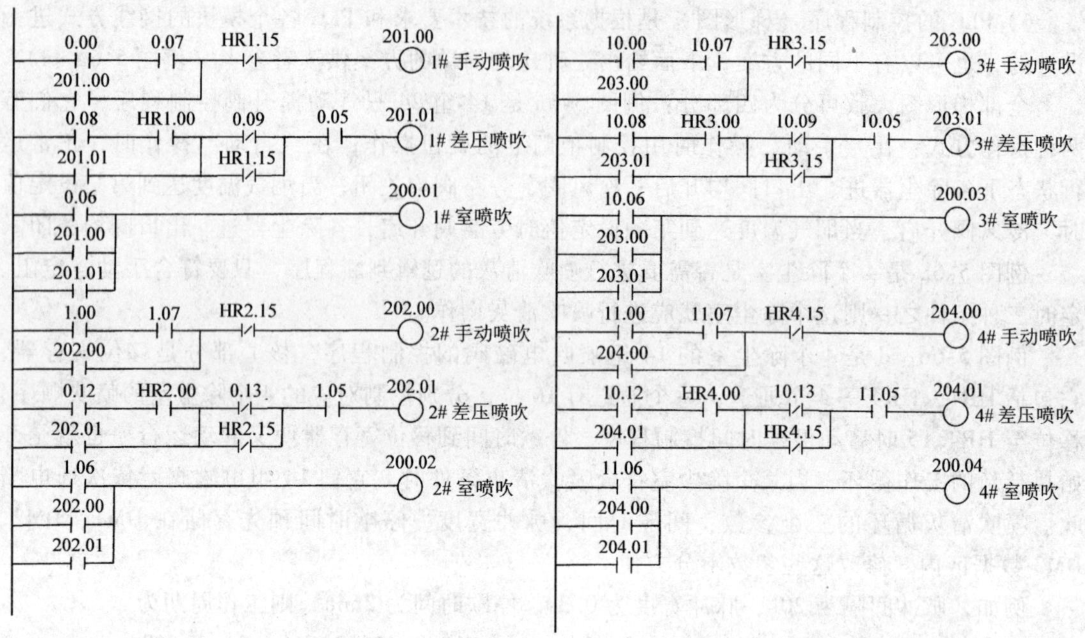

b）清灰喷吹判断程序

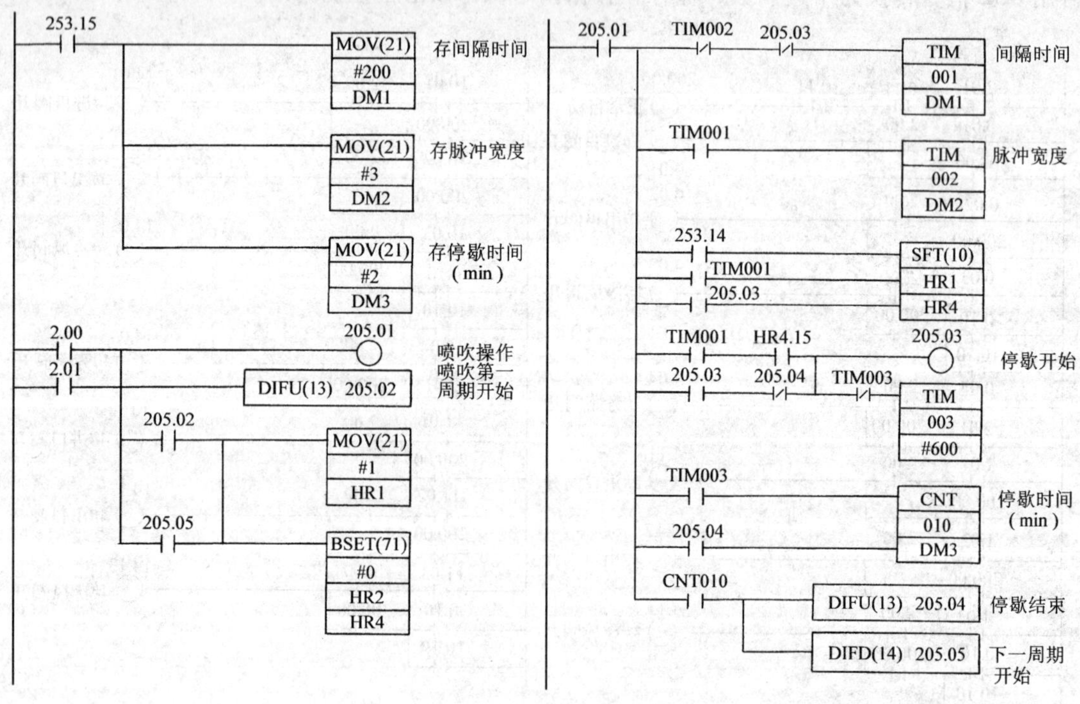

c）喷吹电磁阀控制程序

例图 5-6 （续 1）

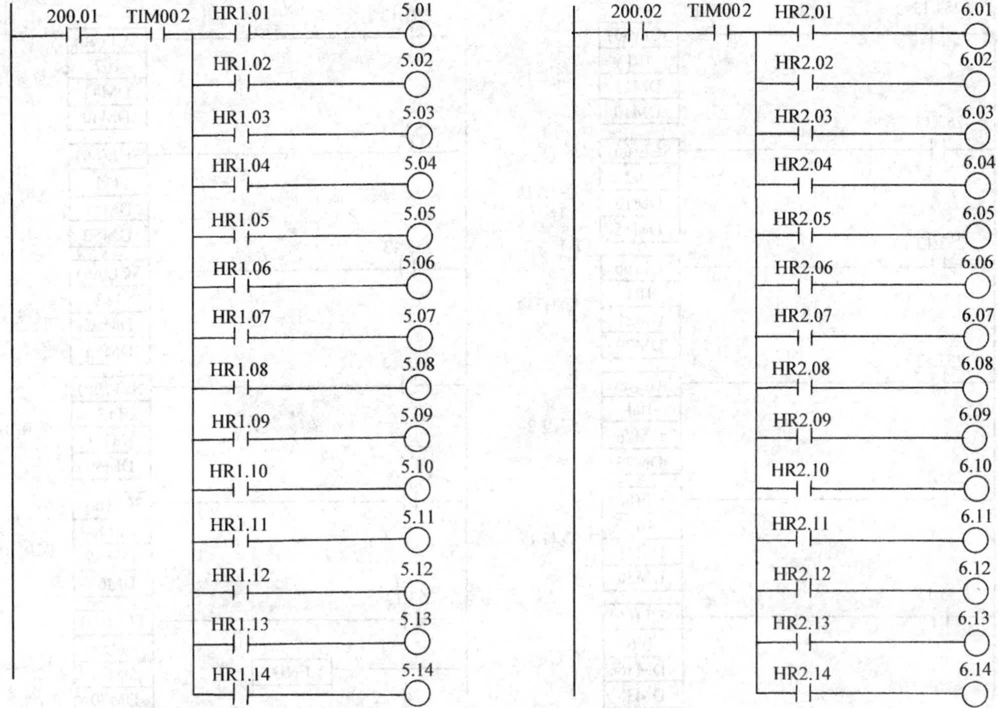

d）1#室、2#室喷吹电磁阀控制程序

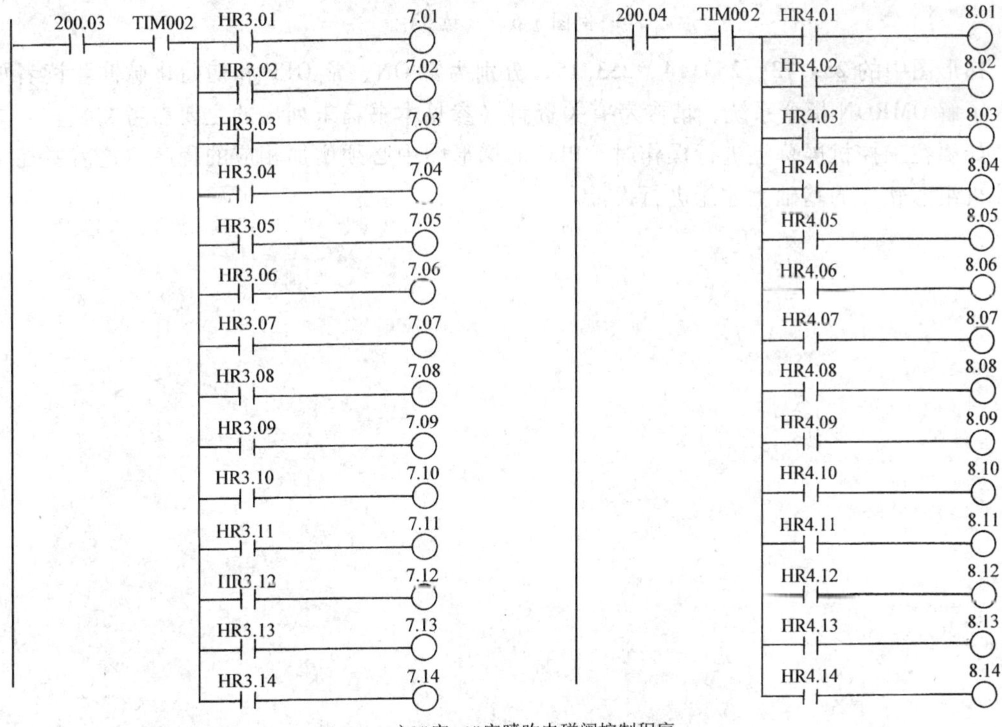

e）3#室、4#室喷吹电磁阀控制程序

例图 5-6 （续 2）

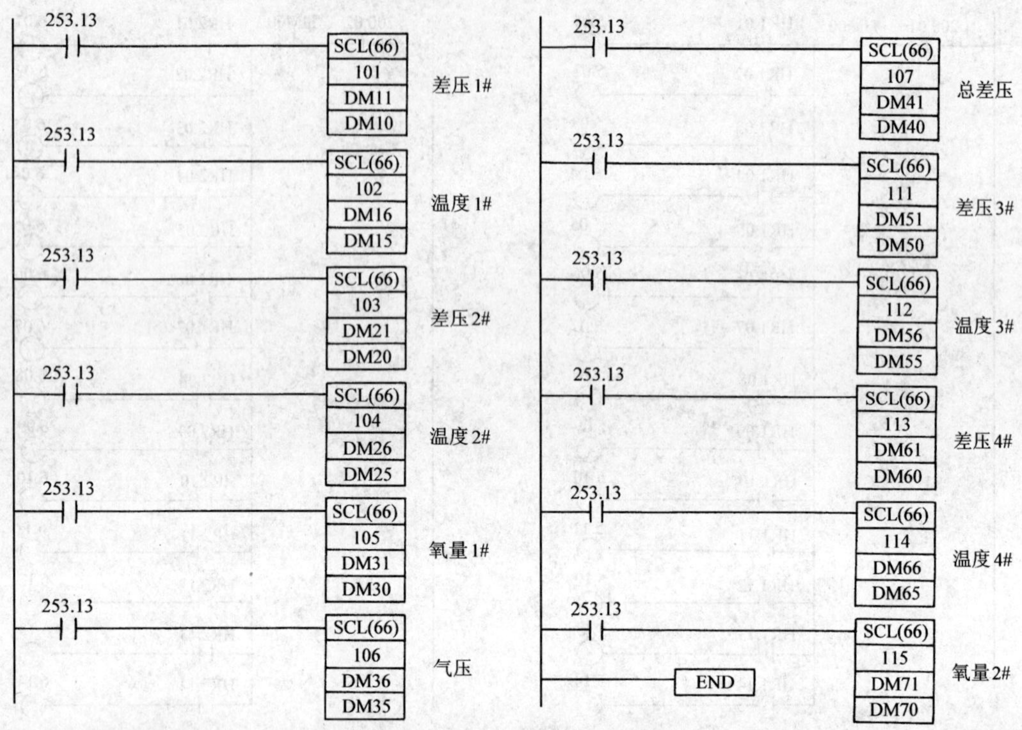

f）工艺参数转换程序

例图 5-6 （续 3）

梯形图中的 253.13、253.14、253.15、分别为常 ON、常 OFF 和初始化脉冲。读者如需深入了解 OMRON 指令系统，请参考有关资料（参见本书篇末列出的主要参考文献）。

如要在工控机屏幕上进行操作时，PLC 的梯形图中必须增加相应的程序，这需要在掌握工控机组态软件的基础上才能进行设计。

范例六　车轮旋转弯曲疲劳试验机的电气控制

车轮是机动车辆的重要部件，摩托车的车轮普遍采用轻合金制作或采用轮辐结构以减轻重量、降低动力消耗。为了保证行驶安全，产品质量监管部门要定期对车轮样品进行全面性能测试，弯曲疲劳试验就是最为重要的项目。进行此项测试时先将车轮装在车轮弯曲疲劳试验机的转台上，拧紧车轮上的 4 只螺栓，车轮可在静止状态承受弯曲力矩作用，也可在一个固定的弯矩作用下旋转。这种车轮弯曲疲劳试验机称为 PATRAN 型（PATRAN 最早是由美国宇航局（NASA）开发的，是工业领域最著名的并行框架式有限元处理及分析系统）。具体的做法是使车轮中心与转台中心之间相差一个不大的偏心距，从而产生一个作用于轮毂的弯矩和一个作用于轮毂半周的分布力，这样就使车轮处于加载状态，与实际工作情况相同。

一、试验机的主机结构

主机由调速机构、对中机构、测跳机构、加力机构，以及框架、外围机构、润滑系统组成。

1）调速机构由一台 4.0kW 调速电动机、旋转工作台、主轴、以及带轮、传送带构成。起动调速电动机后旋转工作台以及安装于其上的被试车轮组件转动。

2）对中机构由对中电动机、蜗轮变速箱、丝杠、缓冲套、缓冲弹簧、顶尖以及限位装置组成，起动对中电动机使顶尖上升后插入力臂杆的下端锥面，调整至力臂杆与主轴同心。上限位开关使顶尖停止在与力臂杆下锥面最佳配合位置上，缓冲弹簧用以避免顶尖与力臂杆的刚性配合。

3）测跳机构由测跳电动机、小丝杆、座板、推板、位移传感器以及测跳触头、压簧、限位装置组成。起动测跳电动机，使触头逐渐靠近慢速旋转的力臂杆，同时逐渐靠近被测车轮组件，使力臂杆上所测点径向跳动在允许的范围之内。

4）加力机构由步进电动机、变速箱、加力丝杠、缓冲弹簧、缓冲套、负荷传感器、加力头以及加力轴承构成。起动步进电动机，通过蜗轮变速箱，使加力丝杠前进（或后退），带动加力头以及加力轴承与力臂杆接触，使试验力增加。（反向移动则试验力递减）。缓冲弹簧用以消除臂杆过大摆动对负荷传感器产生不良作用，从而保护加力机构；限位开关用以限制加力头的最大位移量。当力臂杆受力后偏移超过规定位移量时，使步进电动机停止动作。

二、试验步骤

1）将被试车轮安装旋转工作台上。

2）试验机上设置了电源开关按钮，用于对整机通电和断电。此时按下电源开按钮使试验机通电。

3）用对中电动机的上升、下降按钮进行点动操作，使对中顶尖与力臂杆下端锥面配合好。对中是依靠三相异步电动机的正反转实现的，上、下限位开关保护电动机不会超限。

4）用测跳电动机的前进、后退按钮进行点动操作，使触头与力臂杆接触，位移传感器所采集到的力臂杆跳动信号，通过 A/D 转换后输入到 PLC，PLC 通过嵌入式平板电脑显示出力臂杆的径向跳动值。手动使工作台旋转，观察跳动量变化情况，并适当调整车轮位置，最大限度地使被测点跳动量为最小。测跳是依靠单相电动机的正反转实现的，上、下限位开关保护电动机不会超限。

5）确认车轮紧固后，然后逐渐下降顶尖，退开触头，使之与车轮轴不接触。

6）在嵌入式平板电脑上设定试验力、试验转速及试验旋转次数，输入试验车轮的各个参数。

7）起动调速电动机，调速电动机是由电磁调速器控制的，PLC 通过 D/A 转换输出 0～10V信号控制电磁调速器，按一定加速度逐渐提高转速，使之达到设定试验转速，测速用接近开关采集到旋转工作台的转速信号后，输入到 PLC，PLC 以此信号计算出工作台转速，并通过嵌入式平板电脑显示出所测转速值。在达到设定试验转速后，累计所采集的转速信号，计算出旋转次数并显示出来。

8）在嵌入式平板电脑上发出试验开始信号，PLC 自动控制加力机构，逐渐增加试验力及试验转速到规定值，试验力通过力臂杆产生一定值的弯矩，负荷传感器所采集到的试验力（力矩）信号，通过 A/D 转换后输入到 PLC。PLC 通过显示电路显示出试验力（力矩）。另一方面 PLC 发出控制信号，通过步进电动机控制器，控制步进电动机动作，完成对试样的加载、停止及卸载，同时由于输入了预置试验力，PLC 将此预置试验力信号与实测到的试验力进行比较，将试验力控制在预置值 ±5% 范围之内；另外 PLC 还可以发出过载信号（试验力超过最大值的 2% ～10% 后）使步进电动机停止工作。

9）当试验次数超过预置次数后，PLC 发出信号，使调速电动机停止工作。步进电动机完成对试样的卸载，退回到初始位置。

10）嵌入式平板电脑自动将此次试验数据送至数据库保存。

三、试验机电气控制系统的特点

(1) 选用 OMRON 高性能的小型 PLC　CP1H-XA40DT-D，该 PLC 具有普通 I/O 点的功能，用于逻辑量的控制，还有下列功能：

1）具有 4 个精度为 1/6000 的模拟量输入，用于采集位移传感器的力臂杆跳动信号，和采集负荷传感器的试验力（力矩）信号；两个精度为 1/6000 的模拟量输出，可用于控制调速电动机的速度。

2）输出点为晶体管输出，可利用脉冲输出指令直接驱动步进电动机控制器，控制步进电动机动作。

(2) 选用 MCGS 的嵌入式平板电脑作为人机界面　MCGS 是全中文可视化组态软件，简洁、大方、使用方便灵活，它提供近百种绘图工具和基本图符，快速构造图形界面。

1）支持 OMRON 的 PLC 通信，嵌入式平板电脑与 PLC 的数据交换十分方便。

2）支持 ODBC 接口，可与 SQL Server、Oracle、Access 等关系型数据库互联，可以把试验数据自动保存到嵌入式平板电脑的数据库中。

3）提供渐进色、旋转动画、透明位图、流动块等多种动画方式，可以达到良好的动画效果，上千个精美的图库元件，保证快速地构建精美的动画效果。

试验机的主电路如例图 6-1 所示，试验机的 PLC 接线原理图如例图 6-2 所示，试验机的控制电路原理图如例图 6-3 所示。

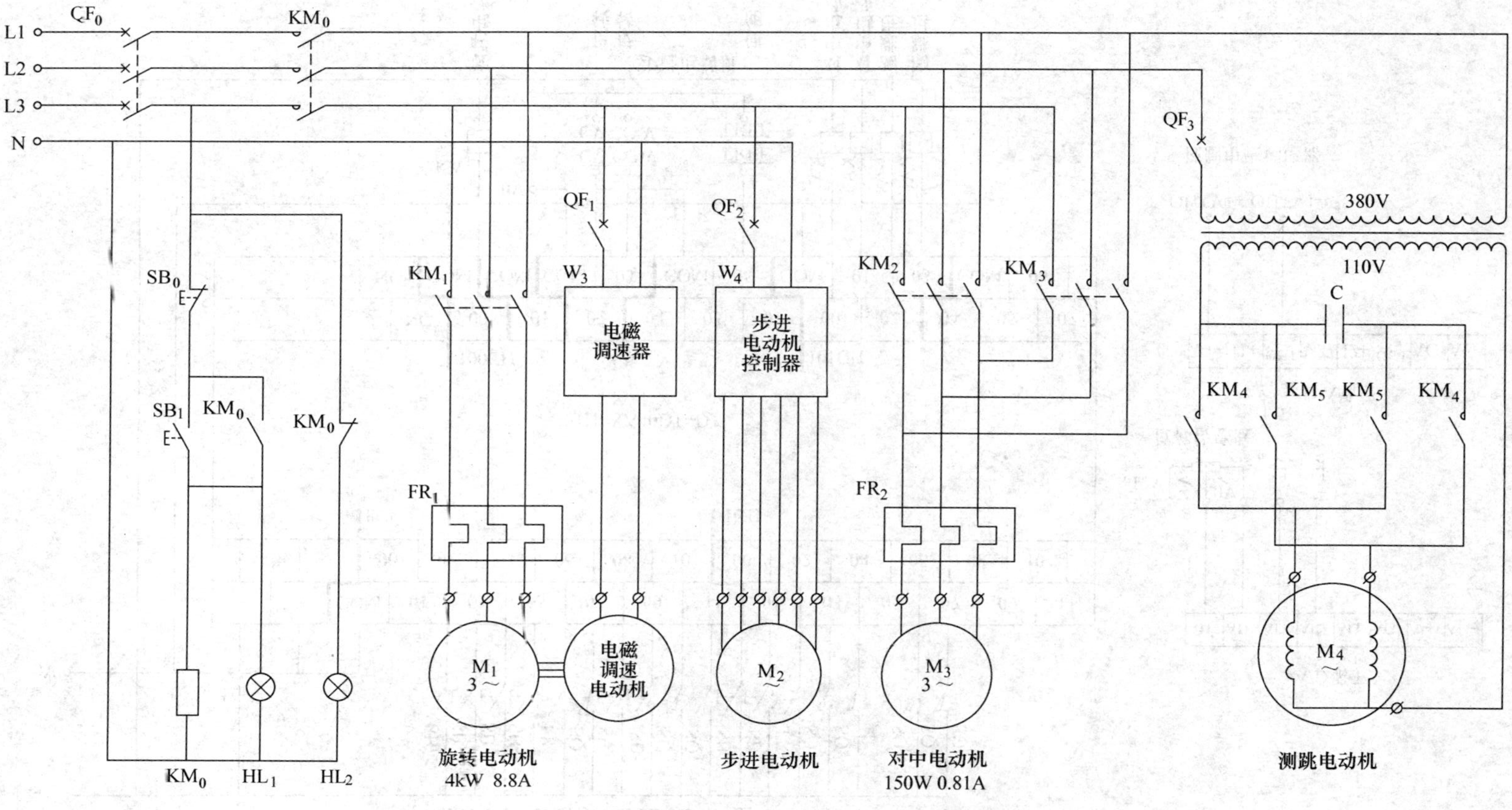

例图 6-1 试验机的主电路

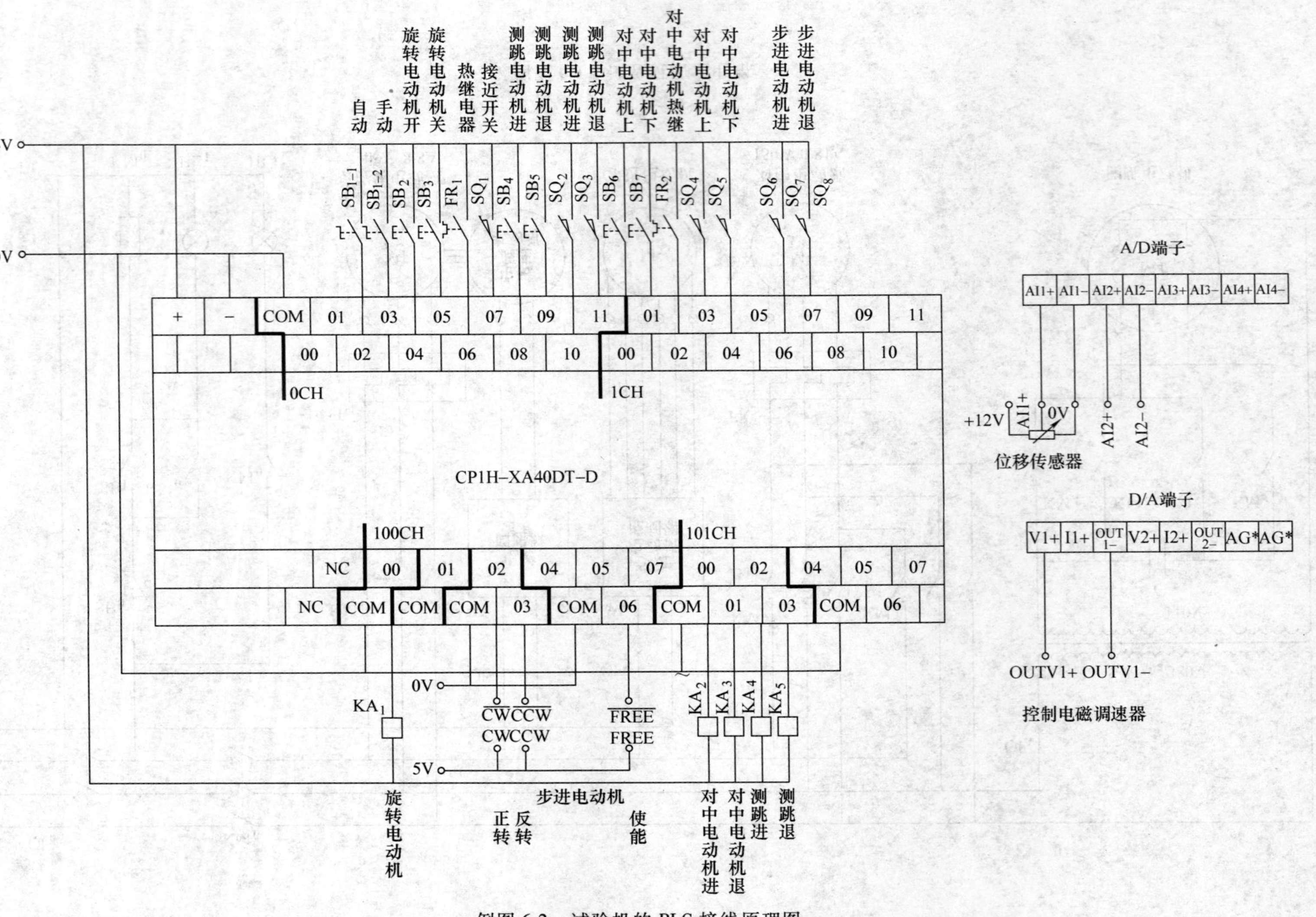

例图 6-2　试验机的 PLC 接线原理图

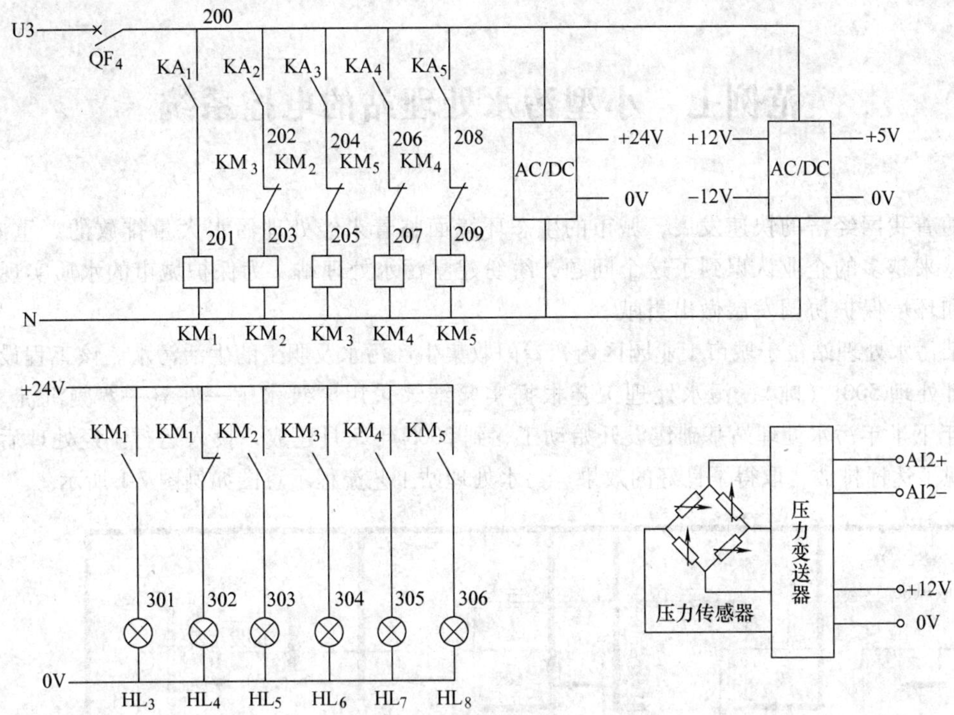

例图 6-3　试验机的控制电路原理图

四、要点提示

1）本例中的调速方式可采用变频器来实现，其接线方法和选用等等均需仔细阅读该产品技术资料后才能决定。本项目是对现有的弯曲疲劳试验机的电控系统进行升级改造，其原有的电磁调速电动机可继续使用，故未改为变频调速。

2）本例中的电动机多种多样，有调速电动机、三相异步电动机的正反转、单相电动机的正反转、步进电动机的正反转等，读者从中可以了解各种电动机的控制方法。

3）PLC 选用 OMRON 产 CP1H-XA40DT-D，也可改用其他厂家的产品，PLC 应用程序可参考上文叙述编制，经过现场调试验证符合要求后便可交付使用。

范例七　小型污水处理站的电控系统

随着我国经济的快速发展，城市的生态环境面临着未经处理污水大量排放的严重威胁，现在越来越多的企业认识到了这个问题，纷纷建立污水处理站。为保护城市的水质实现经济建设和环境保护协调发展做出贡献。

某污水处理站位于城市工业园区内，专门收集生产污水及职工的生活污水。该工程设计规模为日处理 500t（吨），污水处理工艺根据实验结果采用厌氧水解—好氧—絮凝沉淀工艺。2004 年下半年污水处理站基础建设开始动工，到 2005 年 5 月建成，投入运行。经处理后的污水实现了达标排放，取得了良好的效果。污水处理站工艺流程示意图如例图 7-1 所示。

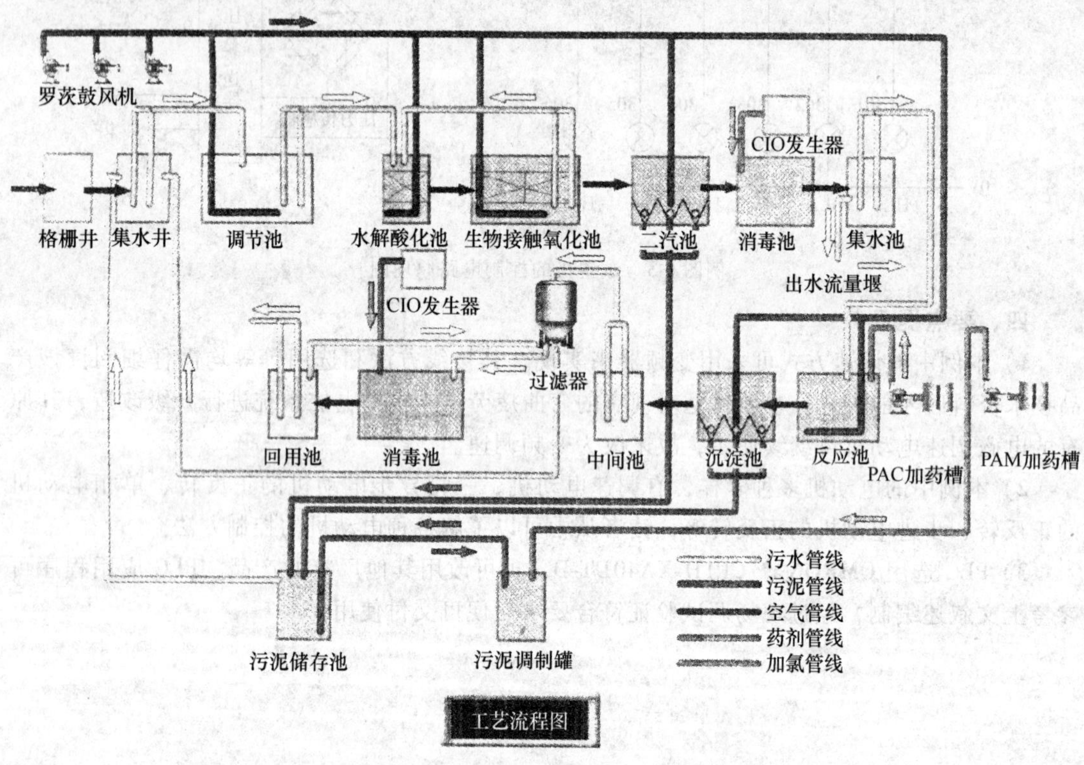

例图 7-1　污水处理站工艺流程示意图

一、污水处理工艺流程及主要设备

（一）格栅机

厂区的污水汇流到污水处理站后，通过格栅机拦截污水中的漂浮物和悬浮物。

根据用户的要求，格栅机控制分为手动和自动模式。在自动模式下，格栅机将根据用户预先设定的时间周期运行，自动清污。若有需要，用户也可以在手动模式下，随时开动格栅机，手动清污。

（二）进水提升泵房

由吸水池的液位控制潜污泵，按预定的次序逐台开起。三台泵每次运行两台，并根据水泵的运行时间自动轮换，使各水泵的运行时间均等。

（三）厌氧池

厌氧池可有效防止生化过程中产生的污泥膨胀，调节进水水质和减轻水量的冲击，可使废水中某些难降解物质和有色物质发生转化，提高处理系统的 COD（化学需氧量）去除率和脱色率，好氧处理产生的剩余污泥全部回流到厌氧生化段。由于污泥在厌氧池内有足够的停留时间，能进行较彻底的厌氧消化，故可大大减少系统的剩余污泥产量。

（四）中间沉淀池

中间沉淀池的主要功能是进行厌氧池混合液的固液分离，有效控制厌氧反应池的生物量浓度，提高泥法厌氧池运行效果。中间沉淀池采用幅流式沉淀池，设周边传动吸泥机。

（五）曝气池

曝气池主要功能是去除污泥中的大部分有机物，采用传统活性污泥法，鼓风机维持曝气池氧溶解值在允许的范围内，以保证曝气池中好氧微生物顺利进行有机物氧化分解。三台鼓风机每次运行两台，并根据风机的运行时间自动轮换，使各风机的运行时间均等。

（六）二次沉淀池

二次沉淀池采用幅流式沉淀池，池内设周边传动吸泥机。设一座集水井，沉淀池排泥经排泥总管排至污泥回流泵房，沉淀池出水可视水质情况直接排放或进行化学沉淀处理后排放。

（七）污泥回流泵

污泥回流泵的主要功能是将二沉池沉淀污泥加压回流至曝气池和厌氧池，将剩余活性污泥送至污泥浓缩池。回流污泥量的调节保证曝气池中 ORP（氧化反应电位）保持在一定的范围内。

（八）污泥浓缩池

根据污泥沉淀的高度，通过时间间隔控制出泥，使到污泥脱水的初沉淀污泥达到一定的含水率，这样有利于脱水系统中化学品的配置。

（九）各种加药槽

ClO_2（二氧化氯）作为消毒剂杀死污水中的细菌，PAM（聚丙烯酰胺），使用阳离子聚丙烯酰胺可对污泥进行脱水，使用 PAC（聚合氯化铝）对污泥进行化学除磷。

二、电气控制系统

西门子自动化系统广泛用于污水处理站，本项目选用了西门子小型 PLC。整个系统由一套 S7-200 可编程序控制器，一台操作用的触摸屏，一台采集数据用的 IPC（工业计算机），工业计算机上安装先进的组态软件，使系统拥有良好的用户使用界面及强大的系统开发环境，大大地节省了系统编程组态的时间和费用。

现场传感器采用了集传感器和电子元件于一体的非接触式超声波液位计。用于检测 5 个水池的水位。这些液位计的信号输出到 S7-200 的模拟量模块，S7-200 的模拟量模块采集后通过计算得到实际液位值，各水池水位分别预先在触摸屏上设定上下限，该水池潜污泵根据设定在水位上限时起动，水位下限时停止运行，每次起动自动轮换潜污泵，使各潜污泵的运行时间基本均等。

本系统还选用了电磁流量计来测量导电性液体介质的流量，既可以测量出瞬时污水流量，又能够通过二次仪表累计得出总的污水处理量。

利用触摸屏可完成以下功能:

（一）监视

触摸屏对经动力柜供电的电动机进行监视。其运行状态可直观地反映在触摸屏上。

（二）操作

触摸屏可对自动运行方式的电动机进行操作，按了对应的起动按钮，电动机便按预定程序运行。

（三）参数设定

触摸屏可对各水池水位的上下限、各泵运行停止时间、各泵轮换时间进行设定。满足用户对系统控制的要求。

工业计算机的组态软件可反映超声波液位计以及流量仪表的工作状态、显示水位的数值与棒图、各电动机的状态也可清晰地反映在画面上。

工业计算机的组态软件可以提供报警提示功能，当系统出现异常，工业计算机的屏幕会跳出报警画面，提示操作人员正确快速解决问题。发生异常时，屏幕上出现相应的报警画面，例如发生格栅机停转，此时出现下列画面（见例图 7-2）:

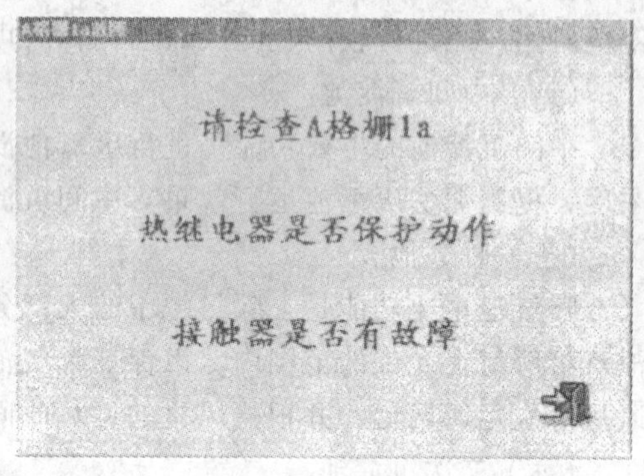

例图 7-2　报警画面

操作人员操作设备必须进行登录。根据不同操作人员的级别，系统自动判断封锁操作人员所不能进行的操作。无权限的用户只能浏览画面，不能修改参数及进行设备控制。操作人员通过鼠标和权限进行操作，完成正常的生产过程。

在工业计算机的组态软件上形成历史数据，操作人员可以通过历史数据曲线和历史数据报表来了解一年以内的各个参数值，同时总的污水处理量每小时保存一个数据，每天形成一个 Excel 数据库供厂管理系统使用。

工业计算机连接在厂 Ethernet（以太网）上，它可以通过以太网将污水处理站的数据传输到厂部中心控制室，让厂部中心控制室能及时地掌握污水处理站的生产情况。污水处理站的电气控制系统结构示意图如例图 7-3 所示。

污水处理站的电气控制系统硬件接线电气原理图如例图 7-4 ~ 例图 7-10 所示。PLC 及触摸屏的控制软件由读者自行编制，经调试验证符合要求后便可按组态软件规则编制工控机的监控程序。

污水处理站的电气控制系统设计还应包括电气控制柜操作台的结构图、内部安装接线图、外部安装接线图、电气元件明细表、安装调试及操作维修的说明书等技术资料，由读者根据实际需要制作。

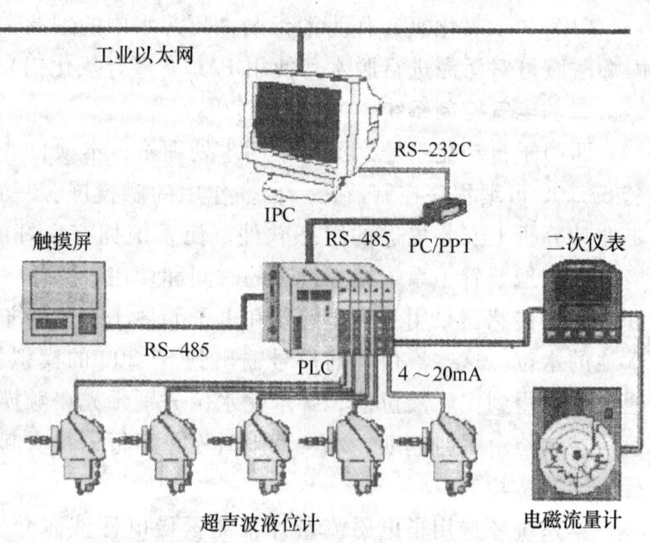

例图 7-3　电气控制系统结构示意图

L1、L2、L3
N
QF0
L11、L12、L13
QF1
QF2
QF3
QF4
QF5
QF6
QF7
QF8
QF9
QF10
QF11
QF12
KM1
KM2
KM3
KM4
KM5
KM6
KM7
KM8
KM9
KM10
KM11
KM12
FR1
FR2
FR3
FR4
FR5
FR6
FR7
FR8
FR9
FR10
FR11
FR12
M1 3~
M2 3~
M3 3~
M4 3~
M5 3~
M6 3~
M7 3~
M8 3~
M9 3~
M10 3~
M11 3~
M12 3~
1a#格栅
2a#潜污泵
2b#潜污泵
2c#潜污泵
3#过滤器
4#轴流风机
5a#鼓风机
5b#鼓风机
5c#鼓风机
备用
6a#发生器
6b#发生器

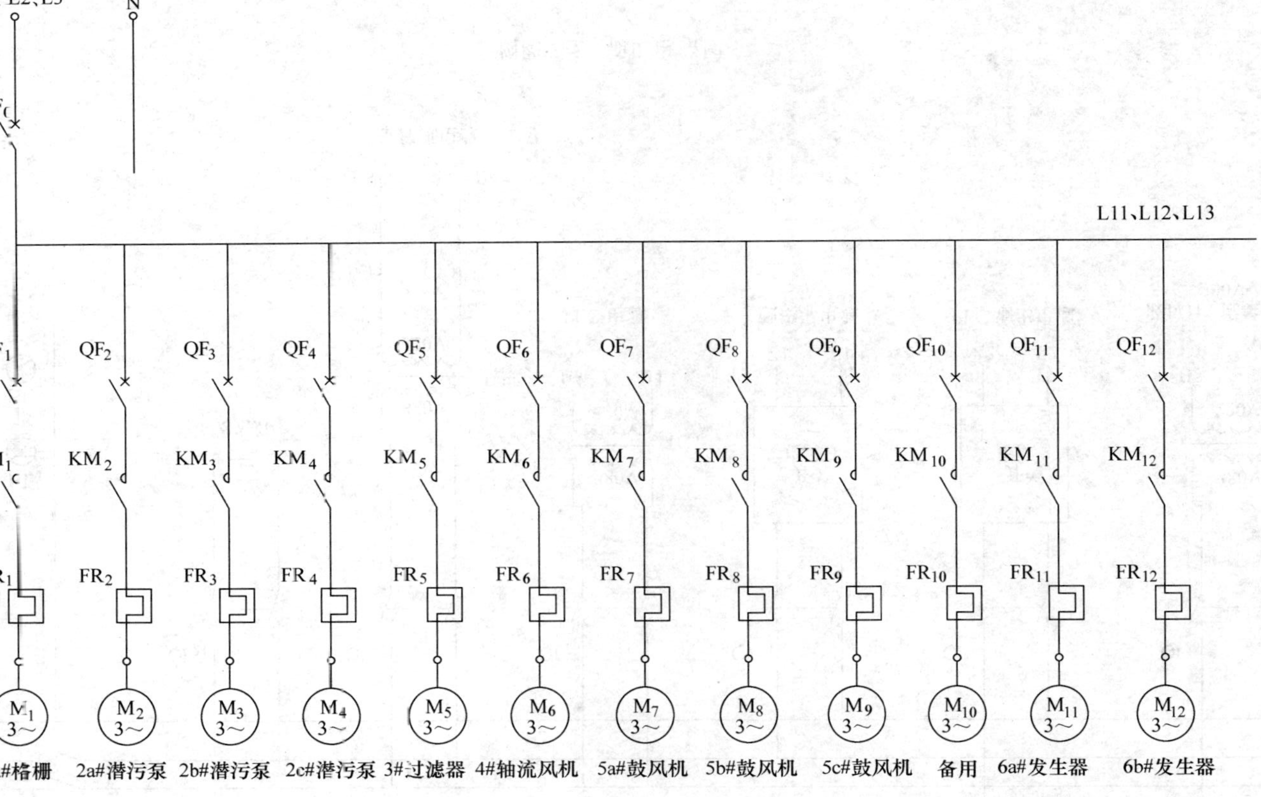

例图 7-4　主电路图

L11
L12
L13
QF$_0$
FU$_1$
FU$_2$
FU$_3$
HL$_1$
HL$_2$
HL$_3$
L21
L22
L23
N
QF$_{21}$
荧光灯
QF$_{22}$
380V
220V
TC$_1$
B3
B4
工控机电源
QF$_{23}$
380V
220V
TC$_2$
B3
B4
PLC 电源
QF$_{24}$
开关电源 1
Z1
F1
触摸屏电源
QF$_{25}$
开关电源 2
Z2
F2
PLC 输出电源
QF$_{26}$
380V
220V
TC$_3$
B5
B6
液位计、流量计电源
200V·A

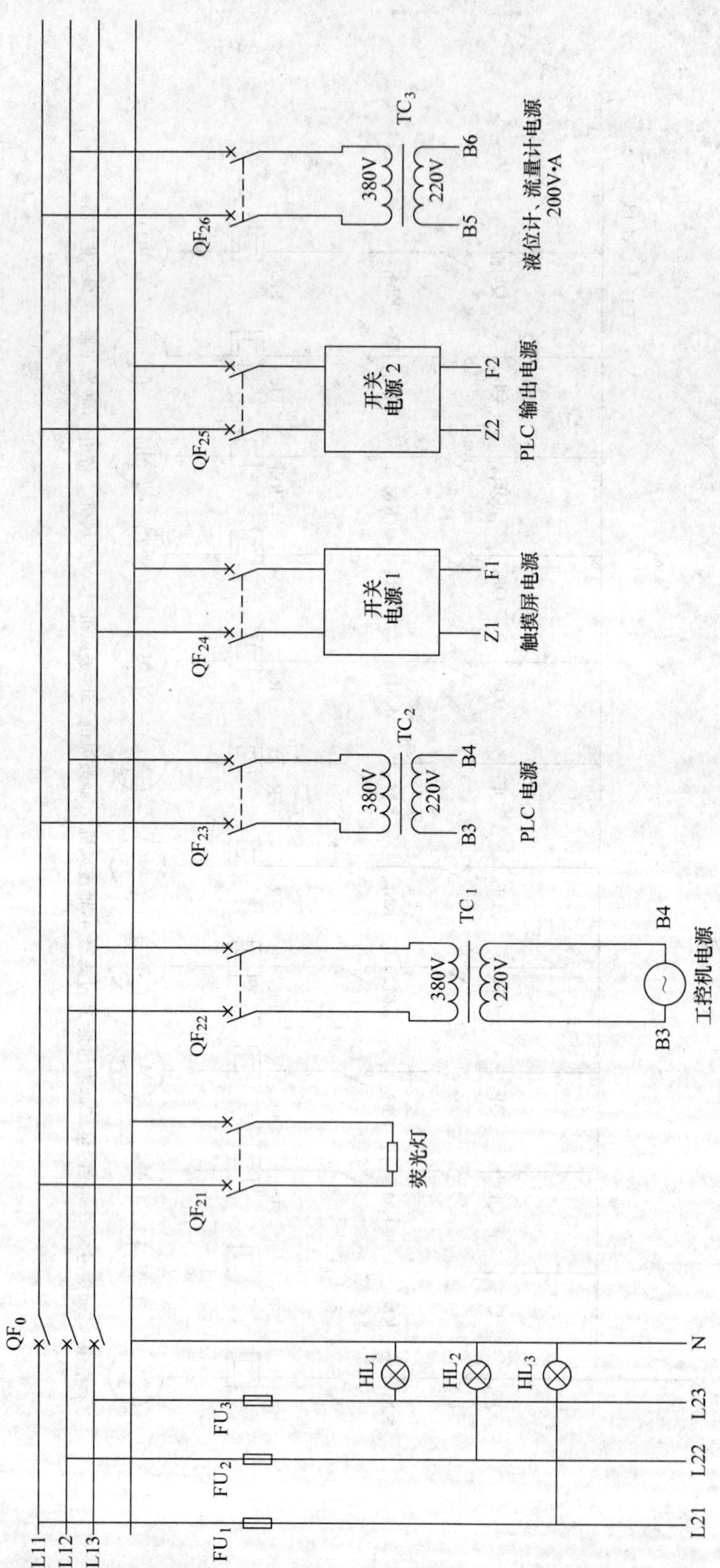

例图 7-5　辅助电路图

L13
L12
L11
N
QF_{15}
QF_{14}
QF_{13}
L12A
N_{12}
L13A
KD
L+
N_{11}
0.7
SA_1
162
161
163
SB_1 SB_2 SB_3 SB_4 SB_5 SB_6 SB_7 SB_8
KM_1 KM_2 KM_3 KM_4
KA_1 KA_2 KA_3 KA_4
FR_1 FR_2 FR_3 FR_4
125 126 127 128 129 130 131 132 133 134 135 136
0.0 0.1 0.2
$L_{12}A$
101 102 103 104 105 106 107 108
HR_1 HG_1 HR_2 HG_2 HR_3 HG_3 HR_4 HG_4

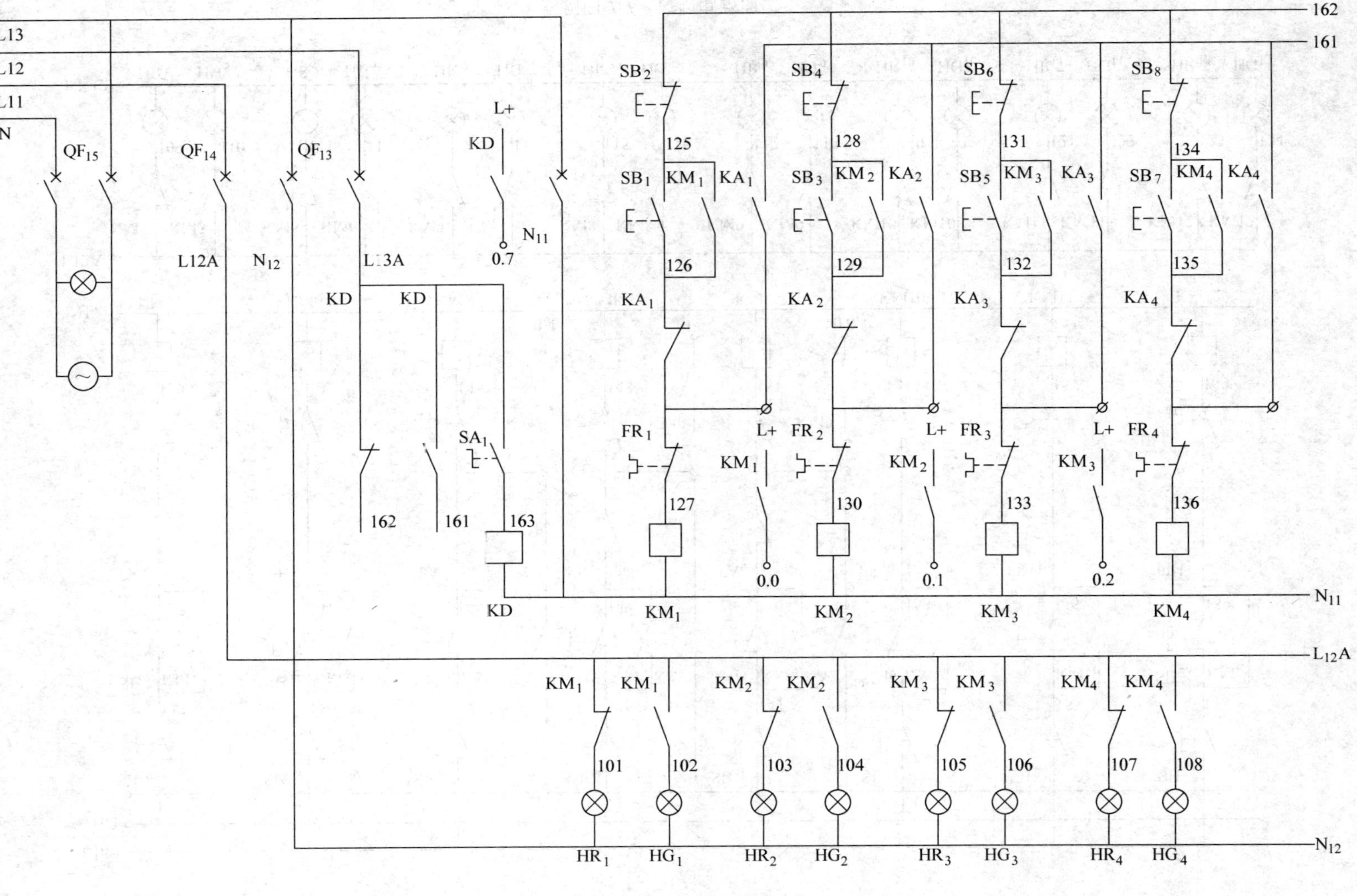

例图 7-6　控制电路图一

L13A
162
161
SB_{10}
137
SB_9
KM_5
138
FR_5
139
N11
KM5
SB_{12}
140
SB_{11}
KM_6
141
FR_6
142
KM6
SB_{14}
143
SB_{13}
KM_7
KA_7
144
FA_7
L+
KM7
145
0.4
KM7
SB_{16}
146
SB_{15}
KM_8
KA_8
147
FA_8
L+
KM8
148
0.5
KM8
SB_{18}
149
SB_{17}
KM_9
KA_9
150
FA_9
L+
KM9
151
0.6
KM9
SB_{20}
152
SB_{19}
KM_{10}
153
FR_{10}
154
KM10
SB_{22}
155
KM_{11}
156
FR_{11}
157
KM11
SB_{24}
158
SB_{23}
KM_{12}
159
FR_{12}
160
KM12
L12A
KM5 KM5
109
110
KM6 KM6
111
112
KM7 KM7
113
114
KM8 KM8
115
116
KM9 KM9
117
118
KM10 KM10
119
120
KM11 KM11
121
122
KM12 KM12
123
124
N12
HR_5 HG_5
HR_6 HG_6
HR_7 HG_7
HR_8 HG_8
HR_9 HG_9
HR_{10} HG_{10}
HR_{11} HG_{11}
HR_{12} HG_{12}

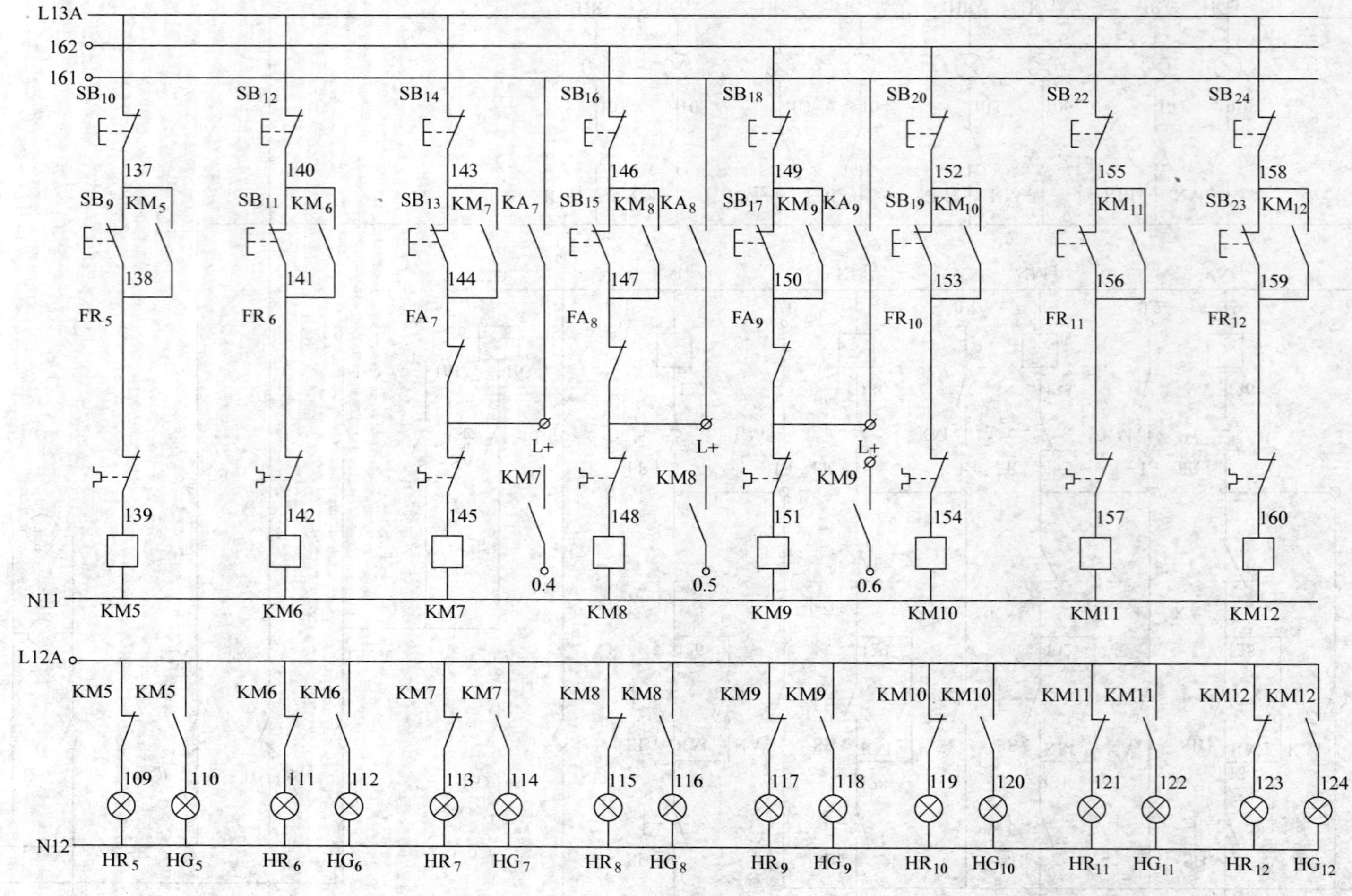

例图 7-7　控制电路图二

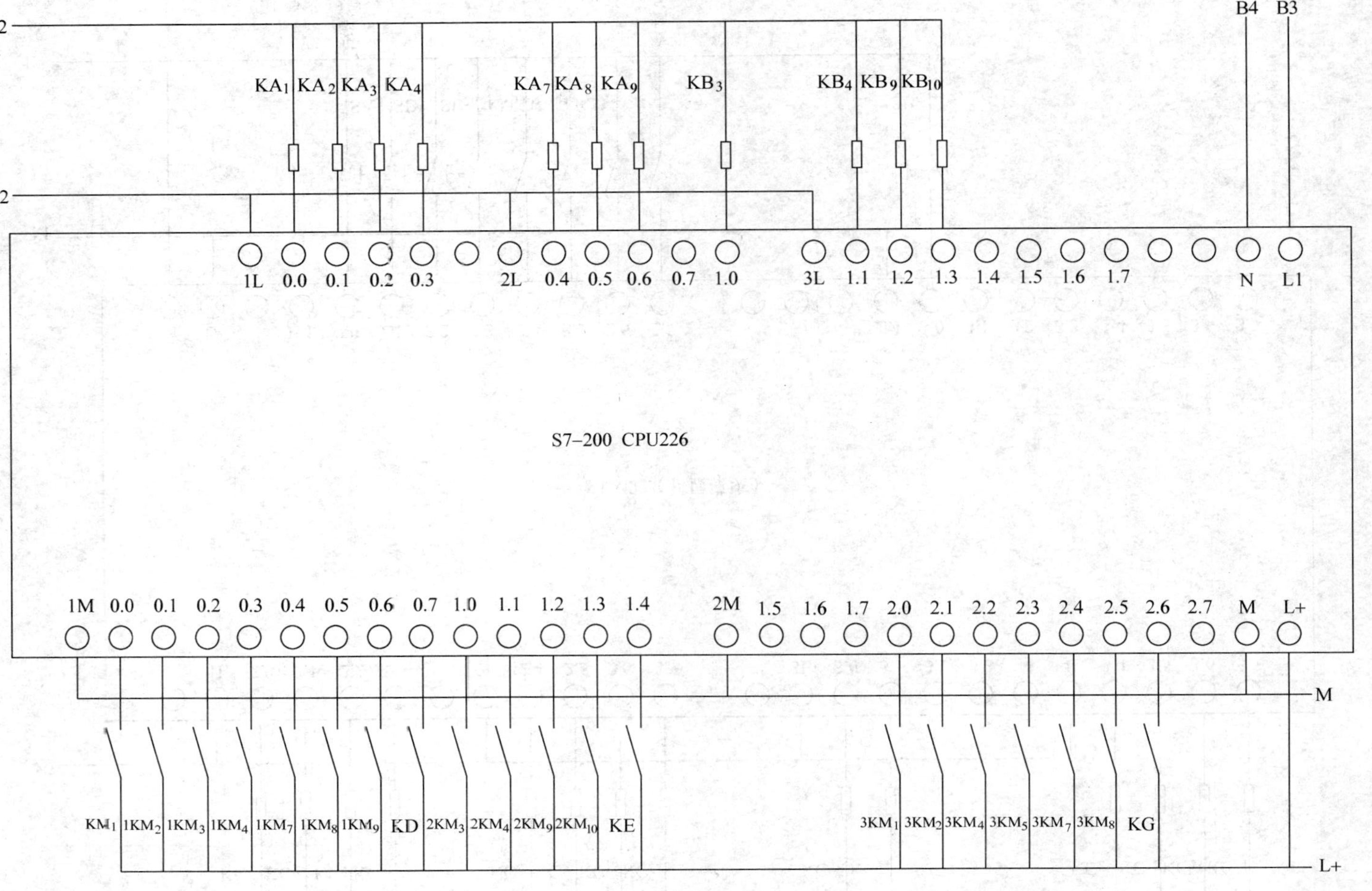

例图 7-8　PLC 接线图一

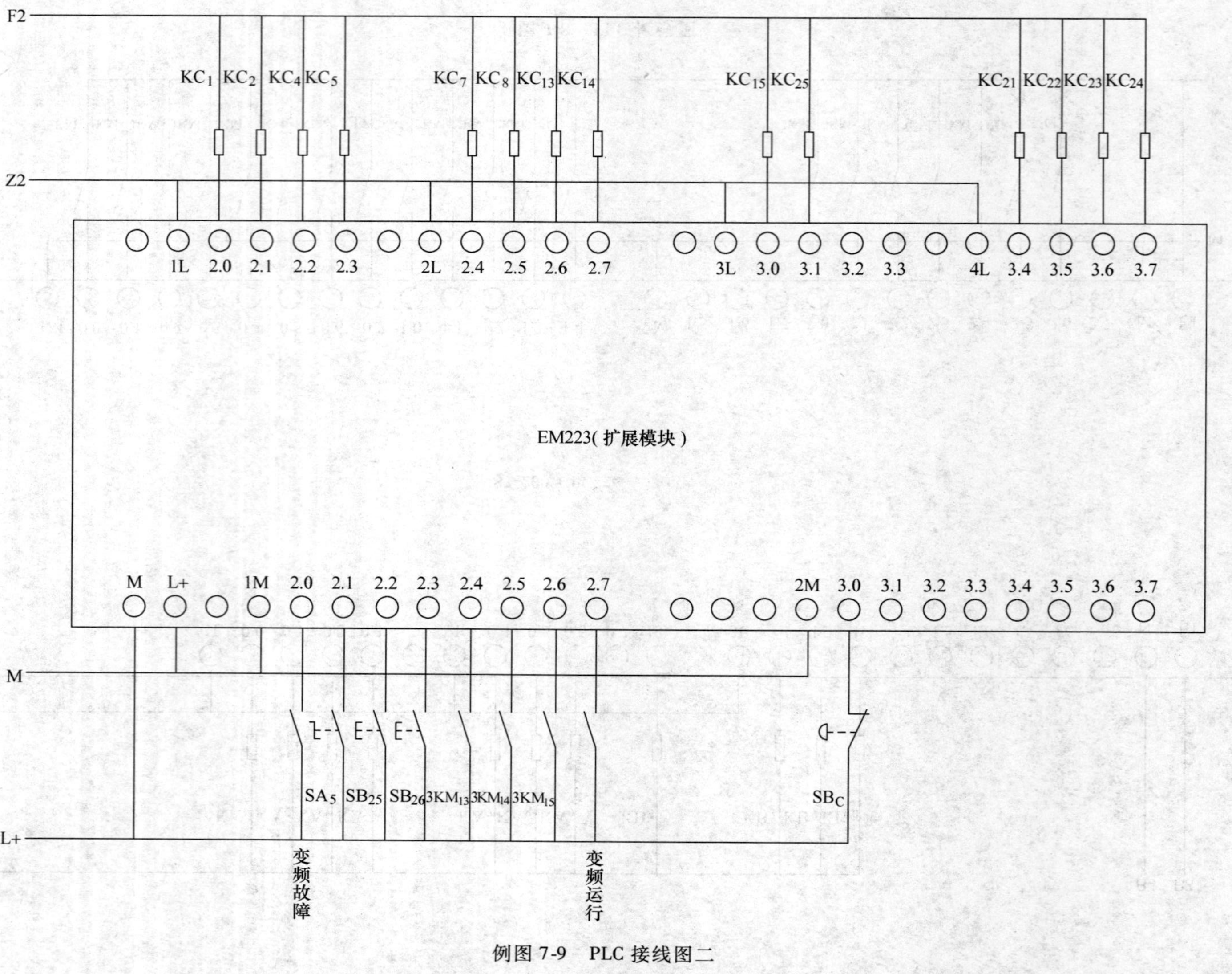

例图 7-9 PLC 接线图二

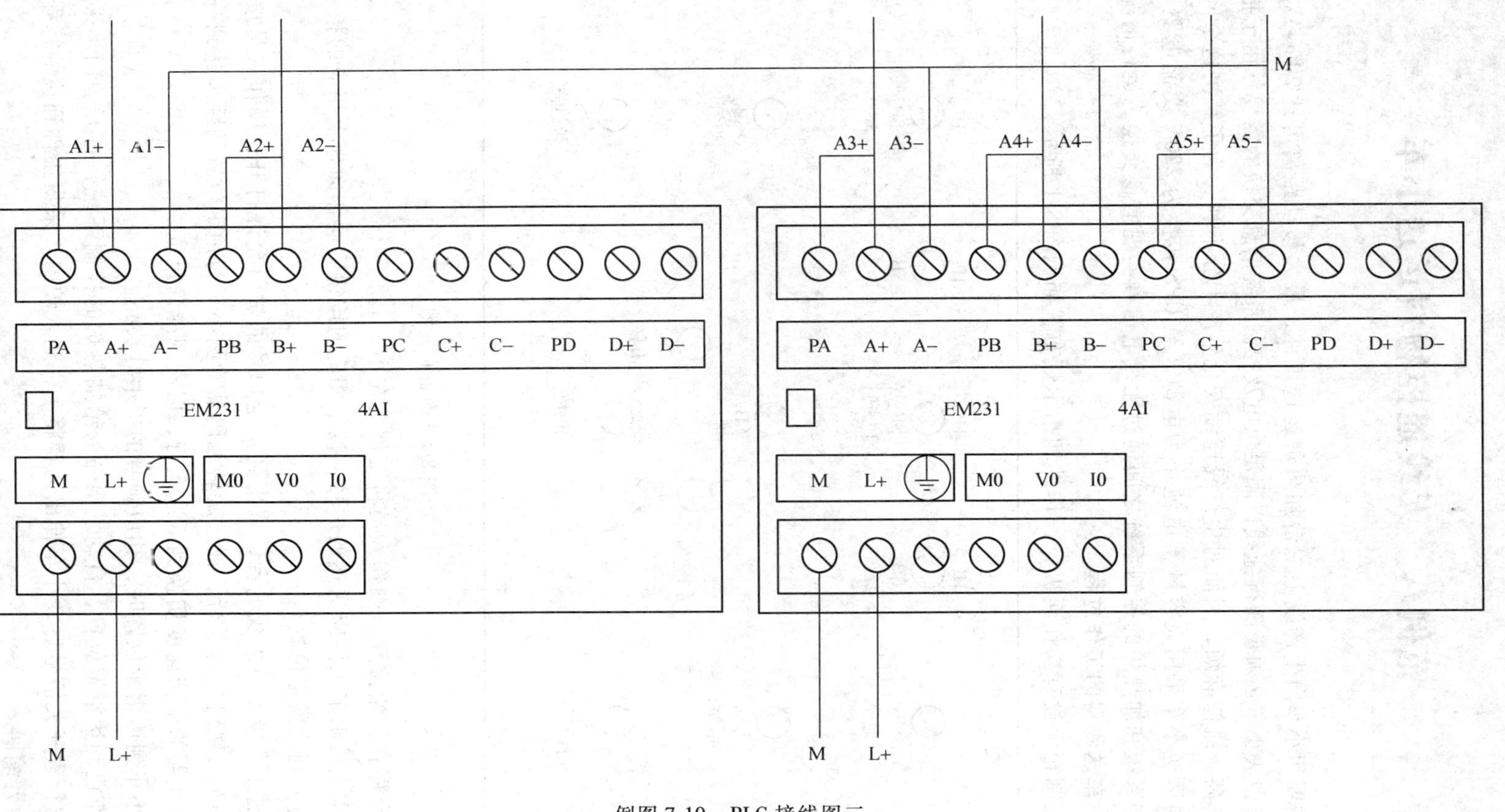

例图 7-10 PLC 接线图三

范例八　无线遥控物料运送小车

某厂需要用小车向生产线上三台加热炉运送工件，最大移动距离可达 20m。对于这种情况，按传统做法小车必须带随行拖线以满足供电及控制系统信息交换的需要。由于拖线既多又长，故障率高，维修麻烦，因而对生产线连续安全生产十分不利。为了解决这个问题，该生产线的物料运送小车采用大容量蓄电池作为电源，经 UPS 转换为 220V 交流电驱动电动机，小车的控制系统和加热炉的控制系统之间通过无线电信号实现信息交换，运行情况良好。

一、小车送物料的工作过程

小车控制箱上设有操作面板，操作件和指示灯布置如例图 8-1 所示。

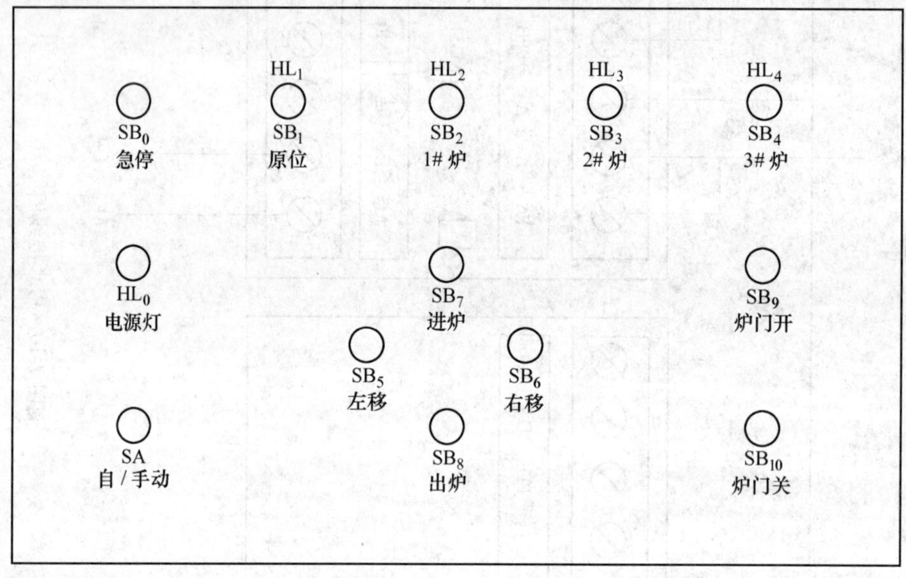

例图 8-1　面板布置图

1）小车停在初始位置，操作人员将工件放在小车上。

2）操作人员确定工件应送达的炉号，按下相应的按钮后操作面板上相应的指示灯闪烁，表示小车尚未到达预定位置。

3）通过工业级串口无线电台，采集到指定炉号的炉门允许打开，操作人员按下起动按钮，驱动小车沿轨道高速运行，通过旋转编码器检测小车与预定位置的距离达到一定值的时候，通过变频器的多档速度切换到低速运行，以实现准确定位。

4）当小车到达指定位置时，相应炉号的指示灯长亮。

5）小车已到达指定位置，自动发出命令给加热炉的控制系统，打开炉门。采集到炉门已经打开的行程开关信号后，小车伸出力臂将工件送入炉内。采集工件到位的行程开关信号后，驱动力臂缩回。

6）力臂缩回后，炉门关闭，同时原位指示灯闪烁，小车向原位高速运行，检测小车位置离原位达到一定值的时候，电动机低速运行，准确停在原位。原位设有接近开关，清除累计误差。

二、小车控制系统简介

小车的电气控制系统如例图 8-2 所示，扼要介绍如下。

1）采用 24V 蓄电池作为直流电源，然后通过 UPS 提供单相交流电。

2）小车电动机由单相变频器供电，可控制小车的旋转方向及高速、低速转换。

3）力臂升出、缩回由单相电动机的正反转来实现。

4）采用 OMRON 型号为 CP1H-X40DR-A 的 PLC 作为控制核心。这款机型配置 RS-232 口，采用 OMRON 的 PCLINK 协议与加热炉控制系统的 CJ1M 通信，由于采用无线方式，通过华夏盛的数传电台向炉膛控制系统采集和发送无线数据，如例图 8-3 所示。

采用旋转编码器检测小车位置及运动方向，旋转编码器产生相位差 90°的 2 相信号（A 相、B 相）。旋转编码器的脉冲信号传输至 PLC 的高速计数器，并根据 2 相信号判断小车运动方向，将计数值相加或相减，可得到小车实际位置信号，如例图 8-4 所示。

三、小车运行的操作

（一）手动运行

将“运行方式”选择开关 SA 置于“手动”档位。

1）操作人员可用带灯按钮随意选择小车将到达的位置，相应的指示灯闪烁，表明小车将到达目的地。

2）按下左移或右移按钮，小车按先高速后低速的顺序到达指定位置。旋转编码器检测到小车到达指定位置后电机停止，若小车由于惯性过大冲出指定位置，PLC 控制变频器自动低速反转到位停止。此时带灯按钮常亮，提示操作人员小车已到达指定位置。

3）小车到达炉前位置后，操作人员按下炉门开按钮，PLC 通过无线数传电台向加热炉的控制系统发出信号，炉膛的控制系统控制炉门打开。

4）炉门开的行程开关信号通过数传电台反馈到小车 PLC 后，操作人员可按动进炉按钮，力臂伸出把工件送入炉膛，因为炉膛温度较高，需尽量缩短力臂在加热炉内停留时间，应立即按动出炉按钮，力臂缩回，接收到进入炉膛行程开关信号后，力臂停止缩回。

5）力臂缩回的行程开关信号发送到加热炉控制系统，操作人员按下炉门关按钮，炉门控制系统控制炉门电机关闭直到压住炉门关行程开关为止。

（二）自动运行

将“运行方式”选择开关 SA 置于“自动”档位，小车必须在原始位置。操作人员只需选定小车将到达的位置，小车便自动移动到达指定位置后，炉门打开，力臂自动伸出然后自动缩回，检测到力臂缩回行程开关信号，炉门自动关闭，小车回到原始位置后停止。

四、要点提示

1）PLC 控制变频器进行正反转运行，及高速、低速的转换是通过变频器的可编程端子实现的，相应的变频器的设置请参考变频器使用手册。

2）需熟悉旋转编码器的选型及使用。

3）应掌握 PLC 的高速计数器功能。

4）应掌握 PLC 之间的通信设置及编程。

5）学会华夏盛的数传电台的调试方法。

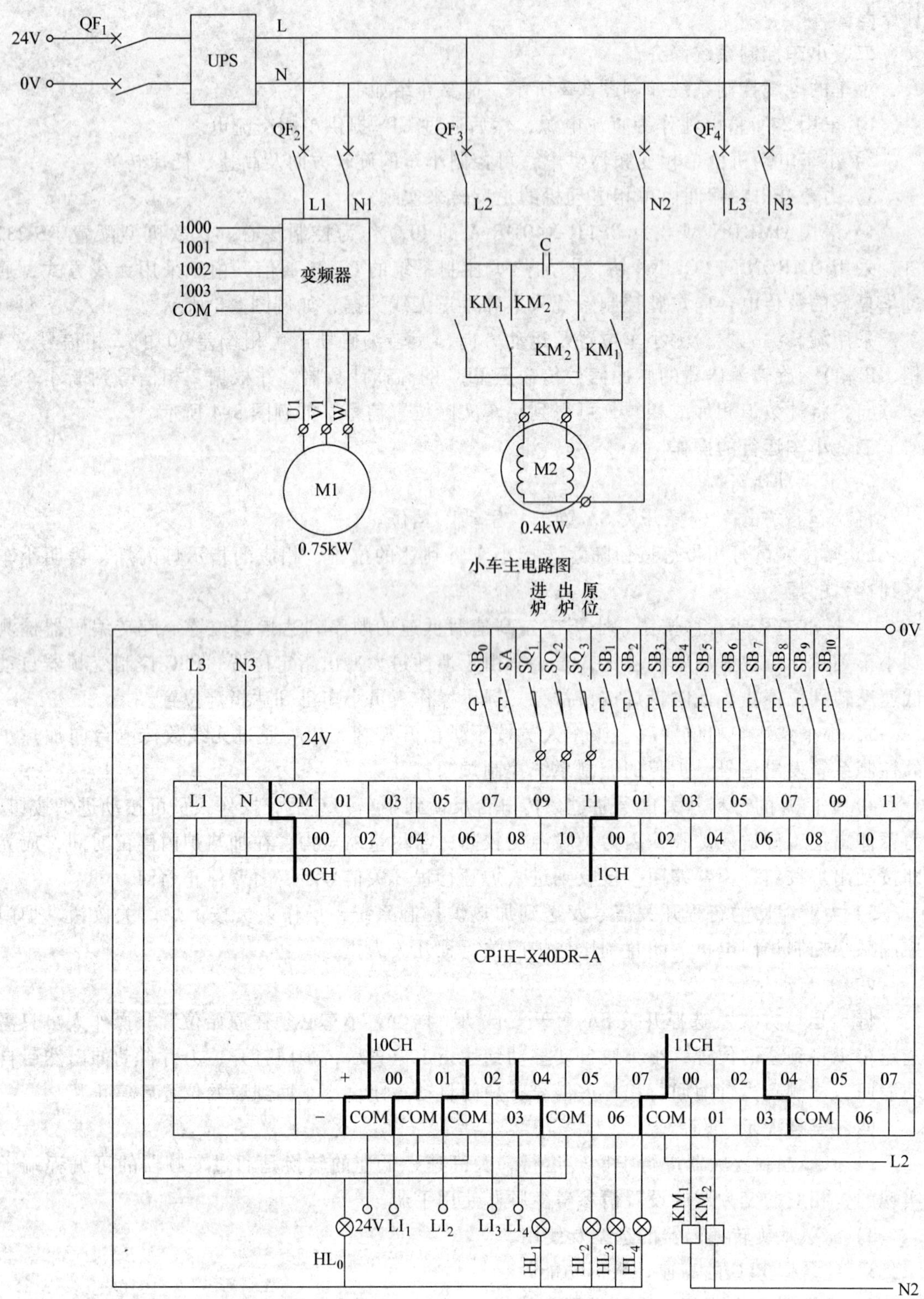

例图 8-2　小车控制系统图

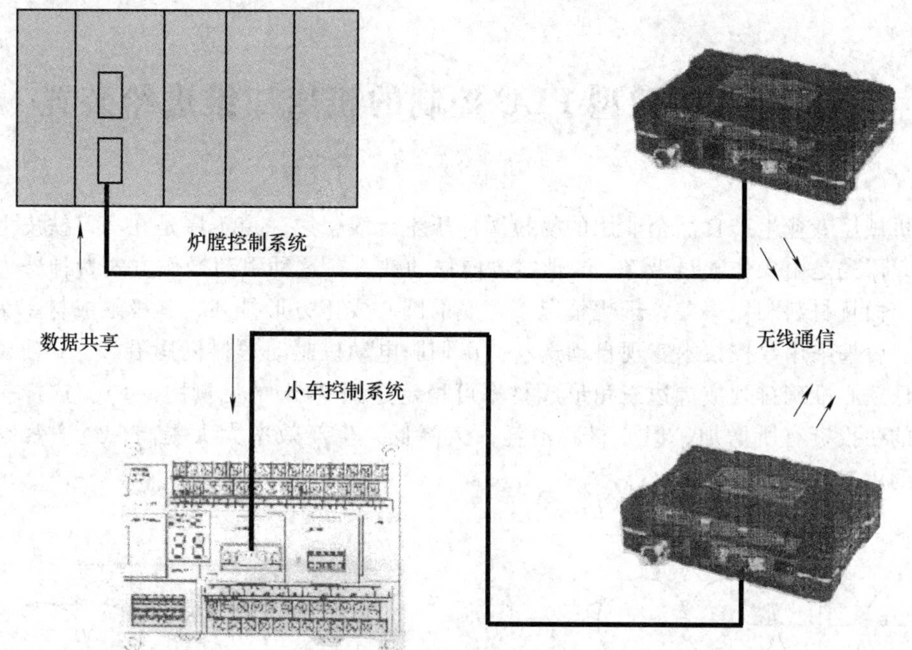

例图 8-3　用无线数传电台实现数据通信示意图

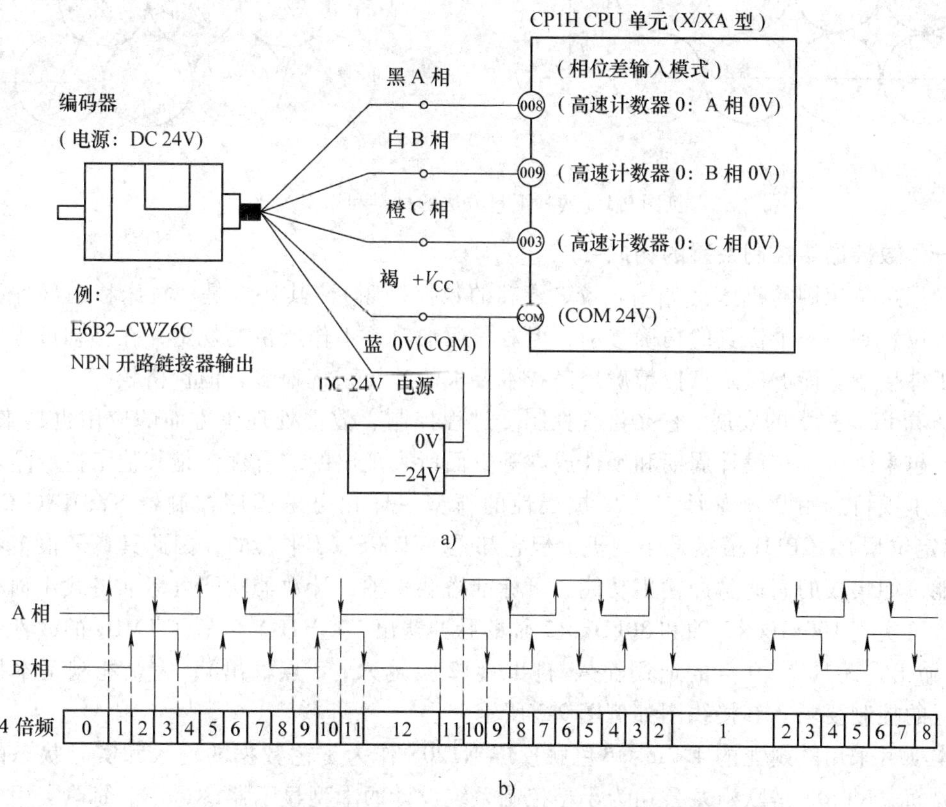

例图 8-4　旋转编码器的接线方法与输出波形

a）旋转编码器与 PLC 的接线图　b）旋转编码器的输出波形图

范例九　用微型 PLC 控制的机床二维进给装置

某机械厂专业生产食品企业用的易拉罐冲压生产线，第一道工序是在马口铁皮上冲制圆形罐底，原先是由操作人员沿 X、Y 轴线方向移动铁皮，这种手动操作方式费神费力，不仅速度慢，而且材料利用率差，理想情况下罐底的圆心成正方形排列，其极限成材率为 $\pi/4=78.5\%$。后来采用数控技术实现自动送料，由伺服电动机驱动送料机构沿 X、Y 轴线方向移动，工件圆心准确排列成等边三角形成材率可稳定达到 90%（见例图 9-1）。这样一来，虽然机床的初投资有所增加，但原材料消耗大大降低，生产效率大大提高，经济效益非常显著，受到用户欢迎。

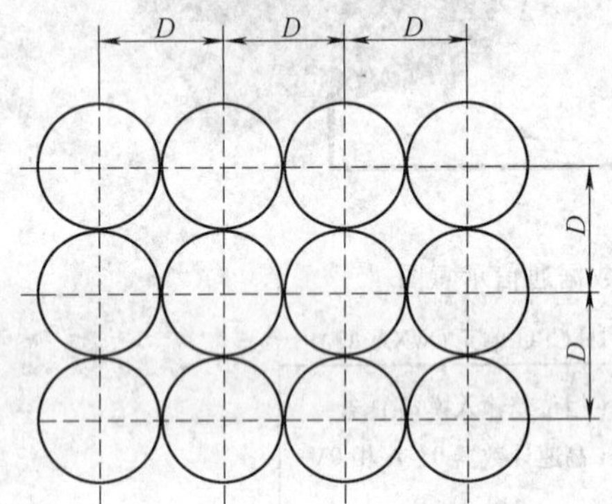

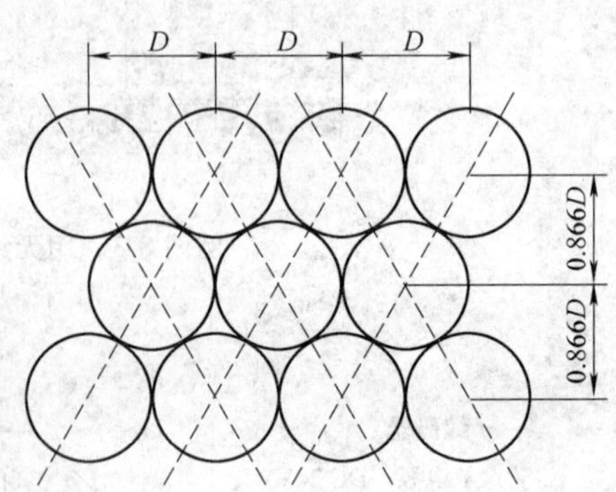

例图 9-1　两种下料方法的材料利用率对比

一、数控进给控制装置的构成

采用点位控制的机床（如钻、铰、镗孔的数控机床），其特点是：机床移动部件能实现由一个位置到另一个位置的精确移动，但对其运动轨迹不作严格的规定，在移动过程中刀具不与工件接触。能够满足点位精确控制技术要求的数控系统很多，但价格较高。

随着 PLC 技术的发展，它在位置控制、过程控制、数据处理等方面的应用也越来越多，应用也越来越广。在设计周期和硬件成本等方面所表现出的综合优势是其他工控产品难以比拟的。本项目选用欧姆龙具有高度扩展性的新型一体化可编程序控制器 SYSMAC CP1H-Y（高速定位型）。CP1H 虽然是小型机，但它却是基于 CS/CJ 平台的，因此具备了很多中型机的功能，如集成的高速脉冲输出功能，可标准搭载 4 轴；计数器功能可标准搭载 4 轴相位差方式；可实现 100kHz×2 轴和 30kHz×2 轴的脉冲输出；CP1H-Y 内置了 1MHz 的线性驱动器输入/输出，还具有 20 点的通用输入/输出（12 点输入，8 点输出），完全能满足本机床送料装置的控制要求。其接线图如例图 9-2 所示。

本项目采用欧姆龙的 4.7in[⊖] 单色触摸屏 NT20S 作为工艺数据的输入和实时状态的显示人机界面。NT20S 是欧姆龙公司为小型控制系统设计的中型显示器，是一个简单实用的终端

⊖ 1in = 25.4mm。

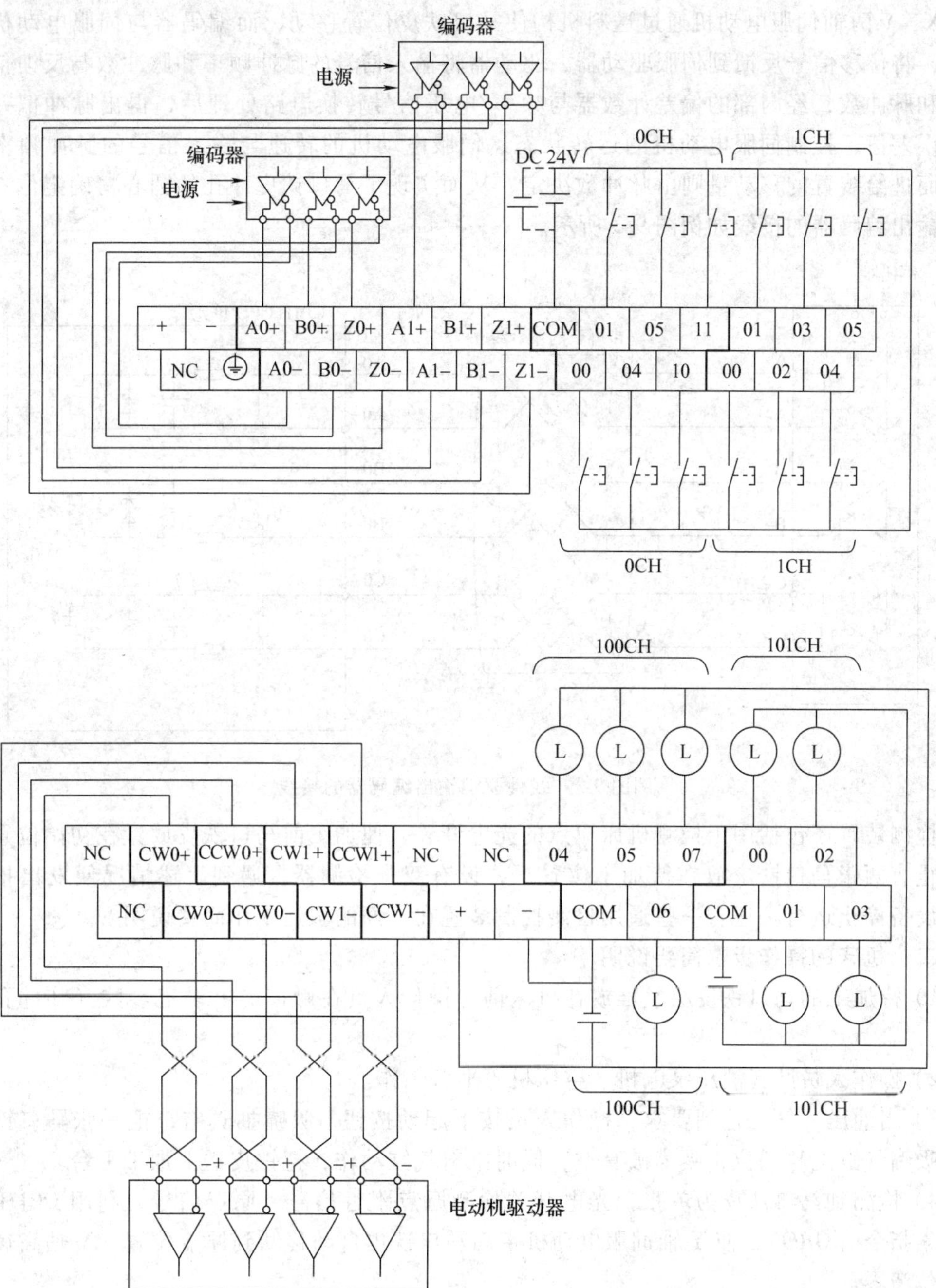

例图 9-2　CP1H-Y 型 PLC 的输入输出端子安排

机。NT20S 分辨率为 256×128 点，最大画面数达 500 幅；可以采用 1∶1 NT Link 的方式使 PT 控制一台 PLC。NT20S 有内存、开关自检，通信和其他条件状态设定确认，简单通信确认等维护功能；还拥有不反光荧幕，可以调换背光灯来延长使用时间，即使在恶劣环境下也能运作。作为市场中少见的 4.7in 单色触摸屏 NT20S 具有独特有的性能和合理的价格定位，替代了小型机床过去通常选用的文本显示器，在基本同等的开发投入下，提高了设备的档次。

X、Y 两轴伺服电动机通过送料机构使马口铁皮位置移动，而编码器与伺服电动机同轴连接，将位移信号反馈到伺服驱动器，驱动器将输入信号的脉冲频率和脉冲数与反馈信号的频率和脉冲数，经内部的偏差计数器与频率/电压信号转换电路处理后，得出脉冲偏差值与转速误差值，控制伺服电动机的运转状态，伺服电动机的转速与输入信号的脉冲频率成正比，而进给装置的移动量则由脉冲数决定，从而实现了马口铁皮冲孔的圆心精确定位。线性驱动输出编码器的接线如例图 9-3 所示。

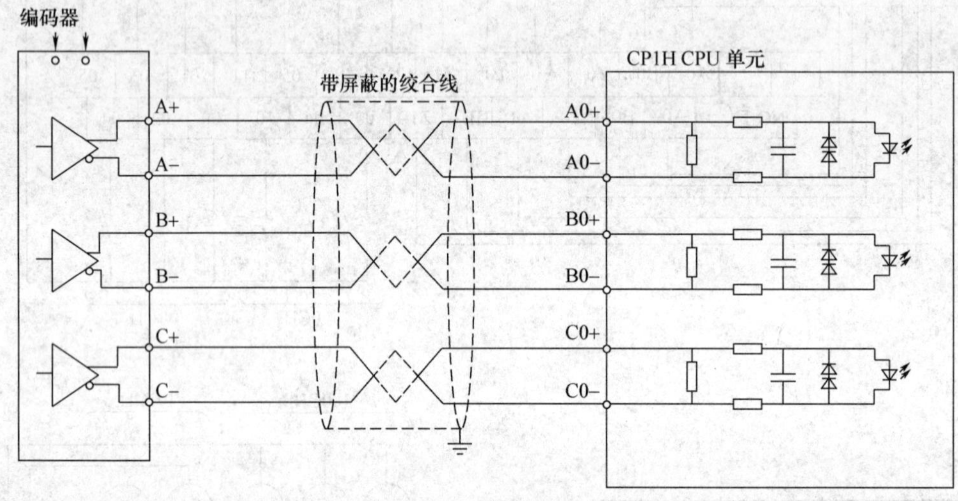

例图 9-3　线性驱动输出编码器的接线

检测装置还包括用于检测机床原点的光电开关，使加工前马口铁皮放置在初始位置。为了防止有两张马口铁皮放在待加工位置上，设有双张检测器，遇到上述情况便发出报警信号，设备停止运行。还有一些通用检测控制装置在下面的叙述中作简要说明。

二、机床的操作步骤简要说明

1）待加工的马口铁皮层叠堆放在机床前，操作人员在触摸屏上设定参数（如冲孔直径等）。

2）操作人员开起液压泵电机、空压机等准备工作。

3）当油压、气压达到要求，操作人员按下起动按钮，吸嘴抽真空，把一张马口铁皮吸起，吸嘴气缸上移到位，吸嘴破真空，同时推料气缸动作，把铁皮送上加工平台。

4）检测到马口铁皮为单张，光电开关检测原点附近信号、原点信号，利用 CP1H 的原点搜索指令（ORG），使 Y 轴伺服电动机带动马口铁皮自动移动到原点位置，Y 轴高速计数器复位清零。

5）X 轴伺服电动机带动冲头移动在原始位置，X 轴高速计数器复位清零，冲完一个孔后，利用台型加减速指令（ACC）输出一定量的脉冲，使 X 轴伺服电动机带动冲头横向移动，采用高速计数器中断确定下一个孔的位置，然后冲孔，如此完成一行后，Y 轴伺服电动机带动马口铁皮移动，同时 X 轴伺服电动机带动冲头移动到下一行第一个孔的适当位置，又进行下一行的冲孔，如此反复进行。

6）当检测到马口铁皮余料小于冲孔直径，则将该铁皮移出加工平台。

7）下一张马口铁皮以同一种方式送上加工平台，重复以上工作。

8）当需要停止时，操作人员按下停止按钮，但工作不会马上停止，需待加工平台上的马口铁皮加工完成后，才自动停止，不再进行上料。

9）设置急停按钮，当设备出现故障时，可以使所有电动机停止。

10）操作人员利用触摸屏完成设置参数，对加工的产品进行确认。对 PLC 的状态进行监控，对产品加工的数量等信息进行记录。

三、要点提示

1）本例中使用的产品比较多，有 PLC、伺服电动机、旋转编码器、光电开关、触摸屏等，需要把各个产品的资料收集齐全，同时要理解透彻。按正确的方法安装、接线、组成符合要求的控制系统。

2）本例中有 PLC 及触摸屏两套编程软件，需要掌握其编程调试的方法。特别是画面的编程要考虑到操作人员操作的方便。

范例十　脉冲编码器、测速发电机性能自动测试分析系统

一、设计概述

某钢铁股份有限公司钢管分公司的主轧线轧机——穿孔机、连轧机和张减机是钢管生产中的最关键设备，其动力装置采用直流电动机驱动，每台电动机传动轴有测速发电机、离心开关或脉冲编码器，以实现速度闭环控制。它们的精度和可靠性与控制系统性能指标密切相关，如发生故障将直接影响生产的正常运行和产品质量。

根据钢管生产线十多年的统计数据表明，在传动系统的电气故障中，因测速发电机、离心开关、脉冲编码器及其接口问题引起的故障占了大部分，特别是修复件，由于没有专用的测试设备，它的主要技术指标未经测试就作为备件存储，从而使现场技术人员对备件是否完好心中无数。在生产运行过程中曾发生连续更换几只测速发电机或脉冲编码器而控制系统仍无法正常运行的情况，而且增加了现场技术人员查找故障的困难，延长了生产线非正常停机时间，由此造成的经济损失是十分巨大的。

为解决这一问题，该公司决定研制一套多功能自动测试装置，对各种类型的测速发电机、脉冲编码器等器件进行测试，对测试的数据进行分析，以确定被测器件的特性是否在正常范围之内，从而确保待换备件的技术性能符合要求。该测量系统应具备下述功能：

1）提供被测器件的工作动力和工作电源。

2）对各类测速发电机运行特性数据测试，分析其纹波系数、线性度和不对称度，判断测速发电机性能好坏。

3）各种脉冲编码器采集其脉冲波形，对脉冲进行计数，判断每转脉冲数和零脉冲是否和标定值一致，计算 A、B 相移大小。

4）为了不影响生产正常运行，测速发电机、脉冲编码器必须离线测试。

二、设计要点提示

本装置是集机械、电气、仪表和计算机为一体的综合测量系统，涉及的知识面较广。首先要进行机械安装接口、电气传动系统、计算机测量系统的硬件设计，在此基础上进行数据采集软件设计，然后根据被测器件的性能指标要求编写数据处理和分析软件。本系统的设计要点如下：

1. 机械测试平台和法兰接口设计

本系统测试对象是各类脉冲编码器和测速发电机，根据其轴径和安装尺寸分类有 20 多种，需要安装在同一台电动机轴上运行，显然须设计 20 多种安装法兰接口，机械加工误差应在规定范围之内；另外，机械测试平台需要考虑抗振动措施，防止电动机运行时振动过大产生测量误差，甚至危及人身安全。

2. 电气传动系统方案选择及选型设计

电气传动系统选择方案很多，关键是其调速范围和调速方法应满足要求，由于是空载运

行，电动机容量约为 1kW。

3. 计算机测量系统硬件选型设计

计算机测量系统硬件包括各类板卡，主要有 A/D、D/A、DI，DO，须根据系统总体性能指标要求进行选型；由于脉冲编码器和测速发电机输出电压范围相差较大，信号调理板的设计非常重要。

4. 测量系统应用软件编程

首先要选择合适的软件编程语言和应用软件开发平台，然后根据脉冲编码器和测速发电机不同要求设计良好的人机界面，软件还应具有指导安装接线功能。

5. 建立测速发电机、编码器性能分析模型

根据测速发电机、脉冲编码器的主要性能参数变化范围建立其分析模型，在此基础上编制软件。

6. 由于本系统设计工作量较大，涉及的知识面宽，作为本科毕业设计有一定难度，建议由 3 位同学共同完成。具体分工如下：

1）计算机测量系统硬件设计。

2）机械测试平台、法兰接口及电气传动系统设计。

3）测速发电机、脉冲编码器性能指标分析模型及软件编程。

三、系统方案和结构框图

本系统需要对测速发电机和脉冲编码器等器件进行性能测试，这些器件的性能指标只能在运行状态下才能体现，因此，该系统必须有一套动力设备以模拟现场不同的运行工况。为达到测试所需的运行条件，采用一套交流调速系统即“变频器 + 三相交流电动机”来提供测试所需的运行条件。由于离线测试时传动系统是空载运行，故不需要大容量的电动机和变频器。本系统中选择如下：电动机 $P=1.5$kW，变频器 $P=2.0$kW。

生产现场运行的传动系统功率大小和转速范围各异，所配的测速发电机和脉冲编码器型号、大小均不相同，为了在同一传动系统中能测试所有类型的器件，应根据所有被测器件的尺寸进行设计、加工和制作不同类型的法兰接口。

本系统要对脉冲编码器和测速发电机进行测试分析，首先须采集相关信号，然后再进行分析，因此需设计一套计算机测量系统。系统结构框图如例图 10-1 所示。

四、系统硬件设备简介

1. 高速 A/D 转换板

脉冲编码器一般有 A、B 相脉冲、Z 脉冲（零脉冲）输出；编码器每转一圈输出一个零脉冲，A、B 相脉冲数由编码器型号确定，正常情况下，A、B 相相位差为 90°（±45°）。为得到上述指标参数，本系统将编码器输出脉冲作为模拟量进行采集，由于高速脉冲编码器输出脉冲频率很高，本系统配置超高速 A/D 转换板一块，其单通道采样速率达到 20MHz。现场使用的高速脉冲编码器为 2048 个/r，最高转速 5000r/min，则脉冲频率 $2048 \times 5000\text{kHz}/60 = 166.7\text{kHz}$。高速 A/D 卡每周期可采样 60 个点，满足采样频率的要求。

2. 低速 A/D 转换板

测速发电机输出低频信号，其主要技术指标有线性度、不对称度、纹波系数。本系统配置 100kHz A/D 卡，采集测速发电机输出电压信号。

3. 计数器/定时器板

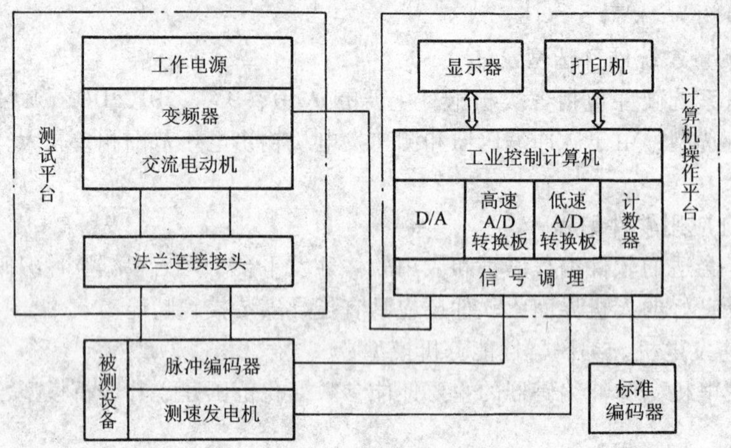

例图 10-1 系统硬件结构框图

本系统采用双轴电动机，其中一个轴驱动一只标准脉冲编码器，实现实际电动机转速的精确测量，作为实际转速测量标准。

4. 信号调理

数据采集卡输入信号范围为 ±5V，为实现本系统的通用性，对所有被测器件的输出信号幅值需进行信号变换。测速发电机输出电压变化范围较大，在设计时根据一般测速发电机的输出电压范围设置 5 组量程。脉冲编码器有 5V 和 24V 两种输出电压，由于所选用的高速 A/D 卡只有 4 路，具体安排如例表 10-1 所示。

例表 10-1 A/D 卡输入通道量程

	低速 A/D 卡					高速 A/D 卡		
通道号	1	2	3	4	5	1	2	3
量程/V	50	150	400	5	10	24&5	24&5	24&5

5. 计算机柜和测量柜

为使系统规范、整齐以及操作方便，在设计时，将系统硬件分别安装在计算机柜和测量柜内。其中测量柜柜内安装变频器、交流电动机、机械安装平台、空气开关和信号电缆插头等。还配有工具柜、法兰、连轴器和信号连接线等。计算机柜柜内安置工业控制计算机及其附件、打印机、信号调理板、接线端子板、开关电源和空气开关、接触器、继电器等，其柜体正面安装有：操作按钮（起动、停车、正转、反转、手动-自动切换）和调速电位器。

五、操作按钮和调速电位器

在计算机操作平台面板上，共有 5 个操作按钮和 1 个旋转电位器。它们的作用分别如下：

1. 起动、停止

起动、停止按钮的作用是控制主回路接触器动作，决定电动机动力电源接通或断开。这

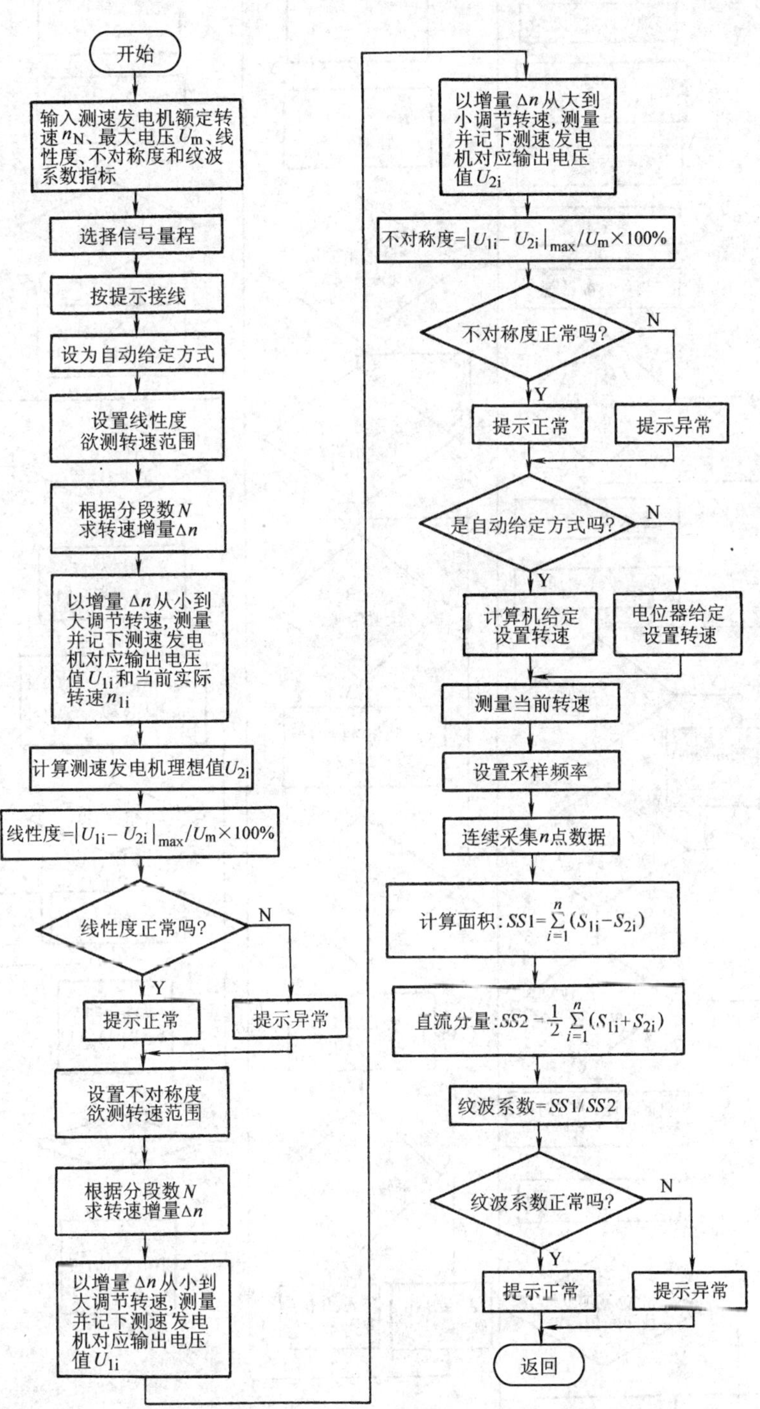

例图 10-2　测速发电机测试程序流程图

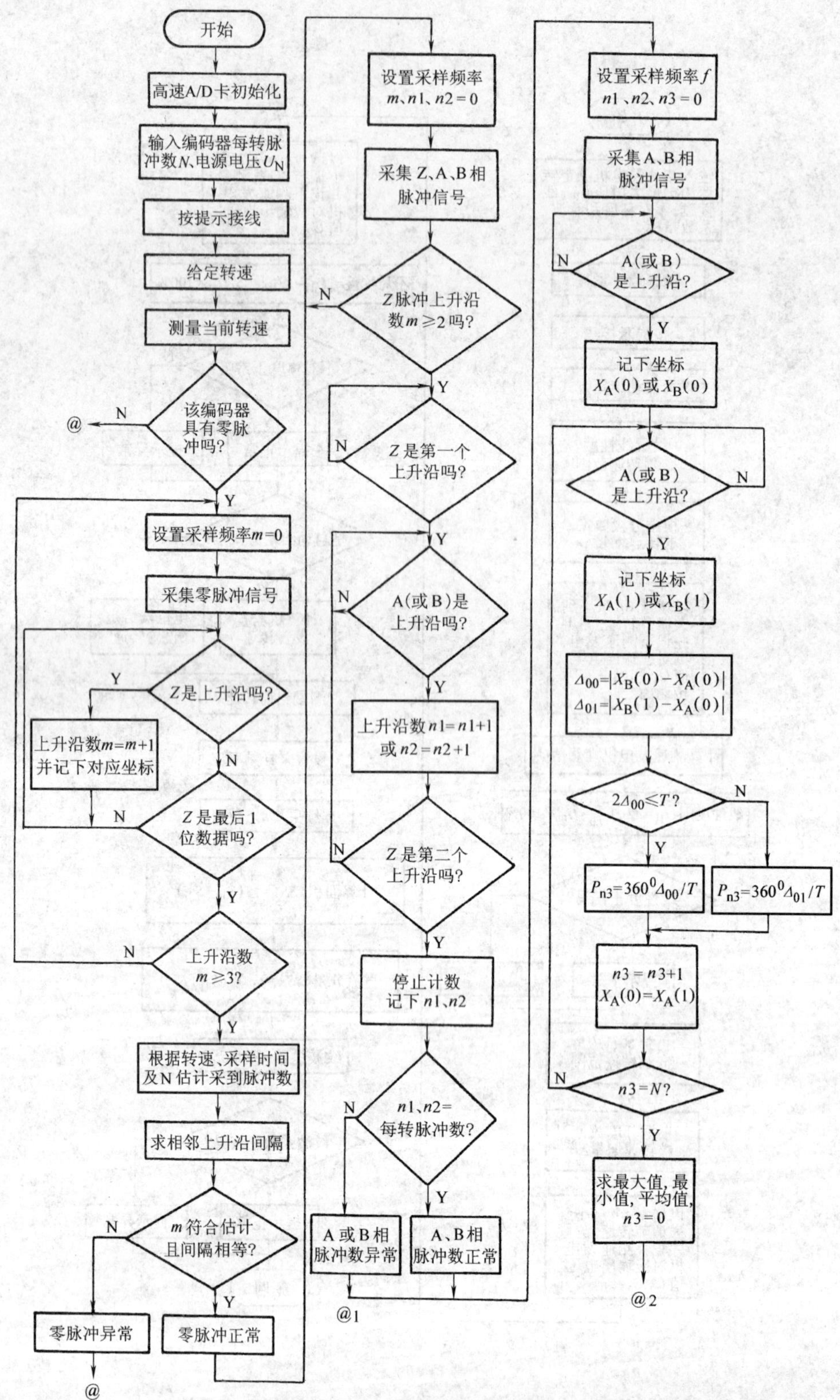

例图 10-3　脉冲编码器测试流程图

@
设置采样频率
n1、n2 = 0
采集A、B脉冲信号
A或B是
上升沿?
Y
上升沿n1=n1+1
或n2=n2+1
N
A或B是最后
1位数据?
N
Y
上升沿数
n1、n2≥N?
N
Y
根据转速、采样时间
及N估计采到脉冲数
求相邻上升沿间隔
n1、n2符合
估计且间隔
相等?
N
Y
A或B异常
A或B正常
@1
@2
A(或B)
是上升沿?
N
Y
累计高电平点数n1
和低电平点数n2
A(或B)是
第二个上升沿?
N
Y
占空比=n1/(n1+n2)
n1、n2=0、n3=n3+1
n3=N?
N
Y
求最大值,最小
值和平均值
A(或B)
是上升沿?
N
A(或B)
≥0.1 UN?
N
Y
n1=n1+1
或n2=n2+1
A(或B)
≥0.9 UN?
N
Y
上升时间t1=n1/f
t2=n2/f
上升斜率k1=0.8UN/t1
k2=0.8UN/t2
同上法计算下降沿斜率
显示测量指标数据
结束

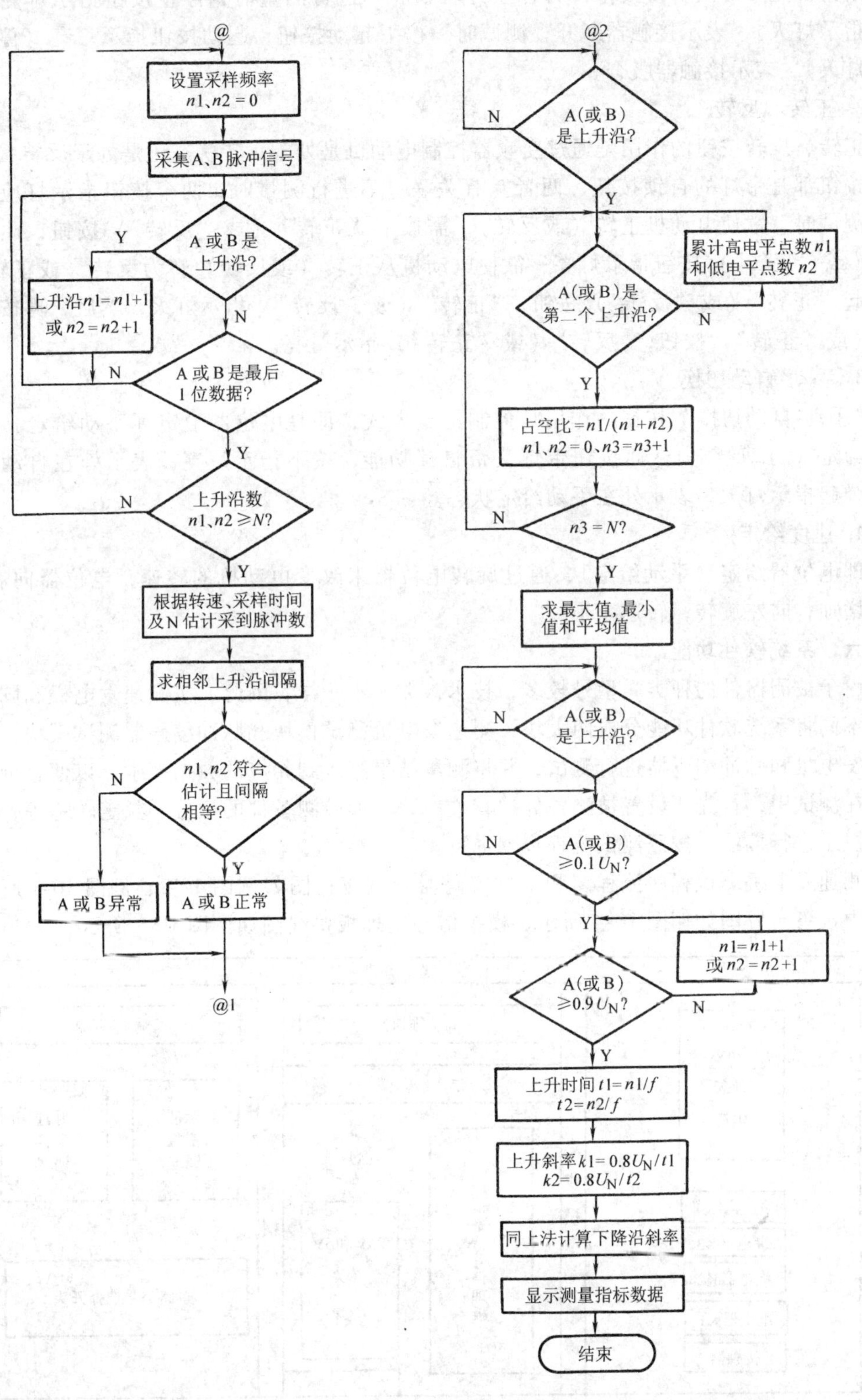

例图 10-3 （续）

两个按钮都是带灯的自锁按钮，两者互为联锁。不进行测量时，停止按钮指示灯亮（起动按钮指示灯灭），表示接触器断开；测试时，按下起动按钮，起动按钮指示灯亮（停止按钮指示灯灭），表示接触器吸合。

2. 正转、反转

正转、反转按钮的作用是通过变频器控制电动机是处于正转状态还是处于反转状态。这两个按钮都是带灯的自锁按钮，两者互有关联。不进行测量时，两个按钮指示灯应该都不亮。测试时，欲使电动机正转（或反转），需按下“正转”（或“反转”）按钮，此时“正转”（或“反转”）按钮指示灯亮；欲使电动机从正转（或反转）转为反转（或正转），需先弹起“正转”（或“反转”）按钮，“正转”（或“反转”）指示灯灭，然后，再按下“反转”（或“正转”）按钮，“反转”（或“正转”）指示灯亮。

3. 手动-自动切换

“手动-自动切换”按钮的作用是控制给定方式，即是电位器给定（手动给定）还是计算机给定（自动给定）。此按钮带灯又带自锁功能，按下指示灯亮，表示处在自动给定状态；弹起指示灯灭，表示处在手动给定状态。

4. 速度给定

即电位器给定（手动给定），通过旋转电位器来改变电动机的转速，电位器向右旋转，转速增加；向左旋转，转速减小。

六、系统软件功能

由于被测器件的种类、型号较多，技术参数又不一样，因此，按测速发电机和脉冲编码器的不同将系统软件功能分成两大块：测速发电机测试模块和脉冲编码器测试模块，分别对测速发电机和脉冲编码器进行测试，并将测量结果存入到相应的数据库中，以便查询。

在测试中，首先要设置被测备件的有关参数，如被测备件的型号、额定转速等，然后按接线提示进行接线，按照测试流程步骤进行。

测速发电机测试程序流程图和脉冲编码器测试流程图如例图 10-2、例图 10-3 所示，电气柜内设备布置图如例图 10-4 所示，模拟信号调理板接线图如例图 10-5 所示。

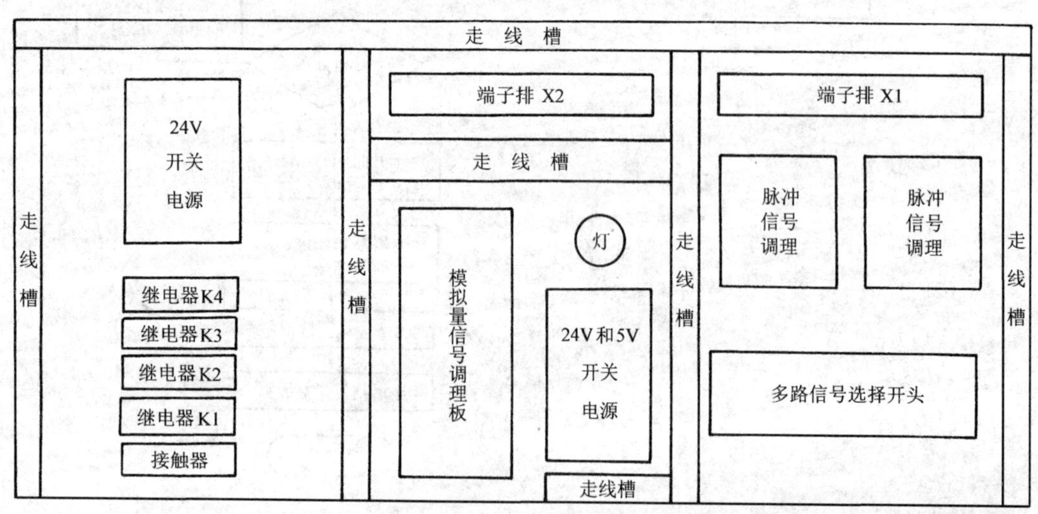

例图 10-4 电气柜内设备布置图

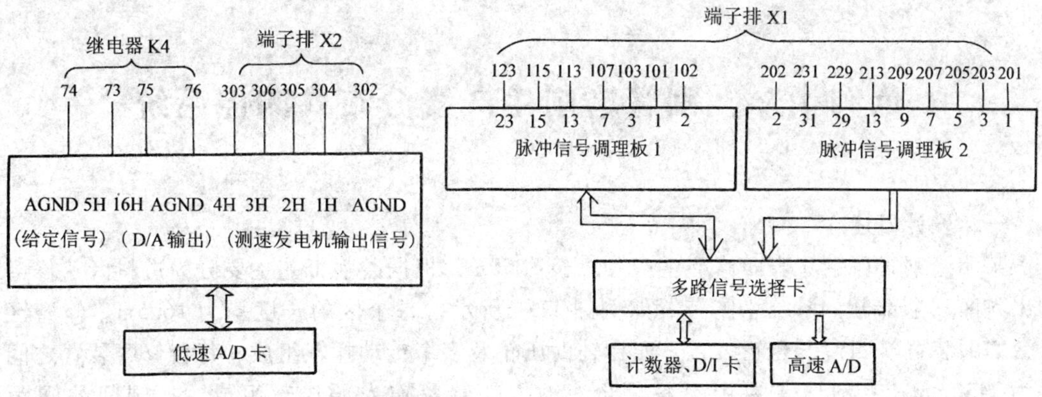

例图 10-5 模拟信号调理板接线图

范例十一　钢管磨削生产线分布式测控系统

一、设计概述

某无缝钢管厂钢管表面修磨生产线总长约50m，根据磨削工艺主要分为进料区、修磨区和出料区三个部分，系统总体布置如例图 11-1 所示，每个区的长度均为 16.5m。修磨区由三台修磨装置、四台压送轮装置、四台辅助压轮及多个传动托辊组成，每台修磨装置之间相距为2430mm；上料区主要由上料翻板、输入托辊及输入压送轮组成，托辊间的间距为1500mm，输入压送轮距第一台修磨区的输送压轮 4290mm。出料区主要由出料翻板、输出托辊和输出压送轮组成，输出托辊的分布情况与上料区相同，输出压送轮之间的距离为4290mm，输出压轮距最后一台修磨装置的压送轮 4290mm；修磨区的托辊相距为 950mm。修磨区的修磨砂轮装置和所有压送轮的压下装置的上升、下降均由气动控制，它是一种先进的双比例阀气动控制系统，砂轮装置的压下采用电动比例阀进行调节，由 PLC 的模拟量输出模块进行控制，压轮的压下行程为 400mm；砂轮的磨削采用恒压力磨削方式，最大修磨量有定位器手工调节；砂轮及压轮的传动由交流电动机进行控制，其中每个砂轮由独立的三相交流电动机驱动，通过改变定子绕组接法实现变极调速。所有的压送轮根据工艺分为输入区、修磨区及输出区三组，每一组压轮由一台变频器进行速度的调节。

例图 11-1　系统总体布置图

该生产线原电气控制系统是引进德国 Lose 公司产品，经过 20 多年的生产运行，设备已经老化，修磨控制精度达不到要求。现对该生产线进行技术改造，重新设计电气控制系统，采用先进控制算法进行修磨压力控制，以提高钢管表面修磨质量。

二、设计要点提示

本范例是设计一条完整的工业生产线测控系统，由于生产工艺流程较为复杂，系统测控参数较多，控制精度要求高，系统设计工作量大。目前工业生产中这类系统较多，因此本系统的设计方法有较高的参考价值。在设计过程中需要重点考虑下面几个问题：

1. 动力电源设计计算和低压电器选型

修磨生产线中有三台修磨电动机、四台压送轮电动机、四台辅助压轮及多个传动托辊电动机，需要计算最大负荷电流，选择合适的低压电器、变频器，进线电抗器等。

2. 控制电源设计计算和低压电器选型

由于本系统输入、输出点数多，控制回路复杂，需要多种类型和多个电压等级的电源。在设计过程中应进行详细计算并选用合适的低压电器元件。

3. 控制系统硬件拓扑结构和设备选型设计

对于工业连续生产线，一般情况下其工艺设备安装位置分散，底层采用基于现场总线的分布式测控系统，上层采用工业以太网的通信网络是目前工业生产线测控技术的发展方向。

4. 测控系统软件开发平台及网络通信系统设计

硬件拓扑结构和设备选型确定后，系统性能主要取决于软件功能的开发。一般地说，应用软件开发平台及网络通信系统选型时应着重考虑通用性、兼容性和可靠性。

5. 测控系统应用软件编程

硬件拓扑结构和设备选型确定后，一般情况下生产厂家都提供软件支持，对软件编程语言有明确的规定，关键是对工艺流程、测控系统性能指标要求有准确的理解和分析，对测控系统参数性质、数量有准确的统计和分析。通常这一过程需要多次反复修改、完善。

6. 磨削过程气动比例阀控制算法设计与软件实现

钢管表面修磨质量关键取决于修磨过程的压力控制，涉及磨削工艺、磨削力的分解、电气传动、气动比例阀等诸多因素，它是一个多变量非线性复杂控制问题，需要选择合理的控制算法。

7. 磨削力软测量模型建立与软件实现

在修磨过程中，磨削力难以直接测量，通过电动机电流建立软测量模型是目前常用的方法和发展方向，这里有许多问题需要研究和分析。

本课题对于本科毕业设计有一定难度，建议由 3 ~4 位同学共同完成。每位同学可选择不同的设计重点。

1）钢管修磨线供电及传动系统分析计算与设计。

2）钢管修磨线分布式测控系统硬件设计。

3）钢管修磨线分布式测控系统软件设计。

4）钢管表面修磨过程控制算法研究与软件实现。

5）磨削力软测量模型建立与软件实现。

三、系统总体方案设计

1. 控制系统硬件拓扑结构

由于整个系统的输入、输出点数很多，输入、输出点数分散，集中式系统配置具有难以进行设备的检修和维护，故障难以查找等缺点，而分布式控制系统在这些方面则有很强的优势，尤其西门子公司的基于 PROFIBUS-DP 的现场总线技术已经在工业自动化测控系统获得了广泛的应用，故本系统以 PROFIBUS-DP 现场总线为基础，采用西门子公司 S7-300 可编程控制器作为 PROFIBUS-DP 第一类主站，采用西门子公司的 ET200M 和 MP270 为系统的从站，配以装有西门子 STEP7 组态软件的笔记本电脑作为组态工具。主控制器上的输入、输出卡件用于连接车间的其他设备，现场的设备分为两类，一类带有 PROFIBUS-DP 现场总线接口（西门子公司的变频器装置，P + F 公司的编码器等），可以直接挂在总线上；另一类本身不带现场总线接口（如 SICK 公司的光栅传感器、P + F 公司的接近开关、BOSH 公司的接近开关等），它们通过 ET200 挂接在分布式 I/O 上。整个修磨生产线分布式测控系统分为一个主站和六个从站，分别位于主电室、输入压轮区、输出压轮区、1#修磨区、2#修磨区、3#修磨区、操作台。主电室采用 S7 的 316-2DP 作为主控制器，其他六个区采用 ET200M 构成从站，现场总线系统传输速率为 187. 5kbit/s 其配置如例图 11-2 所示，西门子的主 PLC 和变频器安放在主控制室内，其余的分布式 I/O 放在现场的六个控制柜内。

2. 控制系统硬件选型及配置

可编程序控制器（PLC）是综合了计算机技术、自动控制技术和通信技术的一种新型的、通用的自动控制装置。它具有功能强、可靠性高、使用灵活方便、便于编程以及适应工

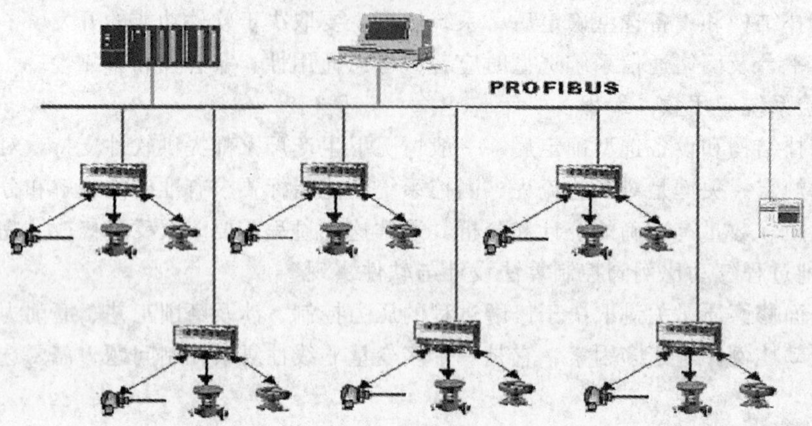

例图 11-2 基于现场总场总线控制系统配置图

业环境下应用等一系列优点，在工业自动化、机电一体化、传统产业技术改造等方面应用越来越广泛，成为现代工业控制三大支柱之一。近年来 PLC 技术发展很快，新产品、新技术不断涌现，考虑到钢管公司现有系统的兼容性及西门子公司产品在采用 PROFIBUS 总线构成分布式控制系统方面的较强优势，控制系统主体设备采用的西门子公司 S7 系列 PLC。根据系统输入、输出点数量统计控制系统基本要求，选用 S7-300 系列产品可满足要求。控制系统硬件设备清单见例表 11-1，系统硬件拓扑结构如例图 11-3 所示。

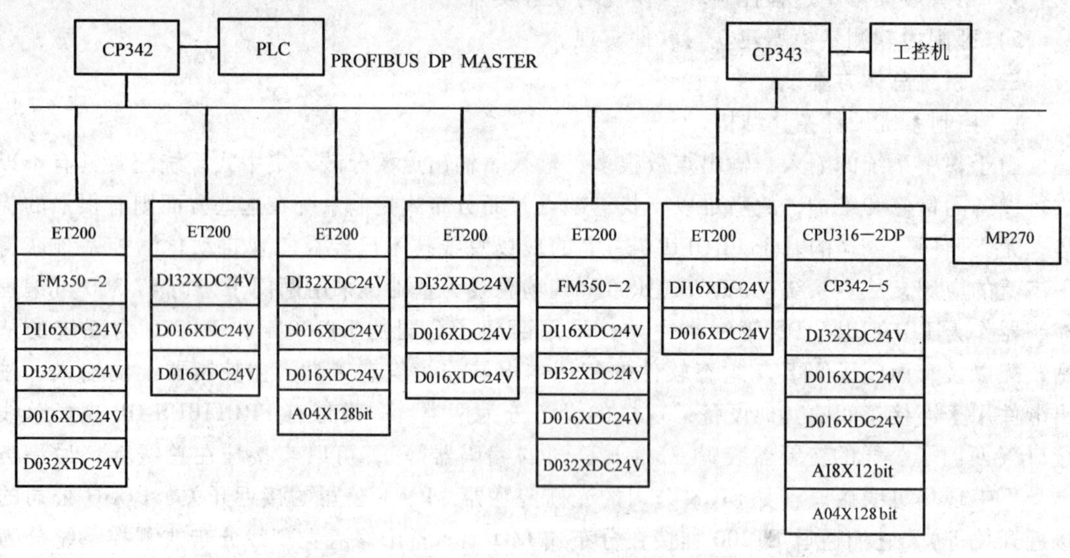

例图 11-3 系统硬件拓扑结构

3. 系统应用软件设计

应用软件开发平台为西门子公司 S7 系列 PLC 专用编程软件 STEP-7，操作站采用西门子公司 PROTOOL 组态软件。由于整个系统的输入输出点数多，工艺流程复杂，为了使所编写的程序便于调试和维护，将整个程序分解成各个子程序（FC），整个系统共由 70 个子程序组成，如例表 11-2 所示。

例表 11-1　系统的硬件配置清单

序号	名称	型号	规格	数量
1	CPU 模块	6ES7316-2AG00-0AB0	CPU316-2DP	1
2	电源模块	6ES7307-1EA00-0AA0	PS307	1
3	通信模块	6GK7342-5DA01-0XE0	CP342-5	1
4	通信模块	6GK7343-1EX11-0AE0	CP343-1	1
5	从站模块	6ES7153-1AA03-0XB0	ET200M	6
6	存储器模块	6ES7951-0KD00-0AA0		1
7	计数器模块	6ES7350-2AH00-0AE0	FM350-2	2
8	计数器模块	6ES7350-1AH02-0AE0	FM350-1	1
9	操作面板	6AV6542-0AG10-0AX0	MP270B	1
10	数字量输入模块	6ES7321-7BH00-0AB0	SM321	4
11	数字量输入模块	6ES7321-1BL00-0AA0	SM321	7
12	数字量输出模块	6ES7322-1BL00-0AA0	SM322	3
13	数字量输出模块	6ES7322-1BH01-0AA0	SM322	12
14	模拟量输入模块	6ES7331-7KF02-0AB0	SM331	1
15	模拟量输出模块	6ES7332-5HD01-0AB0	SM332	2
16	总线电缆	6XV1830-0EH10	屏蔽双绞线	500m
17	变频器	6SE7022-6EC61	11kW	1
18	变频器	6SE7023-4EC61	15kW	2

例表 11-2　钢管磨削生产线 PLC 控制程序功能块一览表

功能块	主　要　功　能
OB1	执行程序循环调用
FC0	设置全局中间变量，操作台指示灯输出
FC2	上料翻板控制
FC4	挡料块控制
FC8	前分管器控制
FC9	后分管器控制
FC10	1#压送轮控制
FC12	进料区输送伺服电机控制
FC14	1#压送轮角度调整
FC16	输入托辊控制
FC18	输出托辊控制
FC20	2#压送轮控制
FC24	2#压送轮角度调整
FC30	3#压送轮控制
FC34	3#压送轮角度调整
FC40	钢管测长计数器
FC41	长度优化计算
FC43	点磨削控制
FC44	托辊角度调整
FC46	模拟量输入

（续）

功能块	主 要 功 能
FC48	模拟量输出
FC50	4#压送轮控制
FC52	修磨区输送伺服电动机控制
FC54	4#压送轮角度调整
FC60	1#修磨头比例阀控制
FC62	1#修磨头磨削电动机控制
FC64	1#辅助压轮控制
FC70	5#压送轮控制
FC74	5#压送轮角度调整
FC80	2#修磨头比例阀控制
FC82	2#修磨头磨削电动机控制
FC84	2#辅助压轮控制
FC90	6#压送轮控制
FC94	6#压送轮角度调整
FC100	3#修磨头比例阀控制
FC102	3#修磨头磨削电动机控制
FC104	3#辅助压轮控制
FC110	7#压送轮控制
FC114	7#压送轮角度调整
FC124	4#辅助压轮控制
FC130	8#压送轮控制
FC132	出料区输送伺服电动机控制
FC134	8#压送轮角度调整
FC140	9#压送轮控制
FC142	钢管测长计算
FC144	9#压送轮角度调整
FC150	10#压送轮控制
FC154	10#压送轮角度调整
FC160	出料翻板控制
FC170	传送主线数据，并置位 A2、A3 摇臂管理的中间变量
FC200	控制方式中间变量设置，指示灯输出
FC204	钢管输入步进程序
FC206	钢管输出步进程序
FC230	点磨钢管跟踪功能
FC238	组态定时
FC339	把开关量信号传送到 MP270 的接收缓冲区 DB240 中
FC240	把开关量信号传送到 MP270 的接收缓冲区 DB240 中
FC241	把实时数据传送给 MP270 的接收缓冲区 DB241. STAT147 ~ 180
FC246	把 DB241 中的当前设置值送至 DB248 作为历史记录保存
FC247	从 DB248 取历史记录送至 DB241 作为当前设置值

（续）

功能块	主 要 功 能
FC248	当前设置值与历史记录值之间相互传送
FC249	把自动方式选择开关状态置入 DB249 中
FC250	置故障信息至 DB250
FC255	置故障信息至 DB255
FC305	把二进制 12 位精度的数字值按比例缩放成设定范围的数字值
FC306	把设定范围的数字值按比例缩放成二进制 12 位精度的数字值
FC312	数据平滑处理
FC330	PID 调节
FC500	计数模块控制
FC501	从计数模块读诊断数据
FC510	比例阀控制计算

4. 系统组态

整个系统由一个 CPU316-2DP 主站和六个 ET200M 从站组成，采用 PROFIBUS 总线构成分布式控制系统，控制系统的组态过程如例图 11-4 所示。

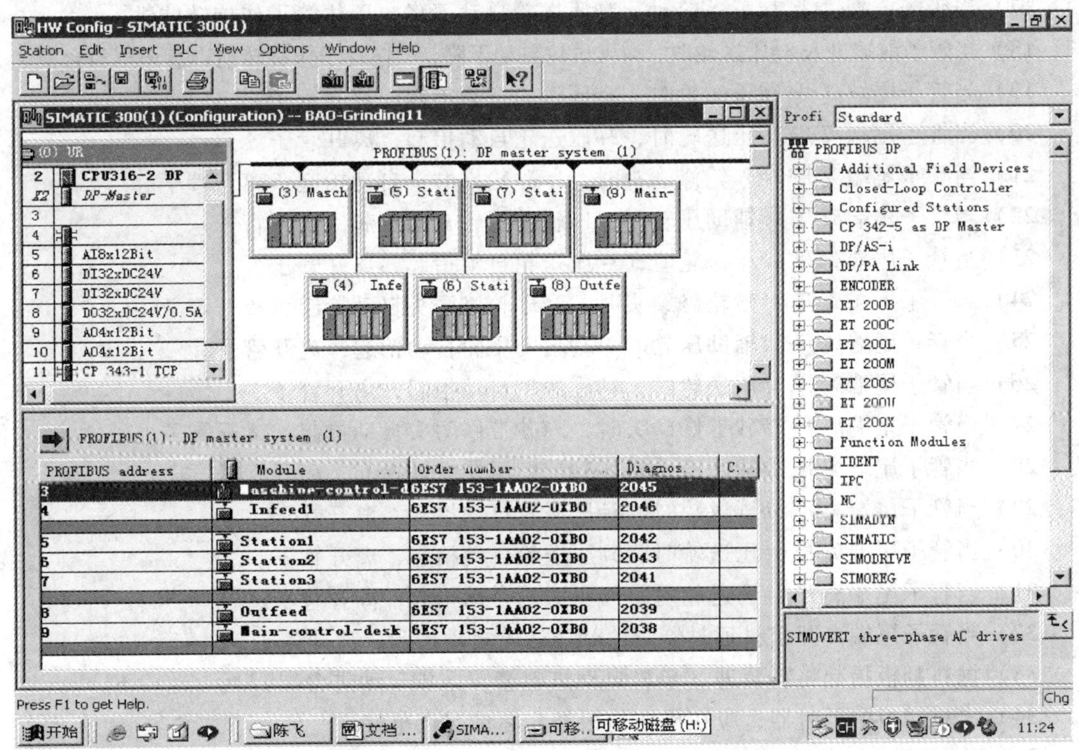

例图 11-4 控制系统硬件组态过程

四、系统的工艺流程介绍

为了使读者对钢管修磨过程有一个较全面的了解，本节以一根钢管修磨过程为例介绍其工艺控制流程。

1）调节压送轮旋转速度。

2）上料翻板自动抬起，将一根管子送入辊道后，自动下降。

3）1#压送轮自动下降，压住辊道上的管子作旋转前进。

4）当管子前端进入2#压送轮时，2#压送轮自动下降，压住管子作螺旋前进。

5）当管子前端进入1#砂轮修磨头时，1#砂轮修磨头自动下降，对管子进行修磨。

6）当管子前端进入1#辅助压轮时，1#辅助压轮自动下降，压住管子。

7）当管子前端进入3#压送轮时，5#压送轮自动下降，压住管子作螺旋前进。

8）当管子前端进入2#砂轮修磨头时，2#砂轮修磨头自动下降，对管子进行修磨。

9）当管子前端进入2#辅助压轮时，2#辅助压轮自动下降，压住管子。

10）当管子前端进入4#压送轮时，6#压送轮自动下降，压住管子作螺旋前进。

11）当管子前端进入3#砂带修磨头时，3#砂带修磨头自动下降，对管子进行修磨。

12）当管子前端进入3#辅助压轮时，3#辅助压轮自动下降，压住管子。

13）当管子前端进入5#压送轮时，5#压送轮自动下降，压住管子作螺旋前进。

14）当管子前端进入4#砂带修磨头时，4#砂带修磨头自动下降，对管子进行修磨。

15）当管子前端进入4#辅助压轮时，4#辅助压轮自动下降，压住管子。

16）当管子前端进入6#压送轮时，6#压送轮自动下降，压住管子作旋转前进。

17）当管子前端进入7#压送轮时，7#压送轮自动下降，压住管子作旋转前进。

18）当管子前端进入8#压送轮时，8#压送轮自动下降，压住管子作旋转前进直至出料台架。

19）当管子尾端离开1#压送轮时，1#压送轮自动抬起，离开管子。

20）当管子尾端离开2#压送轮时，2#压送轮自动抬起，离开管子。

21）当管子尾端离开1#砂轮修磨头时，1#砂轮修磨头自动抬起，离开管子。

22）当管子尾端离开1#辅助压轮时，1#辅助压轮自动抬起，离开管子。

23）当管子尾端离开3#压送轮时，3#压送轮自动抬起，离开管子。

24）当管子尾端离开2#砂轮修磨头时，2#砂轮修磨头自动抬起，离开管子。

25）当管子尾端离开2#辅助压轮时，2#辅助压轮自动抬起，离开管子。

26）当管子尾端离开4#压送轮时，4#压送轮自动抬起，离开管子。

27）当管子尾端离开3#砂带修磨头时，3#砂带修磨头自动抬起，离开管子。

28）当管子尾端离开3#辅助压轮时，3#辅助压轮自动抬起，离开管子。

29）当管子尾端离开5#压送轮时，5#压送轮自动抬起，离开管子。

30）当管子尾端离开6#压送轮时，6#压送轮自动抬起，离开管子。

31）当管子尾端离开7#压送轮时，7#压送轮自动抬起，离开管子。

32）当管子尾端离开出料延时器时，8#压送轮自动抬起，离开管子。

33）抛料翻板抬起将料翻进（单机自动进料筐，区域自动进台架）后自动放下。

34）出料翻板的延时器，应在操作前根据实际情况调整好。

35）如在区域自动情况下，由1#出料拖拉链将管子送到提升拨料装置。

36）由提升拨料器将管子拨到2#出料拖拉链，由拖拉链将管子送到旋转拨料器。

37）由旋转拨料器将管子拨到皮带式辊道上将管子送入探伤机组进行探伤。

五、系统主要软件流程图

由前所述，本系统控制流程较为复杂。例图11-5、例图11-6、例图11-7、例图11-8、例图11-9分别为OB1组织块、修磨电动机电流采集及显示、修磨压力自动调整选择、修磨压力计算及显示、修磨压力限幅调整的程序流程图，供设计者参考。

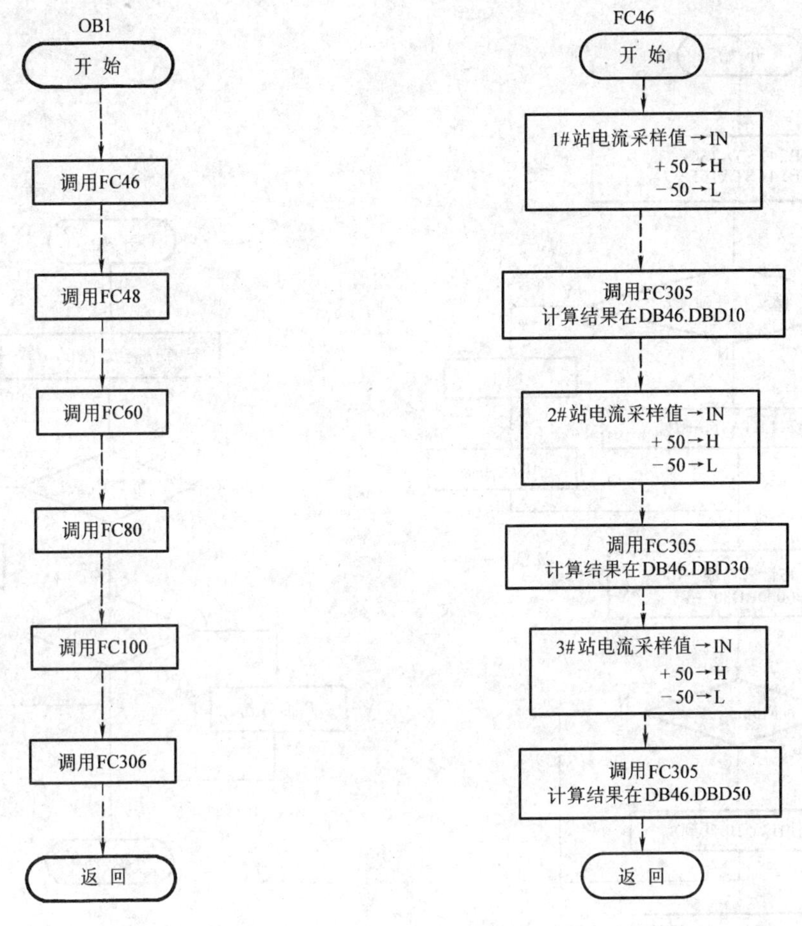

例图 11-5　OB1 组织块流程序流程图

例图 11-6　FC46 电流采样显示程序流程图

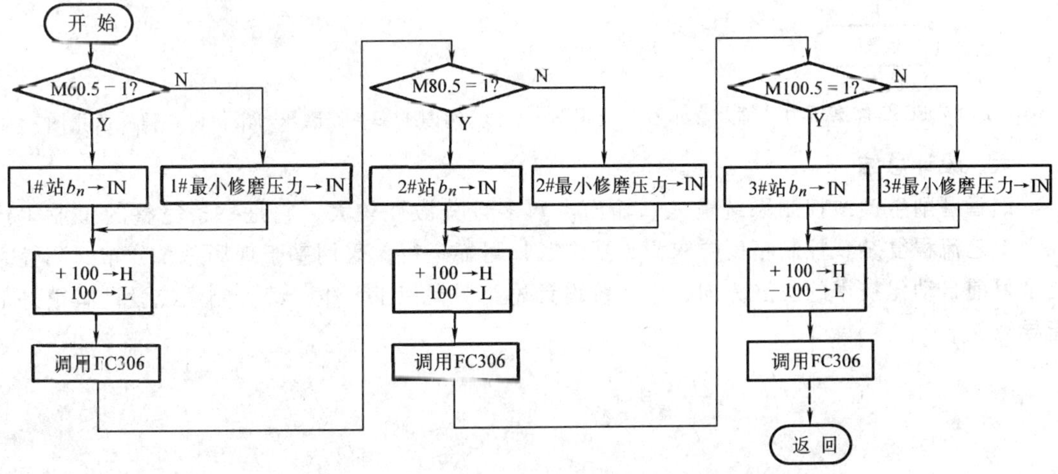

例图 11-7　FC48 修磨压力自动调整选择程序流程图

中间变量 M60.5、M80.5、M100.5、分别是 1#站子程序 FC60、2#站子程序 FC80、3#站子程序 FC100 中的压力自动调整选通标记，当磨头压住钢管，锁紧缸松开时，由 0 变 1，当钢管离开砂轮前接近开关，锁紧缸锁紧时，由 1 变 0

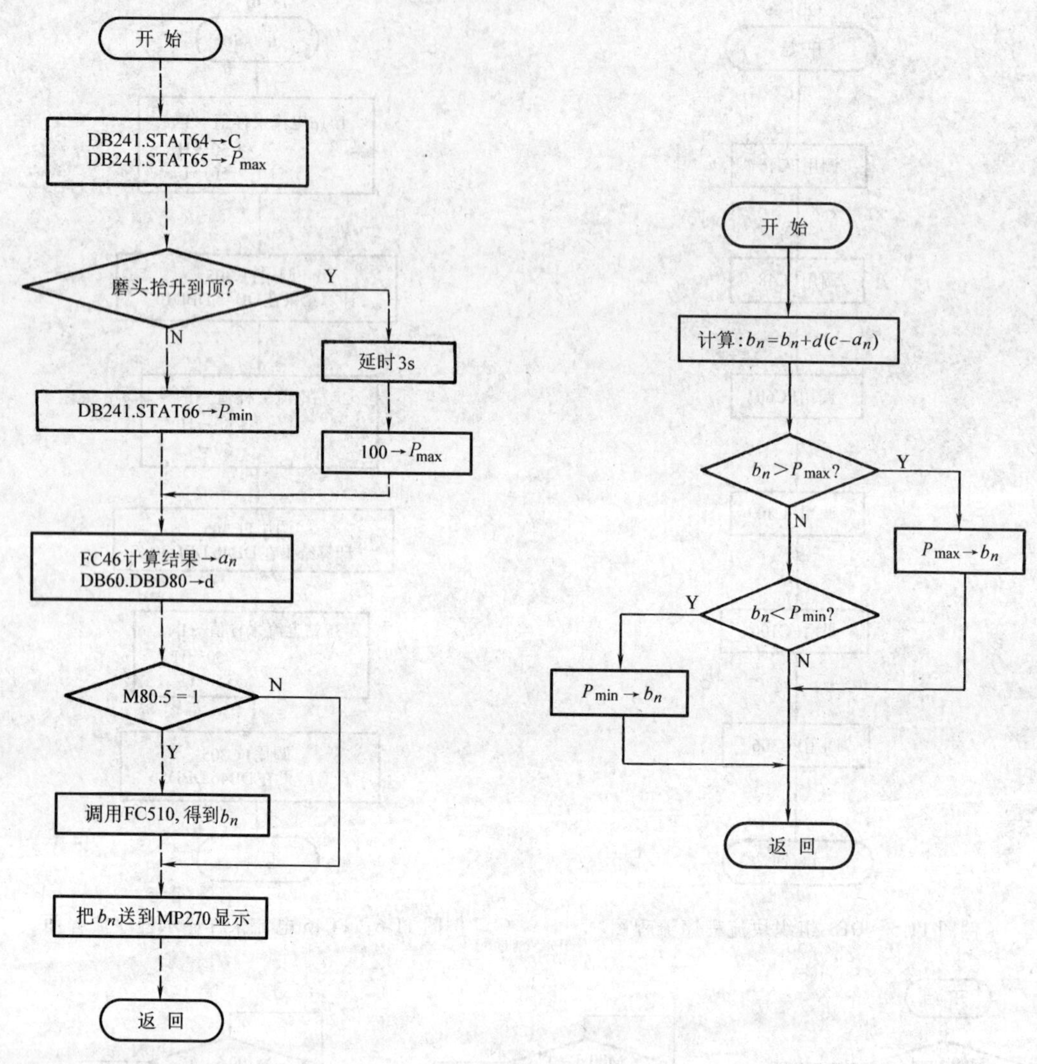

例图 11-8 FC80 修磨压力计算及显示程序流程图

例图 11-9 修磨压力限幅调整程序流程图

六、设计总结

钢管磨削生产线控制系统输入、输出点数多且分散性较大，它是一条完整的工业生产线，工艺流程复杂，控制精度要求高，要求长期可靠运行。采用基于现场总线分布式测控系统是目前自动化技术的发展方向，本系统设计思路对类似工业生产线控制系统设计有很好的指导意义。

范例十二　基于工业以太网的带钢质量数据无纸记录及分析系统

一、设计概述

近年来，随着以太网速度的不断提高，以及和交换技术的相结合，解决了以太网的不确定问题，使以太网有能力满足实时控制系统的要求。同时，采用抗干扰能力强的双绞线和光纤作为通信介质，提高了以太网运行于工厂环境的能力。另外，许多大的厂商也为以太网进入工业自动化领域提供了众多的产品支持，如西门子公司的 SIMATICNET 工业以太网、研华公司的 DA&C 系统 ADAM-5000/TCP、浙大中控公司的“基于以太网的工业现场设备网络通信新技术——EPA”等。再加上以太网本身所具有的优点，使得以太网在工业自动化领域的应用越来越广泛。

在某钢铁公司热轧带钢生产过程中，主要采用笔式记录仪记录反映带钢质量的数据，如温度、宽度、厚度等。但在实际使用中，记录仪老化严重、备件购置费用高、材料消耗量大；分析不便，且人工分析误差大、效率低。为改善这一状况，根据实际生产过程要求，采用工业控制计算机和数据采集设备，建立一套无纸化的记录和分析系统，主要实现以下功能：

1）实时数据采集、处理和显示各参数的数值、变化趋势，建立终轧和卷取的各参数数值与沿带钢长度方向上的位置之间的对应关系，并将各参数的数据与位置保存到历史数据库中。

2）对终轧和卷取的超公差参数及时发出报警信息，判断其类型和超差范围，保存到报警数据库中。

3）实现历史数据的查询和分析、历史曲线的显示、打印和数据备份等功能。

4）实现与生产控制计算机进行通信，获取带钢卷号、宽度等给定信息，并建立局域网络，实现资源共享。

二、系统硬件结构

根据系统功能需求，考虑到热轧生产线粗轧、精轧和卷曲区域相对距离较远，带钢尺寸及温度等质量参数分布在不同区域，如例图 12-1 所示。

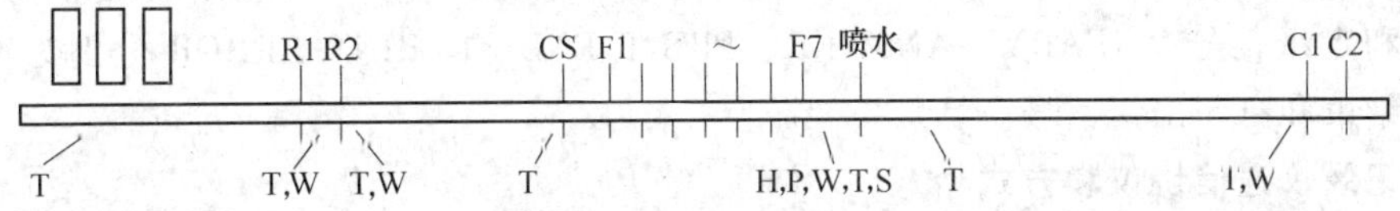

例图 12-1　1580 热轧生产线测试仪表配置图

T—测温仪　W—测宽仪　H—测厚仪　P—断面形状检测仪　S—板形仪

本系统采用研华公司基于以太网的数据采集和控制系统 ADAM5000/TCP 构成分布式测量系统（见例图 12-2），实现数据的高速采集和通信。

其中，ADAM-5000/TCP 内置一个 10/100Mbit/s 以太网端口，可以让多台 PC 通过 OPC

Server 或 DLL 驱动程序直接访问数据。它不仅支持 MODBUS/TCP 协议，还支持 UDP（用户数据报协议）协议，能够在无请求指令的情况下将数据包广播发送到指定的 IP 地址。

A/D 卡为 PCI-1713，是一款基于 PCI 总线的隔离型高速模拟量输入卡，采样频率为 100kHz，12 位分辨率，32 路单端或 16 路差分模拟量输入，或组合输入方式。卡上带 4KB 先进先出 FIFO 缓冲器，支持软件、内部定时器和外部触发。

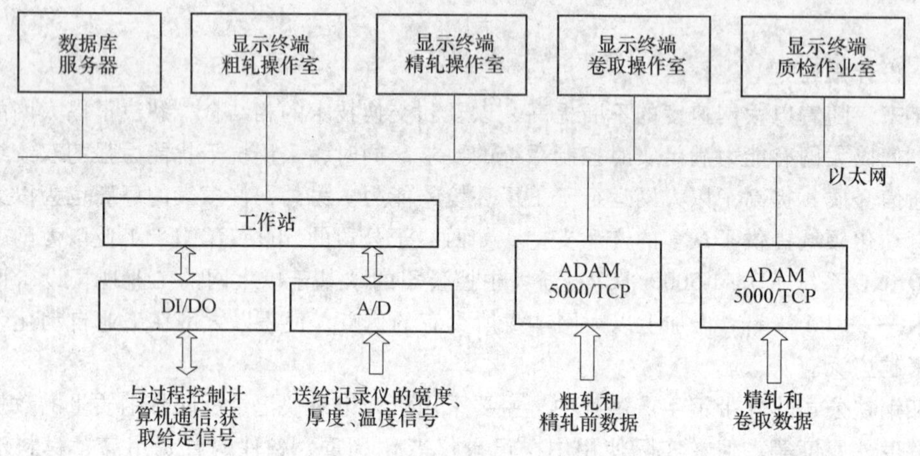

例图 12-2　系统硬件框图

由于每块板坯从加热炉出炉后对应一个独立钢号作为轧制后钢卷的编号，同时，还有宽度、厚度等目标值需要传递给记录仪，而记录仪是通过与过程控制计算机的通信实现信息获取的，因此系统首先须设计一个通信接口，实现与过程控制计算机之间的通信。通过剖析、消化原记录仪与生产控制计算机的通信方法，利用数字量 I/O 卡设计了数据通信接口，如例图 12-3 所示。

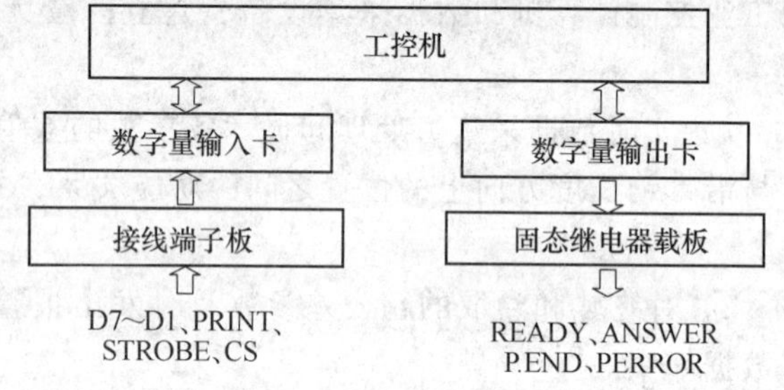

例图 12-3　通信接口电路原理框图

其中数字量输入卡为 64 路隔离型 PCI-1754，每个通道可接收 10～50V 双向电压输入；数字量输出卡为 PCI-1751，共有 48 路数字量输入/输出通道（TTL 电平），通过组态将其设置为输出通道。固态继电器载板为 PCLD-7216，固态继电器选择开/关时间最大为 100 /750 微秒的直流输出模块 PCLM-ODC5。D7～D1、PRINT、STROBE、CS 分别为信息载体、打印、同步读取和走纸信号，READY、ANSWER、PRINT. END 和 PRINT. ERROR 分别为准备、请求、打印结束和打印出错信号。

三、记录仪通信协议和方式

记录仪获取卷号等给定信息是通过开关量（继电器接点）来实现的，根据信号类型，可以分成三类：信息载体及同步信号；通信请求和应答信号；记录仪走纸和打印命令信号。

1. 信息载体及同步信号

卷号、宽度、厚度等给定信息载体由 7 个开关量组成，如例图 12-4 所示，分别是 D7，D6，…，D1，采用串行方式发送数据，7 个开关量的组合构成 1 个字符，ASCII 码，记录仪按时间顺序接收这一系列串行数据，即可得到钢卷号、厚度、宽度等设定信息。

S（Strobe）为同步读取脉冲信号，周期为400ms，脉冲宽度约为100ms，用于D7 ~ D1的同步。

如例图12-4所示，D7 ~ D1的第一个组合为0001011，查ASCII码表，知其为CLEAR，表示清除上次信息，开始接收新的数据。第二个组合为0110100，ASCII码对应字符为“4”，以此类推，即可获取带钢卷号、厚度等设定值。

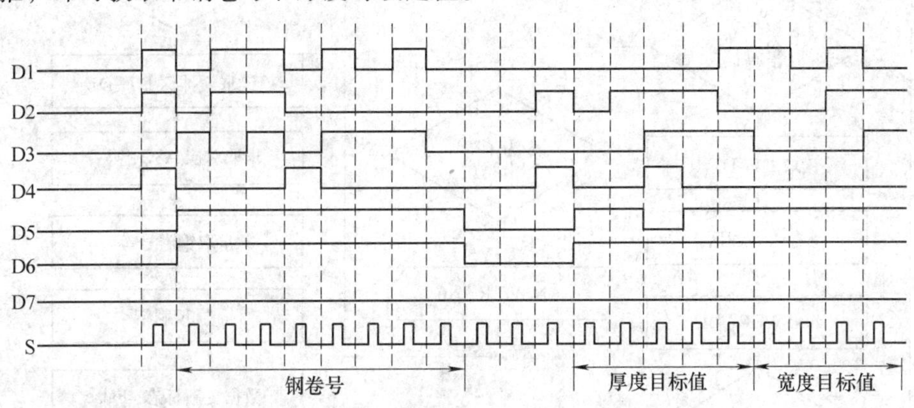

例图12-4　带钢卷号、宽度等给定信息波形图

2. 通信请求和应答信号

包括ANSWER和READEY，是由记录仪发给过程控制计算机的。记录仪上电时，READY为高电平，表示已准备就绪，在记录仪打印带钢卷号等期间为低电平，打印结束恢复为高电平。ANSWER为记录仪读完一组数据后发给过程控制计算机的应答信号，请求发送下一组数据。

3. 走纸和打印信号

包括CS、PRINT、PRINT. END和PRINT. ERROR，对记录仪来说，前两个为输入，后两个为输出。CS为记录仪走纸信号，平时为高电平，信号来时为低电平，记录仪开始走纸记录数据。打印信号用于触发记录仪打印卷号等给定信息。

4. 数据采集和处理

软件编程采用VB6.0，根据记录仪通信方式和本系统实际情况，S、CS、PRINT采用边沿触发方式，S上升沿触发读取一次D7 ~ D1。由于开关量为继电器接点信号，抖动比较严重，如S信号每抖动一次，都被判为产生一次上升沿，从而读取一次数据，导致D7 ~ D1一组数据可能被多次读取。为了消除继电器触点的抖动，本系统采用数字滤波方式，即判断两个上升沿（或下降沿）时间间隔是否大于脉冲宽度或信号周期或者超过继电器开/关最大时间，如大于，则判定为是。由于读取D7 ~ D1数据时，S为上升沿触发，如例图12-5所示，所以时间间隔取S信号周期（T = 400ms）。

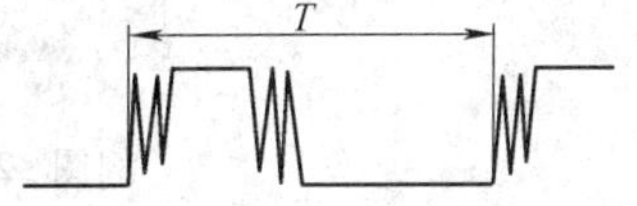

例图12-5　S信号波形示意图

由于信号变化比较快，为了满足实时的需要，如例图12-6所示，系统采用两个定时器，一个用于数据采集，主要是捕捉信号边沿，读取D7 ~ D1，将其保存到缓冲区中，一串数据接收完，设置数据更新标志为“True”。另一个用于数据处理，根据数据更新标志是否为

"True" 进行数据转换、显示以及与其他客户端通信等。

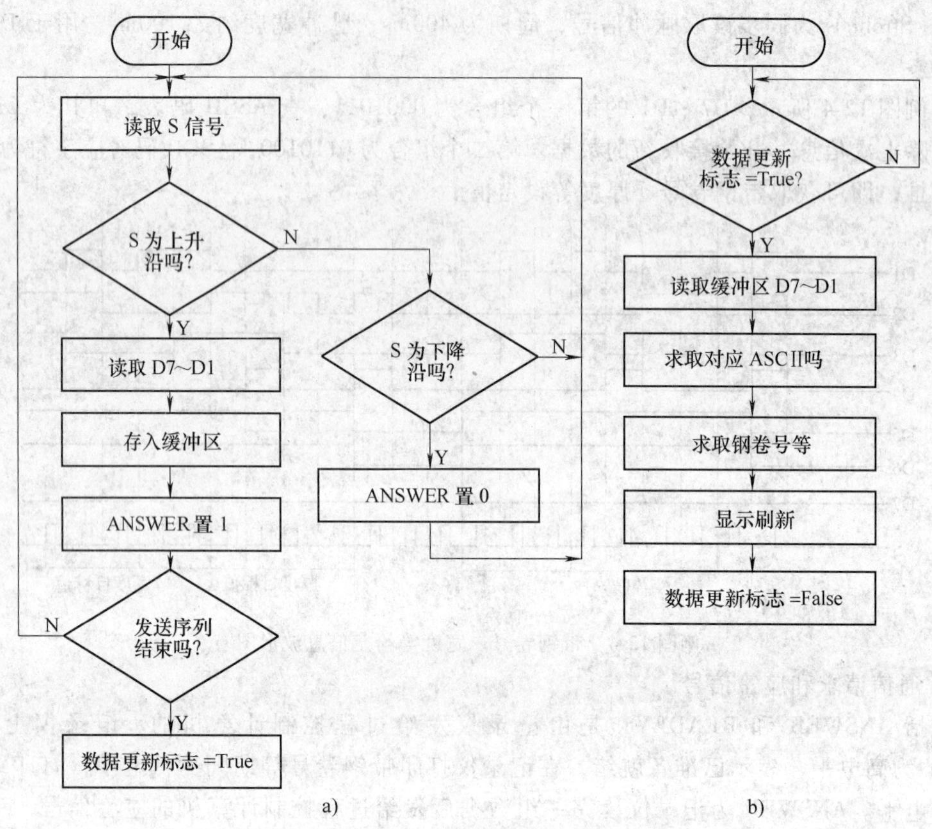

例图 12-6　带钢给定信息处理软件流程

a）采集定时器流程　b）数据处理定时器流程

四、带钢参数位置跟踪

由于带钢生产线精轧出口至卷取距离大约为 105m，距离相对较近，在本系统中将精轧出口和卷取处参数放在同一个观测平台进行考虑，且沿着带钢传输方向，将各传感器分布视为一维坐标系（X），如例图 12-7 所示。

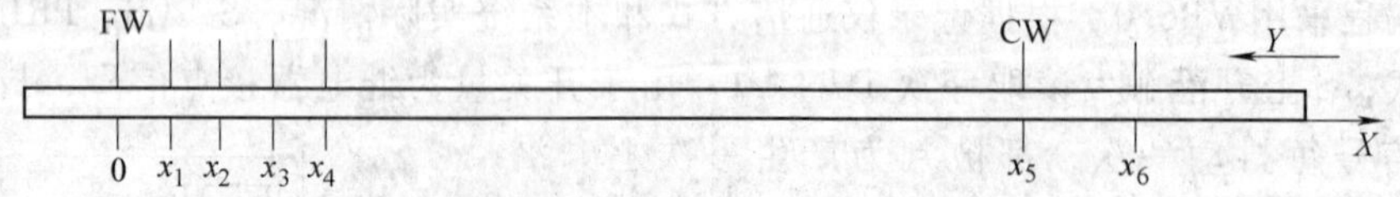

例图 12-7　精轧出口至卷取测量仪表布置示意图

1. 数据时间对准

对同一模块（ADAM5000/TCP 模块或模拟量采集卡），通道间时间差很小，可看成在同一时间进行采样，且采样周期相同。但对于 ADAM5000/TCP 模块和模拟量采集卡，由于采样频率不一样，在同样的时间内采样点数不一样，为便于位置跟踪，就需要进行时间对准。

例图 12-8 中，FW7 为 F7 出口的宽度，FT71、FT72 为 F7 出口宽度方向上的两点温度，CS 下降沿触发数据采集。通过设置缓冲区的大小，FIFO 半满时发出请求信号，读取 PCI-1713 缓冲区中的数据并读取一次 ADAM/5000 数据。

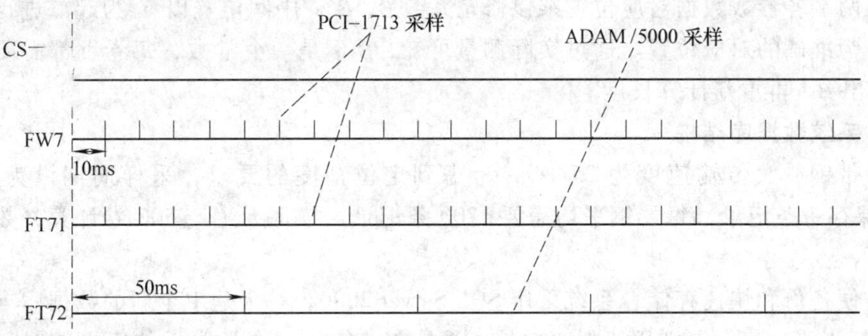

例图 12-8　时间对准图

假设 FT71 第一个数据开始于第二个采样点，FT72 到第 5 点时才读到第一个数据，则 FT72 相对于 FT71 少采 3 个数据。也就是说，在时间上，FT72 比 FT71 晚了 30ms，其第 1 个数据对应带钢的位置相当于 FT71 第 4 个数据对应的位置，其第 2 个数据对应带钢的位置相当于 FT71 第 9 个数据对应的位置，依次类推，可求出后续数据的对应位置。同理，可求出其他参数的对应位置。

2. 带钢参数和位置跟踪算法

如例图 12-7 所示，以精轧出口 FW7 传感器的安装位置作为基准（即 $x_0=0$），其他仪表依照安装位置（沿带钢前进方向）确立与 FW7 传感器的坐标值（即距离），如 x_1，x_2，…。另外，以带钢头部为基点（$y_0=0$），建立方向如 Y 指示的坐标。

带钢前进时，FW7 测宽仪对应位置 x_0 不动，带钢头部（y_0）相对于 x_0 的位置 x'不断增加，其移动距离为

$$x' = L = \sum_{i=1} v_i T_i, i = 1,2,\cdots \quad (12\text{-}1)$$

假设 FW7 第 i 个测量值为 FW7_i，则 FW7_i 相对于带钢头部的位置为 y_{FW_i}，且：

$$y_{\mathrm{FW}_i} = -(-x') = x' \quad (12\ 2)$$

由于 CW 坐标为 x_5，所以测量值 CW$_i$ 位置为

$$y_{\mathrm{CW}_i} = y_{\mathrm{FW}_i} - x_5 \quad (12\text{-}3)$$

当 $y_{\mathrm{CW}_i}<0$ 时，其值为零。

依此类推，则可求出带钢各参数与位置的对应关系。

3. 带钢长度误差修正

由于现场带钢速度信号来自于传输辊道辊子的转速，而在带钢和传输辊道之间存在滑动，特别是在带钢头部没进入卷取前和带钢尾部脱离 F7 后，因此所测速度不是实际的带钢行走速度，必然会影响到各参数数据的定位精度。

为减小带钢头尾两段长度累积误差，我们采用了 FW 和 CW 传感器位置进行校准。当带钢头部从 FW 处走到 CW 处时，走了 x_5 长度的距离。同样，当带钢尾部从 FW 处走到 CW 处时，也走了 x_5 长度的距离。根据式（1）可分别得到长度值 L 和 L'。

x_5 除以 L、L'，得系数 β、β'，则

$$\beta = \frac{x_5}{L}, \beta' = \frac{x_5}{L'} \quad (12\text{-}4)$$

头尾两端各参数数据对应位置乘以修正系数β、β'，中间位置以x_5为起点进行计算，便可得到较为准确的对应位置。通过实际测量可知，β不是一个常数，每卷钢都需要比较L和x_5、计算出β，再重新计算长度。

五、系统数据库结构

由于带钢最大传输速度为25m/s，考虑到定位精度的要求，采样周期设为40ms，即40ms要保存一条记录，每卷钢平均需要1700条记录，按每天生产500卷计算，数据量非常大。

为方便备份和快速存储，系统采用SQL Server 2000，每天建1个新的数据库（以日期命名），包括4张表格，分别用于保存粗轧、精轧前、终轧（含卷取）的历史数据和终轧（含卷取）的报警数据。为便于查询，单独建1个索引库，包括4个表格，用于存放粗轧、精轧前、终轧（含卷取）每卷钢的基本信息，如卷号、合同号、目标值、平均值、最大值、最小值、班别、时间、每卷钢存储库名等，1个库状态表，用以记录库是否添加和删除。系统数据库结构如例图12-9所示。

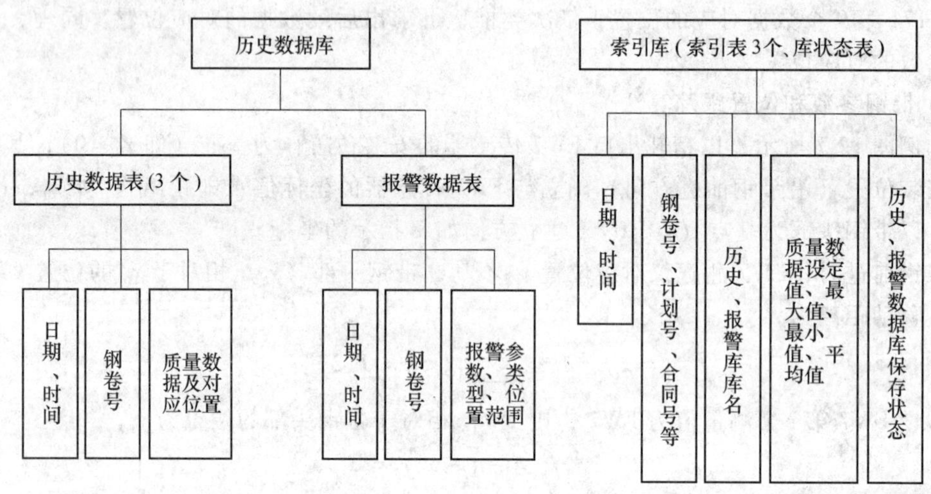

例图12-9　系统数据库结构

六、系统软件功能

本系统软件采用VB6.0开发平台和SQL Server 2000数据库开发工具，数据采集驱动程序由研华公司提供，人机界面清晰，操作简单。

1. 数据的实时采集和处理

由于采样频率高，数据处理量大，为实现实时性，系统利用PCI-1713数据采集卡上的FIFO缓冲器和VB6.0中的定时器，实现数据的实时采集和处理。PCI-1713在初始化时设置为内部定时器触发、中断传输方式、双缓冲。VB定时器定时扫描FIFO中断请求，如有半满或满中断请求，则读取相应缓冲区数据。同时采用另外的定时器实现实时数据的处理、显示和存储。

对ADAM5000/TCP数据采集模块，采用UDP协议，定时向主机发送一批数据，数据处理定时器根据数据更新标志是否变化进行处理。

2. 数据库的动态生成和定期删除

系统采用 SQL 脚本语言，建立数据库和表格的结构，根据日期和时间，定时调用 SQL 建库脚本语言建立新的数据库，以日期命名。同时将新建库的状态（如加载）保存到库的状态表中。

当日期发生变化时，查询库状态表的历史数据库的状态和保存日期，判断有没有超过保存天数的历史数据库，有则从 SQL Server 中分离出来并删除该库，同时设置该库的状态为“已删”。

3. 质量数据位置跟踪

本系统的功能之一是判断终轧和卷取的超公差数据位置（沿带钢长度方向）范围，因此需要将按时间顺序采集到的带钢质量数据与带钢长度方向上的位置建立对应关系。

4. 数据查询

本系统通过索引库确立每卷钢与所存历史数据库之间的关联，在查询时首先根据查询条件（如钢卷号、计划号等）查询相应索引表（粗轧、精轧前或终轧），确定所查钢卷信息在哪一个历史数据库中，再到对应库查询相关信息。

如例图 12-10 所示，如果查询卷号为“5272153700”的带钢历史数据，可以输入查询条件“5272153700”，通过查询索引表可知，该卷数据保存在名为“DB20050708”的数据库中，进一步查询即可得到该卷数据。

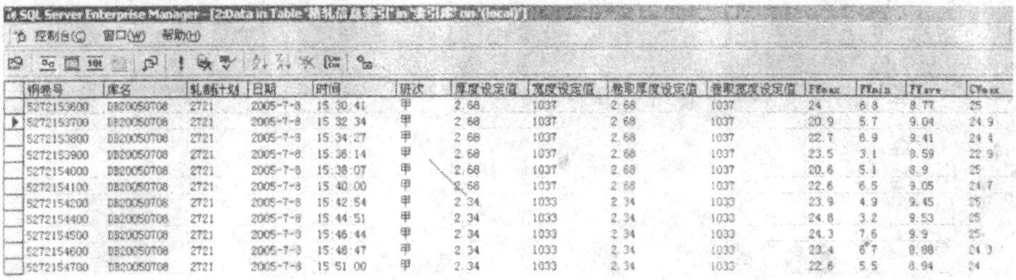

SQL Server Enterprise Manager - [2:Data in Table '精轧信息索引' in '索引库' on '(local)']

控制台(C)　窗口(W)　帮助(H)

钢卷号	库名	轧制计划	日期	时间	班次	厚度设定值	宽度设定值	卷取厚度设定值	卷取宽度设定值	FTmax	FTmin	FTave	CTmax
5272153600	DB20050708	2721	2005-7-8	15:30:41	甲	2.68	1037	2.68	1037	24	6.8	8.77	25
5272153700	DB20050708	2721	2005-7-8	15:32:34	甲	2.68	1037	2.68	1037	20.9	5.7	9.04	24.9
5272153800	DB20050708	2721	2005-7-8	15:34:27	甲	2.68	1037	2.68	1037	22.7	6.9	9.41	24.4
5272153900	DB20050708	2721	2005-7-8	15:36:14	甲	2.68	1037	2.68	1037	23.5	3.1	8.59	22.9
5272154000	DB20050708	2721	2005-7-8	15:38:07	甲	2.68	1037	2.68	1037	20.6	5.1	8.9	25
5272154100	DB20050708	2721	2005-7-8	15:40:00	甲	2.68	1037	2.68	1037	22.6	6.5	9.05	24.7
5272154200	DB20050708	2721	2005-7-8	15:42:54	甲	2.34	1033	2.34	1033	23.9	4.9	9.45	25
5272154400	DB20050708	2721	2005-7-8	15:44:51	甲	2.34	1033	2.34	1033	24.8	3.2	9.53	25
5272154500	DB20050708	2721	2005-7-8	15:46:44	甲	2.34	1033	2.34	1033	24.3	7.6	9.9	25
5272154600	DB20050708	2721	2005-7-8	15:48:47	甲	2.34	1033	2.34	1033	23.4	6.7	8.88	24.3
5272154700	DB20050708	2721	2005-7-8	15:51:00	甲	2.34	1033	2.34	1033	22.6	5.5	8.94	24

例图 12-10　终轧和卷取数据索引表

查询结果以历史曲线形式显示出来，并给出最大值、最小值、平均值、方差等信息。同时在历史曲线上显示目标直线、上下限线，超限部分用醒目颜色显示，以提醒操作人员注意，决定是否封锁该卷带钢。

5. 数据导出

数据导出采用拷贝库的方法，可以快速实现将 SQL 数据格式转换成 Excel 格式，方便质检人员离线分析。

数据导出包括某日某班次所有带钢基本信息导出、某计划号所有带钢基本信息导出、某卷数据导出、某卷报警信息导出等。

6. 报表打印

将查询结果包括历史曲线、带钢基本信息（卷号、目标值、公差等）、最大值等参数利用 VB 中的 Printer 对象生成数据报表并打印，供质检人员参考。

7. 参数设置

包括仪表量程设置、显示刻度调整、日期和时间调整，并可通过网络实现各显示终端对时，从而达到各机时间同步。

8. 网络通信

系统网络为 C/S 结构，利用 VB 中的 Winsock 控件建立起计算机间的连接，并通过传输控制协议（TCP）进行数据交换。服务器程序通过动态创建 Winsock 控件数组，可以使一个控件同时接收多个客户连接请求。

各客户端定时扫描网络状态，如发现在一定时间内没有收到数据，则重新建立连接。为防止数据库服务器硬盘损坏致使数据丢失，系统采用双机互为冗余，平时以一台机器所存数据为主。

七、设计结论

现场实际运行表明，系统功能完善，数据库结构合理，数据采集和处理速度快，能满足系统实时需要，数据通信可靠，位置跟踪准确，软件操作简单，分析方便，数据存储和查询速度快，完全取代了笔式记录仪，节约了材料消耗、降低了劳动强度，提高了工作效率和质检作业管理的自动化水平。

范例十三　基于现场总线的电机运行状态分布式监测系统

一、设计概述

现代企业连续生产线自动化程度日益提高，系统维护人员越来越少，设备运行状态集中监控及自动故障诊断系统已成为现代工业生产的重要组织部分，值班人员通过监控系统可方便快捷地了解现场设备的在线运行状况，在发生故障时立即采取相应措施进行故障处理。目前，基于现场总线和工业以太网技术的分布式自动化测控系统是工业自动化技术的发展方向，尤其对于设备运行状态信号相对控制室距离较远且地理位置分散时具有明显的优势。

某钢铁股份公司热连轧生产线共有辊道电动机近600台，每台电动机主回路进线通过空气开关进行主电源切换和电动机过电流保护。由于现场工作环境比较恶劣，辊道电动机经常发生故障跳闸动作，如不及时处理，容易造成“被动辊”和“死辊”现象，给带钢表面质量造成严重的不良影响，尤其是“死辊”将严重划伤带钢表面，甚至会造成轧线停产，为此建立一套基于现场总线和工业以太网的分布式辊道电机运行状态监测系统，对所有辊道电机运行状态进行在线实时监测，电动机发生故障时，系统能及时发出声光报警，根据故障诊断结果提供故障定位信息，现场操作室值班人员可立即采取相应措施进行故障处理，以保证带钢质量不受影响，同时建立电动机故障历史数据库，提高设备管理水平。

具体的设计目标与要求如下：

1）在原有系统硬件设备保持不变的基础上，适当调整其结构，将原系统经1条RS-485网络线与上位机相连改为经4条RS-485网络线与上位机相连，分为4个站（分别位于3号辅机室、4号辅机室、5号辅机室、7号辅机室），每一站通过RS-232/RS-485转换器直接与上位机相连，以提高系统整体运行速度。

2）系统扫描时间不大于10s，网络通信速率为115kbit/s。

3）主站设在中央监控室，通过工业以太网连接两个计算机操作终端到精轧操作室和粗轧操作室，以太网通信速率为10Mbit/s。

4）画面丰富、友好，操作简单，功能完善。

5）建立辊道电动机故障历史数据库，按故障状态、班次（甲、乙、丙、丁）、时间进行保存，保存时间1年，可随时按规定的格式打印和查阅；可对某台电动机发生的故障频度进行统计分析；定期提示数据备份。

6）系统具有自检功能，并可根据现场实际需要与否，自动跳过某些不需读取参数的模块，以提高系统整体运行性能。

7）除加热炉辊道外的轧线所有辊道电动机（近600台）及37个高压开关位置信号实现状态监视。

二、系统工作原理与功能

1. 系统基本设计思想

由于热轧生产线辊道电动机地理位置分布较广，要求监控系统有一定的实时性，可以用数字量输入模块获取电动机的运行状态，然后由这些模块组成一现场总线网络，设在中央监控室的工控机作为主站通过串口实现电动机运行的数据采集，然后将数据通过工业以太网实时传送到位于精轧操作室和粗轧操作室的两个计算机操作终端，当电动机出现故障时能及时报警。

2. 现场总线网络选择及构成

RS-485 网络在工业上应用非常广泛，主要用于多点系统的数据发送与接收，其主要特点如下：传输距离长，速度较快，且有较好的抗干扰能力；造价比较低，可用屏蔽双绞线作为通讯线；数据采集点数多，可以联结 256 个模块。1580 热轧生产线每台电机由一个空气开关控制，这些控制开关分布在 4 个电气室的 45 面开关盘中，4 个电气室前后相距约 500m，本项目采用 RS-485 总线网络是适当的。

数字量输入模块采用研华公司的 ADAM4053 模块，每个模块有 16 个开关量输入通道，共需 50 个模块，分布在 3、4、5 和 7 号辅机室，用一条屏蔽双绞线将这些模块联结起来组成一个 RS-485 现场总线网络，每个模块在网络中都分配一个唯一的地址作为标识，用一个 RS-232/RS-485 转换器 ADAM-4520 模块将 RS-485 网络与主站的 RS-232 串口连接起来，系统中 ADAM 模块和 RS-485 网络结构如例图 13-1 所示。

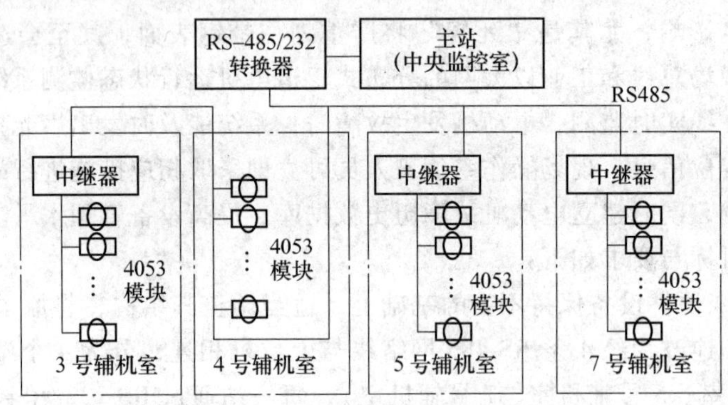

例图 13-1　ADAM 模块和 RS-485 网络结构

3. 工业以太网及系统总体硬件结构

设在中央监控室的主站通过串口完成辊道电动机运行状态的现场数据实时采集，然后通过工业以太网将采集到的实时数据及时传送到位于精轧操作室和粗轧操作室的两个计算机操作终端，中央监控室距离精轧、粗轧操作室 300m 左右，通过光缆连接更合适，主站安装一台针式打印机实现电动机故障记录信息的实时打印，因此本系统的工业以太网及系统总体硬件结构可以用例图 13-2 表示。

4. 主要功能

本监测系统应用软件开发平台采用 VB6.0，主要功能有电动机运行状态数据采集、工业以太网数据实时传送、故障的声光报警、ADAM 模块地址的修改及自检、电动机故障记录的实时打印等。为提高设备管理水平，用 Access2000 建立了辊道电动机历史故障数据库管理系统，记录故障电动机名称、故障发生日期、发生时间、故障复位日期、班次等信息，通过 SQL 结构查询语句对数据库进行操作，可以对电动机历史故障进行各种查询、统计分析和打印等。故障信息可记录多年，并能方便地刻录成光盘，甲、乙、丙、丁 4 个班次，根据生产的班次调整次序，由计算机自动生成。

三、系统的数据采集

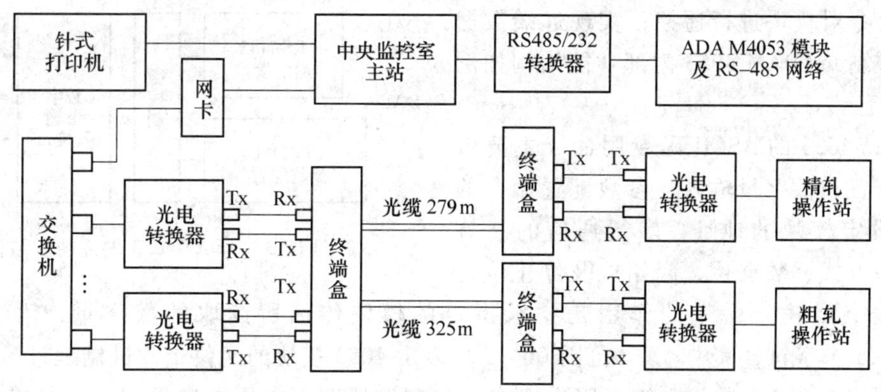

例图 13-2　工业以太网及系统总体硬件结构

对电动机运行状态进行数据采集是系统正常工作的基础，系统共用 50 个 ADAM4053 模块，通过 RS-485 总线，由主站的串口实现数据采集。4053 模块是研华公司 ADAM-4000 系列模块中的一员，通过内置微处理器及通信接口实现与上位机的通信，用户可通过计算机以 RS-485 通信协议，发出 ASCII 码专用命令与模块进行通信，实现远端数据采集。系统中主机与所有的 4053 模块均采用半双工异步串行通信方式，并设置相同的波特率和字符格式，4053 模块可以采用的波特率范围是 1200bit/s ~ 38. 4kbit/s，波特率越高，通信速度越快，但有效传输距离和可靠性会降低；波特率太低通信速度又太慢，综合考虑后通信参数的具体设置如下：波特率为 9600bit/s 的传输速度，字符格式为 1 个起始位，8 位数据，1 个停止位。

为了准确快速地捕捉电机发生的故障，必须提高系统采样速率。生产现场提出的设计目标是：系统采样周期小于 10s；所有的辊道电动机跳闸故障都能准确定位，降低误报率。原系统不能快速、准确可靠地完成对辊道电动机运行状态的数据采集，在数据采集方面主要存在两个缺陷：扫描周期太慢（≥1min）；辊道电机运行状态的故障诊断存在误检测。系统扫描周期太慢使得故障不能及时发现，对产品的质量造成不良影响；辊道电机运行状态的误检测会产生错误的故障报警，给现场操作人员带来不便。

1. 提高系统扫描速度的方法

增加硬件设备或改进系统数据采集部分的软件都可能提高系统扫描速度。利用原有 RS-485 现场总线网络，根据实际需要，适当调整其结构，增加近千米电缆、3 个 RS-232/RS-485 转换器和 3 个串口，将原系统经 1 条 RS-485 网络线与上位机相连改为经 4 条 RS-485 网络线与上位机相连，分为 4 个站（分别位于 3 号辅机室、4 号辅机室、5 号辅机室、7 号辅机室），每一站都通过一个 RS-232/RS-485 转换器直接与上位机串口相连，可提高系统总体扫描速度，增加更多的硬件设备意味着当前更多的资金的投入和今后更多的维护成本。

如果能保留原有的 RS-485 现场总线网络不变，通过改进系统的数据采集程序提高系统的扫描周期，使扫描周期满足系统设计要求，可节省硬件投资，将是一个更好的选择，为此必须对原系统的数据采集程序和 ADAM4053 数字量输入模块的工作原理及通信协议进行深入分析。

2. ADAM4053 数字量输入模块内部结构及通信规则

ADAM4053 数字量输入模块是研华公司 ADAM-4000 系列模块中的一员，通过内置微处理器及通信接口实现与上位机的通信，用户可通过计算机以 RS-485 通信协议，发出 ASCII

码专用命令对模块进行遥控，实现远端数据采集与控制，ADAM 4053 内部功能结构如例图 13-3 所示。

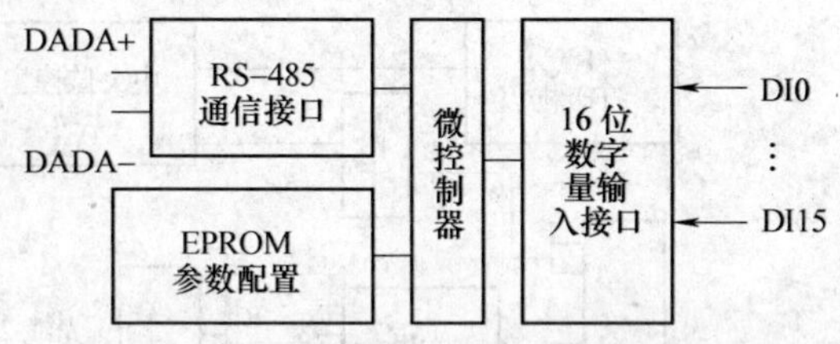

例图 13-3　ADAM4053 内部功能结构

ADAM4053 的 ASCII 码专用命令主要包括参数配置和数字量输入，参数配置命令的作用是设定模块的地址，串行通信的波特率、校验方式、数据位、起始位及停止位的个数；数字量输入命令的作用是要求指定的模块传回所读取的数字量，语法格式是＄AA6cr,5 个字符，其中 AA（范围 00 ~ ff）表示 4053 模块的两位十六进制地址，cr 是结束字符，即回车 0Dh，其他字符是固定格式，改变地址即可方便地实现与不同的模块进行通信。上位计算机通过串行口将由 5 个字符组成的数字量输入命令以 ASCII 码的形式发送出去，正常情况下，指定的模块发生响应，将传回所读取的数字量，传回的响应字符串格式如下:! NNNN00cr, 8 个字符，其中 NNNN 为模块所读取的 16bit 数字量，用 16 进制数表示。为实现电动机运行状态的实时监控，上位机必须访问 RS-485 网络中每一个 4053 模块。

1）上位计算机通过串行口向指定的 4053 模块发送数字量输入命令＄AA6。

2）正常情况下，上位机能收到指定的 4053 模块回传的响应字符串。

例如：向 3 号 4053 模块发数字量输入命令为＄036（cr），响应字符串为！BEDE00（cr），那么十六进制数 BEDE 可用二进制数 1011111011011110 表示，即 3 号 4053 模块的第 0、5、8 和 14 数字量输入通道是低电平信号，其他 12 个通道是高电平信号，在系统中低电平信号表示电机运行发生故障跳闸，高电平表示运行正常。

3. 系统数据采集扫描时间分析

本文对原系统应用软件进行了较深入的分析，其串行通信是通过 DAQDI 控件实现的，电动机运行状态的数据采集占用了系统大部分时间，导致整个系统的扫描周期很长，4053 模块与上位机采用半双工异步串行通信方式，双方约定的通信参数配置如下：波特率 9600；每个字符的桢格式是 1 个起始位，8 个数据位，1 个停止位，所以每一帧共 10 位。上位机每一次访问 4053 模块要通过 RS-485 总线传送 13 个字符，所花费的时间是：

$13 \times 10/9600\text{s} = 0.0135\text{s} = 13.5\text{ms}$

系统中共计 50 个 4053 数字量输入模块，系统完成一次辊道电机运行状态的数据采集在串行通信上所花费的时间是 13.5 ×50ms 即 675ms，然而原系统所花费的时间最长接近 1min，在扫描每一个 4053 模块时都进行了串行口的打开和关闭操作，RS-485 总线的数据传输能力没有得到充分利用，因此通过改进原系统的数据采集程序提高系统的扫描周期，使扫描周期满足系统设计要求是完全可能的。

为了提高系统的扫描速度本文采用了 MSComm 串行通信控件，经实验测试串口每打开和关闭一次所花费的时间约 25ms，因此仅在系统的初始化程序中将串口打开一次，仅在关闭系统之前将串口关闭一次，使新系统在串行通信参数配置不变的条件下，系统的扫描周期缩短到 1.7s。

4. 抗干扰设计

工业生产现场存在各种大量的干扰，不采取必要的措施，会造成辊道电动机运行状态的误检测，从而产生错误的故障报警，同时给现场操作人员带来不便，因此要准确可靠地检测辊道电动机运行的实际状态，系统必须具有较强的抗干扰能力。抗干扰有硬件抗干扰和软件抗干扰，系统虽然在硬件上采取了一定的抗干扰措施，如屏蔽双绞线，但实际运行时偶尔也会产生错误的电动机故障报警。对系统误报警记录进行分析，发现误报警持续的时间较短，可以用例图 13-4 来描述。

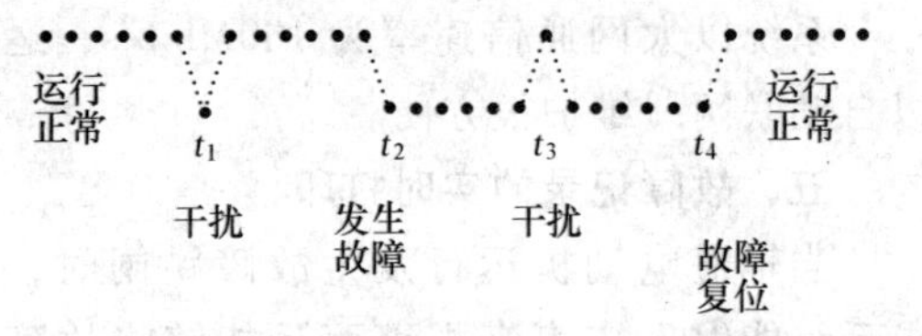

例图 13-4　故障发生、复位和干扰信号

例图 13-4 为采集到的开关量原始数据，在 t_1 和 t_3 时刻受到了干扰，不采取任何措施 t_1 时刻将产生误报警，t_3 时刻不会产生误报警但会产生错误的故障记录，用软件抗干扰的方法可以解决问题，考虑现场的开关量点数较多，采用的开关量滤波算法能够快速检测到真实的故障。

对同一个开关量输入信号连续采样 3 次，选至少 2 次相同的状态作为本次采样的结果，这种“3 选 2”的开关量滤波算法可以消除误报警，但系统的扫描周期增加了 2 倍。

“滑动 3 选 2”法对同一个开关量输入信号每一个系统扫描周期仅采样 1 次，和前 2 次的状态进行 3 选 2 作为本次的采样结果，系统的扫描周期不变，但从电动机发生故障到系统确认故障的发生推迟了一个系统扫描周期。

为了协调系统扫描速度与电动机状态检测准确性之间的关系，系统运行时应保存上一次的采样结果，如果上次采样为高电平本次采样为低电平，则可能是干扰信号也可能是电动机发生了故障，在扫描下一个 4053 模块之前，增加一次采样，即可消除干扰的影响。当系统中有一台电动机发生故障仅会使系统的扫描周期增加二十几个毫秒，取得了良好的效果，其系统数据采集及抗干扰算法流程如例图 13-5 所示。

四、工业以太网数据实时传输

设在中央监控室的主站完成电动机运行状态的数据采集，然后通过工业以太网将采集到的数据实时传送到位于精轧操作室和粗轧操作室的两个计算机操作终端。系统用 WinSock 控件实现以太网数据通信，系统共 50 个 ADAM4053 模块，每个模块有 16 个开关量输入通道，占 2B，因此一个扫描周期需发送 100B 数据，采用 TCP 通信协议，主站为服务器，两个操作站为客户机。数据在发送之前需进行打包，格式是 100B 数据加校验和，长度为 101B，客户机收到数据后计算累加和并与校验和进行比较，相同则接受，不同则丢弃，实际应用时，主站每一个扫描周期将同一批数据发送 3 次。

用 TCP 数据传输协议实现网络通信，两台计算机应先建立连接，之后任何一方计算机都可以收发数据，在建立连接之前需对主站服务器和客户机进行必要的参数设置。主站服务器 WinSock 控件 sktServer（0）的本地端口 LocalPort 属性为 1001，两个客户机的 WinSock 控件 RemotePort 属性也设置为 1001，网络通信的基本过程如下：

1）主站服务器开机启动应用程序后调用 sktServer（0）的 Listen 方法开始侦听。

2）客户机如果没有连接服务器则每隔 10s 使用 Connect 方法，向服务器提出连接请求。

3）当服务器收到客户机的连接请求时，用 Accept 方法接受客户机的连接请求，客户机产生 Connect 事件表示已成功建立连接，双方即可传输数据。

4）服务器完成电动机运行状态的数据采集之后，用 SendData 方法发送数据。

5）客户机接收到数据时，产生 DataArrival 事件，在该事件中，用 GetData 方法获取数据。

6）如果需要可用 Close 方法关闭连接。

系统以太网通信速率为 100Mbit/s，运行时可以自动联网，维护很方便。

五、故障记录的实时打印

当辊道电动机运行发生故障跳闸时，不仅要求系统能够发出声光报警而且能够将故障信息进行实时打印，此处实时打印的含义及要求如下：当电动机发生故障时打印机立即打印一行故障信息，记录下发生故障的电机名称、位置及故障发生的日期、时间、值班的班次。系统的应用软件开发平台采用的是 VB6.0，在 Windows 环境下打印机一般是按页而不是按行打印的，可见与故障记录按行打印是不一致的。解决问题的方法是采用针式打印机，将纸张页面尺寸的高度设定到适当的值，使得每打印一页相当于一行，利用 Printer 对象的属性和方法可实现故障记录的实时打印。一般可以通过设置 Printer 对象 Height 属性的值来具体实现，对不允许设置 Printer 对象 Height 属性的打印机驱动属性，如果设置了 Height 属性，将不会发生错误，但设置是无效的，在这种情况下可利用 Printer 对象的纸张尺寸 PaperSize 属性来实现，PaperSize 属性的设置值为适当的自定义纸张尺寸，辊道电动机运行故障记录实时打印功能的部分程序如下：

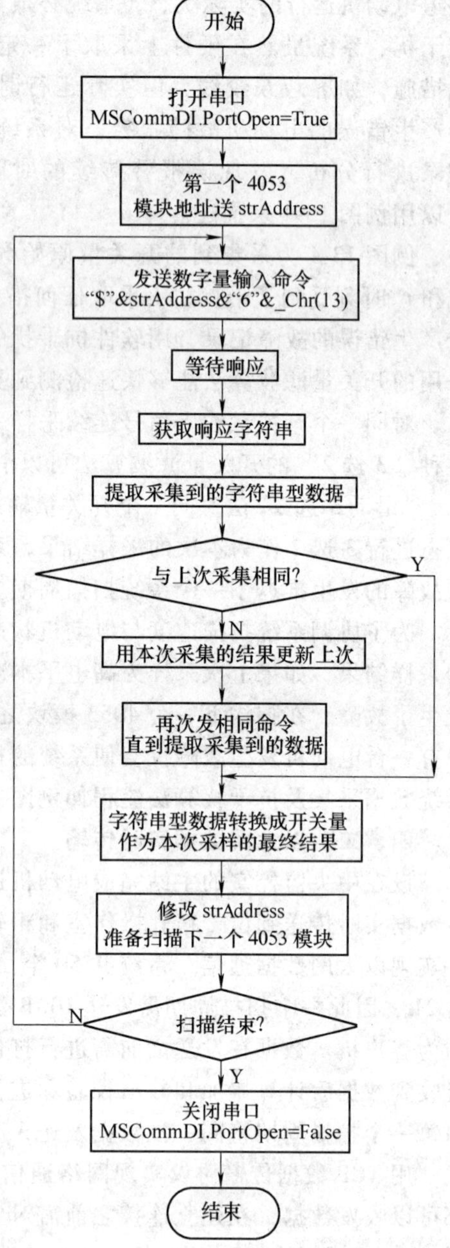

例图 13-5　系统数据采集及抗干扰算法流程

```
For Each MyPrinter In Printers '初始化时设置默认打印机
    If MyPrinter.DeviceName = " Epson LQ-1600K" Then
        Set Printer = MyPrinter
        Exit For
    End If
Next
```

辊道电动机运行出现故障时执行如下程序：

```
Printer.PaperSize = 163 '自定义纸张尺寸
Printer.ScaleMode = vbMillimeters ' vbTwips ' vbUser ' vbMillimeters ' ok ' VbCentimeters
Printer.FontSize = 15 '以磅为单位字号
Printer.CurrentX = 2
Printer.CurrentY = 2
Printer.Print Tab (4); DeviceName (i, j) & ","; Tab (28); Format (Date, " yyyy-mm-
```

```
dd 日")
    &Format (Time, " hh: mm: ss") + " 发生故障跳闸。" & " 班组:" & CurrentClass
    YY = Printer. CurrentY + 3
    For XX = 5 To 205 '打印一条虚线
        Printer. PSet (XX, YY)
    Next XX
    Printer. EndDoc
```

六、系统监控与报警设计

系统有20多幅操作监控画面，可以显示计算机网络状态、辊道电动机详细信息、模块自检结果、电动机历史故障查询统计等，最重要的是主站和操作站的电动机运行状态在线主监控画面。系统主监控画面由两部分组成：上半部是工艺流程图，能反映电动机在生产线上位置，点击后进入相应辊道电动机的详细画面；下半部分是近期电动机故障记录列表，显示辊道名称、故障发生时间、班次，故障复位后添加故障复位时间，还没有复位的报警及刚刚复位的报警记录列在最前面。系统监控主程序流程如例图13-6所示。

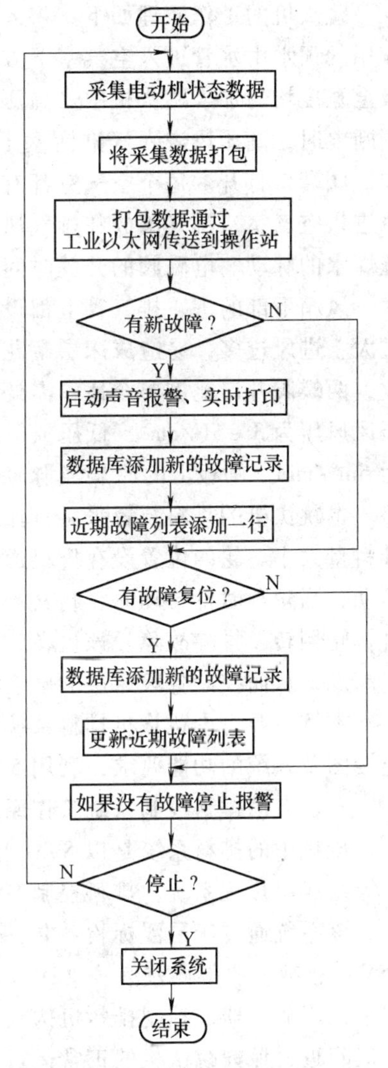

例图13-6 系统监控主程序流程

系统在任何一台电动机发生故障后最多1.8s即可发出声光报警，故障报警用红色表示，故障排除自动恢复成绿色，表示电动机运行正常。任何一台电动机发生故障时都会发出声音报警，故障排除自动停止声音报警，故障发生期间，可以按下“暂停”按钮，停止声音报警，5min之内故障不能排除，自动恢复声音报警，如果5min之内故障已排除，则不再发出报警声音，报警声音暂停期间有新故障发生重新起动声音报警。

七、设计总结

所设计的基于现场总线和工业以太网的分布式辊道电动机运行状态监控系统，可以实现对热连轧生产线所有辊道电动机运行状态进行在线实时监测。半年多的现场实际运行表明，当一旦某台或某几台电动机发生故障，系统能及时地检测并发出声光报警，系统的扫描周期缩短到1.7s，完全满足实时性要求，所有的电动机运行故障都能被系统准确捕捉，同时没有发生误报警，故障记录的实时打印功能完全满足设计要求，本系统的设计思路和方法对类似的设计要求具有较好的参考价值。

范例十四　微机控制的自动排料系统设计

在煤矿生产中，矿井产出的原煤中含有矸石等多种杂质，为提高煤炭质量，需将其中杂质去除，跳汰机就是一种将矸石等杂质从原煤中分离出来的生产机械。

跳汰机主要包括两部分：①数控气动风阀装置；②排料装置。

跳汰机的工作原理如下：将入洗的原煤（粒度为0～100mm）送入跳汰机的筛板上，洗煤用的顶水由水管进入空气室下方的水箱内，导流板上沿机体全宽度开有一排孔，顶水沿筛板全宽度均匀加入跳汰机中。高压风经气源三联体过滤，减压和油雾化后进入电磁阀。电磁阀断电时，高压风进入气缸活塞下腔，将阀套口封住；电磁阀通电时，高压风进入活塞上腔，阀套口打开。每个空气室都有进、排气两个阀，进气阀放在低压风箱内，它打开时低压风进入空气室，排气阀放在排气风箱内，它打开时风从空气室排出。两阀交替动作就可控制洗煤水的脉动。电磁阀的开关时间由电脑给定，跳汰司机可根据需要任意调整跳汰周期和频率。风箱下部的进、排气管上都设有蝶阀，可以调节进风、排风风速的大小。进风蝶阀开口过大，进风过多，易造成床层翻花，排风蝶阀开口过大，排风过多，又易造成排风带水。因此，两蝶阀开口比例要合适，需调整到既不翻花也不带水。床层振幅适当。送入跳汰机的低压风风压为3～5N/cm^2，低压风风量为7m^3/min；高压风风压为40～60N/cm^2，高压风风量为6m^3/min。筛板上的原煤经脉动水冲洗后，一部分经筛孔落下，一部分需经排料装置排出。本跳汰机的排料装置采用直流电动机驱动叶轮排料，叶轮转速可实现无级调速，以控制排料量大小。轮的位置设在排料道下方物料的下滑安息角之外。当轮不转时，物料堆在轮上不动，当轮顺时针转动时，物料被排出。该排料轮具有倒转功能，如遇特殊情况发生卡矸，可将轮倒转，排除故障。该机在各段排料口处都设有浮动闸门，跳汰司机可根据需要调整闸门高度，从而控制各段床层的厚度。

本例主要讨论跳汰机排料系统部分的软件设计。要求学生参照给出的单片机系统的硬件连接图及系统的功能要求，利用51系列单片机的汇编语言进行软件设计或者自行设计硬件。

一、自动排料控制系统工作原理

该机中的排料系统是以8031单片机为核心，外部扩展程序存储器、数据存储器、I/O口等组成单片机系统，排料控制系统的原理框图如例图14-1所示。

该系统通过床层浮标检测传感器获得检测实际床层厚度信号（PV），与给定床层信号（SV）相减，取得偏差信号（DV），对偏差信号进行比例调节后，输出控制信号（MV），作用于伺服放大器，控制排料机构动作，实现对排料量的控制，最终使跳汰机的床层稳定在给定值附近，保证跳汰机的正常运行。

二、单片机系统硬件设计

控制系统连接图见例图14-2。

单片机系统原理图见例图14-3，键盘、显示器连接见例图14-4。

根据单片机系统的硬件连接图，可知系统中各芯片的地址分配如下：

2764：0000H～1FFFH

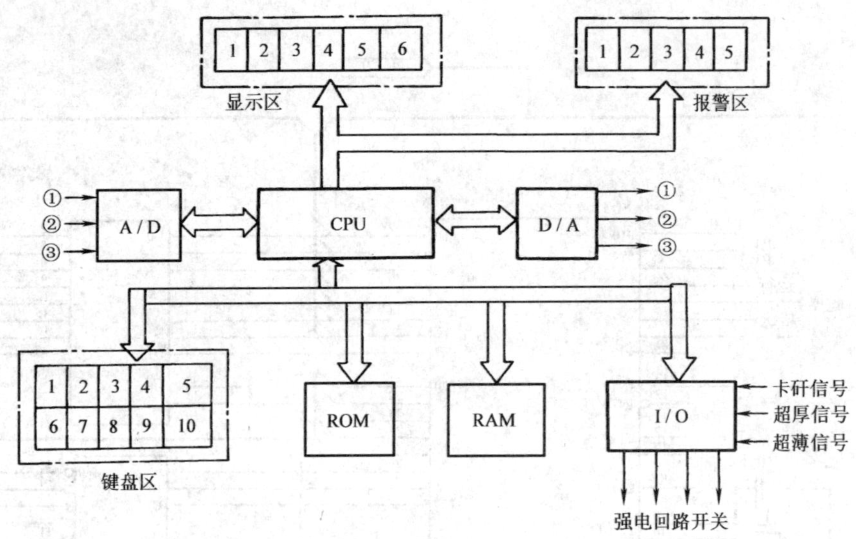

例图 14-1　控制系统原理框图

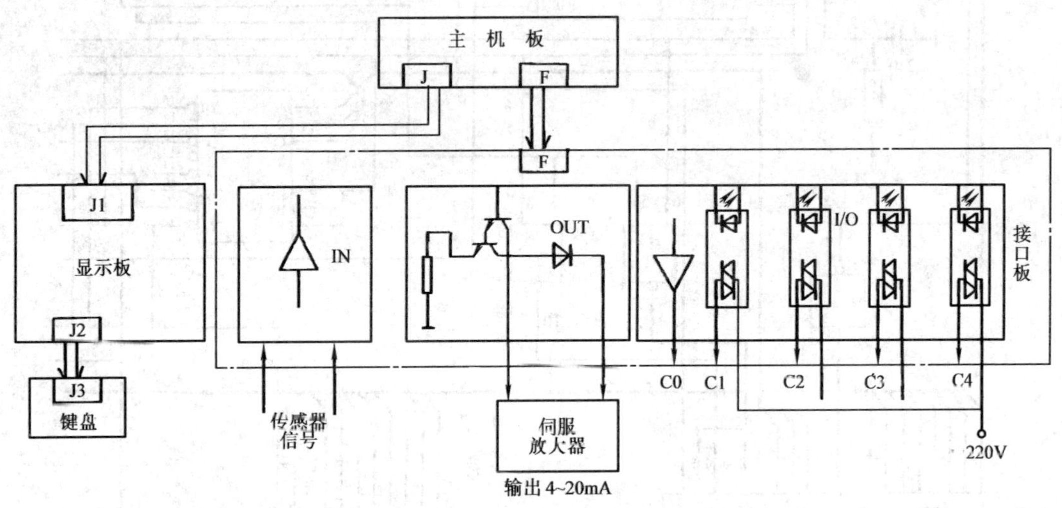

例图 14-2　控制系统连接图

6264：2000H ~ 3FFFH

8255：5FFCH ~ 5FFFH

其中　A 口地址为：5FFCH　　　　B 口地址为：5FFDH

　　　C 口地址为：5FFEH　　　　控制口地址为：5FFFH

ADC0809：DFF8H ~ DFFFH

DAC0832（1）：FFF8H

DAC0832（2）：FFF9H

DAC0832（3）：FFFAH

显示器段选口地址：FFFEH

显示器位选口地址：FFFFH

P[0~7]
D[0~7]
8031
P1.0
P1.1
P1.2
运行
超厚
超薄
故障
P10
P17
P00
P07
P20
P27
INT1
INT0
T1
T0
30pF
30pF
X1
X2
RESET
RD
WR
RXD
TXD
ALE/P
PSEN
VCC
22μF
2kΩ
D0
D7
Q0
Q7
OE
LE
A
B
C
Y0
Y7
E1
E2
E3
CS
OND
VCC
≥1
B
≥1
C
ADC0809
msb2−1
2−7
lsb2−8
EOC
ADD−A
ADD−B
ADD−C
ALE
ENABLE
START
CLOCK
IN−0
IN−1
IN−7
ref(−)
ref(+)
给定
实际
反馈
DAC0832
lsbDI0
DI6
msbDI7
CS
Xfer
VCC
Iout1
Iout2
Rfb
Vref
ILE
WR2
WR1

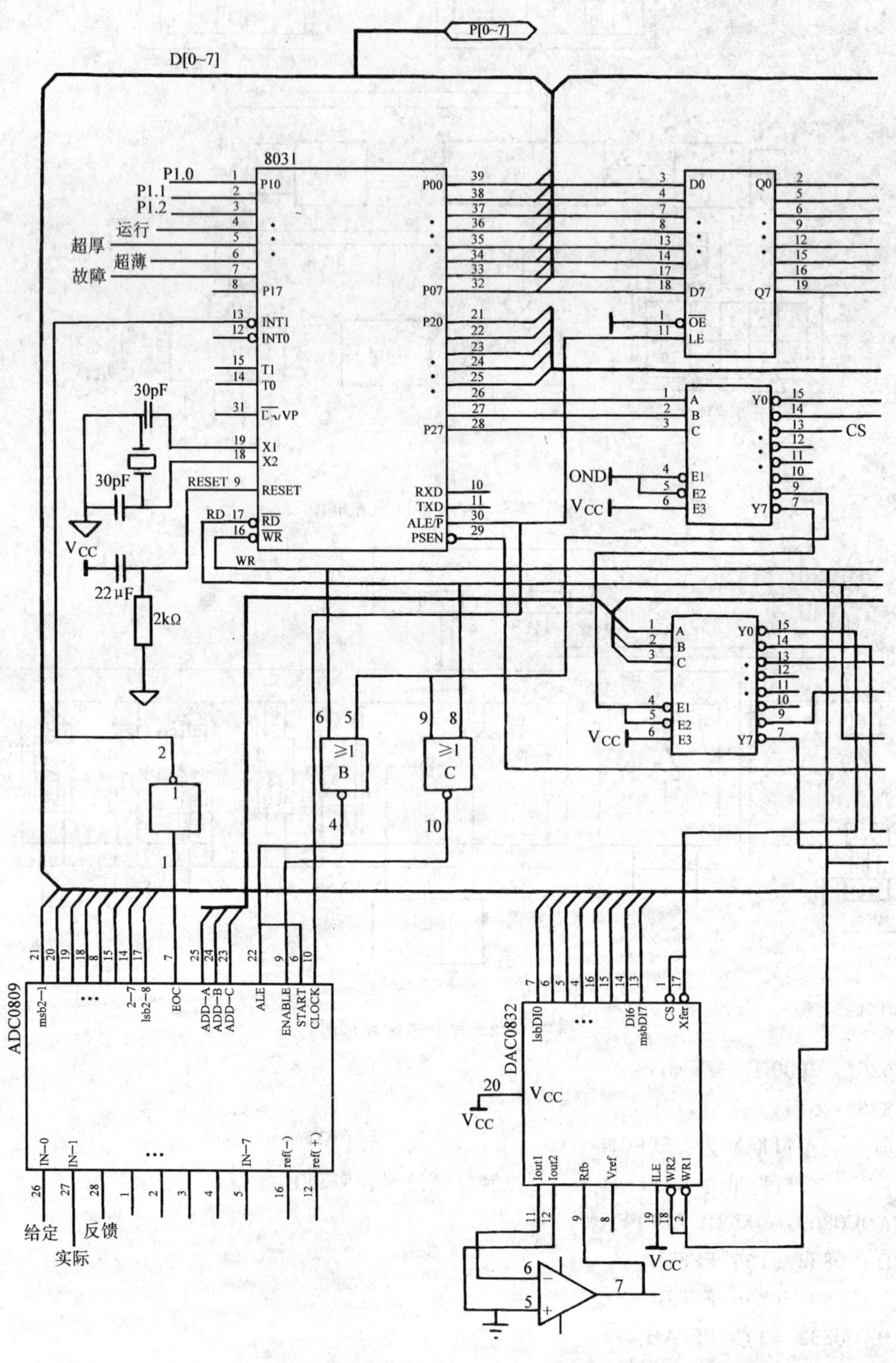

例图 14-3　单片

6264
8255
A0
D0
D7
A12
OE
WE
CS2
CS1
PA0
PA7
PB0
PB7
PC0
PC7
RD
WR
A1
RESET
CS
A[0~12]
2764
CE
PGM
VPP
≥1
A
74LS02
段选
位选
DAC0832
lsbDI0
DI6
msbDI7
Xfer
VCC
Iout1
Iout2
Rfb
Vref
ILE
WR2
WR1

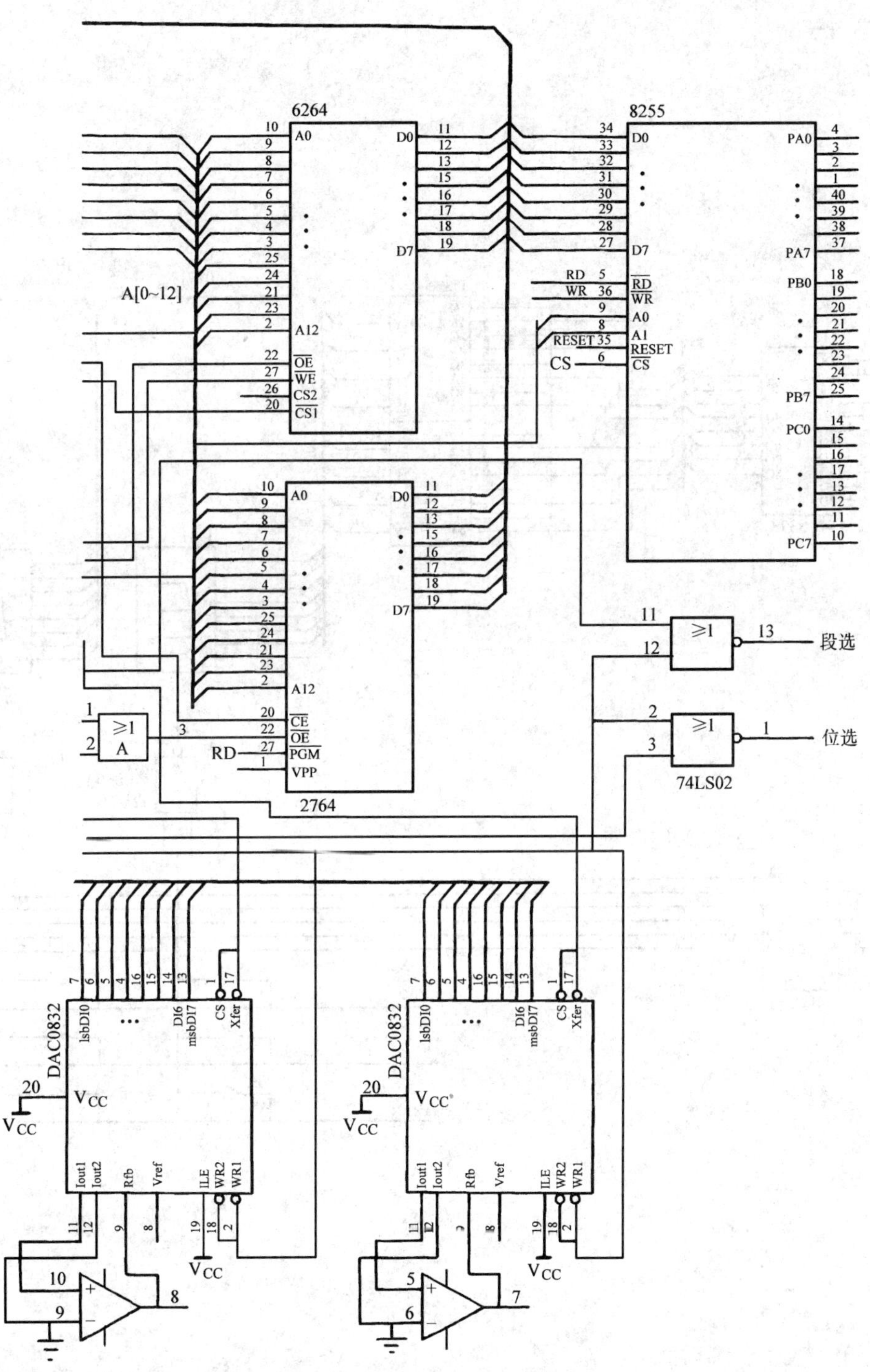

机系统图

U1
段选
74LS373
U3
D[0~7]
DS1
DS2
74LS00
74LS00
D[0~7]
U2
74LS373
位选
P1.2
P1.1
P1.0

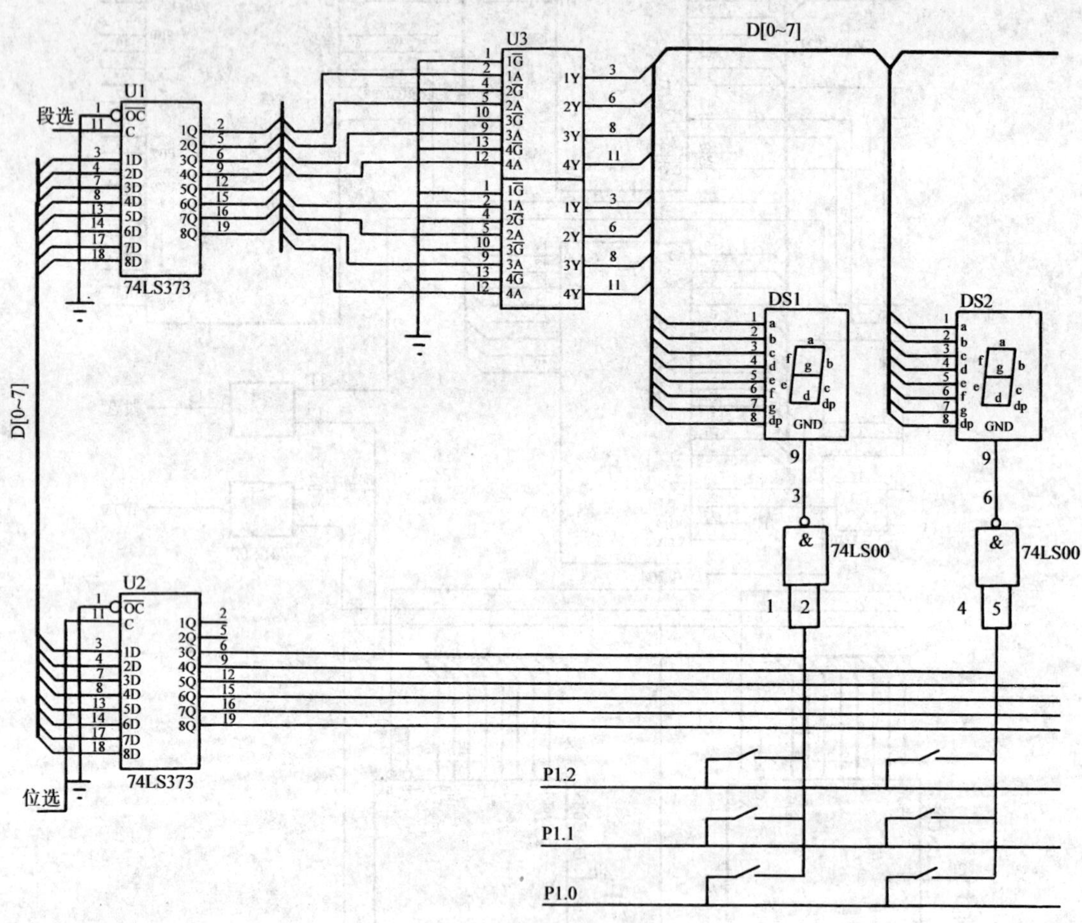

例图 14-4 键盘、

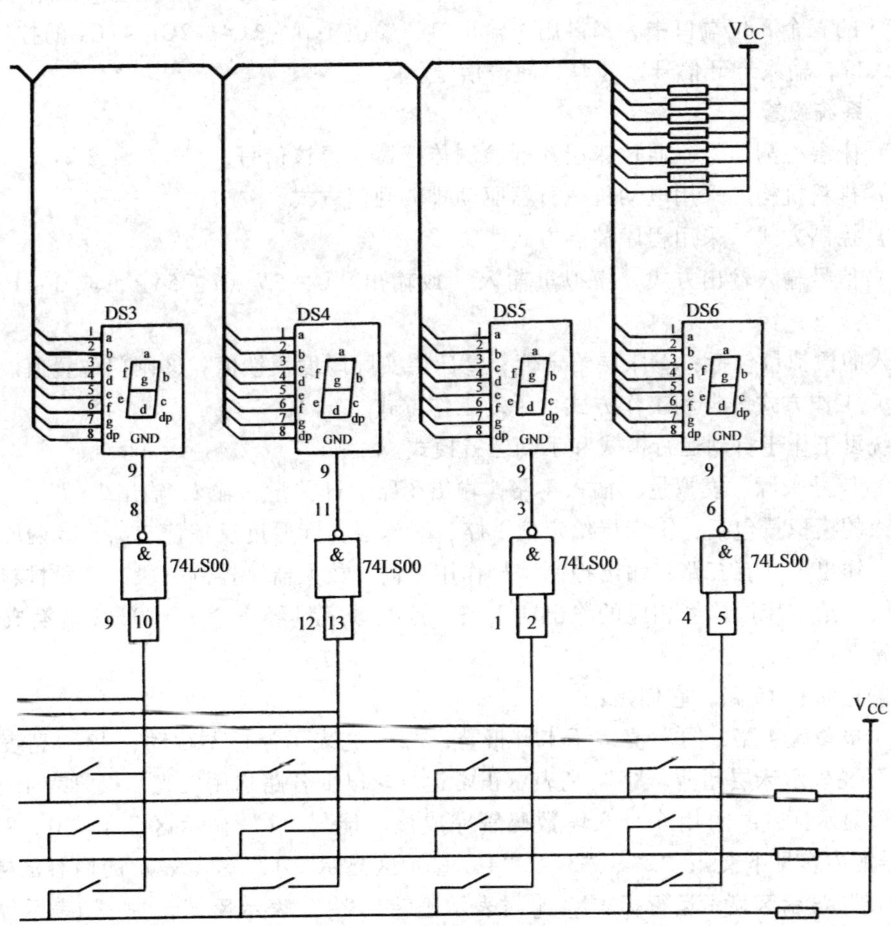

显示器连接图

8031 的 4 个双向口中，P0 口 P2 口和是地址/数据口；P3 口为功能口；P1 口中 P1.0 ~ P1.2 为输入口，作为键盘扫描返回线；P1.3 ~ P1.6 为输出口，驱动发光二极管。P1.3 驱动的发光二极管亮表示系统运行正常；P1.4 驱动的发光二极管亮表示床层超厚；P1.5 驱动的发光二极管亮表示床层超薄；P1.6 驱动的发光二极管亮表示浮标不跳。

系统的 EPROM 采用 2764 共 8KB，用作程序存储器；RAM 用 6264 共 8KB，主要用来存放现场采集的数据、计算结果、显示数据等。

系统中采用两片 74LS373 实现 6 位 LED 的动态显示，其中一片用于段码显示，地址为 FFFEH，另一片用于位选控制，地址为 FFFFH，同时该片还用于扩展键盘，用作扫描线。

8255 的三个 8 位端口中，A 口用作输出口，输出 1C1 ~ 1C4、2C1 ~ 2C4 的控制信号，B 口为输入口，输入卡矸信号、超厚、超薄信号。

三、系统设置

(1) 床层检测信号　通过床层浮标检测传感器获得该信号。

(2) 排料机构　采用电动机执行器驱动排料闸门方式。

(3) 控制方式　采用程序控制方式。

(4) 信号输入输出方式　模拟量输入（或输出）0 ~ 5V（1 ~ 5V），或 0 ~ 10mA（4 ~ 20mA）。

输入的模拟量包括：①床层给定值；②床层实际厚度反馈值；③闸门位置值。

(5) 工作方式　自动工作方式；手动工作方式。

系统可工作于自动运行模式和手动运行模式。

(6) 信号来源　模拟量：输入 4 路，输出 3 路；开关量：输入/输出 16 路。

输入的模拟量包括：①床层给定值 1 路；②床层实际厚度反馈值 1 路；③两段闸门位置值 2 路。输出量共有三路：输出控制信号作用于伺服放大器，控制一段、二段排料机构动作共 2 路，与给定床层厚度相应的输出值 1 路，这些数字量经三个 DAC0832 转换成 4 ~ 20mA 的模拟量。

开关量共有 16 路，它们是：

① 报警区 4 路，“1”亮表示卡矸报警；“2”亮表示浮标不跳动；“3”亮表示床层超厚；“4”亮表示床层超薄。“5”亮表示正常运行。以上各路均用发光二极管表示各自状况。

② 显示区：共采用 6 只八段数码管完成该功能。“1”显示区显示“0 ~ 8”功能号（功能号的内容见下文）；“2”、“3”、“4”显示区显示“1”区所表示的内容的数值（0 ~ 255）；“5”显示区显示运行标志“［”表示正转，“］”表示反转，“—”表示停车；“6”显示区显示系统运行的自动、手动状态，“P”表示自动，“H”表示手动。

“1”显示区显示的“0 ~ 8”功能号的具体内容为：“0”表示系统开阀输出值（0 ~ 250）；“1”表示床层厚度值（0 ~ 250）；“2”表示床层厚度给定值（0 ~ 250）；“3”表示控制器比例参数设定值（0 ~ 250）；“4”表示床层厚度上限限定值（0 ~ 250）；“5”表示床层厚度下限限定值（0 ~ 250）；“6”表示控制器时间常数值（0 ~ 250）；“7”表示床层超厚应急处理值（0 ~ 250）；“8”表示床层超薄应急处理值（0 ~ 250）。

③ 键盘区：“1”自动/手动切换键；“2”键可改变显示区“2”“3”“4”闪烁位置与数据“增”、“减”键，可实现数据个位、十位或百位的增加或减少。“3”正转开车键，按一下此键，便可使系统工作，并使排料轮正转运行；“4”反转开车键，功能与“3”类似；

“5”停车键，按下此键，系统将停止运行；“6”键为功能号增加键，按下此键，可将显示区“1”加1，并显示下一功能号所存储的数据以便观察与修改；“7”功能号减少键，功能“6”；“8”数据增加键，按一下此键，可对当前数据进行加1、加10或加100（与光标位置有关）；“9”数据减少键，功能与“8”类似。“10”复位键，当系统由于受到干扰，不能正常工作时，可按下此键恢复，不影响系统运行状态。

以上“1”显示区显示的功能的具体内容的设置由洗煤司机根据数控气动风阀装置中进风、排风风量及进风、排风蝶阀的开度、原煤质量、所要求的精煤的质量及其操作经验进行设定；在系统运行过程中，如果洗煤司机想改变系统设置值，只需根据系统的键盘设置直接进行操作即可实现。

四、系统功能

1）对床层信号自动采样，可获得床层信号的膨胀期信号、着床期信号以及床层跳动幅值信号，在控制系统中，一般采用着床期信号作为控制信号。

2）卡矸报警。在排料轮工作方式下，可实现卡矸检测并报警，同时，可自动实现排料轮正、反转来处理卡矸情况，处理过后，报警消失，系统继续正常工作。如处理不了，则实现自动停车并报警。

3）浮标不跳。用浮标检测床层厚度时，如果浮标被原煤卡住或埋住时，可实现自动报警。此时系统处于待命状态，等待处理。

4）床层超厚、薄超报警。跳汰床层如超过床层厚度设定范围时，可实现自动报警，同时进行紧急处理，使床层恢复至正常波动范围内。

5）系统可保存上次停车时状态，如跳汰机床层保持原样，可直接进入自动状态，以实现连续运行。

6）系统在实现自动、手动切换时，可实现无扰动切换。

五、系统软件设计要点提示

控制系统结构图如例图14-5所示。系统主程序流程图见例图14-6。

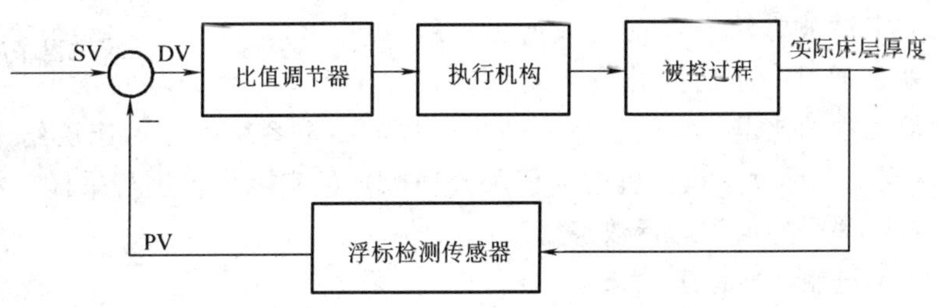

例图14-5　控制系统结构图

整个应用程序包括管理程序和控制程序两部分。管理程序是对显示LED进行动态刷新、控制指示灯、处理键盘的扫描和响应、进行掉电保护的处理、执行中断服务操作等。控制程序是对被控过程进行采样、数据处理，根据控制算式进行计算和输出等。整个控制软件有许多独立的小模块组成，它们之间通过软件接口连接。主控程序主要包括条件判断和子程序调用等关键部分。EPROM与RAM的地址安排如例图14-7所示。

1. 管理程序

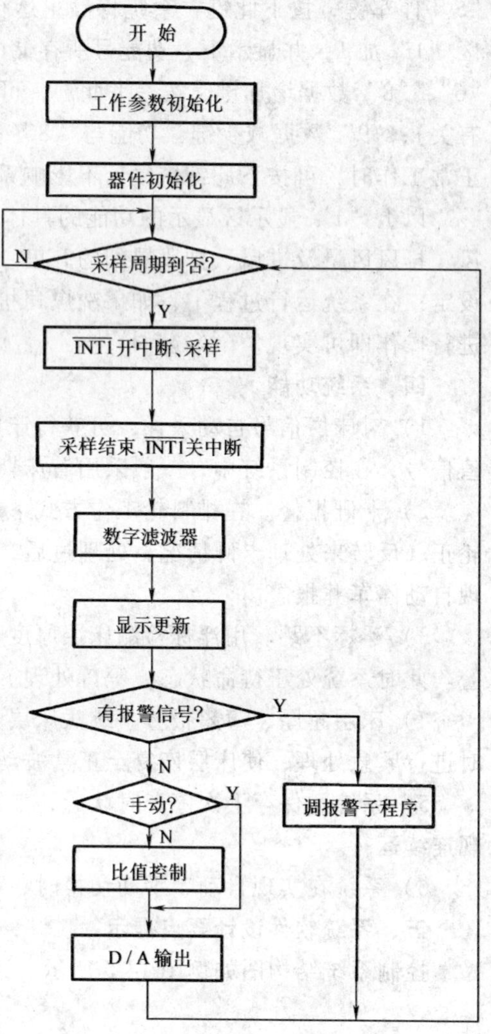

例图 14-6 系统主程序流程图

管理程序需要利用 8031 的中断资源，它包括：

(1) 定时器 T1 中断源　作为动态扫描键盘及动态显示，显示刷新的定时器以 1ms 定时，中断优先级为低。

(2) 定时器 T0 中断源　以 1s 定时（10 次 0.1s），用做采样周期定时和 D/A 输出动态切换，中断优先级为低，工作在方式 1。

(3) INT0 中断源　作为掉电保护处理，当检测到掉电信号时，封锁对 RAM 的读/写，以防止数据丢失，它工作在高优先级。

(4) INT1 中断源　作为 A/D 采样中断，工作在高优先级，功能是将 ADC0809 采样值的 BCD 码放入内存以供处理，它工作在低优先级。

2. 控制程序

控制程序包括以下模块：

1）数字滤波程序。用中值法对采样值进行数字滤波，以消除常态干扰。

一般单片机应用系统的输入系统的输入信号中，均含有种种噪声和干扰，它们来自被测信号源本身、传感器、外界干扰等。为了进行准确测量和控制，必须消除被测信号中的噪声和干扰。噪声分为两大类：一类为周期性的；另一类为不规则的。前者可用积分时间等于 20ms 的整数倍的双积分 A/D 转换器有效地清除其影响；后者为随机信号，可用数字滤波方法予以削弱或滤出。所谓数字滤波，就是通过一定的计算或判断程序减少干扰在有用信号中的比重，实质上是一种程序滤波。本系统中需对床层给定厚度（通过键盘给定）、床层实际厚度、执行机构（伺服电动机）的实际位置进行采样。本程序中采用中值滤波法，对这些采样信号进行数字滤波。

2）二进制-十进制转换程序。

3）参数初始化程序。对控制参数进行初始化。

4）器件初始化程序。完成对 8255 等预置控制字，对中断源设置控制字、优先级控制字和定时器常数等。

5）显示子程序。

6）报警子程序。根据报警组态和上下限值判断对象当前是否处于报警状态，如是则自动进入相应故障处理子程序并控制相应的报警灯。

7）BCD 码转换成七段码子程序。

8）多字节加、减、乘、除法子程序。

9）自动控制程序。

10）手动控制程序。

11）比值控制程序。

参数值与测量值 驻留区用于动态 显示修改及计算	0.5KB
中间计算过程暂存区	1.5KB

a）

入口散转表	30H
基本参数驻留区	1KB
中断子程序集	2KB
主控程序	1KB
子程序模块库	3KB

b）

例图 14-7　内存地址安排

a）RAM 地址安排　b）EPROM 地址安排

范例十五　智能型洗衣机控制器的设计

一、概述

外界环境对服装的污染是很严重的，污染主要来自于外界环境中的尘埃、纤维屑、雨雪及其他有机物等，在这些颗粒上常常粘染着各种各样的微生物；医院的医护人员由于经常接触病人，工作服上就会有大量的各种致病性微生物；内衣、内裤上附着是皮肤产生的汗液、皮脂以及表皮的落屑等，成为微生物良好的培养基，因此，洗衣成了人们生活中必不可少的部分。整体上看，洗衣水平发展速度落后于市场需求的增长，技术水平偏低，洗衣设备简陋。

本文设计的智能型水洗机控制器就是在传统洗衣机的基础上增加了控温和记忆功能。带控温功能的水洗机对衣服的某些病菌有抑制和消除作用，记忆功能可使人们不再反复设定洗衣机的洗衣时间，省时便利。下面对这种智能型洗衣机的设计方案作简要介绍。

二、控制器的设计及实现

智能型水洗机控制器由单片机、存储器、I/O 接口及外围电路等组成，其组成框图如例图 15-1 所示。各组成部分分述如下：

1. CPU

控制器采用 LG 半导体公司推出的与 MCS-51 兼容的单片机 97C51。

2. 外部存储器

采用容量为 2KB 的串行 E^2PROM，E^2PROM 与单片机的通信按照 I^2C 总线协议。

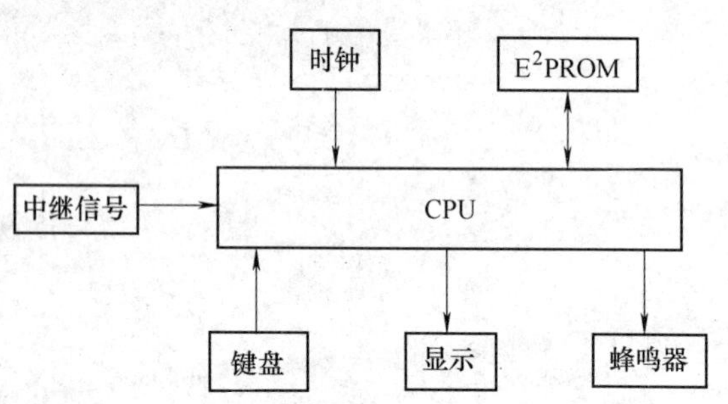

例图 15-1　控制器结构框图

3. 显示部分

该系统设置有 7 段数码管显示和相关的状态指示灯显示，可显示时间、温度值，位置布置见图例 15-2 中显示区。

4. 键盘部分

操作面板布置见例图 15-2 中键盘区，各按键功能说明如下：

（1）起动/停止键　系统无故障时操作该键有效，允许机器运行；设置状态时按此键将退出设置状态，进入运行状态，设置后的参数值自动保存；运行时按此键将停止机器运行。

（2）进水键　起动状态下有效，手动控制键。

（3）进汽键　起动状态下有效，手动控制键。

（4）设置键　起动状态下操作该键，进入时间、温度设置状态。第一次按该键，时间数码管闪烁，可进行洗涤时间设置（1～99min），再按一次温度数码管闪烁，可进行温度设置（1～99℃），再按则退出设置状态，设置参数值自动保存。在设置状态下，如超过 5s 后仍无其他键按下，则自动退出设置状态，设置值自动保存。

（5）“+”键　设置时，按该键可将设置值递增，按住可自动递增。

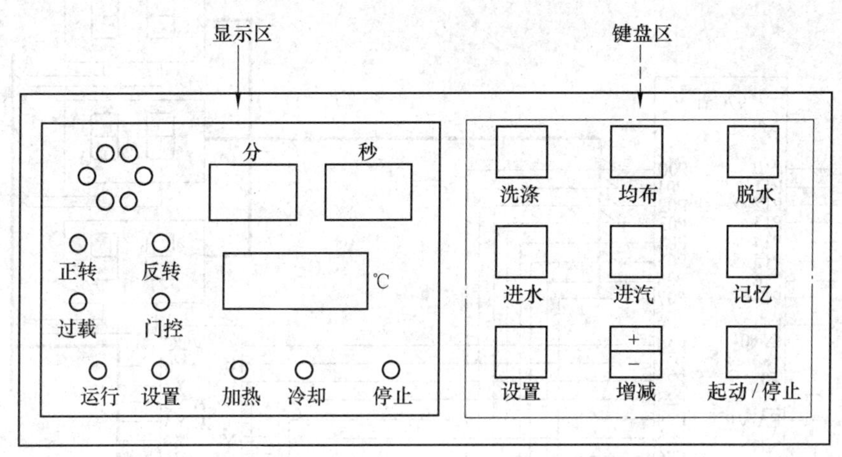

例图 15-2　操作面板布置示意图

（6）“-”键　设置时，按该键可将设置值递减，按住可自动递减。

（7）洗涤键　起动状态下有效；按键后，开始洗涤工作，同时接通加热（加热温度受设置温度控制），工作周期为：正转 25s ~ 停 5s ~ 反转 25s ~ 停 5s；运行到设定时间，停止工作。

（8）均布键　起动状态下有效，正转均布，同时接通出水。当按脱水键时，均布停止工作。洗涤过程中均布无效。

（9）脱水键　均布状态下有效，正转高脱，同时接通出水，再按停止。

（10）记忆键　起动状态下有效，在时间设置时，按下该键，记忆灯闪烁，进入“记忆”模式，它将记忆本次工作的全过程；使用“记忆”功能时，在“进水”状态运行结束后，直接按记忆键，即进行上一次相同时间的工作（此相同工作时间指洗涤、均布、脱水时间），记忆时间以 min 为单位，不到 1min 按 1min 计算。

三、单片机输入输出端口分配

1. 键盘输入和数码管显示输出部分与单片机的接口

键盘输入和数码管显示输出共用单片机 97C51 的 P_0 口，P_0 口的工作状态由 $P_{2.5}$ 状态决定。当 $P_{2.5}$ 为低电平时，P_0 口为输入口，读入键盘信息；当 $P_{2.5}$ 为高电平时，将要显示的信息通过 P_0 输出，系统采用动态显示，位选码由 $P_{2.0}$ ~ $P_{2.2}$ 输出，经 74HC238 译码后，显示 P_0 口输出的信息。电路如例图 15-3 所示。

2. 存储器及其他控制信号与单片机的接口

单片机的 P1.0 和 P1.1 通过 I^2C 总线与 E^2PROM（W24C02）相连，作为存储器的读写控制以及时钟信号；门控输入信号和过载信号通过光电耦合器输入至单片机的 P1.2 和 P1.3；正转、反转、高脱、均布、进水和进汽信号分别通过 P1.4、P1.5、INT1 和 INT0 输入；RXD 和 TXD 作为出水和加热的控制信号；T_1 与温度反馈电路中 555 定时器的 3 端相连，用于采集温度反馈信号；RD 与蜂鸣器相连，用于系统故障时的报警信号。电路图如例图 15-4 所示。系统输入输出端子如例图 15-5 所示。

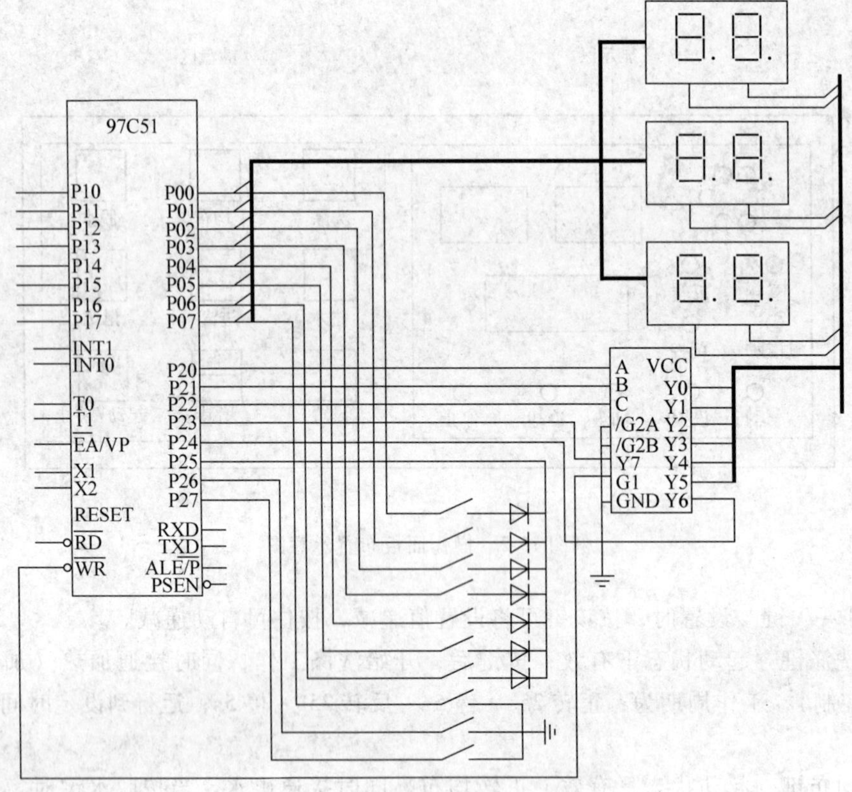

例图 15-3　键盘和数码管控制部分电路图

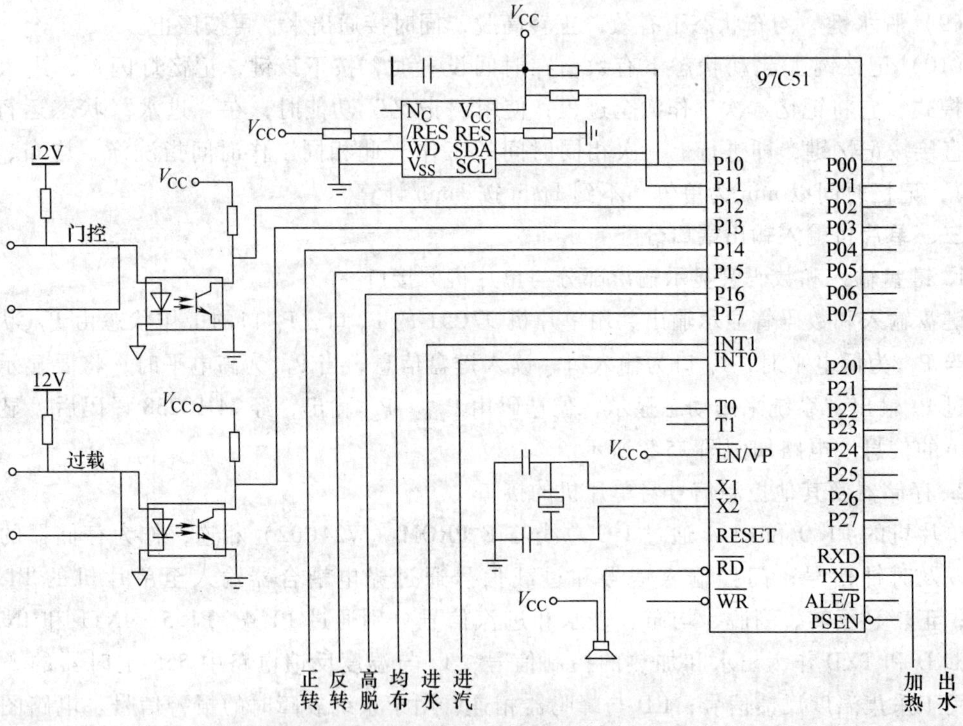

例图 15-4　单片机输出控制部分电路图

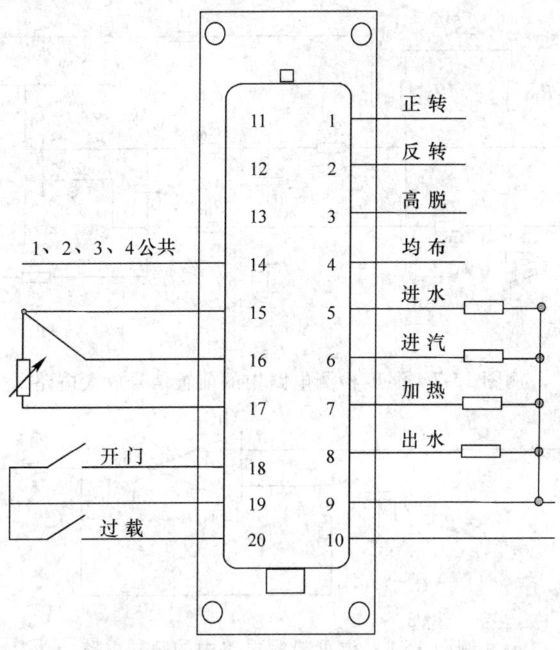

例图 15-5　系统输入输出端子

四、温度控制电路的设计与实现

洗衣机的温度控制采用的闭环控制方式，温度控制电路框图如例图 15-6 所示。

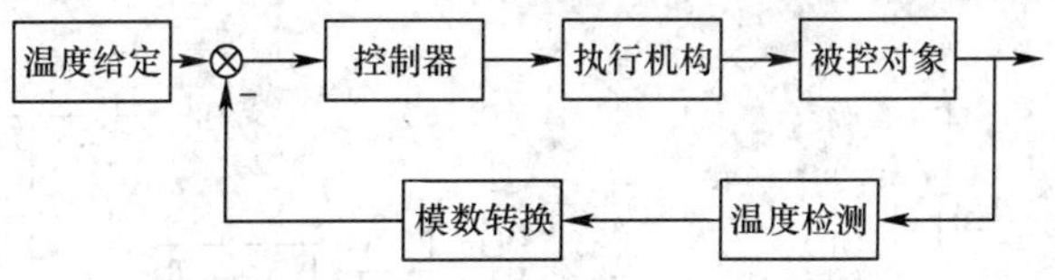

例图 15-6　温度控制电路框图

温控电路工作过程如下：温度给定环节通过键盘实现，温度检测及模数转换电路主要通过热敏电阻和 V/F 转换电路实现。首先热敏电阻 PT100 将被测量的温度转换成电压信号，放大后，由 V/F 转换电路将电压信号转换为对应的脉冲信号，即实现了模数转换，再送入单片机。

1. 实际温度检测电路

温度检测电路由热敏电阻、前置信号放大电路和电压跟随电路组成。

本系统采用 PT100 三线型热敏电阻作为传感器，铂热敏电阻具有性能稳定、重复性好、测量精度高、电阻值与温度之间的关系近似线性等特点，得到了广泛的工业应用。它的测温范围一般为 -190 ~ 660℃，本设计中温度范围是 0 ~ 100℃，满足设计要求。

前置信号放大电路由电阻桥、滤波电路和信号放大器等组成。PT100 接在 R_{01} ~ R_{04} 组成的高精度电阻桥内，在桥两端取得电压后经过 R_{05}、R_{06} 和 C_{01} 组成的低频滤波电路以及 R_{07} 和 C_{03} 组成的高频滤波电路滤波，最后送入由 LM324 和 R_{09} 搭成的负反馈放大电路进行信号放大，其电路如例图 15-7 所示。

电压跟随电路由一片 LM124 运算放大器构成，用于增强前置信号放大电路的带负载能力，并可以隔绝 A/D 转换电路对前置信号放大电路的干扰。具体电路如例图 15-8 所示。

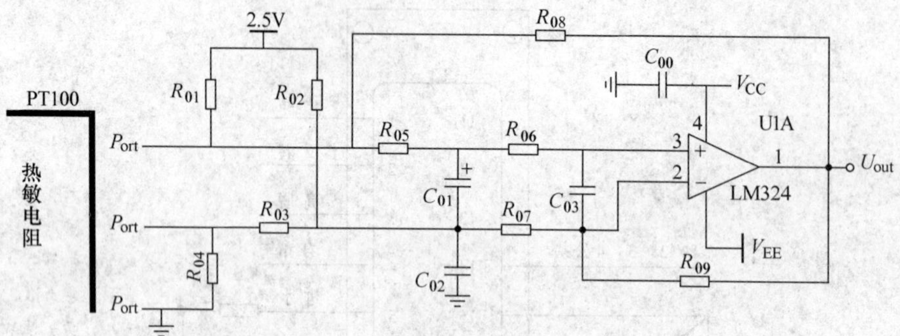

例图 15-7　温度检测电路中的前置信号放大电路

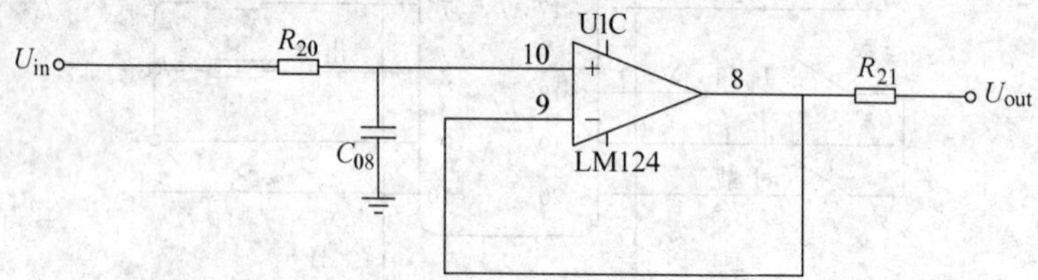

例图 15-8　温度检测电路中的跟随电路

2. 模-数转换电路

A/D 转换电路采用的是 V/F 转换电路，它是由积分器 LM124 和 555 定时器组成的，电路图如例图 15-9 所示。

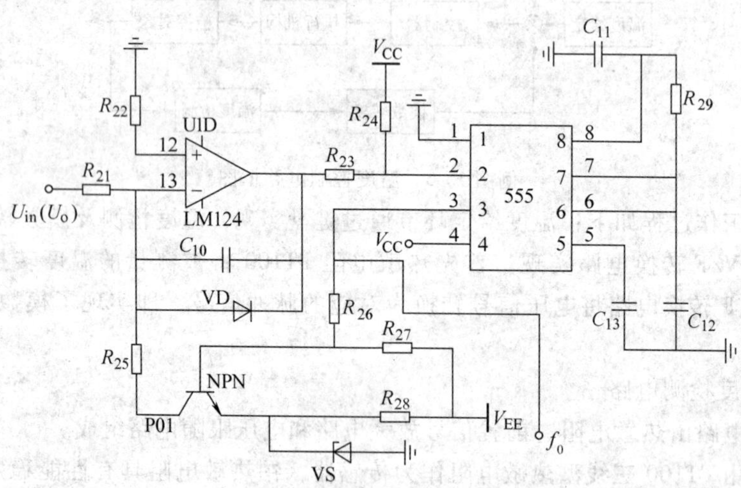

例图 15-9　模-数转换电路

这是一种定电荷平衡式电压——频率转换电路，线性度可优于 0.02%，属于高精度型变换电路。本设计的输入电压 U_{in} 为 0 ~ +3V 时，相应的输出脉冲重复频率 f_0 为 0 ~ 10kHz。运放 LM124 为积分电路，555 定时器与外围电路构成单稳触发器，两者一起组成定电荷积分平衡式压频转换电路。

积分时间 T_1 应当满足下式：

$$(T_1 + 1.1R_{29}C_{12})\frac{U_{in}}{R_{21}} = 1.1R_{29}C_{12}\frac{U_Z}{R_{25}}$$

可推出：

$$T = T_1 + 1.1R_{29}C_{12} = \frac{1.1R_{29}C_{12}R_{21}U_Z}{R_{25}U_{in}}$$

脉冲频率为

$$f_0 = \frac{R_{25}U_{in}}{1.1R_{29}C_{12}R_{21}U_Z}$$

五、系统软件设计

根据系统实现功能进行了软件设计，地址分配和主程序流程图如下。

1. 地址分配

ZHENG	BIT	20H.0；正转	QIDONG	BIT	21H.0；起动
XIDI	BIT	20H.2；洗涤	MENKONG	BIT	21H.2；门控
JUNBU	BIT	20H.3；均布	GUOZAI	BIT	21H.3；过载
TUOSHUI	BIT	20H.4；脱水	JINSHUI	BIT	20H.5；进水
ZHENGQI	BIT	20H.6；蒸汽	JIYI	BIT	20H.7；记忆
QQ	BIT	21H.4	JUN_ OUT	BIT	P1.7；均布
STOP	BIT	21H.5；After 5s enable			
TUO_ OUT	BIT	P1.6；高脱水			
NOCAN	BIT	21H.6；in disable state			
FAN_ OUT	BIT	P1.5；反转			
K_ AORS	BIT	21H.7	ZHENG_ OUT	BIT	P1.4；正转
K_ LH	BIT	22H.0	CHU_ OUT	BIT	RXD；出水
IN_ LH	BIT	22H.1	JIA_ OUT	BIT	TXD；加热
IN_ CY	BIT	22H.2	ZhengQ_ OUT	BIT	INT0；蒸汽
SHE_ TIM	BIT	22H.3	JIN_ OUT	BIT	INT1；进水
SHE_ TEM	BIT	22H.4	Men_ IN	BIT	P1.2；门控
MEMORY	BIT	22H.5	Guo_ IN	BIT	P1.3；过载
ACK	BIT	22H.6	SPEAKER	BIT	RD
FULL	BIT	22H.7	COMM	BIT	P3.6
SPK	BIT	23H.0	起动键	BIT	P0.0
FUSU	BIT	23H.1	洗涤键	BIT	P0.1
LLOW	BIT	23H.2	均布键	BIT	P0.2
NOSPK	BIT	23H.3	进水键	BIT	P0.3
进气键	BIT	P0.4	脱水键	BIT	P0.5
记忆键	BIT	P0.6	设置键	BIT	P0.7
增加键	BIT	P2.6	减少键	BIT	P2.7
G38	BIT	P2.4	B38	BIT	P2.6
C38	BIT	P2.5	A38	BIT	P2.7
RUNOVER	BIT	23H.4	SDA0	BIT	P1.1
CHU_ BZ	BIT	23H.5	SCL0	BIT	P1.0

2. 主程序流程图

主程序流程图如例图 15-10 所示。

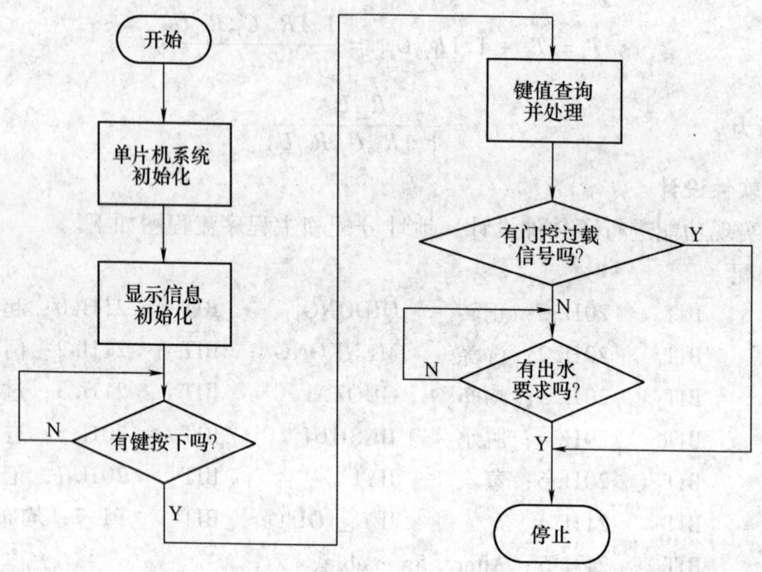

例图 15-10　主程序流程图

控制系统软件由读者在理解设计方案的基础上自行编制，经过调试达到预定的技术要求即可。

范例十六　基于 MATLAB 的双闭环直流调速系统的仿真

一、概述

所谓仿真就是模型实验，即通过对系统模型进行实验来研究一个存在的或设计中的系统。随着科学技术、仿真理论及计算机的不断发展，仿真技术不断提高。在如今的科学研究中，仿真技术提高了科学研究水平，缩短了科学研究周期，降低了科学研究成本及风险，促进了各种不同领域学科融合、加速了科研成果转化为生产力。可以说仿真技术已成为科学研究中必不可少的使用技术。因此在现代科学研究及应用中，仿真技术被广泛应用于数学、物理、电子、通信、医学、生物等众多领域。

MATLAB 是当今国际科学与工程领域中应用最广、最受人们喜爱的一种软件环境，它是一个高度集成的软件系统，集科学与工程计算、图形可视化、图像处理、多媒体处理于一身，并提供了实用的 Windows 图形界面设计方法，使用户能设计出友好的图形界面，因此它在自动控制、航天工业、汽车工业、生物医学工程、语言处理、图像信号处理、雷达工程、信号分析、计算机技术等各行各业中都有极广泛的应用。SIMULINK 是 MATLAB 中一个进行动态系统建模、仿真和综合分析的软件包，是一个结合了框图界面和交互仿真能力的系统级设计和仿真的工具，它可以处理的系统包括线性、非线性系统；离散、连续及混合系统；单任务、多任务离散系统事件。它以 MATLAB 的核心数学、图形和语言为基础，可以让用户毫不费力地完成从算法开发、仿真或者模型验证的全过程，而不需要传递数据、重写代码或改变软件环境。在 SIMULINK 提供的用户界面 GUI 上，只要进行鼠标的简单拖拉操作就可构造出复杂的仿真模型，用户可以在仿真进程中改变感兴趣的参数，实时观察系统行为的变化。

以下我们以一个仿真实例来具体说明仿真过程。

二、仿真示例

在直流调速系统中，为获得良好的稳态性能和动态性能，常采用转速、电流组成双闭环调速系统。该系统中，转速调节器的输出作为电流控制回路的给定，这样做可以使电流的大小和变化根据转速来决定。从结构上看，电流控制回路串在速度回路里，电流为内环，转速为外环，因此，这种控制系统属于串级控制系统。该系统中，转速控制回路是主回路，电流控制回路是副回路。电流回路的主要作用是：①紧紧跟随外环调节器的输出量的变化；②对电网电压的波动起及时抗扰的作用；③在转速动态过程中，保证电动机获得允许的最大电流，从而加快动态过程。转速环的主要作用为：①稳态时可消除或减小转速误差；②对负载变化起抗扰作用。一个转速、电流双闭环调速系统的结构框图如例图 16-1 所示。图中 $W_{ACR}(s)$、$W_{ASR}(s)$ 分别为电流调节器和转速调节器的传递函数。这两个调节器的结构和参数的选择对控制系统的性能具有重大影响。调节器结构和参数的选择依据在上篇第一章第七节中已作过讨论。为了加深对理论的理解，我们可以借助于计算机仿真工具来具体观察电流环、转速环的作用以及调节器参数改变时对系统性能影响的程度，从而对系统的行为进行定量研究。

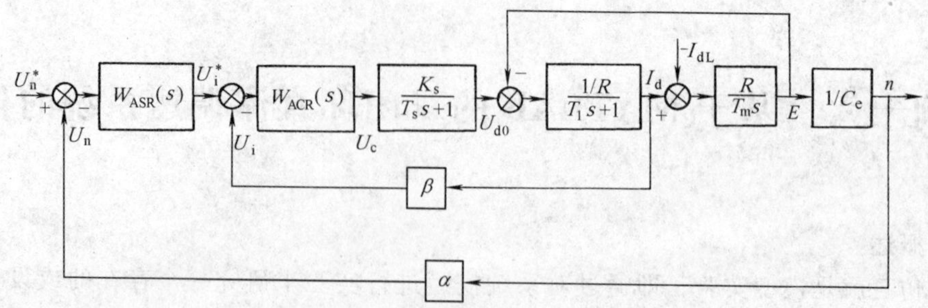

例图 16-1　双闭环直流调速系统的结构框图

某晶闸管供电的双闭环直流调速系统，整流装置采用三相桥式电路，基本数据如下：

直流电动机：220V，136A，1460r/min，$C_e=0.132$V min/r，允许过载倍数 $\lambda=1.5$。晶闸管装置放大系数：$K_s=40$；电枢回路总电阻：$R=0.5\Omega$；时间常数：$T_l=0.03$s，$T_m=0.18$s。电流反馈系数：取电流调节器的输出限幅值为 10V，则电流反馈系数 $\beta=0.05$V/A（$\approx$10V/1.5I_N）。转速反馈系数：同理取转速调节器的输出限幅值为 10V，则转速反馈系数 $\alpha=0.007$V min/r（$\approx$10V/n_N）。

（1）系统设计　首先按照调节器的工程设计方法选择调节器的结构和参数。

将电流环校正为典型 I 型系统，取 $k_I T_{\Sigma I}=0.5$，考虑电流反馈中的电流纹波，取电流滤波时间常数为 2ms，电流调节器选用 PI 调节器。

将转速环校正为典型 II 型系统，取 $h=5$，考虑到转速反馈中的电压纹波，取转速滤波时间常数为 3ms，转速调节器选用 PI 调节器。

根据桥式整流电路、电动机的参数、晶闸管的放大倍数等来设计调节器。根据工程设计方法，理论分析得出电流调节器的传递函数为 $W_{ACR}(s)=\frac{0.03039s+1.013}{0.03s}$。

转速调节器的传递函数为 $W_{ASR}(s)=\frac{1.0179s+11.7}{0.087s}$。

考虑系统滤波时，控制系统的动态结构图如例图 16-2 所示。

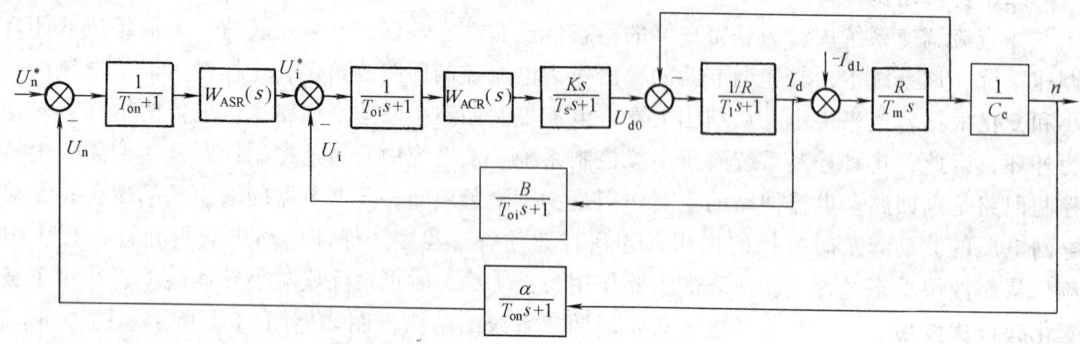

例图 16-2　考虑滤波时控制系统动态结构图

（2）建立仿真模型　根据例图 16-2，在 MATLAB/SIMULINK 仿真环境下，通过在 SIMULINK 模块库中进行模块的组合可以建立如例图 16-3 的双闭环调速系统的数学模型。

图中 Transfer Fcn、Transfer Fcn1、Transfer Fcn2、Transfer Fcn3、Transfer Fcn4、Transfer

Fcn5、Transfer Fcn6、Transfer Fcn7、Transfer Fcn8 取自于 SIMULINK 中的 continuous 模块中的 Transfer Fcn，在该模块中用户可以根据自己的需要定义传递函数。图中的比较点和 Gain 取自于 SIMULINK 中的 Math Operation 模块，其中 Gain 可以根据实际系统增益的大小进行调节。转速给定是通过一个可以根据需要改变幅值的阶跃函数实现的。为了模拟调速系统中负载变化系统的动态响应过程，在负载电流处也用了一个阶跃函数。为了模拟控制系统在电网电压改变时的动态过程，也用了一个阶跃函数。阶跃函数取自于 SIMULINK 中 Sources 模块中的 step。图中的 scope 为示波器可以随时观测各点波形，它取自于 SIMULINK 中 sink 模块。

（3）仿真过程　建立好了例图 16-3 的仿真模型后，我们就可以开始仿真了。进行仿真时，我们需要设置仿真参数，包括仿真的起止时间、仿真算法等内容，在此，我们选择开始时间为 0s，仿真结束时间为 10s，由于在进行线性连续系统的仿真，所以算法选用 ode45。

首先，我们模拟电动机的起动过程。我们假设电动机起动时转速给定为最大转速，相应于阶跃给定的 10，负载电流为 80A。仿真结果如例图 16-4 所示。由图中我们可以看到，电动机起动时，电流维持在恒定的最大值，电动机转速以最大加速度上升至最高转速，然后转速超调，转速调节器退饱和，电流下降至负载电流。由此可见，仿真结果与理论分析完全吻合。

在例图 16-3 所示的系统的数学模型中需要注意的是：考虑到实际系统中 PI 调节器是用运算放大器构成的电路，其输出是带限幅的。因此在仿真过程中需要给电流调节器和转速调节器的输出加上限幅。如果不加输出限幅，则系统的响应速度更快，但是转速超调增大。调节器不加限幅的电动机起动的动态过程如例图 16-5 所示。与例图 16-4 相比可见，转速超调量明显变大。

接着我们对该控制系统中电网电压发生波动时，系统的调节过程进行仿真。假设电网电压突然降落 30%，调速系统中转速、电流的动态过程如例图 16-6 所示。

由例图 16-6 可见，当电网电压发生波动时，首先影响的电流。当电网电压突降时，电动机电枢电流立即下降，然后经一调节过程恢复至原来值。转速受电网电压变化的影响不大。以上说明，电流环对电网电压波动有及时抗扰的作用，与理论分析完全符合。

然后，我们再观察一下当电动机系统负载发生变化时，系统的动态响应过程。假设负载电流从 80A 上升到 130A 时，对该系统再次进行仿真，仿真结果示于例图 16-7 中。

由例图 16-7 可见，负载变化时，转速环和电流环均受到影响。说明，出现负载扰动时，仅靠电流环的调节作用是无能为力的，必须要靠转速环才能抵抗负载扰动。

最后，我们再观察调节器参数改变时对系统性能的影响。假设电流调节器的比例系数由原来计算出来的 1.1031 增大到 2，我们再次对该调速系统的起动过程进行仿真。仿真结果示于例图 16-8。由例图 16-8 可见，当电流调节器的比例系数增大时，与例图 16-4 相比，起动过程中电流的超调明显增大，同时振荡次数增多。由此可见，工程设计方法对实践的指导意义。

三、说明

1）将 MATLAB/SIMULINK 用于系统仿真是一种非常有效的工具。使用它不仅系统的建模过程简单，而且在仿真过程我们可以了解一切我们感兴趣的内容，比如以上系统中模拟系统的电网电压突变、负载发生改变、调节器参数发生改变等，我们可以通过仿真波形清楚地了解这些因素对系统造成的影响，从而加深对理论的理解，同时对系统的设计也起到了一定

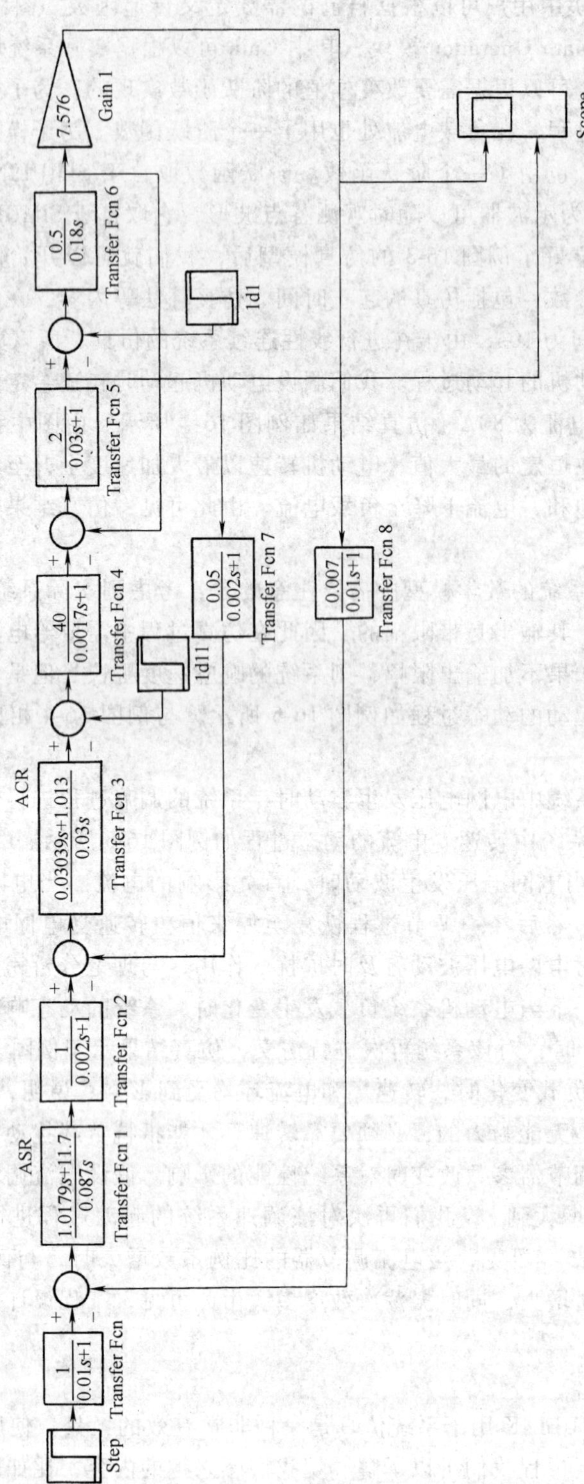

例图 16-3　基于 SIMULINK 建立的双闭环调速系统的数学模型

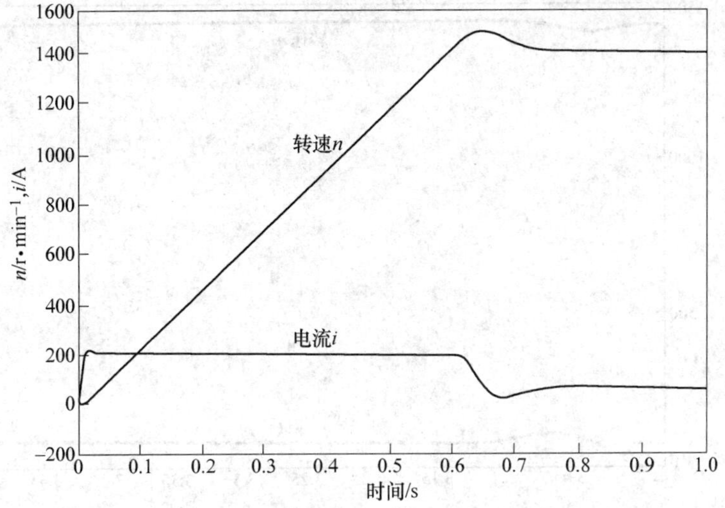

例图 16-4　电动机起动的动态过程

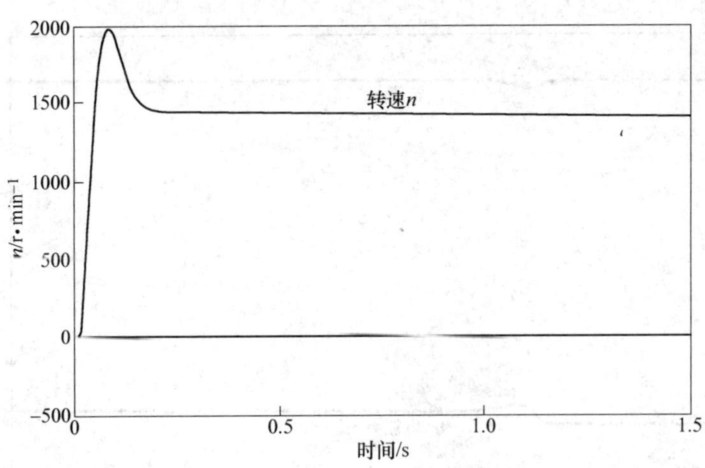

例图 16-5　电动机起动过程中的转速波形（未限幅）

的指导作用。

2）需要注意的是，在使用 MATLAB/SIMULINK 进行系统仿真时，应根据不同的系统选择不同的算法。仿真算法的选择可在 Simulation/Solver options 栏目中进行，根据具体情况选择定步长算法和变步长算法。一般情况下，连续系统仿真应该选择 odb45 变步长算法，对刚性问题可以选择变步长的 odb15s 算法，离散系统一般默认地选择定步长的 discrete 算法，而在仿真模型中含有连续环节时注意不能采用该仿真算法，而可以采用诸如四阶 Runge-Kutta

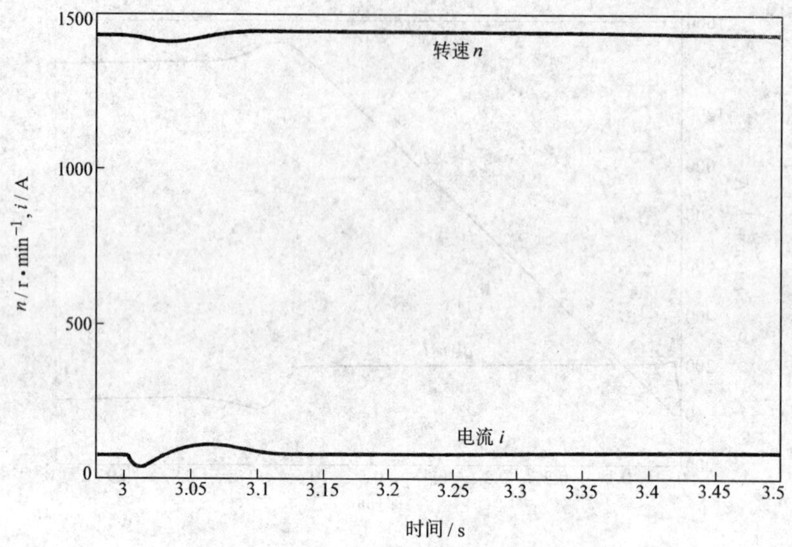

例图 16-6　电网电压波动时系统的动态过程

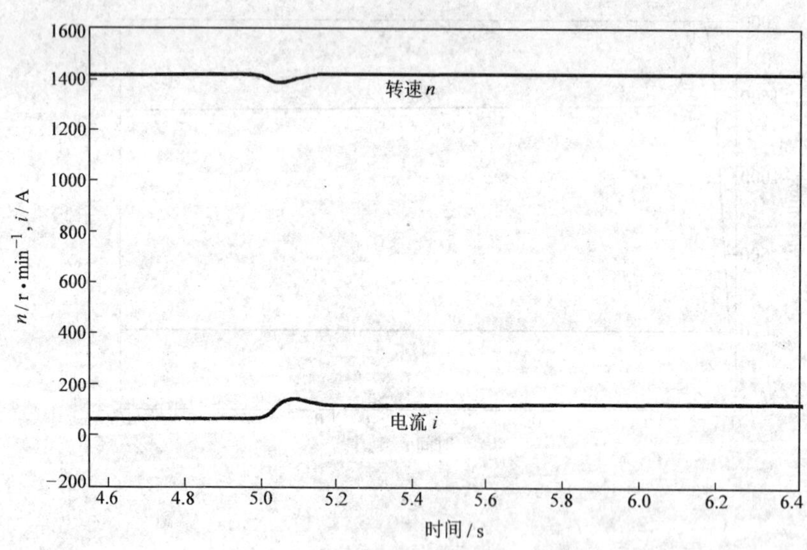

例图 16-7　突增负载时系统的动态过程

法这样的算法来求解问题。

3）以上我们以直流双闭环调速系统为例，对该系统从建立数学模型、仿真过程、结果显示、到对系统分析进行了较详细的描述，目的是使学生对使用 MATLAB 进行仿真有一个整体概念。由于仿真不受实验设备、时间、空间的限制，相对较易于实现且结果很直观，在学生学习的不同阶段或者在课程设计或毕业设计中，指导教师可根据学生的实际情况来选择不同难度的课题，例如，对比较复杂自动控制系统、电力电子电路系统等让学生参照上例从系统设计、参数选择、建立数学模型、分析仿真结果等方面锻炼学生，提高学生分析问题、解决问题的能力。

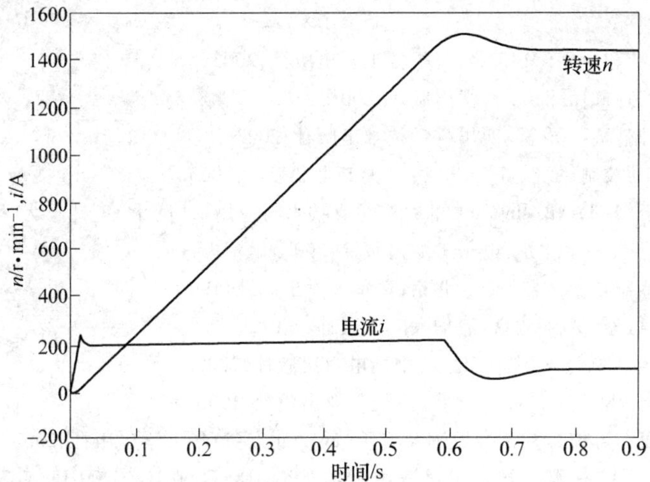

例图 16-8　电流调节器比例系数增大时系统的动态过程

参考文献

[1] 俞金寿．过程控制系统和应用[M]．北京:机械工业出版社,2003.

[2] 胡寿松．自动控制原理[M]．北京:科学出版社,2001.

[3] 张洪润．实用自动控制[M]．成都:四川科学技术出版社,2003.

[4] 陈伯时．电力拖动自动控制系统[M]．北京:机械工业出版社,2003.

[5] 薛定宇,陈阳泉．基于 MATLAB/simulink 的系统仿真技术与应用[M]．北京:清华大学出版社,2002.

[6] 汪志锋．工控组态软件[M]．北京:电子工业出版社,2007.

[7] 王家桢,王俊杰．传感器与变送器[M]．北京:清华大学出版社,1996.

[8] 王家桢．调节器与执行器[M]．北京:清华大学出版社,2001.

[9] 薛迎成．PLC 与触摸屏控制技术[M]．北京:中国电力出版社,2008.

[10] 余雷声．电气控制与 PLC 应用[M]．北京:机械工业出版社,1996.

[11] 路林吉,王坚,江龙康．可编程控制器原理及应用[M]．北京:清华大学出版社,2002.

[12] 上海欧姆龙自动化系统有限公司．可编程控制器 C200HX/C200HG/C200HE 编程手册操作手册．1997.

[13] 吴中俊,黄永红．可编程控制器原理及应用[M]．北京:机械工业出版社,2003.

[14] 黄立培．电动机控制[M]．北京:清华大学出版社,2003.

[15] 钟麟,王峰．MATLAB 仿真技术与应用教程[M]．北京:国防工业出版社,2004.

[16] 张燕宾．变频调速应用实践[M]．北京:机械工业出版社,2001.

[17] 楼顺天,于卫．基于 MATLAB 的系统分析与设计——控制系统[M]．西安:西安电子科技大学出版社,1999.

[18] 北京亚控技术发展有限公司．组态王(KINGVIEW)使用手册．2002.

[19] 天津电气传动设计研究所．电气传动自动化技术手册[M]．北京:机械工业出版社,2002.

[20] 杜维,张宏健,乐嘉华．过程检测技术及仪表[M]．北京:化学工业出版社,2001.

[21] 李华．MCS—51 系列单片机实用接口技术[M]．北京:北京航空航天大学出版社,1997.

[22] 葛芦生,潘惠勇．基于产生式规则轧机轧制力传感器故障诊断系统[J]．工业仪表与自动化装置,2001(1).

[23] 葛芦生,张英杰．基于神经网络飞剪速度模型建立及计算机实现[J]．电子测量与仪器学报,2001(1).

[24] 葛芦生,张建培．基于图像处理连铸板坯测控系统[J]．工业仪表与自动化装置,2001(3).

[25] 葛芦生,王晓东．基于信息融合轧机运行状态分析[J]．电子测量与仪器学报,2002(1).

[26] 葛芦生,张英杰．测速发电机、脉冲编码器性能指标测试分析系统[J]．工业仪表与自动化装置,2001(5).

[27] 葛芦生,张英杰．基于脉冲相关融合编码器性能指标测试分析系统[J]．电子测量与仪器学报,2002(2).

[28] 葛芦生,刘亮．热连轧机组分布式测量及故障诊断系统[J]．自动化仪表,2002(5).

[29] 葛芦生,刘亮．Distributed measurement and fault diagnostic system of rolling mill states based on field bus[J]．仪器仪表学报,2002(5).

[30] 甘永梅,李庆丰,刘晓娟,王兆安,现场总线技术及其应用[M]．北京:机械工业出版社,2004.

[31] 凌志浩．现场总线与工业以太网[M]．北京:机械工业出版社,2007.

[32] 王平,谢昊飞,肖琼,等．工业以太网技术[M]．北京:科学出版社,2007.